面向新工科普通高等教育系列教材

Android 移动应用开发

汪杭军　张广群　编著

机 械 工 业 出 版 社

本书是一本适合初学者学习 Android 移动应用程序开发的基础教程。全书结合作者多年 Android 应用教学和开发经验，从实用的角度出发，通过大量案例和实战技巧，介绍了开发 Android 应用所需的基础知识，包括 Android 简介、开发环境搭建、Android 开发 Java 基础、程序设计基础、用户界面开发、Service 和广播消息、图形图像和多媒体开发、数据存储、网络与通信编程。本书最后通过两个综合案例具体讲解了 Android 应用程序的开发流程，包括项目需求分析、数据库设计、系统实现，以及应用程序的发布和推广，以帮助读者深入理解 Android 移动应用程序开发的各个方面，提高实际开发能力。

本书既可作为高等院校计算机类专业的教材、各大专院校相关专业的学习用书，又可作为 Android 培训教材和 Android 初学者、程序员等的参考用书。

本书配套资料包括教学课件、知识点视频、习题参考答案、素材/源代码，以帮助教师教学和学生自主学习。有需要的教师可登录 www. cmpedu. com 免费注册，审核通过后下载，或联系编辑索取（微信：13146070618；电话：010-88379739）。

图书在版编目（CIP）数据

Android 移动应用开发 / 汪杭军，张广群编著 . 北京 ：机械工业出版社，2025. 1. --（面向新工科普通高等教育系列教材）. -- ISBN 978-7-111-77442-6

Ⅰ. TN929. 53

中国国家版本馆 CIP 数据核字第 2025QK2276 号

机械工业出版社（北京市百万庄大街 22 号　邮政编码 100037）

策划编辑：郝建伟　　责任编辑：郝建伟　侯　颖

责任校对：曹若菲　陈　越　　责任印制：李　昂

北京新华印刷有限公司印刷

2025 年 3 月第 1 版第 1 次印刷

184mm×260mm · 19. 75 印张 · 513 千字

标准书号：ISBN 978-7-111-77442-6

定价：79. 90 元

电话服务　　网络服务

客服电话：010-88361066　　机　工　官　网：www. cmpbook. com

010-88379833　　机　工　官　博：weibo. com/cmp1952

010-68326294　　金　　书　　网：www. golden-book. com

封底无防伪标均为盗版　　机工教育服务网：www. cmpedu. com

前言

Android 系统广泛支持各种移动和嵌入式设备，包括智能手机、平板计算机、智能家居、智能汽车等。Google 也在不断发布针对不同市场的 Android 系统版本，如 Android Wear、Android Auto、Android TV、Android Things 等。作为一款开源的移动操作系统，Android 因其灵活性和丰富的功能而成为全球最受欢迎的移动设备平台之一。与此同时，随着移动技术的不断进步和用户需求的不断增长，Android 应用程序的开发需求也在不断增加。因此，掌握 Android 移动应用程序开发技能将会成为个人和企业的竞争优势，是广大程序员的职业必备技能。

然而，掌握 Android 移动应用程序开发并不是一件容易的事情。需要掌握多种编程语言和技术，理解 Android 开发涉及的众多复杂概念和架构，具备良好的设计和用户体验意识，能够持续学习和适应新的技术和平台变化等。因此，对初学者来说，一本好的教材，能够化繁为简并指导快速入门就显得尤为重要。

本书的编写始于 Google 与中国大学合作的 Android 项目，该项目涵盖了联合科研、课程建设和学生项目等多个方面。随着 Android 系统的不断更新以及 Android Studio 开发工具的持续发展，我们在此基础上，增加了更多的课程学习和教学资源，以满足不断变化的教学需求，进一步丰富了本书的知识体系和项目案例，确保读者能够紧跟最新的技术发展，提升学习效率。

本书在编写过程中十分注重内容的可读性和实用性，希望通过本书的学习，读者能够全面掌握 Android 移动应用程序开发的基础知识和核心技能，成为一名优秀的 Android 应用程序开发者。因此，本书在编写过程中始终贯穿如下理念。

1. 在合适之处融入思政元素，给知识和能力赋予正确的价值观取向

通过梳理课程教学内容，结合课程特点、思维方法和价值理念，深入挖掘课程思政元素，结合时事热点，使抽象的理论知识与现实相结合，同时体现社会主义核心价值观，帮助学生树立正确的世界观、人生观和价值观。通过将思政元素有机融入教学内容，达到润物无声的育人效果。

2. 培养 Android 开发者良好的设计和用户体验意识

一个成功的 Android 应用不仅具有强大的功能，还要具备吸引人的界面和良好的用户体验。因此，本书在 UI（用户界面）设计原则、交互设计和用户体验测试等方面花费了较多的篇幅，希望读者能够掌握 Android 开发需要具备的良好的设计和用户体验意识，培养读者了解用户需求和对市场趋势敏锐的洞察力。

3. 精简教学内容，满足不同层次的读者学习和教师教学需求

由于 Android 开发涉及的内容众多，作为教材，选择什么内容、讲解到什么程度对于师生来说都非常重要。本书讲解程序开发时使用 Java 语言，考虑到没有 Java 基础的读者，特别安排了一个章节介绍 Android 开发中所需的 Java 基础语法知识。本书从基本的 Android 应用程序框架到高级的 UI 设计、数据存储、网络编程和优化技巧、常用的框架和项目设计技术，所有实例和综合案例的选择均考虑了实用性和可操作性，做到有的放矢，引导学生学习基本知识点，在实践中理解其原理。

4. 注重学习能力和动手能力的培养

Android 系统和开发工具经常更新和改进，新的技术和功能不断涌现。因此，学习 Android 开发需要与时俱进，不断学习和适应新的技术和平台变化。这需要开发者具备持续学习的动力和能力，以及解决问题和自我学习的能力。在本书的配套资料中，通过知识点与大量实践内容的结合，力求在知识点上溯本求源、由浅入深，同时鼓励读者阅读课外专业书籍、网上资料，以及尝试开发简单的项目，并不断进行实践和调试，以提高自己的技术水平。通过动手实践，读者可以真正理解和应用所学知识，提升自己的编程能力和解决问题的能力，从而以不变应万变。

本书既可作为高等院校计算机类专业的教材、各大专院校相关专业的学习用书，又可作为 Android 培训教材和 Android 初学者、程序员等的参考用书。

本书第 1~3 章由浙江农林大学张广群完成，其他内容由湖州学院汪杭军完成，最后由汪杭军完成全书的统稿和整理工作。本书获得了湖州学院重点教材建设项目的资助。同时，在编写过程中，得到了许多人的帮助和支持。首先，要感谢焦欢欢、崔坤鹏、鲁尝君、王慧婷、王威拓、徐锦绣、陆佳俊、张经纬、周瑞慧、李樟取、黄邵威等老师和同学，他们在书稿的整理、各种资源的准备、代码的调试等方面做了大量的工作。还要感谢许多热心读者给我们的反馈和建议，这是我们写作的动力来源。谢谢所有给予我们关心、支持和帮助的老师、同学和朋友们！

因编者水平有限，书中难免存在错误和不妥之处，欢迎读者给我们提出宝贵意见和建议（作者 Email：hangjunw@ outlook. com）。

编　者

目录

第1章 Android 简介

Android（中文俗称安卓）是基于 Linux 内核的自由和开源操作系统，由 Google 公司成立的开放手机联盟（Open Handset Alliance，OHA）持续领导与开发，主要使用于移动设备，如智能手机和平板计算机，近十年以来逐渐扩展到其他应用领域，如电视机、数码相机、游戏机、智能手表、厨房电器、智能汽车等。

Android 通过一系列的创新措施，迅速形成了属于 Android 自身快速发展的生态圈。它从诞生之日起就受到了广泛的关注，众多知名企业，如 HTC、摩托罗拉、LG、三星、Acer、联想、华硕、小米、华为等都纷纷推出了各自品牌的 Android 系统手机和有关设备。2024 年，全球 Android 的市场份额持续保持竞争优势，扩大到 70.69%。

本章将介绍 Android 的诞生及其发展历程，并探讨它快速成长、发展的原因，以及它的发展趋势。

1.1 Android 背景

2003 年 10 月，安迪·鲁宾（Andy Rubin）在美国加利福尼亚州帕洛阿尔托创建了 Android 科技公司。Google 公司在 2005 年 8 月 17 日收购了 Android 公司，从而正式进入移动领域。那么，通过 Google 平台，Android 进入了一个广阔的天地，并引发了智能手机操作系统以及手机制造、手机芯片和移动运营等一系列企业的革命性变革。

1.1.1 手机操作系统

后 PC 时代，手机已成为使用最广泛的终端。而在手机产业中，手机操作系统的重要性相比 PC 时代的计算机操作系统有过之而无不及。从手机用户的需求来看，目前手机操作系统原生应用模式居主要地位。手机操作系统紧密关联应用商店，形成了从应用需求、应用开发到提供应用服务、手机产业商业模式等一条完整的链条。同时，手机作为移动终端也是移动互联网的入口，是整个产业链中至关重要的一个环节。因此，手机操作系统也是头部企业竞争的核心所在。这就是华为要研发并在 2019 年 8 月发布鸿蒙操作系统（Harmony OS）的原因。

历史上出现过的主要手机操作系统有诺基亚的 Symbian、Google 的 Android、微软的 Windows Phone、Apple 的 iOS、Palm 的 Palm WebOS，以及 RIM 针对 Blackberry 手机的 Blackberry OS 等。按照源代码、内核和应用环境等的开放程度划分，手机操作系统可分为开放型平台和封闭型平台两大类：Android 属于开放型平台，Windows Phone、iOS、Blackberry OS 等都是封闭型平台，而 Symbian 则处于从封闭向开放的转型阶段。

1. Symbian

在手机操作系统发展史上，Symbian 无疑是一个相当成功的操作系统，在长达十余年时间内，没有任何一个操作系统能够撼动其地位。它是 Symbian 公司为手机而设计的操作系统，前身是英国 Psion 公司的 EPOC 操作系统。该系统包含联合的数据库、使用者界面架构和公共工具的参考实现。作为一款已经相当成熟的操作系统，它具有以下特点：提供无线通信服务，将计算技术与电话技术相结合，操作系统固化，相对固定的硬件组成，低功耗，高处理性能，系统运行安全、稳定，多线程运行模式，多种 UI（用户界面），简单易操作，其开放而专业的开发平台，支持 C++和 Java 语言。2008 年 12 月 2 日，Symbian 公司被诺基亚收购，Symbian 系统也成为诺基亚旗下的操作系统并逐步走向开源。

在 Symbian 的发展阶段中，出现过三个分支，分别是 Crystal、Pearl 和 Quartz。其中，前两个主要针对通信市场，也是手机应用最多的。第一款基于 Symbian 系统的手机是在 2000 年上市的爱立信 R380 手机。而真正成熟并引起人们注意的则是 2001 年上市的诺基亚 9210，它采用了 Crystal 分支系统。2002 年推出的诺基亚 7650 与 3650 则是采用 Pearl 分支系统，其中 7650 是第一款基于 2.5G 网络的智能手机产品，它们都属于 Symbian 6.0 版本的机型。随后索尼爱立信推出的一款机型也使用了 Symbian 的 Pearl 分支，当时该版本已经发展到 7.0，是专为 3G 网络而开发的。

图 1-1 Symbian 的用户界面

Symbian 操作系统曾经一直是手机领域中应用范围最广的操作系统，占据了手机市场的半壁江山。图 1-1 所示的是 Symbian 的用户界面。但最终由于市场原因，诺基亚在 2011 年 12 月 21 日宣布放弃 Symbian 品牌；2012 年 5 月 27 日，诺基亚彻底放弃开发 Symbian 系统；2013 年 1 月 24 日，诺基亚宣布不再发布 Symbian 系统的手机，这也就意味着 Symbian 在经历了 14 年的历史之后谢幕了。

2. Palm OS

Palm OS 是早期由 U. S. Robotics 公司（其后被 3Com 收购，并改名为 Palm）研制的专门用于其掌上电脑（PDA）产品 Palm 上的一种操作系统。这是一种 32 位的嵌入式操作系统，主要运行于移动终端上。Palm OS 与同步软件 HotSync 相结合可以实现移动终端与计算机上的信息同步，把台式机的功能扩展到移动设备上。由于此操作系统完全为 Palm 产品设计和研发，因而在推出时就已超过了苹果公司的 Newton 而获得了极大的成功，Palm OS 也因此声名大噪。Palm OS 在 PDA 市场占有主导地位，曾一度占据了 90%的 PDA 市场份额。

图 1-2 Palm OS 5.4.9 的界面

图 1-2 所示的是 Palm OS 5.4.9 的界面。Palm OS 操作系统简单易用，对硬件的要求很低，因此在价格上有很大优势。系统所需内存与处理器资源较小，耗电量也很小，因此运行速度很快。Palm 系统最大的优势在于出现时间较早，有独立的 Palm 掌上电脑运营经验，所以第三方软件极为丰富，商务和个人信息管理方面功能出众，并且系统十分稳定。但是，该系统不支持多线程，使其长远发展受到限制。Palm OS 版权由 Palm Source 公司拥有，并由 Palm

Source 开发和维护。2005 年 9 月 9 日，Palm Source 被日本软件公司收购，之后改名为 Access Linux Platform（ALP），并继续开发。

不过，此后它的日子并不好过。一方面在智能手机的冲击下，以生产 PDA 为主的 Palm 赢利越来越少，公司甚至出现亏损；另一方面以微软为首的 PocketPC 阵营攻势凌厉，Palm 在后来的市场中节节败退。2010 年 4 月，Palm 以 12 亿美元的价格被惠普收购，并在随后推出了 WebOS 及 Palm Pre 手机等产品。而 WebOS 不久也被出售给了 LG，后来成为 LG 智能电视的操作系统。但是，这些依旧没能阻止 Palm 的消亡。

3. Linux

Linux 操作系统的内核由林纳斯・本纳第克特・托瓦兹（Linus Benedict Torvalds）在 1991 年 10 月 5 日首次发布。它是一种类 UNIX 操作系统，也是自由软件和开放源代码软件发展史上最著名的例子。只要遵循 GNU 通用公共许可证，任何个人和机构都可以自由地使用 Linux 的所有底层源代码，也可以自由地修改和再发布。

Linux 是在 2008 年进入移动终端操作系统领域的，它以开放源代码的优势吸引了越来越多的终端厂商和运营商对它的关注，包括摩托罗拉、NTT DoCoMo、Pine64、Purism 等知名厂商。基于 Linux 的手机有摩托罗拉早期的 A760、A768，三星的 i519 等。Pine64 公司在 2019 年推出了 PinePhone，并且支持多种 Linux 发行版，如 Ubuntu Touch、Manjaro 等；Purism 公司在 2019 年也推出了 Librem 5，致力于提供更加隐私和安全的使用体验。图 1-3 所示为 PinePhone 的 Linux 界面。

图 1-3 PinePhone 的 Linux 界面

相比其他操作系统，Linux 虽是个后来者，但它具有其他系统无法比拟的优势：其一，具有开放的源代码，能够大大降低成本；其二，既满足了手机制造商根据自身实际情况有针对性地开发 Linux 手机操作系统的要求，又吸引了众多软件开发商对内容应用软件的开发，丰富了第三方应用。但是，Linux 操作系统也有其先天不足之处：入门难度高、熟悉其开发环境的工程师少、集成开发环境较差。由于微软 PC 操作系统源代码的不公开，因此基于 Linux 的产品与 PC 的连接性较差。尽管目前从事 Linux 操作系统开发的公司数量较多，但真正具有很强开发实力的公司却很少，而且这些公司之间是相互独立进行开发的，因此很难实现更大的技术突破。尽管 Linux 在技术和市场方面有独到的优势，但目前来说，还无法与一些主流的手机操作系统抗衡，想在竞争激烈的手机市场中站稳脚跟、抢夺市场份额绝非易事。

4. iOS

iOS 是苹果公司开发的移动设备操作系统。图 1-4 所示为 iOS 手机界面。苹果公司最早于 2007 年 1 月 9 日在 MacWorld 大会上公布了这个系统，最初仅供苹果公司推出的手机产品使用，因此它的原名也叫 iPhone OS。和 Mac OS X 操作系统一样，它也是以 Darwin 为基础的，同样属于类 UNIX 的商业操作系统。后来，iPhone OS 也陆续应用到 iPod Touch、iPad 和 Apple TV 等苹果产品上。直到 2010 年 6 月 7 日，在苹果全球研发者大会（Apple Worldwide Developers Conference，WWDC）上，它才正式更名为 iOS，同时还获得了思科 iOS 的名称授权。iOS 的系统架构分为四个层次：核心操作系统层（Core OS Layer）、核心服务层（Core Services Layer）、媒体层（Media Layer）、可触摸层（Cocoa Touch Layer）。它的成功得益于苹果巨大的品牌力量及感召力，从而使得 iOS 能够在初期迅速瓜分 Symbian、Windows Mobile 等传统智能手机系统的市场份额。

5. Android

Android 是 Google 公司于 2007 年 11 月 5 日宣布的基于 Linux 平台的开源手机操作系统。该平台由操作系统、中间件、用户界面和应用软件组成，不存在任何以往阻碍移动产业创新的专有权障碍，号称是首个为移动终端打造的真正开放和完整的移动软件。其具有显著的开放性、丰富的硬件平台支持、自由的第三方软件市场及无缝结合优秀的 Google 服务等优势。Android 最初主要支持手机，被 Google 注资后逐渐扩展到平板计算机等其他移动终端。图 1-5 所示的是使用 2023 年 10 月发布的适用于 Google Pixel 手机等设备的 Android 4. 1 系统手机界面。且在 2011 第一季度，Android 手机全球出货量超过 3000 万部，跃居第一，首次超过老牌霸主 Symbian 系统。

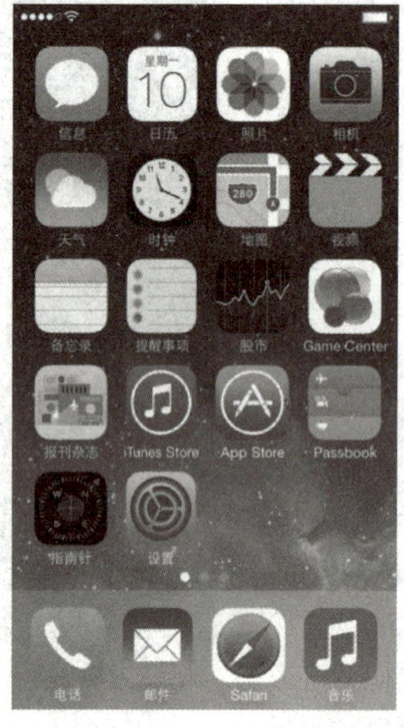

图 1-4　iOS 手机界面

图 1-5　Android 4. 1 系统手机界面

6. Windows Phone

Windows Phone 是微软公司传统的手机操作系统 Windows Mobile 退出市场后的继承者。Windows Mobile 是微软进军移动设备领域的重大品牌调整，其前身是 Windows CE。它将 Windows 桌面扩展到了个人设备上，是微软用于 Pocket PC、Smartphone 及 Media Centers 的软件平台。其中，Pocket PC 针对无线 PDA，Smartphone 专用于手机。

2010 年 10 月 11 日，微软公司正式发布了 Windows Phone 智能手机操作系统的第一个版本 Windows Phone 7（WP7），它将微软旗下的 Xbox Live 游戏、Xbox Music 音乐与独特的视频体验整合至手机中。之后又相继发布了 WP 7. 5 和 WP 8（见图 1-6）。自 WP 7 推出后，便迅速吸引了很多应用开发者，其应用商店 Market Place 在发布两个月内就已拥有了 4000 个应用程序。根据市场研究公司 Strategy Analytics 发布的 2013 年第二季度全球智能手机调查报告，Windows Phone 在 2013 年第二季度出货量为 890 万台，而 2012 年同期为 560 万台，涨幅超过

77%，在各大智能手机平台中增幅是最高的。在第二季度的 Windows Phone 手机出货量中，诺基亚占了 82%。

然而，在竞争激烈的移动设备市场上，苹果和谷歌逐步占据了主导地位并形成了巨大的用户群，微软推出 Windows Phone 也很难打破这种格局。再加上应用商店中的应用数量少、用户体验差、缺乏品牌认知度等因素，Windows Phone 的市场份额已经跌到 1%以下。2017 年 12 月 31 日，微软宣布停止 Windows Phone 手机的系统更新，也不再推出新的设备。2018 年 10 月 31 日，Windows Phone 手机商店不再接受任何新软件提交。2019 年 12 月 10 日，微软正式停止了对 Windows Phone 10 的支持。Windows Phone 已经无法获得新的软件更新、安全更新和技术支持。

7. Blackberry OS

BlackBerry OS 是由 Research In Motion（RIM，现为 BlackBerry）为其智能手机产品 BlackBerry（黑莓手机）开发的专用操作系统。BlackBerry 是加拿大的一家手提无线通信设备品牌，于 1999 年创立。该操作系统具有多任务处理能力，并支持特定的输入设备，如滚轮、轨迹球、触摸板及触摸屏等。BlackBerry OS 最大的特点在于它处理邮件的能力，通过 MIDP 1.0 及 MIDP 2.0 的子集，在与 BlackBerry Enterprise Server 连接时，以无线的方式激活并与 Microsoft Exchange、Lotus Domino 或 Novell GroupWise 同步邮件、任务、日程、备忘录和联系人。

据统计，在 2010 年末，BlackBerry OS 在市场占有率上已经超越诺基亚，仅次于 Android 及 iOS，成为全球第三大智能手机操作系统。2013 年，BlackBerry 宣布，使用基于 QNX 的 BlackBerry Z10（见图 1-7）取代 BlackBerry OS。然而，由于多年来用户的流失，黑莓沦为了小众品牌，并最终导致 BlackBerry Z10 的失败。2016 年，经营不善的黑莓决定退出手机市场，并与 TCL 通讯达成长期的授权许可协议，由 TCL 经营黑莓手机。2020 年 8 月 31 日，黑莓宣布获得授权的 TCL 通讯将不再出售黑莓手机。至此，黑莓也正式落下帷幕。

图 1-6　Windows Phone 8

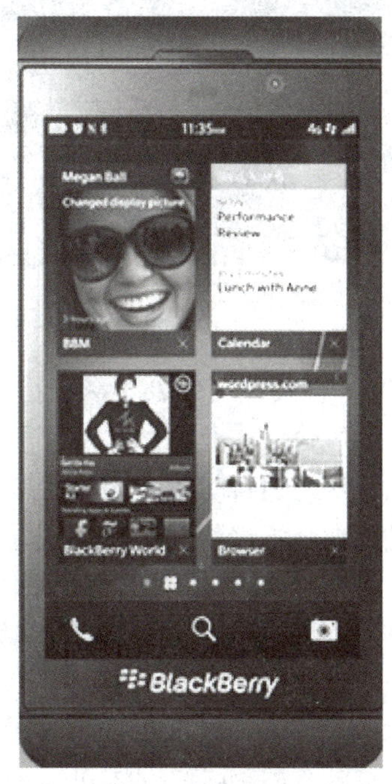

图 1-7　BlackBerry Z10

1.1.2 Android 的诞生

Android 一词最早出现于法国作家利尔亚当（Auguste Villiers de l'Isle-Adam）在 1886 年发表的科幻小说《未来夏娃》（*L'ève future*）中。他将外表像人的机器起名为 Android。后来 Android 即指仿真机器人，即以模仿真人作为目的制造的机器人。

而将 Android 引入手机领域与安迪·鲁宾（见图 1-8）是分不开的，因此，鲁宾也被誉为“Android 之父”。鲁宾是美国计算机技术专家和企业家，Android 操作系统的联合创始人及 Google Android 业务负责人，曾任 Google 移动和数字内容高级副总裁，2014 年 10 月从 Google 离职。

1986 年，鲁宾取得纽约州尤蒂卡学院计算机专业学士学位后，加入以生产光学仪器而知名的卡尔·蔡司公司，并担任机器人工程师。1989 年，26 岁的鲁宾加入了苹果公司，成为一名开发者。之后，又加入了由三名苹果公司元老创立的 Artemis 研发公司，参与开发交互式互联网电视 WebTV 的工作，并获得了多项通信专利。1997 年，Artemis 公司被微软收购，鲁宾留在了微软，继续探索自己的机器人项目。1999 年，鲁宾离开微软，成立“危险”（Danger）公司，开发出名为 T-Mobile Sidekick 的手机产品，集成了无线接收器和转换器，打造了可上网的智能手机。2003 年，鲁宾离开 Danger，并于同年 10 月在美国加利福尼亚州帕洛阿尔托创建了 Android 科技公司（Android Inc.），与利奇·米纳尔（Rich Miner）、尼克·席尔斯（Nick Sears）、克里斯·怀特（Chris White）共同经营这家公司，并打造了 Android 手机操作系统。图 1-9 所示的是 Android 系统的 Logo，它由 Ascender 公司在 2010 设计。其设计灵感源于男女厕所门上的图形符号，其中的文字使用了 Ascender 公司专门制作的“Droid”字体，全身绿色表示 Android 系统符合环保概念。

图 1-8 安迪·鲁宾

图 1-9 Android 系统的 Logo

但在 Android 科技公司创办不久，公司就“断炊”了。鲁宾为这家公司花光了所有的钱，项目面临解散的风险。在此危急关头，科技界传奇人物史蒂夫·帕尔曼（Steve Perlman）借给鲁宾 1 万美元，帮助他暂时渡过了难关。后来，帕尔曼又多次出资，累计投入 10 万美元。帕尔曼商业眼光出众，不仅帮助鲁宾完成了 Android 项目的前期开发，还为公司前途出谋划策。在帕尔曼看来，Android 最好的出路就是依傍一家气质相投的大公司。

2002 年年初，鲁宾应邀到斯坦福大学给硅谷工程师做演讲，而此次演讲也为之后的收购创造了条件。此次演讲的听众中有两个不平凡的人物——Google 创始人拉里·佩奇和谢尔盖·布林。演讲间隙，拉里·佩奇找到鲁宾与他攀谈，并试用了他的手机，发现 Google 已经被列为默认的搜索引擎。而当时具备手机功能的手提设备也已经初具雏形。于是，佩奇很快就有了开发一款谷歌手机和一个移动操作系统平台的想法。

2005 年 8 月 17 日，Google 收购了 Android 科技公司，包括鲁宾合伙人利奇·米纳尔、克里斯·怀特等所拥有的全资子公司，所有 Android 科技公司的员工都被并入了 Google。Google 借助此次收购正式迈进了移动领域。

收购以后，在 Google，鲁宾继续负责 Android 操作系统的研发。而 Google 平台为 Android 提供了广阔的市场，并给予各大硬件制造商、软件开发商一个灵活可靠的系统升级承诺，保证将给予他们最新版本的操作系统。

2007 年 11 月 5 日，在 Google 的领导下，组织成立了开放手机联盟（Open Handset Alliance，OHA），共同研发、改良 Android 系统，以便创建一个更加开放、自由的移动通信环境，引导移动技术更新，在减少成本的同时提升用户体验。OHA 最早的一批成员包括 Broadcom、HTC、Intel、LG、Marvell 等 34 家移动运营商、半导体芯片商、手机硬件制造商、软件厂商。

随后，Google 以 Apache 开源许可证的授权方式，发布了 Android 的源代码。Google 对 Android 所使用的 Linux 内核按 Apache 开源条款 2.0 中所规定的内容进行了修改，包括添加智能手机网络和电话协议栈等智能手机所必需的功能，使它们能更好地在移动设备上运行。同时，根据第 2 版 GNU 条款中所规定的内容，对修改的 Linux 内核信息进行了公布。Google 也不断发布问卷和开放修改清单、更新情况和源代码，让所有人看到并且提出意见和评论，以便按照用户的要求改进 Android 操作系统。由于 Android 操作系统完全是开源免费的，任何厂商都可以不经过 Google 和开放手机联盟的授权而随意使用 Android 操作系统。但是制造商不能随意地在自己的产品上使用 Google 的标志和 Google 应用程序，除非 Google 证明其生产的产品设备符合 Google 兼容性定义文件（CDD），这样才能在智能手机上预装 Google Play Store、Gmail 等应用程序。获得 CDD 认可的智能手机厂商可以在其生产的智能手机上印上“With Google”的标志。

同时，一个负责持续发展 Android 操作系统的开源代码项目 AOSP（Android Open Source Project）成立了。除了开放手机联盟之外，Android 还拥有全球各地开发者组成的开源社区来专门负责开发 Android 应用程序和第三方 Android 操作系统，以此来延长和扩展 Android 的功能及性能。

1.1.3 Android 的发展历程

Android 于 2007 年 11 月正式公布。但 Android 在 2005 年到 2008 年的早期阶段，在整个市场环境中处于一个略微被动的状态。作为一家纯软件公司或者说是互联网公司，Google 想要在 Android 上团结到任何合作伙伴，其唯一的选择便是开源。当时很快地团结到了各家厂商，许多供应商都开始研发各类 Android 手机。之后，Android 就开始备受关注，市场占有率也不断攀升。在 2013 年 5 月召开的 Google 开发者大会上，宣布 Android 设备激活量已经达到 9 亿部，远超其他品牌的设备。

Android 在正式发行之前，拥有两个内部测试版本，并分别以著名机器人名称阿童木 Astro（Android Beta）和发条机器人 Bender（Android 1.0）命名。由于涉及版权问题，后来 Google 将 Android 操作系统的代号由机器人系列转变为甜点名称。

甜点命名法的使用始于 Android 1.5，作为每个版本代表的甜点按照字母排序：1.5 版 Cupcake（纸杯蛋糕）、1.6 版 Donut（甜甜圈）、2.0/2.1 版 Éclair（松饼）、2.2 版 Froyo（冻酸奶）、2.3 版 Gingerbread（姜饼）、3.0 版 Honeycomb（蜂巢）、4.0 版 Ice Cream Sandwich（冰激凌三明治）、4.1/4.2/4.3 版 Jelly Bean（果冻豆）、4.4 版 KitKat（奇巧）、5.0 版 Lollipop（棒棒糖）、6.0 版 Marshmallow（棉花糖）、7.0 版 Nougat（牛轧糖）、8.0 版 Oreo（奥利奥）

和 9.0 版 Pie（派）等。

但从 Android 10 开始，Google 改变了这一传统的命名规则，不再按照甜点名称的字母顺序命名，而是转换为版本号，就像 Windows 操作系统和 iOS 系统一样，并且加深了 Logo 的颜色。

表 1-1 列出了 Android 发展的主要历程，更详细的内容请参见配套资源中的相应 PDF 文件。

表 1-1　Android 发展的主要历程

时　间	事　件
2007 年 11 月 5 日	Google 组建开放手机联盟
2008 年 9 月 23 日	发布 Android 操作系统的第一个正式版本——Android 1.0，代号为 Astro（阿童木）。同年 10 月 22 日，全球第一台 Android 设备 HTC Dream（G1）搭载 Android 1.0 操作系统在美国上市
2009 年 4 月 17 日	Android 1.5 Cupcake 正式推出，提升并修正了前面版本里的许多功能，如屏幕虚拟键盘、拍摄/播放视频并支持上传到 Youtube、GPS 性能大大提高、应用程序自动旋转等
2010 年 12 月 6 日	发布 Android 2.3 Gingerbread（姜饼）。主要变化是增加了新的垃圾回收和优化处理事件、原生代码可直接存取输入和感应器事件、提供新的音频效果器、支持前置摄像头、简化界面、更快更直观的文字输入等。同时，发布了第二款自主品牌 Android 手机 Google Nexus S，并搭载了 Android 2.3 系统
2011 年 2 月 22 日	专用于平板计算机的 Android 3.0 Honeycomb（蜂巢）正式发布，是第一个 Android 平板操作系统。全球第一个使用该版本操作系统的设备是摩托罗拉公司于 2011 年 2 月 24 日发布的 Motorola Xoom 平板计算机。随后，同年 5 月 10 日发布了 Android 3.1、7 月 15 日发布了 Android 3.2，都进行了一些改进
2011 年 10 月 19 日	发布了 Android 4.0 Ice Cream Sandwich（冰激凌三明治）和全球首款搭载 Android 4.0 的 Galaxy Nexus 智能手机。该版本的主要更新：同时支持智能手机/平板计算机/电视机等设备，取消底部物理按键、具有全新的 UI、采用 Chrome Lite 浏览器、具有截图功能和更强大的图片编辑功能、新增流量管理工具
2013 年 9 月 3 日	Google 在 Android.com 上宣布了下一版本命名为 KitKat（奇巧），版本号为 4.4，原始开发代号为 Key Lime Pie（酸柠派）
2015 年 5 月 28 日	Google 2015 年开发者大会发布代号为 Marshmallow（棉花糖）的 Android 6.0 系统。Nexus 系列手机这次依然是首批升级为 Android 6.0 的手机产品。Android 6.0 在软件体验和运行性能上进行了大幅度优化，流畅性进一步提高，且更省电
2016 年 5 月 18 日	Google 2016 年开发者大会上发布了 Android 7.0。其新功能以实用为主，如分屏多任务、全新设计的通知控制栏等
2017 年 12 月 13 日	Google 2017 年开发者大会上发布了 Android 8.1 Oreo 的正式版（奥利奥），这个版本有 Android Go Edition 轻量级版本和针对入门机型的优化，还有新的神经网络 API 来帮助开发者去创建基于设备的机器学习方面的应用，包括图像识别、预测等
2018 年 5 月 8 日	Google 2018 年开发者大会上发布了 Android 9.0 Pie（派）
2019 年 5 月 8 日	Google 2019 年开发者大会上宣布 Android 系统的重大改变，不仅换了全新的 Logo，命名方式也改变了，发布了 Android Q，即 Android 10 系统
2021 年 5 月 19 日	停办一年的 Google 开发者大会重新回归线上举行。在 Google 2021 年开发者大会上，官宣史上最具个性的 Android 系统——Android 12（而这次官方又给出了 Android 12 版本的甜点代号：刨冰 Snow Cone（刨冰）），采用全新的 Material You 设计语言，用户能自定义 UI 主题色，加入大量圆角、光影和系统动效
2022 年 5 月 12 日	Google 2022 年开发者大会上发布了新一代 Android 13。Google 也宣布即日起释出第二波 Android 13 公开预览版本。Android 13 的特点主要表现在隐私和安全、大屏、折叠屏及小内存手机优化、QR 扫描器、媒体流转等方面。Android 13 的代号为“提拉米苏”
2023 年 5 月 11 日	Google 2023 年开发者大会上正式发布了 Android 14。虽然是大版本更新，但是提升不大，只是小修小补。本次发布会 Google 带来了自家的 AI 语言模型 PaLM 2、Pixel Fold 折叠屏、Pixel 7a 手机
2024 年 5 月 15 日	新一代 Android 系统 Android 15 以代号 Vanilla Ice Cream 正式亮相

1.2 Android 的特点

Android 自诞生后，发展非常迅速。根据相关数据显示，在 2010 年第四季度，Android 就占据了全球智能手机操作系统市场 33%的份额，首次击败 Symbian 系统成为全球第一大智能手机操作系统。

Android 的成功和流行与 Google 收购 Android 后所采取的各种支持措施是分不开的。Google 作为以互联网搜索引擎著名的网络公司，其开发的 Android 内部集成了大量的 Google 应用，如 Gmail、Reader、Map、Docs、Youtube 等，涵盖了生活中各个方面的网络应用，这对长期使用网络、信息依赖度比较高的人群十分合适。各种移动设备也从以桌面 PC 为中心转变到以互联网为中心。

除此之外，因为 Google 的全面计算服务和丰富的功能支持，Android 应用已拓展到手机以外的其他领域。Android 平台的通用性可以适用于不同的屏幕、有线和无线设备。Android 系统和应用程序开发人员将更多地涉足多媒体、移动互联网设备、数字视频和家庭娱乐设备、汽车、医药、网络、监测仪器、工业管理和机顶盒等众多领域，这预示着 Android 具有相当广阔的市场和发展前景。

1.2.1 Android 的优点

1. 开放性

Android 的优势首先就是其开放性，开发的平台允许任何移动终端厂商加入到 Android 联盟中来。Android 最底层使用 Linux 内核，用的是 GPL 许可证，而 Google 以 Apache 开源许可证的授权方式发布 Android 的源代码，供其他手机厂商直接使用手机操作系统，并允许各厂商按照自己的需要进行个性化定制。

开放性对于 Android 的发展而言，有利于积累人气，把更多的消费者和厂商包含进来。对于消费者来说，最大的益处就是拥有丰富的软/硬件资源。同时，开放的平台也会带来更多竞争，这使得消费者可以用更低的价位购得心仪的手机。

2. 网络接入自由

在过去很长的一段时间，特别是在欧美地区，手机应用往往受到运营商的制约，包括功能和接入的网络等。自 Android 上市以来，用户便可以更加方便地连接网络，运营商的制约逐步减少。目前，Android 系统的手机已可以摆脱运营商的束缚，随意接入任何一家运营商的网络。

3. 丰富的硬件支持

由于 Android 的开放性，Android 系统对硬件的兼容性非常好，这就为终端厂商提供了多种选择，他们推出了功能各具特色的产品。虽然功能上各有差异和特色，但不会影响应用程序的数据同步，甚至软件的兼容。例如，不同手机的换用，可以很方便地将原有优秀的软件、联系人等资料进行转移。这也表明了应用程序的无界限。Android 上的应用程序可以通过标准 API 访问核心移动设备功能，通过互联网，应用程序可以声明其功能可供其他应用程序使用。

4. 方便开发

Android 平台提供给第三方一个十分宽泛、自由的开发环境，因此开发者不会受到各种因素的约束和限制。这极大地促进了更多新颖别致的软件及大量的 Android 应用程序的诞生。而这些应用程序是在平等的条件下创建的，移动设备上的应用程序可以被替换或者扩展，即使是像拨号程序这样的核心组件。

广泛的应用来源让使用者可较为方便地获取自己想要的应用，坚实的消费者基础让开发者有动力开发更多、更好的应用软件。移动市场相关研究公司的研究报告指出，早在 2012 年第一季度上传至 Android Market 的应用程序数量就已经超过 50 万，该数字已经紧追同期 App Store 的 60 万的数量。而 2012 年 11 月，Android 应用总数已经达到 70 万余款，与 iOS 的不相上下。发展至今，Android 应用的总数已达数百万款之多，各种类型的应用程序琳琅满目。并且，越来越多的手机厂商和第三方公司也推出了自己独立的 Android 应用商店，提供特定品牌或特定地区用户喜欢的应用程序。

5. 无缝结合 Google 应用

从搜索巨人到全面的互联网渗透，Google 服务如地图、邮件、搜索等已经成为连接用户和互联网的重要纽带。而作为 Google 的重要项目，Android 也具有先天的优势，它可以将这些优秀的 Google 服务进行无缝集成、对接，并在手机平台上进行广泛的应用，为消费者提供极致的使用体验。

1.2.2 Android 的缺点

Android 在发展的过程中也存在一些问题，主要表现如下。

1. 应用程序质量参差不齐，恶意程序数量加速增长

Android 平台给开发者提供了比较宽松、自由的环境，但同时也造成了关于应用内容的问题。在 Android 野蛮生长的很长时期，谷歌应用商店 Google Play 内充斥着大量“粗犷”的 Android 应用，从应用程序编写缺乏安全性、可致使黑客劫持，到窃取信息或拨打骚扰电话、发送吸费短信等。例如，据市场调研机构 G DATA 的数据显示，2015 年第一季度，Android 平台就出现了 50 万个新增的恶意应用程序，平均每 18 s 就会“诞生”一款新的恶意程序，每天有近 5000 款。很多恶意应用程序被下载超过 70 万次后才会被 Google 从应用商店中删除，这在一定程度上助长了恶意应用程序在 Android 平台上肆虐。因此，Google 也在采取一些弥补措施，加强了对 Android 应用程序的审核和筛选机制，抑制 Android 平台上恶意应用程序的数量增长，从而提高用户信任度，促进整个 Android 应用市场的健康发展。

2. 版本过多，升级过快

由于 Android 具有开放式的特点，所以很多厂商都推出了定制的界面，如 HTC Sense、MOTO Blur、三星 TouchWiz 等。这在提供给客户丰富选择的同时，也造成了版本过多，而厂商升级较慢的情况发生。Google 推出 Android 系统的升级速度很快，而厂商推出新固件需要经过深度的研发，这就带来了升级滞后等一系列问题。

3. 用户体验不一致

由于 Android 在不同的厂商和配置下均有机型，所以会造成有些机型运行 Android 系统流畅，而有些则会出现缓慢、卡顿等问题。Android 应用的开发者也会对不同机型用户的体验效果造成困惑，不利于为用户带来体验一致的产品。

4. 系统费电严重，系统续航能力不足

由于系统和应用的数量越来越多，这些程序都会实时运行，更新消耗系统的 CPU、内存和网络流量等资源，这也会导致手机电量的损耗。而且可以发现，退出的应用程序依然会占用系统内存，并继续在后台运行，这也会浪费一定的电量。

1.3　Android 的发展趋势

进入智能手机时代已有十几个年头，智能手机已被用户广泛接受，而手机操作系统已成为手机厂商间的竞争重点。手机操作系统市场受终端厂商参与力度、应用丰富程度、运营商的支持和全球 3G、4G、5G 网络普及所激发的用户对移动数据业务需求等因素影响。

当前，平台大战的第一个阶段已经结束，苹果和 Google 都是赢家。苹果市场份额较 Android 少，但统治了高端市场，凭借其市场定位和出色的执行力，它在流量、内容和创收上占据了大部分的份额。而 Google 凭借每年对 Android 的迭代升级，在用户体验、流畅性、内存、续航、安全、隐私、机器学习等方面取得进步，从而主导市场。

Android 手机的快速发展，离不开 Google 的开放性政策，包括操作系统源码、第三方配件的硬件设计和系统 API。借助这个平台，第三方应用软件和配件层出不穷，并且均可得到 Android 设备的兼容支持。但是，开放性的背后是碎片化。Android 系统的碎片化，让安全、隐私问题存在风险，且用户体验不一致。

Google 一直努力从技术角度来解决碎片化问题。例如，从 Android 8.0 提出 Treble 项目，重新架构系统将 System 与 Vendor 解耦合，以加快 Android 新版本的适配；后续的 Android P 及 Android Q 一直在不遗余力地持续完善 Treble 项目，希望在保持 Vendor 不变的情况下，可以独立升级 System 模块；Android 10.0 提出“Project Mainline”，将对隐私、安全、兼容性造成重大影响的少数模块独立成 module，每个 module 打包成 APEX 格式（一种类似于 APK 的新格式），由 Google 通过应用商店定期来升级，从而保证低版本的手机不会因为碎片化而得不到隐私、安全与兼容性的更新。

总体上来说，Android 的发展前景还是十分看好的，不仅有较大的市场份额、较多的消费者，还有众多的开发团体。但是，如果它在人性化设计、创新等方面没有持续改进的话，慢慢地也会被市场淘汰，因此，Google 在 Android 上的创新和布局一刻也没有停歇。

例如，Google 在 2019 年推荐 Android 首选语言 Kotlin，它是一门与 Swift 类似的静态类型 JVM 语言，由 JetBrains 设计开发并开源。它与 Java 互通，可相互转换。Kotlin 编译成 Java 字节码，也可以编译成 JavaScript，运行在没有 JVM 的设备上，简洁安全。使用 Kotlin 可以更快速地编写 Android 应用，从而提高开发者的工作效率，少编写样板代码。

目前，Android 在应用层次的发展已经见顶，未来的发展主要集中在人工智能和 5G 结合的产业，智能汽车、智能家居、IoT、虚拟化等都将是 Android 发展的广阔市场。Google 在 2014 年发布面向穿戴市场的 Android Wear、智能车载操作系统 Android Auto、智能电视操作系统 Android TV；在 2016 年年度开发者大会上首次推出 Android Things 物联网智能操作系统，并在两年后的 2018 年年度开发者大会前夕正式发布。这些动作说明了 Google 在这些领域全方位构建 Android 的生态圈。

- 2023 年是人工智能取得非凡进步的一年。大语言模型（LLM）技术在医疗、技术、教育、交通、金融，甚至娱乐领域都产生了前所未有的影响。而对于 Google 来说，提到人工智能就不得不提的是阿尔法围棋（AlphaGo）。这个程序在 2016 年 3 月与围棋世界冠军、职业九段选手李世石进行了人机大战，并以 4∶1 的总比分获胜。2017 年初，AlphaGo 化身神秘网络棋手 Master 击败包括聂卫平、柯洁、朴廷桓、井山裕太在内的数十位中日韩围棋高手，在 30 s 一手的快棋对决中无一落败，拿下全胜战绩，这给围棋界和科技界带来了深刻的影响。对于 Google 来说，今后将会使用相同的方式来改进

Android 手机的智能水平，包括使用 Chat GPT 等技术，提升服务人类的能力。多年之前，就有多个品牌推出人工智能语音助理设备，如 Google 的 Assistant AI、亚马逊的 Alexa 和三星收购的 Viv。Android 厂商如 HTC、索尼和大部分其他商家也与 Google 开展了合作。Google 在 2023 年推出了其迄今为止功能最强大的 AI 模型 Gemini、聊天机器人 Bard 和搜索中试水生成式人工智能。在 2023 年 5 月的 Google 开发者大会上，Google 除了发布三款硬件之外，最引人瞩目的就是人工智能方面的规划和成果，既包括 Google 一贯强调的整合信息、学习，还包括人工智能成为创作力辅助，帮助企业更好地创新产品。

- Google 已经开发了一套完整的协议，来搭建整个自动化框架，让所有 Android 设备和第三方配件进行连接和沟通。比如，洗衣机会根据手机中的日程安排自动运行，灯光会根据用户玩游戏的情绪调整亮度，温控系统则通过手机里的天气预报信息来控制温度等。Google 曾用自行车来进行演示，通过骑自行车来控制 Android 手机玩游戏。类似的设备还有音箱、闹钟，甚至电饭锅、电冰箱等。Google 已经设计了一个可控的 Tungsten 照明插座，它可以用手机调节明暗。另外，还有支持 NFC 标签的 CD，在用手机或者平板计算机读取信息之后，会把专辑加入播放列表中，自动从云端下载整张专辑。再结合 Google TV，家中的所有电器设备都将会通过 Android 手机、平板计算机、电视机进行集中控制。而第三方配件标准出台，则吸引了家电厂商推出各种各样的 Android 系统的电器产品。
- 以 2014 年 FaceBook 以 20 亿美金收购 Oculus 为代表，诸如三星、Google、索尼、HTC 等国际消费电子巨头均宣布自己的虚拟现实（VR）设备计划。随着互联网普及、计算能力、3D 建模等技术的进步大幅提升 VR 体验，虚拟现实商业化、平民化将有望得以实现。VR 行业现在最缺的是平台，是操作系统。而 Google 在 21 世纪 10 年代中期，通过 Glass、Cardboard 和 Daydream，似乎已经在拥有下一个形态的道路上取得了不小的进展。对于 VR 来说，移动 VR 的想象力要比 PC 或者主机 VR 的想象力更大，AR/VR/XR/MR 可穿戴设备是未来的方向。眼镜是唯一一种可能取代智能手机成为人们主要佩戴设备的形态。事实上，它可能会进一步发展，因为悬浮屏幕（和虚拟键盘）甚至可能取代笔记本计算机和台式机。很多关注者认为掌握下一个形态比当前在一切上都添加人工智能的竞争更为重要。但是，目前市场上的 AR（增强现实）应用还不广泛，主要的一个原因就是技术达不到应用场景需求，不论是 4G 和 WiFi，都达不到高清实时视频的传输带宽和延迟指标。而 5G 的高可靠性、低延时和低功耗就可以解决这个问题。因此，5G 对于 Android 来说是一个机遇，但同时更是一个挑战。2021 年 10 月，Google 重组了内部专门研发创新的神秘实验室 Google Labs，业务包括 AR、VR、Project Starline（全息视频通话）和 Area 120 内部孵化器，以及其他高潜力的长期项目。
- 天生的移动特性加上越来越多的互联网服务需求，汽车需要一个具备多种感知能力的系统，或将成为继手机、电视后 Android 的下一个重点开拓领域。受到驾驶安全的限制，车载场景正好需要将以往的触屏按钮的交互方式，转向语音交互和生物感知，车舱内是天然的语音交互场景，而不再是传统的输入模式，语音和图像识别、人工智能等技术或许会在车载领域得到更大的发展。Google 的车载路线是渐进式发展的，从手机切入驾驶场景，再逐渐深入车辆，并且从 IVI 系统转向包含底层控制系统的方向。Android Auto 在过去几年里用户量快速增长。在 2024 年的 CES 展会上，Google 公布了一系列针对 Android Auto 软件的功能改进，包括 Chrome 浏览器更新，以及对地图、PBS Kids 儿童影音平台、Crunchyroll 影音平台、The Weather Channel 天气应用等的改进和支持，并且表示未来还将继续引入更多实用功能来提升用户体验。

对于使用者来说，任何操作系统都做了输入和输出两件事：接收外部输入、经过系统处理后输出信息。而移动操作系统的演变过程，就是从按键交互的 Symbian 功能机到触摸屏交互的 Android/iOS 智能机，从小屏幕机到全面屏、曲面屏、刘海屏、水滴屏。

从按键式交互到触屏式交互，伴随着 Symbian 系统到 Android 系统的转变，未来的交互方式一定会更加生物智能化，当下的触屏交互可以理解成人类的触觉输入方式，未来将朝着人们更常见的语音输入和书写、身体姿势、表情等视觉输入，这需要更加无缝地切入生活，而不是“停一下，你先告诉我你要干什么”。

屏幕从小尺寸到大尺寸，并没有引发操作系统变革，因为技术创新是非连续性的，非连续性才会引发第二曲线，诞生新技术。从 1960 年的大型机到 1990 年的个人笔记本计算机，再到现在的智能手机，设备本身越来越小。未来的设备如果发生非连续变革，可能不再需要实体硬件，随处可输出，如一张白纸、一面墙，到那时，操作系统的 UI 架构必然是全新的革命。

因此，未来在人工智能和 5G 的赋能下，谁能够在输入与输出上产生奇点，重新定义人们的设备使用和生活方式，谁就能引领未来。机遇与挑战并存，或许这也正是国内一些企业需要思考并提前进行谋划布局的。

新操作系统的崛起源于降维打击，直线超车很难，需要有非连续变革，如果只是某种程度上的改进，则很难突破用户习惯、厂商及生态圈的阻碍。例如，Google 在 2021 年 5 月正式向市场推出了 Fuchsia OS：从 Nest Hub 最先开始，Google 的操作系统可以在现实的消费类装备上运行。Fuchsia 在 IoT 领域及新的交互方式方面都很出色，加上万物无缝式的互联互通的平台，拥有跨平台型特性的 Fuchsia 有机会成为超级平台。但它要形成降维打击还有很长的路要走。

1.4　思考与练习

1. 主流的手机操作系统有哪些？调查这些手机操作系统主要运用在哪些手机和型号上。
2. Android 为什么能够在推出后的短短几年时间内脱颖而出，占据市场的首位？
3. 简述 Android 的优势。
4. 你是如何看待 Android 今后的发展的？
5. 比较 iOS 与 Android 的优缺点。
6. 你觉得国内的企业如何才能在移动操作系统市场上做得更好？

第2章 Android 开发环境搭建

在开始 Android 开发之前，首先需要把开发环境搭建好。早些年的时候，Android 的开发是基于开源集成环境 Eclipse+ADT（Android Developer Tool）插件+Android SDK 的方式。在2013年的 Google 开发者大会上，发布了新的 Android 集成开发环境（IDE）“Android Studio 1.0版”，并作为官方的 Android 开发工具，建议开发者转向 Android Studio。2015年，Google 宣布终止对 Eclipse+ADT 的开发并停止支持，把重心完全转移到 Android Studio。

本章主要介绍在 Windows 环境下搭建 Android 开发环境，包括开发包和工具的下载、安装和配置，以及 Android 项目的创建和管理。这些内容是开发 Android 应用程序的第一步，也是开启 Android 开发之旅的必经之路。

2.1 开发环境安装系统要求

Android Studio 集成开发环境是以 IntelliJ IDEA 为基础构建而成的。除了 IntelliJ 强大的代码编辑器和开发者工具，Android Studio 还提供了更多可提高 Android 应用构建效率的功能。为了顺利安装和使用 Android Studio，一般尽量选用具有较高硬件和软件配置的计算机。在硬件方面，要求 CPU 和内存尽量大，建议采用酷睿 i5、8G 内存以上配置。Android SDK 大概需要 4 GB 硬盘空间。另外，Android Studio 中的每个模拟器都需要比较大的硬盘空间进行存储，建议硬盘空间至少在 500 GB 以上。由于开发过程中可能需要反复重启模拟器，而每次重启都会等待一段时间，因此使用高配置的机器，特别是使用固态硬盘（SSD）能够给开发者节约不少时间。

在操作系统方面，Android Studio 支持目前主流的 Windows、macOS 和 Linux 系统，具体见表 2-1。

表 2-1 支持 Android Studio 的操作系统

操作系统（OS）	要 求
Windows	Windows 10（64 位）或更高版本
macOS	10.14（Mojave）或更高版本
Linux	64 位 GNOME 或 KDE 桌面、Unity DE

Android 的开发现在支持 Java 和 Kotlin 两种语言。Android Studio 是一个 Android 集成开发工具，基于 IntelliJ IDEA，安装以后就集成了两种语言的开发包。本书是以 Java 作为开发语言的，JRE（Java Runtime Environment）在默认安装的 Android Studio 中已包含，包括至少一个 API 版本的 Android SDK。

2.2　Android Studio 的安装和配置

Android Studio 提供了开发和构建 Android 应用的所有工具，包括智能代码编辑器、布局编辑器、代码分析和调试工具、应用构建系统、模拟器及性能分析工具等。

2.2.1　Android Studio 的安装

相比 Eclipse，Android Studio 的安装轻松很多。输入 Android Studio 官方网址：https：//developer. android. google. cn/studio，在页面中可以找到当前最新 Android Studio 的下载按钮（默认 Windows 版），如图 2-1 所示。

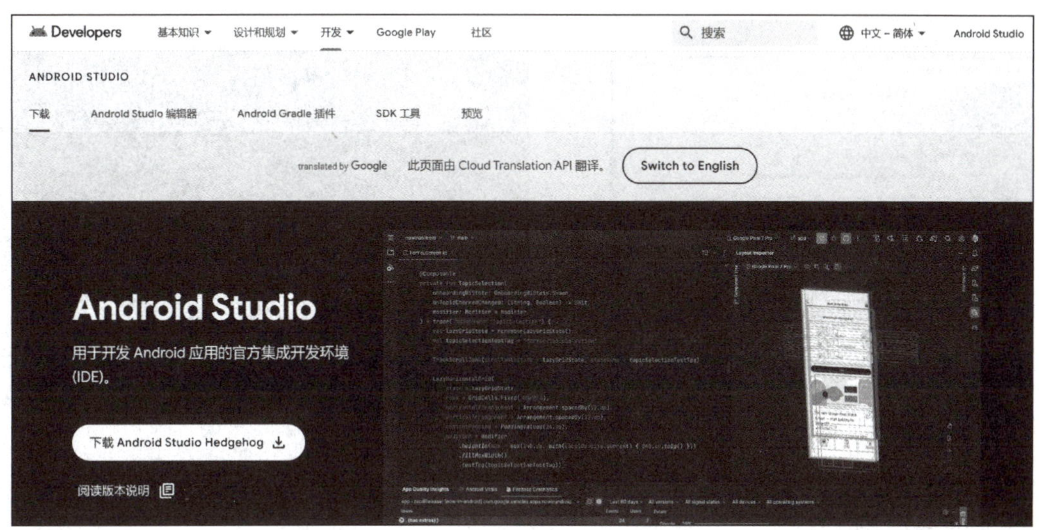

图 2-1　Android Studio 官方首页

不同版本的 Android Studio 的安装大同小异。如果需要安装其他 OS 版本的 Android Studio，单击“阅读版本说明”按钮，在出现的界面左侧列表中根据需要选择下载历史上发布的不同版本的 Android Studio，如图 2-2 所示。

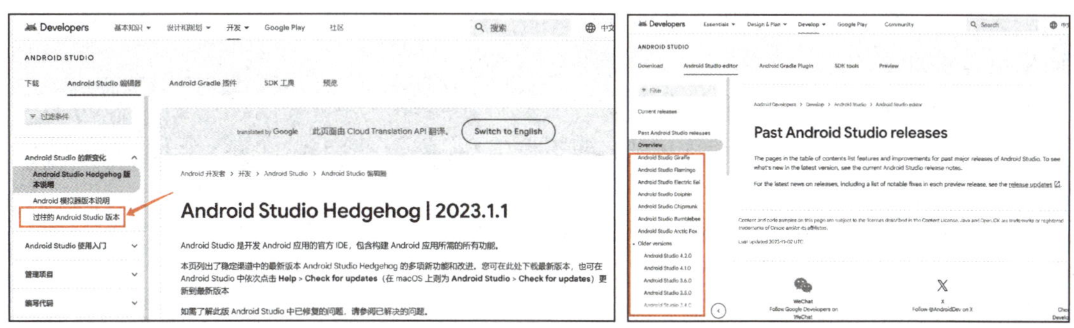

图 2-2　Android Studio 的其他不同版本

下面以 Android Studio Arctic Fox（android-studio-2020. 3. 1. 25-windows）为例进行介绍。下载安装文件，双击它即可开始安装。首先是选择需要安装的组件，其中 Android Studio 是必

选项，Android SDK 和 Android Virtual Device 是可选项，如果是第一次安装，则都需要选择安装，如图 2-3 所示。

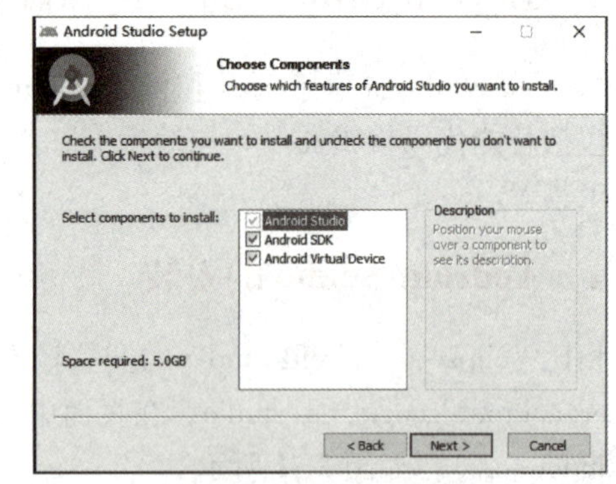

图 2-3　选择安装组件

单击“Next”按钮，进入同意安装许可协议界面。单击“I Agree”按钮后，出现图 2-4 所示的界面，这里需要选择 Android Studio 和 Android SDK 的安装路径。确定后即进行系统的安装。

安装完成后需要对几项配置进行选择，一般按照默认选择即可。完成后，出现图 2-5 所示的欢迎页面，这时就可以开始 Android 的开发之旅了。

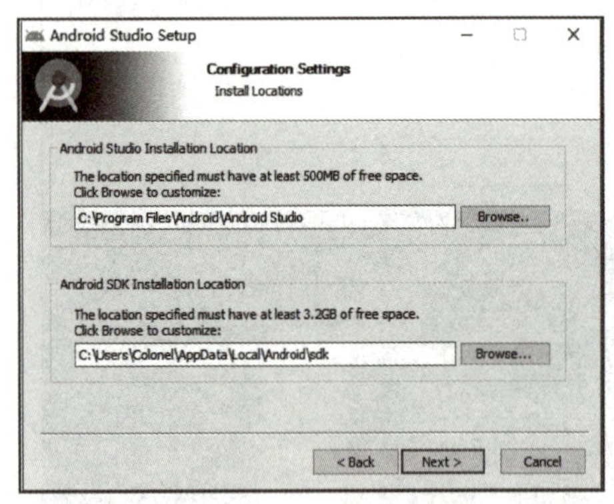

图 2-4　安装路径选择

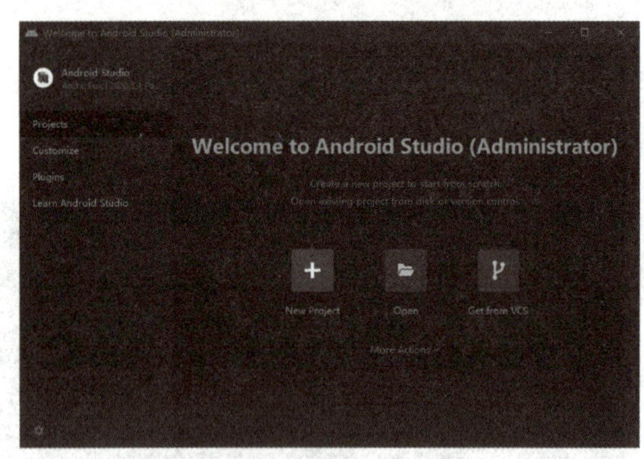

图 2-5　Android Studio 欢迎页面

2.2.2　模拟器的创建

要调试、运行 Android 项目，可以通过真机或模拟器。但是，直接使用 Android 手机来开发存在很多不方便的地方，因此大多都是采用模拟器的方式。模拟器有两种：一种是 Android Studio 自带的，另一种是基于第三方的，包括 Genymotion、夜神、雷电等。Google 公司从 Android 1.5 开始引入了 Android 虚拟设备（Android Virtual Device，AVD）的概念，它是一个经过配置的模拟器。经过多年的改进，目前它的性能已日趋稳定。因此，下面以 AVD 为例，说明模拟器的创建。

AVD 是对 Android 模拟器进行自定义的配置清单，创建 AVD 时可以配置的选项包括：模拟器外观、支持的 Android 版本、触摸屏、轨迹球、摄像头、屏幕分辨率、键盘、GSM、GPS、Audio 录放、SD 卡支持和缓存区大小等。配置 Android 模拟器的具体步骤如下。

1）在 Android Studio 中选择“Tools”→“AVD Manager”命令，或者在工具栏找到图标单击打开，出现 AVD 管理器界面，如图 2-6 所示。

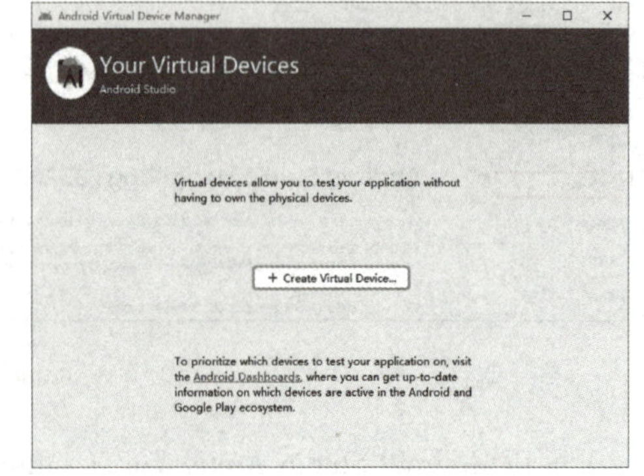

图 2-6　AVD 管理器界面

在 AVD 管理器中，用户可以看到目前已经创建的模拟器。如果是第一次创建，则显示创建按钮。

2）单击“Create Virtual Device”按钮，出现图 2-7 所示的对话框，选择需要创建的模拟器机器类型。单击“Next”按钮，选择安装的系统镜像（如果选择的系统版本镜像没有下载，则要先下载才能进入下一步），如图 2-8 所示。

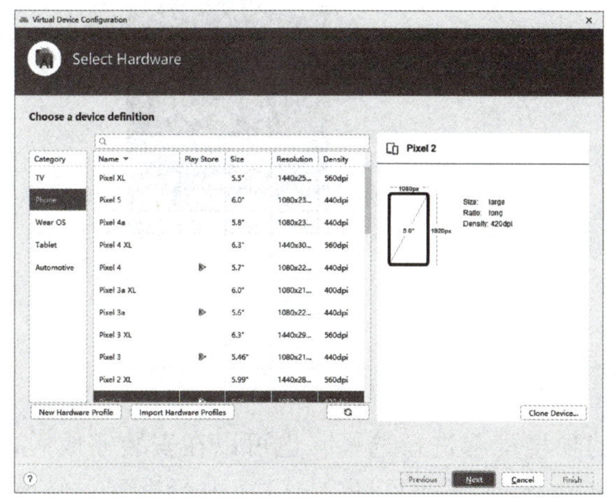

图 2-7　选择机器类型

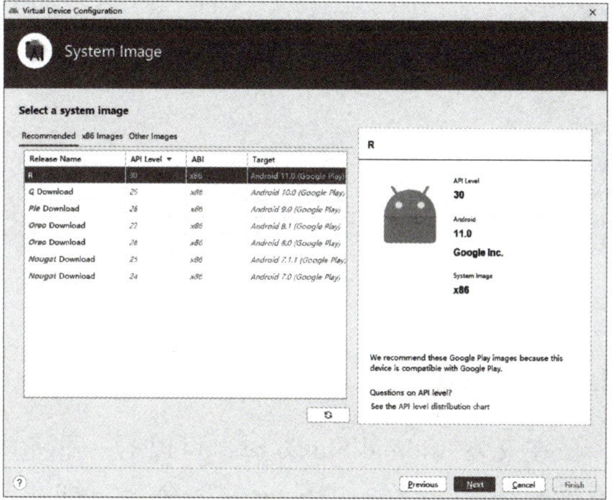

图 2-8　选择系统镜像

3）在出现的确定配置参数对话框中，根据应用需要选择所需参数配置内容，如图 2-9 所示。其中，在“AVD Name”文本框中填写 AVD 的名称，用以区分不同的 AVD；单击“Show Advanced Settings”按钮可以设置更多的配置参数，如运行的内存大小、SD 存储卡大小等，如图 2-10 所示。

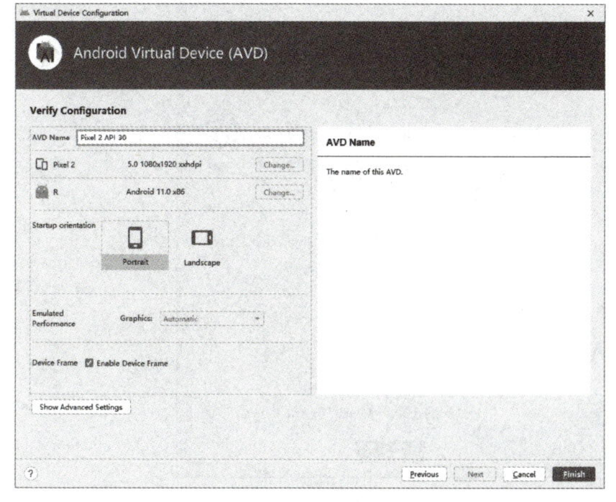

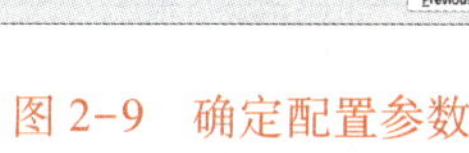

图 2-9　确定配置参数

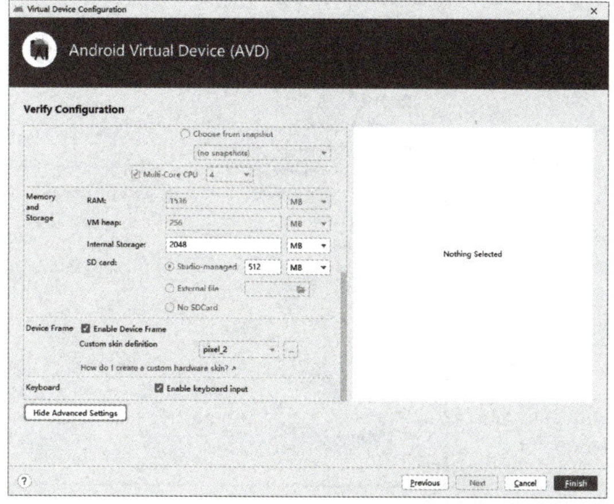

图 2-10　设置更多的配置参数

4）单击“Finish”按钮，即可成功创建 AVD。此时在 AVD 管理器中就可以找到所创建的模拟器记录了，如图 2-11 所示。选择该模拟器，在“Actions”项中单击第一个三角启动图标，可启动该模拟器，如图 2-12 所示。还可以在下拉图标中单击“Edit”和“Delete”按钮对创建的模拟器进行配置修改和模拟器删除操作。

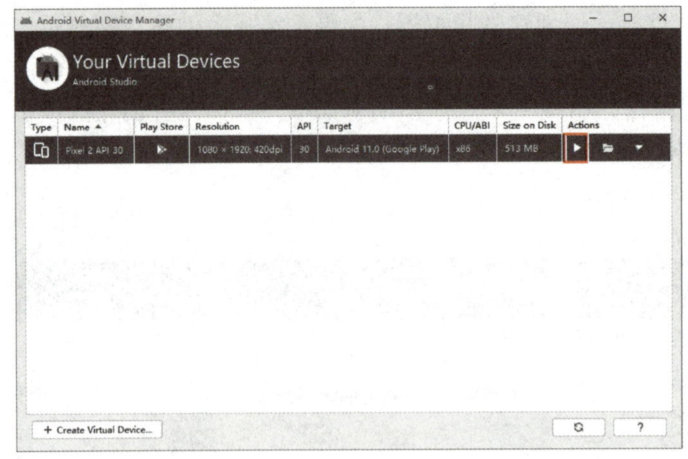

图 2-11　AVD 管理器界面

图 2-12　模拟器运行

2.2.3　环境配置

在安装 Android Studio 时，可以对一些基本的环境配置进行选择，也可以在安装完成后，通过选择“File”→“Settings”命令，打开 Settings 对话框（见图 2-13）进行查看、修改 Android Studio 的开发环境参数。

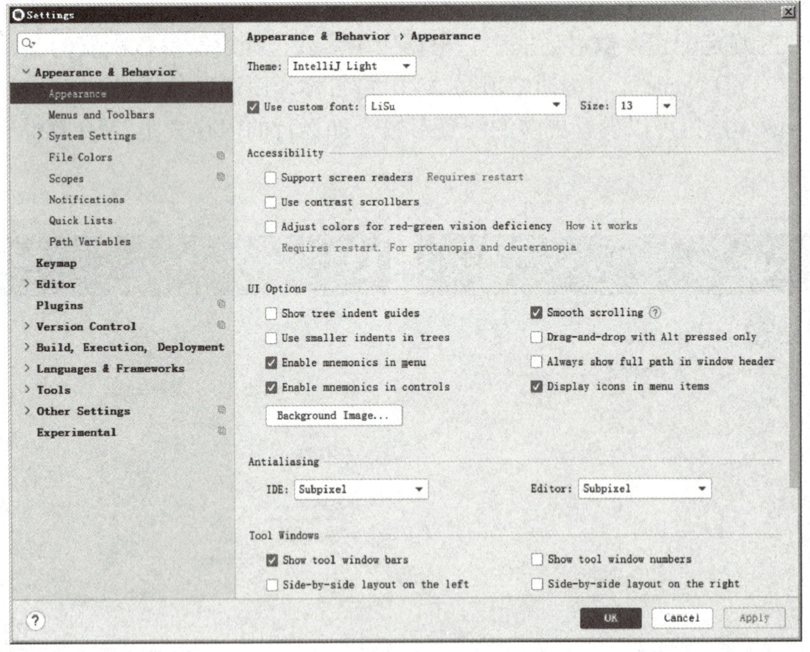

图 2-13　Settings 对话框

例如，选择对话框左侧列表中“Appearance & Behavior”下的“Appearance”项，可以在对话框右侧设置外观、主题方面的配置参数，如在“Theme”（主题）下拉列表框中可以选择“IntelliJ Light”“Darcula”“High contrast”，来改变整个开发环境的界面风格。如果要改变菜单、工具栏上面的字体及大小，可以在“Use custom font”下拉列表框中进行设置。

如果要改变编辑器中代码的字体和大小，可以选择对话框左侧列表中“Editor”下的“Font”项，出现 Font 对话框，进行有关选择设置，如图 2-14 所示。

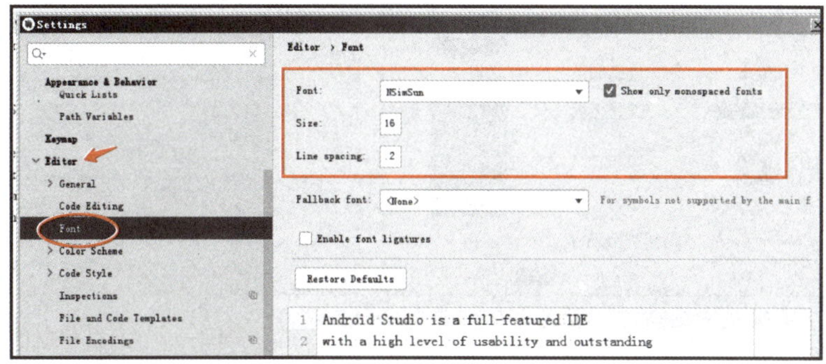

图 2-14　编辑器 Font 对话框

如果用户有其他的一些习惯，均可在 Settings 对话框中对相应项进行设置。

2.3　Android 项目的创建、运行及管理

扫码看视频

为了让读者能够在安装完成 Android 开发环境后对 Android 应用程序开发的整个过程有整体了解与体会，并且能够创建和管理应用项目，本节将介绍一个简单的实例项目——Hello World 的创建和运行。而关于程序代码及说明等详细信息将在第 4 章中给出。

2.3.1　Android 项目的创建和运行

打开 Android Studio 应用，在启动界面（见图 2-15）单击左侧列表中的“Projects”项后，在界面右侧单击“New Project”按钮；或者在打开的项目中选择“File”→“New”→“New Project”命令（见图 2-16）。

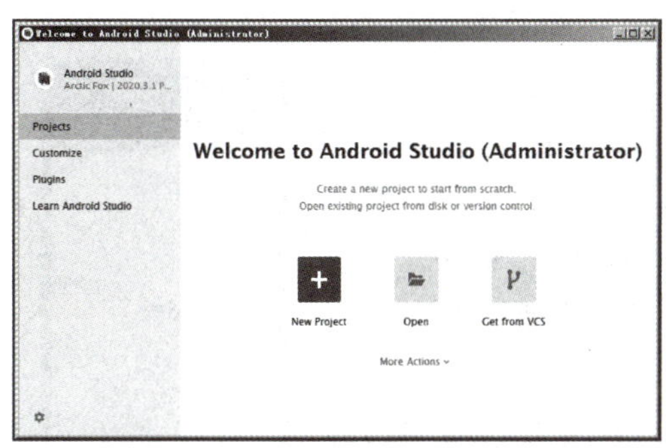

图 2-15　Android Studio 启动界面

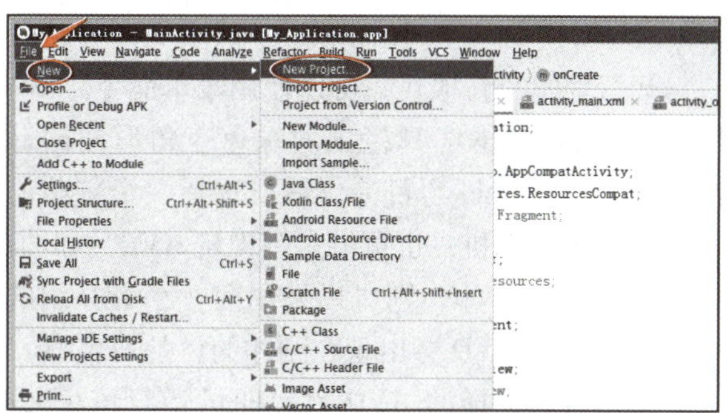

图 2-16　集成环境中的菜单操作

打开“New Project”对话框（见图 2-17），在左侧选择应用类型，一般使用“Phone and Tablet”，然后在右侧选择一种 Activity 类型，再单击“Next”按钮，进入项目基本信息界面，如图 2-18 所示。

在给定项目名称、包名、保存位置、语言、最小 SDK 等信息后，单击“Finish”按钮，等待一定的时间，Android Studio 即根据前面选择的信息生成一个新的 Android 项目框架（这里的输入都是默认项），如图 2-19 所示。

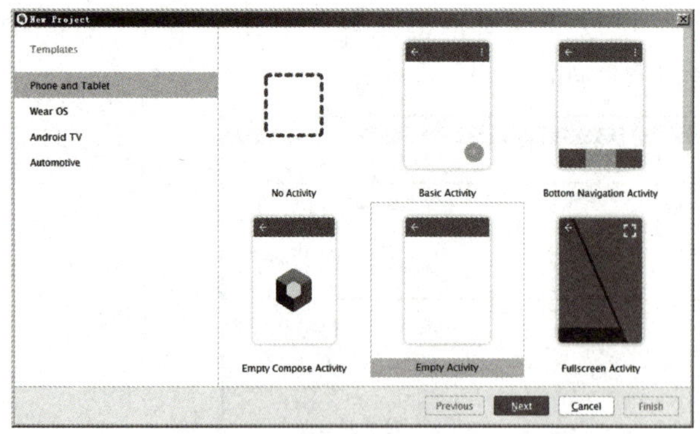

图 2-17 “New Project”对话框

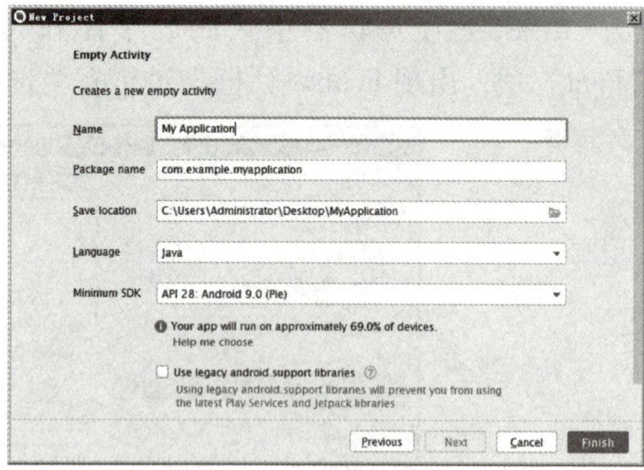

图 2-18 项目基本信息界面

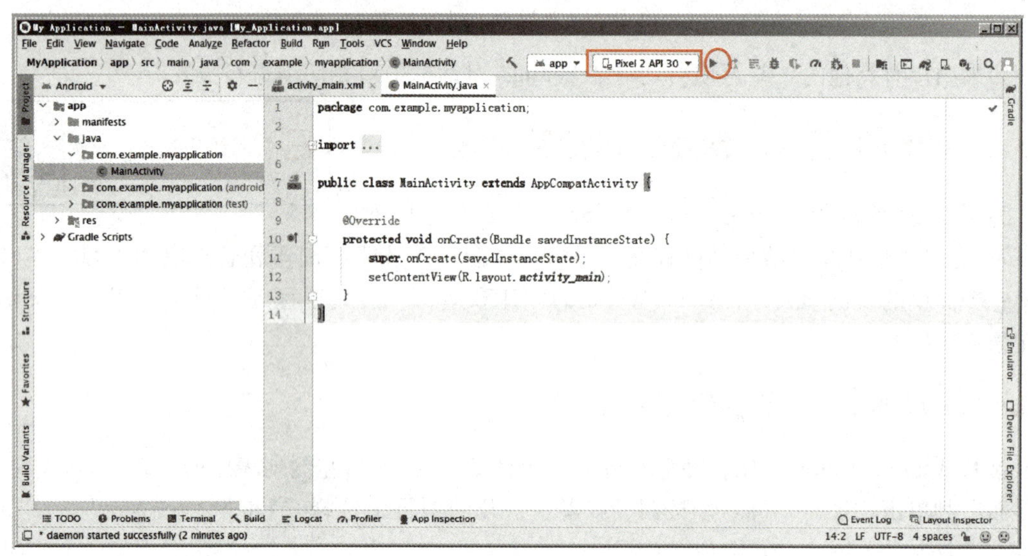

图 2-19 生成一个新的 Android 项目框架

运行生成的新项目，可以使用菜单命令“Run‘app’”（快捷键<Shift+F10>），或者单击工具栏中的绿色三角形按钮（见图 2-19 中的圆圈所注）。运行 Android 项目前，需要选择一个装载的设备，可以是与开发计算机相连接的真机，也可以是模拟机 AVD，如图 2-19 中的方框所注。如果没有所需的 AVD，则可以采用前一小节介绍的方法，先生成新的虚拟设备。生成的 AVD 会出现在刚才的设备列表中。

单击启动选择的 AVD 后，即可运行该模拟器，并装载前面生成的 Android 项目，在最后就可以看到第一个 Android 项目的运行效果了，如图 2-20 所示。

图 2-20 项目运行效果

2.3.2 Android 项目的管理

在 Android Studio 中开发 Android 应用程序都是以项目的方式进行管理的。前一小节已经演示了创建一个 Android 项目的过程，接下来将介绍如何对 Android 项目进行一些基本的管理，包括 Android 项目的打开、保存和删除等。

1. 打开项目

1）启动 Android Studio，选择“File”→“Open”命令，会弹出“Open File or Project”对话框，如图 2-21 所示。

2）在弹出的“Open File or Project”对话框中，选择要导入项目或文件的位置。

3）单击“OK”按钮，在弹出的图 2-22 所示的对话框中，选择在新窗口中打开项目，或直接在当前窗口打开项目。

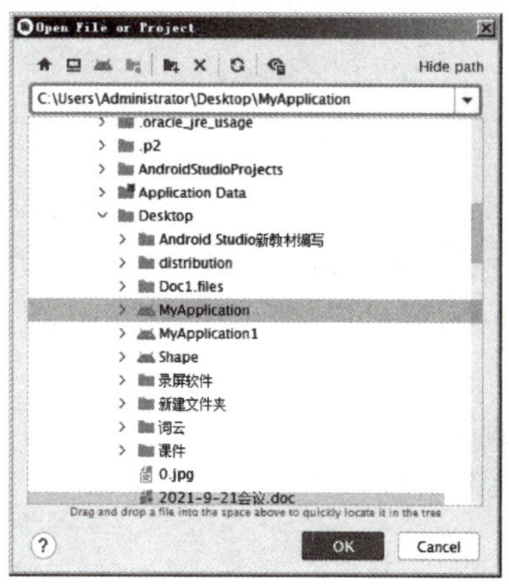

图 2-21　“Open File or Project”对话框

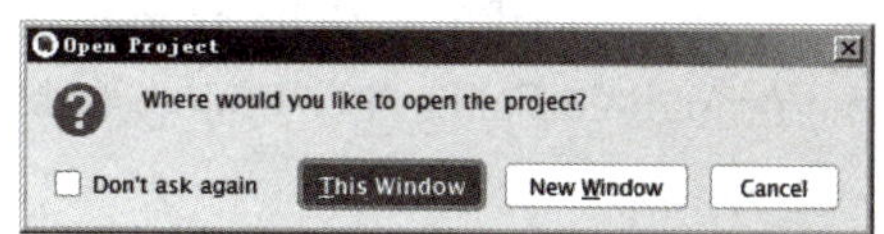

图 2-22　选择打开位置

2. 保存项目

Android 项目可在编辑过程中使用<Ctrl+S>快捷键来保存，也可以根据自己的需求使用“File”→“Save All”命令进行保存。默认的保存路径是 Android 项目原本所在位置。

3. 删除项目

选择“File”→“Project Structure”命令，出现“Project Structure”界面，在左侧列表中选择“Modules”项后界面如图 2-23 所示。在“Modules”框中，显示了当前项目（Project）所有的模块（Module）。选中要删除的模块，单击上面的减号图标，弹出“Remove Module”确认对话框，如图 2-24 所示。单击“Yes”按钮，此时选择的项目模块就被删除了。

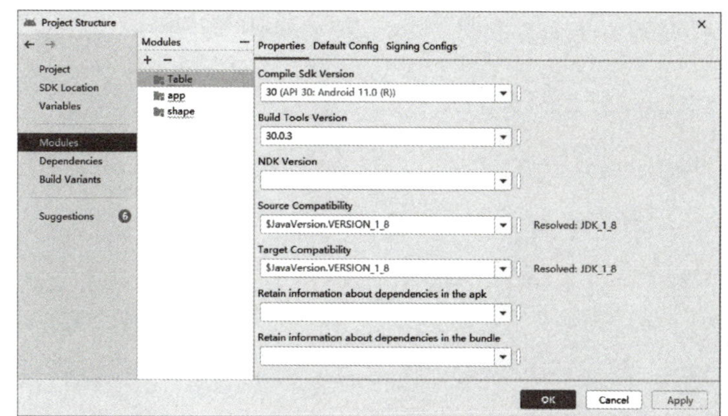

图 2-23　“Project Structure”页面

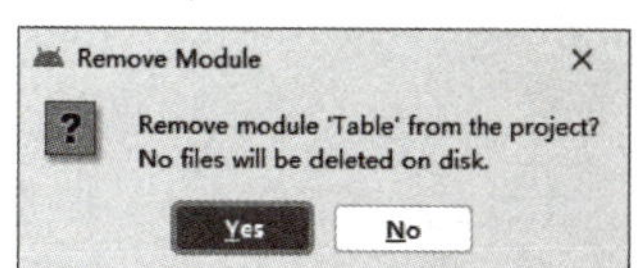

图 2-24　“Remove Module”确认对话框

4. Project 与 Module

在 Android Studio 中，代码工程的组织结构是 Project + Module。其中，Project 和 Eclipse 中的 WorkSpace 是相似的，而 Module 与 Eclipse 中的 Project 是相似的。Module 是一种独立的功能单元，可以运行、测试和调试。

在 Android Studio 中，每一个 Module 可以理解为独立互不干扰的 Android 项目。而一个 Project 就是一个文件夹，在这个文件夹下存放了多个 Android 项目（所谓的 Module）。这样，就可以将相关的 Module 建在同一个 Project 中了，方便对其进行调试和 Module 切换。

2.4 思考与练习

1. 安装 Android Studio 对系统的硬/软件有哪些要求？列出自己系统的相应配置。

2. 在自己的计算机系统中搭建 Android 开发环境，记录安装和配置过程中遇到的问题。

3. 在搭建好的 Android Studio 中，创建一个以“Hello World”命名的 Android 项目，然后创建模拟器并运行。

4. 打开题 3 创建的“Hello World”项目，运行后删除该项目。

5. 在 Android Studio 中，Project 和 Module 有何联系与区别？

第3章 Android 开发 Java 基础

为什么 Google 不选择执行效率更高的 C/C++而选择以 Java 语言作为应用开发语言呢？这是 Google 经过深思熟虑后的选择。

Java 有跨平台优势，手机的硬件可能千差万别，而 Java 软件只要一个执行版本即可。目前的 CPU 和内存等硬件资源与机器性能越来越好，牺牲一点资源的消耗，却可获得架构、安全、扩展和健壮等方面的优势，带来开发效率的极大提升。Java 和 C/C++不同，它的语言和类库是多年积累的，提供了应用最常用的功能。因此，Android 从一开始就得到了广大开发者的青睐，也极大地促进了 Android 系统的繁荣。可以说，Android 的成功是基于 Java 而取得的。

本章将介绍开发 Android 应用程序所需要的 Java 语言基本知识，以便能快速进入 Android 应用程序开发的学习和实践中。本章对于 Java 内容的介绍力求简洁，使读者能够迅速了解 Java 的核心，又不至于陷入语言的细节之中。更多关于 Java 开发的详细内容请参见相关书籍。

3.1 Java 语言简介

Sun Microsystems 公司（下面简称 Sun 公司）的詹姆斯·高斯林（James Gosling）等人在 20 世纪 90 年代初开发了 Oak 项目，即 Java 语言的雏形。随着互联网的发展，Sun 公司对 Oak 进行了改造，并于 1995 年 5 月以 Java 之名正式发布。2009 年 4 月 20 日，甲骨文公司收购了 Sun 公司，Java 也随之成为甲骨文公司的产品。

Java 编程语言的风格十分接近 C++语言。它继承了 C++语言面向对象技术的核心，也舍弃了 C++语言中容易引起错误的指针，改以引用取代。同时移除了 C++运算符重载，也移除了多重继承特性，改用接口取代，增加了垃圾回收器等功能。Java 不同于一般的编译语言，它首先将源代码编译成字节码，然后依赖各种不同平台上的虚拟机来解释执行字节码，从而实现“一次编译、到处执行”的跨平台特性。图 3-1 所示为 Java 的工作原理及流程图。

Java 作为一种编程语言，具有简单、面向对象、分布式、解释性、健壮、安全与系统无关、可移植、高性能、多线程和动态等特性，因而广泛应用于企业级 Web 应用开发和移动应用开发。

要使用 Java 进行应用的开发，首先需要建立起 Java 的开发环境。建立 Java 开发环境就是要在计算机上安装开发工具包并设置相应的环境参数，使得 Java 开发工具包可以在计算机上正确地运行。Sun 公司免费提供的早期开发工具包版本简称为 JDK（Java Developer's Kit）。而 JDK 1.2 版本之后称为 Java 2。Java 2 平台根据市场进一步细分为三个版本：针对企业级应用的 J2EE（Java 2 Enterprise Edition）企业版、针对普通 PC 应用的 J2SE（Java 2 Standard Edition）标准版和针对嵌入式设备及消费类电器的 J2ME（Java 2 Micro Edition）小型版。Android 应用开发中使用的 JDK 是基于 J2SE 标准版的。

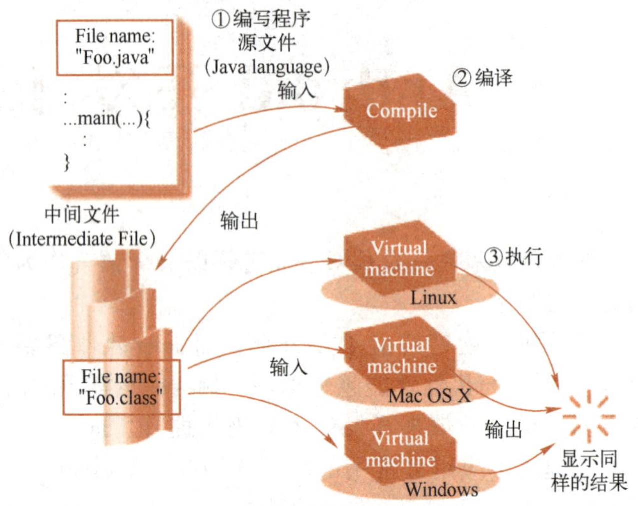

图 3-1　Java 的工作原理及流程图

随着 Java 语言的迅速发展，各大厂家都纷纷推出了很多功能强大的开发工具。目前常用的 Java 集成环境开发工具包括：Sun JDK、Sun Java WorkShop、Borland JBuilder、IBM VisualAge for Java、Microsoft Visual J++和 Eclipse 等。

建立好 Java 开发环境（JDK）和集成开发工具之后，就可以开始编写 Java 程序了。Java 程序分为应用程序（Application）和小应用程序（Applet）两种类型。其中，Applet 一般用于 B/S 页面上，作为插件而开发，而 Application 主要是桌面应用程序的开发，两者的区别如下。

1）运行方式不同：Application 是完整的程序，可以独立运行；Applet 程序不能单独运行，它必须嵌入用 HTML 语言编写的 Web 页面中，通过与 Java 兼容的浏览器来控制执行。

2）运行工具不同：Application 程序被编译以后，用普通的 Java 解释器就可以使其边解释边执行；而 Applet 必须通过浏览器或 Applet 查看器才能执行。

3）程序结构不同：每个 Application 程序有一个且只有一个 main 方法，程序执行时，首先寻找 main 方法，并以此为入口点开始运行。含有 main 方法的类常称为主类，即 Application 程序都含有一个主类。而 Applet 程序则没有 main 方法的主类。这也是 Applet 程序不能独立运行的原因。Applet 有一个从 java. applet. Applet 派生的类，它是由 Java 系统提供的。

4）受到的限制不同：Application 程序可以进行各种操作，包括读/写文件。但是 Applet 对站点的磁盘文件既不能进行读操作，也不能进行写操作。然而，Applet 却可以使 Web 页面具有动态效果和交互性能。

3.2　结构化程序设计

Java 是一个面向对象的语言。面向对象的编程是以面向过程编程为基础发展而来的，而结构化程序设计是面向过程编程的重要内容。面向对象编程的核心思想之一就是“复用”，即程序模块可以反复应用在同一个甚至不同的应用软件中，从而提高开发效率并降低维护成本。而这些被复用的程序模块内部，仍然需要严格遵循传统的结构化程序设计原则。本节就具体讨论 Java 中的结构化程序设计，主要包括基本数据类型、运算符、表达式和控制语句等，这些与 C/C++基本上是相同的。

3.2.1　数据类型

程序中的每个数据都有数据类型，它决定了数据在内存中的存储及操作方式。Java 数据类型分为基本数据类型和引用数据类型两种。

基本数据类型包括布尔型、整型、字符型与浮点型，见表 3-1。引用数据类型包括数组（Array）、类（Class）和接口（Interface），它们是以一种特殊的方式指向变量的实体，这种机制类似于 C/C++的指针。这类变量在声明时不分配内存，必须另外开辟内存空间。

表 3-1　Java 的基本数据类型

数据类型	字　节	表示范围
boolean（布尔型）	1	布尔值只能是 true 或 false
char（字符型）	1	0~255
byte（字节型）	1	-128~127
short（短整型）	2	-32768~32767
int（整型）	4	$-2^{31}\sim2^{31}-1$
long（长整型）	8	$-2^{63}\sim2^{63}-1$
float（单精度浮点型）	4	-3.4E38（-3.4×10^{38}）~3.4E38（3.4×10^{38}）
double（双精度浮点型）	8	-1.7E308（-1.7×10^{308}）~1.7E308（1.7×10^{308}）

类和接口将在 3.3 节中重点介绍。这里简单介绍数组的定义和使用。

数组是一个有序数据的集合，使用相同的数组名和下标来唯一地确定数组中的元素。一维数组的定义为

```
type arrayName[ ];
type[ ]arrayName;
```

其中，type 是基本数据类型；arrayName 是数组名。与 C/C++不同，Java 在数组的定义中并不为数组元素分配内存，因此[ ]中不用指出数组中元素的个数，即数组长度。而且如上定义的数组是不能访问它的任何元素的，所以必须为它分配内存空间，这时就要用到运算符 new，其格式如下：

```
arrayName=new type[arraySize];
```

其中，arraySize 为数组的长度。通常，数组的定义与空间分配可以合在一起，格式如下：

```
type arrayName=new type[arraySize];
```

用运算符 new 为数组分配了内存空间后，就可以引用数组中的元素了。数组元素的引用方式为

```
arrayName[index]
```

其中，index 为数组下标，从 0 开始，一直到数组的长度减 1。

与 C/C++一样，Java 中多维数组是数组的数组。例如，二维数组为一个特殊的一维数组，其每个元素又是一个一维数组。与一维数组类似，二维数组的定义、分配内存和引用方式如下：

```
type arrayName[][];                                    // 定义
type arrayName[][] = new type [length1][length2];      // 分配内存
arrayName[index1][index2]                              // 引用
```

3.2.2 运算符和表达式

程序是由许多语句组成的，而语句的基本单位是表达式与运算符。表达式由操作数和运算符组成。其中，操作数可以是常量、变量或方法。而运算符就是类似数学中的运算符号，如“+”“-”“*”“/”等。Java 提供了许多的运算符，除了可以处理数学运算外，还可以做逻辑、关系等运算。根据操作数的类型不同，运算符可分为赋值运算符、算术运算符、关系运算符、逻辑运算符、条件运算符、移位运算符和括号运算符等，具体见表 3-2~表 3-8。另外，Java 有一些简洁的写法，可以将算术运算符和赋值运算符结合成新的运算符，具体见表 3-9。

表 3-2 赋值运算符

赋值运算符	意　义
=	赋值

表 3-3 算术运算符

算术运算符		意　义
双目运算符	+	加法
	-	减法
	*	乘法
	/	除法
	%	求余
单目运算符	++	自增
	--	自减
	+	正值
	-	负值

表 3-4 关系运算符

关系运算符	意　义
>	大于
<	小于
>=	大于或等于
<=	小于或等于
==	等于
!=	不等于

表 3-5　逻辑运算符

<table>
<tr><th>逻辑运算符</th><th>意　　义</th></tr>
<tr><td>&&</td><td>AND，与</td></tr>
<tr><td>||</td><td>OR，或</td></tr>
<tr><td>!</td><td>NOT，非</td></tr>
</table>

表 3-6　条件运算符

条件运算符	意　　义
? :	根据条件的成立与否，决定结果为“:”前或“:”后的表达式

表 3-7　移位运算符

<table>
<tr><th>移位运算符</th><th>意　　义</th></tr>
<tr><td>&</td><td>按位与运算符</td></tr>
<tr><td>|</td><td>按位或运算符</td></tr>
<tr><td>^</td><td>异或运算符</td></tr>
<tr><td>~</td><td>按位取反运算符</td></tr>
<tr><td><<</td><td>左移运算符</td></tr>
<tr><td>>></td><td>右移运算符</td></tr>
</table>

表 3-8　括号运算符

括号运算符	意　　义
( )	提高括号中表达式的优先级

表 3-9　复合运算符

复合运算符	范 例 用 法	说　　明	意　　义
+=	a += b	将 a + b 的值存放到 a 中	a = a + b
-=	a -= b	a - b 的值存放到 a 中	a = a - b
*=	a *= b	a * b 的值存放到 a 中	a = a * b
/=	a /= b	a / b 的值存放到 a 中	a = a / b
%=	a %= b	a % b 的值存放到 a 中	a = a % b

表 3-10 列出了所有运算符的优先级，优先级数字越小，表示优先级越高。

表 3-10　运算符的优先级

优　先　级	运　算　符	类	结　合　性
1	( )	括号运算符	由左至右
1	[ ]	方括号运算符	由左至右
2	!、+（正号）、-（负号）	一元运算符	由右至左
2	~	位逻辑运算符	由右至左
2	++、--	自增与自减运算符	由右至左
3	*、/、%	算术运算符	由左至右

（续）

优 先 级	运 算 符	类	结 合 性
4	+、-	算术运算符	由左至右
5	<<、>>	位左移、右移运算符	由左至右
6	>、>=、<、<=	关系运算符	由左至右
7	==、!=	关系运算符	由左至右
8	&（位运算符 AND）	位逻辑运算符	由左至右
9	^（位运算符号 XOR）	位逻辑运算符	由左至右
10	|（位运算符号 OR）	位逻辑运算符	由左至右
11	&&	逻辑运算符	由左至右
12	||	逻辑运算符	由左至右
13	？：	条件运算符	由右至左
14	=	赋值运算符	由右至左

3.2.3 流程控制语句

任何程序都由三种基本结构或它们的复合嵌套构成。这三种基本结构分别是顺序结构、选择结构和循环结构。

1. 顺序结构

顺序结构是指程序自上而下逐行执行，一条语句执行完之后继续执行下一条语句，一直到程序的末尾，其流程图如图 3-2 所示。

顺序结构在程序设计中是最常使用到的结构，在程序中扮演了非常重要的角色。大部分的程序基本上都是依照这种由上而下的流程来设计和执行的。

2. 选择结构

选择结构是指根据条件的成立与否，再决定要执行哪些语句的一种结构，其流程图如图 3-3 所示。

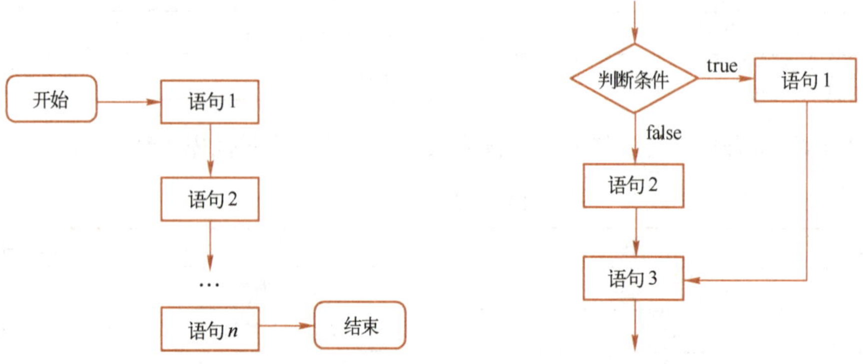

图 3-2　顺序结构的基本流程　　图 3-3　选择结构的基本流程

选择结构包括 if、switch 语句两种。if 语句有三种形式，包括 if 单选结构、if…else 双选结构和 if…else if…else 多选结构。格式分别如下：

```
// if 单选结构
if (条件表达式)            // 当条件表达式为真时执行下面的语句块，否则不执行
{
  语句块;
}

// if...else 双选结构
if (条件表达式)            // 当条件表达式为真时执行下面的语句块 1，否则执行语句块 2
{
  语句块 1;
}
else
{
  语句块 2;
}

// if...else if...else 多选结构
if (条件表达式 1)          // 当条件表达式 1 为真时执行下面的语句块 1
{
  语句块 1;
}
else if (条件表达式 2)     // 当条件表达式 2 为真时执行下面的语句块 2
{
  语句块 2;
}
... // 多个 else if()语句
else                       // 上面的条件表达式都不满足时执行语句块 n
{
  语句块 n;
}
```

当存在多种选择条件时，还有一种更方便的方式——switch 语句，它避免了使用嵌套 if…else 语句时经常发生的 if 与 else 配对混淆而造成阅读及运行上的错误的情况。switch 语句的语法格式如下：

```
switch (表达式)
{
  case 值 1 : 语句块 1;  break;    // 当表达式的值与值 1 相等时执行语句块 1
  case 值 2 : 语句块 2;  break;    // 当表达式的值与值 2 相等时执行语句块 2
  ...
  case 值 n : 语句块 n;  break;
  default: 语句块 n+1;              // 当表达式的值与所有上面的值都不相等时执行语句块 n+1
}
```

switch 中的表达式结果必须为整型或字符型。当表达式的值与某个 case 后的值相等时，就执行此 case 后面的语句块。若所有的 case 值都不匹配，则执行 default 后面的语句块。

3. 循环结构

循环结构则是根据判断条件的成立与否，决定程序段的执行次数。这个程序段被称为循环主体。循环结构的基本流程如图 3-4 所示。

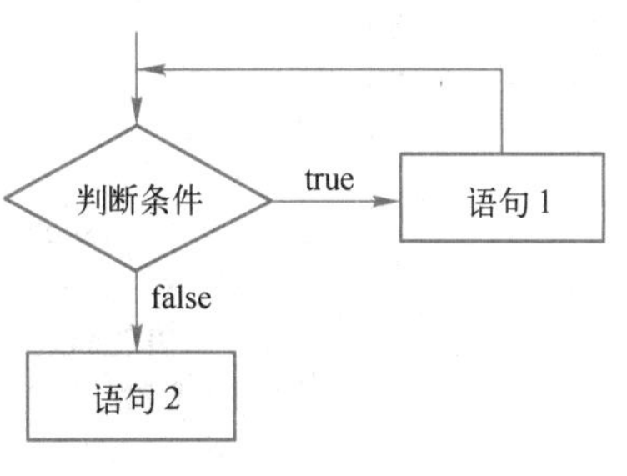

图 3-4　循环结构的基本流程

Java 语言中提供的循环结构语句有 while、do…while、for 三种。

while 循环语句主要用于事先不知道循环执行次数的情况，其格式如下：

```
while(条件表达式)        // 表达式的值为真（true）时重复执行循环体
{
  循环体;
}
```

do…while 循环也是用于未知循环执行次数的情况。但 while 循环与 do…while 循环的不同在于判断条件的位置，while 语句在进入循环前先测试判断条件的真假，再决定是否执行循环主体。而 do…while 循环则是“先做再判断”，每次都是先执行一次循环主体，然后再测试判断条件的真假。所以无论循环成立的条件是什么，使用 do…while 循环时，至少都会执行一次循环主体。do…while 循环的格式如下：

```
do                   // 重复执行循环体，直到表达式的值为假（false）为止
{
  循环体;
}while（条件表达式）;
```

如果很明确地知道循环要执行的次数时，那么使用 for 循环要方便很多，其语法格式如下：

```
for（赋初值;条件表达式;表达式）
{  循环体;
}
```

进入循环后，首先赋初值，然后判断条件表达式是否为真，为真则执行循环体，否则退出循环。每次执行循环体后再执行表达式，之后再返回判断条件表达式。

在使用循环语句时，经常会和 break、continue 语句配合使用，以改变程序的流程。其中，break 使程序流程跳过它后面的循环语句，退出循环体；continue 的作用是跳出 continue 语句之后的任何语句，返回到循环体的开始，重新循环。

当循环语句中又出现循环语句时，这种情况就称为嵌套循环。如嵌套 for 循环、嵌套 while 循环等。当然，也可以使用混合嵌套循环，也就是循环中又有其他不同种类的循环。

3.2.4 综合案例

【例 3-1】 判断 101~200 之间有多少个素数，并输出所有素数。

程序分析：判断素数的方法是用一个数分别去除 2 到这个数的平方根。如果有一个能被整除，则表明此数不是素数；若所有的都不能被整除，则是素数。实现代码如下：

```
public class Prime {
  public static void main(String[] args)
    {
        int count = 0;                          // 用于存放素数个数
        int j;
        for(int i=101; i<200; i+=2)             // 设置范围
        {
            for(j=2; j<=Math.sqrt(i); j++)
                if(i % j == 0)                  // 如果有整除，则不是素数，退出当前循环
                    break;
            if(j>Math.sqrt(i))                  // 退出循环后判断是否为素数的条件
            {
```

```
                count++;                                    // 计数
                System.out.print(i);                        // 输出
            }
        }
        System.out.println("素数个数是：" + count);       // 输出
    }
}
```

【例 3-2】输入一个正整数，分解质因数。例如输入 90，输出 90=2＊3＊3＊5。

程序分析：对输入的正整数 n 进行分解质因数，应先找到其最小的质数 k，然后按下述步骤完成。

1）如果这个质数恰好等于 n，则说明分解质因数的过程已经结束，直接输出即可。

2）如果 $n \neq k$，但 n 能被 k 整除，则应输出 k 的值，并用 n 除以 k 的商，作为新的正整数 n，重复执行第 1）步。

3）如果 n 不能被 k 整除，则用 $k+1$ 作为 k 的值，重复执行第 1）步。

```
import java.util.Scanner;                                  // 输入类
public class Factorization {
  public static void main(String[] args)
  {
      Scanner s = new Scanner(System.in);
      System.out.print("请键入一个正整数：    ");
      int  n = s.nextInt();                                // 得到一个整数
      int  k=2;                                            // 从 2 开始进行分解
      System.out.print(n + "=");                           // 输出
      while(k <= n)
      {
        if(k == n)                                         // 如果是 2，直接输出
        {
            System.out.println(n);
            break;
        }
        else if(n % k == 0)                                // 如果能整除
        {
            System.out.print(k + "*");                     // 则作为一个因子输出
            n = n / k;                                     // 剩余的数
        }
        else
            k++;                                           // 不能整除，则检查下一个数
      }
      s.close();                                           // 关闭输入
  }
}
```

3.3　面向对象的基本概念和应用

面向对象程序设计（Object Oriented Programming，OOP）是一种程序设计范型，同时也是一种程序开发的方法。面向对象程序设计提升了程序的灵活性和可维护性，在大型项目开发中被广为应用。

在面向对象程序设计的基本理论中将对象作为程序的基本单元，将程序和数据封装在其

中，以提高软件的重用性、灵活性和扩展性。类是面向对象程序设计中的一个重要概念，表示具有相同行为对象的模板。本节将介绍面向对象程序设计中的基本概念，包括类、对象、封装、继承、抽象类、接口和包等内容。

3.3.1 类与对象

1. 类与对象的基本概念

面向对象程序设计是将人们认识世界过程中普遍采用的思维方法应用到程序设计中。对象是现实世界中存在的事物。它们可以是有形的，如某个人、某种物品等；它们也可以是无形的，如某项计划、某次商业交易等。对象是构成现实世界的一个独立单位，人们对世界的认识是从分析对象的特征入手的。

对象的特征分为静态特征和动态特征两种。静态特征是指对象的外观、性质、属性等。动态特征是指对象具有的功能、行为等。客观事物是错综复杂的，但人们总是从某一目的出发，运用抽象分析能力，从众多的特征中抽取最具代表性的、最能反映对象本质的若干特征加以详细研究。

人们将对象的静态特征抽象为属性，用数据来描述，称之为成员变量；将对象的动态特征抽象为行为，用一组代码来表示，完成对数据的操作，称之为成员方法。一个对象由一组属性和一组对属性进行操作的方法构成。将具有相同属性及行为的一组对象称为类。广义地讲，具有共同性质的事物的集合就称为类。

在面向对象程序设计中，类是一个独立的单位，它有一个类名，其内部包括成员变量，用于描述对象的属性，还包括类的成员方法，用于描述对象的行为。在 Java 程序设计中，类被认为是一种抽象数据类型。这种数据类型不但包括数据，还包括方法。这也大大地扩充了数据类型的概念。

类是一个抽象的概念，要利用类的方式来解决问题，必须用类创建一个实例化的类对象，然后通过类对象去访问类的成员变量、调用类的成员方法来实现程序的功能。

一个类可创建多个类对象，它们具有相同的属性模式，但可以具有各自不同的属性值。Java 程序为每一个类对象都开辟了内存空间，以便保存各自的属性值。

面向对象程序设计有三个主要特征：封装性、继承性和多态性。相关内容将在接下来的几个小节中重点讨论。

2. 类的声明

在使用类之前，必须先定义它，然后才可利用所定义的类来声明变量、创建对象。类定义的语法如下：

```
class 类名
{
    声明成员变量;
    成员方法定义;
}
```

下面是一个类定义的简单例子。

【例 3-3】 定义一个简单的类 Circle，用于表示圆。

```
class Circle
{
```

```
    double radius;
    double getArea()
    {
        return 3.14 * radius * radius;
    }
}
```

程序说明如下。

1）程序首先用 class 声明了一个名为 Circle 的类。

2）声明了一个成员变量 radius，用于表示圆的半径。

3）声明了一个成员方法 getArea()，用来计算圆的面积。

其中，定义一个方法的语法格式如下：

```
返回值类型　方法名(形式参数列表)
{
    方法体;
}
```

语法格式解释如下。

1）返回值类型：事先约定的返回值的数据类型。若无返回值，则必须设置返回值类型为 void。

2）形式参数：在方法被调用时用于接收外界输入的数据。使用下述形式调用方法：对象名.方法名(实参列表)。其中，实参是调用方法时实际传给方法的数据。实参的数目、数据类型、次序必须和所调用方法声明的形式参数列表匹配。

3）使用 return 语句结束方法的运行并指定要返回的数据。

3. 对象的创建和使用

类只是对象的类型、一个用于创建对象的模板而已。要表示具体客观事物（如一个半径为 30 的圆），则必须声明和创建对象。有了定义好的类后，就可以创建这个类的对象了。由类创建对象的过程称为类的实例化，创建的对象称为类的一个实例。下面定义了由类产生对象的基本形式：

```
类名 对象名 = new 类名();
```

创建属于某个类的对象，可以通过下面两个步骤来实现。

1）声明指向“由类所创建的对象”的变量。

2）利用 new 方法创建新的对象，并指派给先前所创建的变量。

举例来说，如果要创建 Circle 类的对象，可用下列语句来实现。

```
Circle c;                        // 先声明一个 Circle 类的对象 c
c =new Circle ();                // 用 new 关键字实例化 Circle 类的对象 c
```

当然也可以将上面的两条语句合并，用下面这种形式来声明变量。

```
Circle c =new Circle ();         // 声明 Circle 对象 c 并直接实例化此对象
```

如果要访问对象里的某个成员变量或方法时，可以通过下面语法格式来实现。

```
对象名称.属性名                  // 访问属性
对象名称.方法名()                // 访问方法
```

下面的例 3-4 给出了使用 Circle 类的对象来调用类的属性与方法的过程。

【例 3-4】对象的访问。

```
class TestCircleDemo
{
    public static void main(String[] args)
    {
        Circle c = new Circle ();                // 声明 Circle 类的对象
        c.radius= 15;                            // 设置成员变量的值
        System.out.println(c.getArea());         // 访问成员方法，然后输出
    }
}
```

4. 构造方法与对象初始化

对象被创建后，一般需要给其成员变量赋初值。Java 程序通常将相关语句定义在方法的构造方法中。构造方法是在对象创建时自动调用执行的，以完成对新创建对象的初始化。

构造方法是类的特殊成员方法，在定义和使用构造方法的时候需注意以下几点。

1）它具有与类名相同的名称。

2）它没有返回值。

3）构造方法一般不能显式地直接调用，而是在创建对象时用 new 来调用。

4）构造方法的主要作用是完成对实例对象的初始化。

【例 3-5】构造方法的声明。

```
class Circle                                     // 定义 Circle 类
{
    double radius;                               // 定义成员变量，用于表示半径
    Circle(double  r)                            // 形参 r 用于初始化成员变量（半径）
    {
        radius=r;
    }
    double getArea()                             // 定义成员方法，用于计算圆的面积
    {
        return 3.14 * radius * radius;
    }
}
class TestCircleDemo                             // 测试类
{
    public static void main(String[] args)
    {
        Circle c = new Circle (15);              // 声明 Circle 类对象，并初始化
        System.out.println(c.getArea());         // 访问成员方法，然后输出
    }
}
```

程序说明如下。

1）Circle 类中定义了一个构造方法 Circle(double r)。

2）main 方法中创建了一个 Circle 类对象，用 new 操作符时自动调用该构造方法，括号中的 15 作为实参传递给构造方法中的形参 r，从而将新创建对象的 radius 成员变量初始化为 15。

每个类必须至少有一个构造方法，如果类没有定义任何构造方法，则系统自动产生默认的构造方法。例如，在例 3-3 定义的 Circle 类中没有定义构造方法，则系统自动产生如下形式的默认构造方法。

```
Circle(){ }
```

其中，参数列表为空，方法体中也没有语句，即什么也没有做。

在例 3-4 中，语句“Circle c=new Circle();”调用的正是这个无参数的默认构造方法。

📖 使用 this 关键字表示当前对象，可用于解决变量与成员变量同名的问题，以及在构造方法中调用另一个重载构造方法。

5. 静态变量与静态方法

在声明类的成员（变量和方法）时，可以使用 static 关键字将它们声明为静态的。静态变量也称为类变量，非静态变量也称为实例变量。与实例变量相比，静态变量的特点表现为以下两个方面。

1）实例变量必须通过对象访问；而静态变量可以通过对象访问，也可以通过类名直接访问。

2）对类的每一个具体对象而言，静态变量是一个公共的存储单元，任何一个类的对象访问它，取得的值都是相同的。而任何一个类的对象去修改它，也都是在对同一个单元进行操作。

同理，静态方法也称为类方法，非静态方法也称为实例方法。与实例方法相比，静态方法的特点表现为以下两个方面。

1）静态方法与静态变量一样，属于类本身，而不属于类的某一个对象。实例方法必须通过类对象调用；而静态方法可以通过类对象调用，也可以通过类名直接调用。例如在例 3-1 中使用的 Math.sqrt()方法就是类方法，其中并没有去创建一个 Math 对象而是直接使用了。

2）静态方法只能访问类的静态成员，不能访问类的非静态成员；实例方法可以使用类的非静态成员，也可以使用类的静态成员。

【例 3-6】静态成员示例。

```
class count                                                    // 定义 count 类
{
    static int sum;                                            // 定义静态成员变量
    int    n;                                                  // 实例变量
    void counter1()                                            // 定义实例方法
    {
        sum++;                                                 // 累加 sum
        n++;                                                   // 累加 n
        System.out.println("sum="+sum +"    n=" + n);          // 输出 sum 和 n

    }
    static void   counter2()                                   // 定义静态方法
    {
        sum++;                                                 // 累加 sum
        System.out.println("sum="+sum);                        // 输出 sum
    }
}
class TestDemo                                                 // 测试类
{
    public static void main(String args[])
```

```
        {
            count.counter2();                       // 通过类名调用静态方法
            count c1=new count();                   // 定义 count 类对象 c1
            c1.counter1();                          // 调用实例方法
            count c2=new count();                   // 定义 count 类对象 c2
            c2.counter1();                          // 调用实例方法
            count c3=new count();                   // 定义 count 类对象 c3
            c3.counter1();                          // 调用实例方法
            c1.counter2();                          // 通过类对象调用静态方法
        }
}
```

运行结果：

```
sum=1
sum=2   n=1
sum=3   n=1
sum=4   n=1
sum=5
```

程序说明：定义的 count 类包含了静态变量 sum 和实例变量 n，以及实例方法 counter1 和静态方法 counter2。在主函数中，首先调用类的静态方法，然后分别定义了 count 类的对象，通过对象调用了实例方法三次，最后通过对象 c1 调用了类的静态方法。

从运行结果可以看到，对静态变量的改变每次都能保存下来，而实例变量分别保存在各自的对象中，不同的对象都是不一样的。另外，通过对象也能够调用静态方法和实例方法，但是不建议通过对象来对静态方法进行调用。

3.3.2 封装与继承

面向对象程序设计中的三个重要特征是继承性、封装性和多态性。其中，多态性是指不同的对象收到同一消息导致完全不同的行为。在 Java 中可以通过方法的重载（类中定义多个同名不同参数列表的方法）和覆盖（子类中重新定义继承自父类的方法）两种方式实现多态。由于多态性涉及的是提高程序设计的可扩充性和灵活性，不是 Android 开发中的 Java 基础部分，因此这里不对其详细描述。了解多态性的实现和使用，可参考 Java 的相关书籍。

1. 封装

封装作为面向对象方法应遵循的一个重要原则，有两个含义：一是把对象的属性和行为看成一个密不可分的整体，并将它们“封装”在一个不可分割的独立单位（即对象）中；二是“信息隐蔽”，把不需要让外界知道的信息隐藏起来，有些对象的属性及行为允许外界用户知道或使用，但不允许更改，而另一些属性或行为，则不允许外界知晓。一般情况下只允许使用对象的功能，而应尽可能隐蔽对象的功能实现细节。

封装机制在程序设计中表现为：把描述对象属性的变量及实现对象功能的方法合在一起，定义为一个程序单位，并保证外界不能任意更改其内部的属性值，也不能任意调动其内部的方法。

封装机制的另一个表现是为封装在一个整体内的变量及方法规定不同级别的“可见性”或访问权限，以使程序具有更强的健壮性和灵活性。Java 提供的一组访问权限控制符，使对象能控制其成员将如何被外界所访问。这些访问控制符有 public、protected、private 及默认访问控制。

【例 3-7】程序封装示例。

```
class Circle
{
    double radius;
    double getArea( )
    {
        return 3.14 * radius * radius;
    }
}
class TestCircleDemo
{
        public static void main(String[ ] args)
        {
            Circle c = new Circle ( );
            c.radius = -15;                    // 对半径进行赋值
            System.out.println(c.getArea( ));
        }
}
```

从这个例子可以发现，在程序的第 14 行（c.radius = -15;），将半径（radius）赋值为 -15。这明显是一个不合法的数据，但是程序依旧能够运行得出一个合法的结果。为了避免程序中发生这种错误，在开发中往往要将类中的属性进行封装，将其设置为 private。

因此，可对例 3-7 半径的定义语句（第 3 行）做如下修改：

```
private double radius;
```

程序的其他部分不变。此时可以发现，当给半径进行赋值时，程序连编译都无法通过，错误提示为：属性（circle.radius）为私有的，不可见，所以不能由对象直接进行访问。这样就可以避免对象直接去访问类中的属性而造成的一些错误。那么，如何在对象中对类的属性进行访问控制呢？一般在类的设计时，会对属性增加一些方法，例如，通过 setxxx( )这样的公有方法来设置私有属性，通过 getxxx( )这样的公有方法来获取私有属性的值。用 private 声明的属性或方法只能在其类的内部被调用，而不能在类的外部被调用。

继续对例 3-7 进行如下修改。

【例 3-8】Circle 类的封装及访问。

```
class Circle                              // 定义 Circle 类
{
    private double radius;                // 定义私有变量 radius
    public void setRadius(double r)       // 对私有变量进行设置
    {
        if (r>0)                          // 如果给定的初值小于 0，则都设为 0
            radius = r;
        else
            radius = 0;
    }
    public double getRadius( )            // 对私有变量进行读取
    {
        return radius;
    }
    double getArea( )                     // 计算圆面积
    {
```

```
            return 3.14 * radius * radius;
        }
    }
    class TestCircleDemo                                     // 测试类
    {
        public static void main(String[ ] args)
        {
            Circle c =new Circle( );                         // 定义 Circle 类对象
            c.setRadius(15);                                 // 设置对象的半径
            System.out.println(c.getRadius( )+"半径的圆面积为:"+c.getArea( ));   // 输出相应的信息
        }
    }
```

当将 radius 设为私有变量后，可以发现，对它的访问都需要通过成员函数 getRadius( )或 setRadius( )进行。如果传进了一个不合理的数值（如-15），也会在设置属性的时候，因为没有满足 r>0 的条件而不会直接进行赋值，所以 radius 的值依然为自身的默认值 0。在输出的时候可以发现，那些错误的数据并没有被赋给变量，而只输出了默认值。

由此可以发现，用 private 可以将属性封装起来。当然，private 也可以用于封装方法。封装属性和方法的形式分别如下：

```
private 属性类型 属性名                          // 封装属性
private 方法返回类型 方法名称(参数)              // 封装方法
```

下面具体介绍访问控制符 public、protected、private 及默认访问控制。

（1） public

限定为 public 的成员可以被所有的类访问。

（2） protected

限定为 protected 的成员可以被这个类自身访问，也可以被同一个包的其他类访问，还可以被这个类的子类（包括同一个包及不同包中的子类）继承。

（3） private

限定为 private 的成员只能被这个类自身访问。private 修饰符通常用来隐藏类的一些属性和方法。

（4） 默认访问控制

未加任何访问控制符的成员拥有默认访问控制权限。默认访问控制的成员可以被这个类自身访问，也可以被同一个包的其他类访问。

📖 如果希望能被本类及其子类访问，但不能被包中的其他类访问，则需要使用组合访问控制符：private protected。

表 3-11 列出了几种访问控制符的访问控制权限。

表 3-11　访问控制符的访问控制权限

访问控制符	同一类中	同一包中	不同包中
public	√	√	√
protected	√	√	√
private	√		
默认访问控制	√	√	

2. 继承

继承是面向对象方法中的重要概念，可实现在拥有反映事物一般特性的类的基础上派生出反映特殊事物的类。这样大大地增强了程序代码的可复用性，提高了软件的开发效率，降低了程序产生错误的可能性，也为程序的扩充提供了便利。例如，已有汽车类，该类中描述了汽车的普遍属性和行为。进一步产生轿车类，轿车类继承于汽车类。轿车类不但拥有汽车类的全部属性和行为，还增加了轿车特有的属性和行为。

在 Java 程序设计中，已有的类可以是 Java 开发环境所提供的一批最基本的程序——类库。用户开发的程序类可继承自这些已有类。这样，已有类所描述过的属性及行为在继承产生的类中完全可以使用。被继承的类称为父类或超类，而经继承产生的类称为子类或派生类。根据继承机制，派生类继承了超类的所有成员，并可增加自己的新成员。

若一个子类只允许继承一个父类，则称为单继承；若允许继承多个父类，则称为多继承。Java 语言不直接支持多继承，但可通过接口（Interface）的方式实现子类共享多个父类中的成员。

Java 类的继承可用下面的语法格式来表示。

```
class 父类名  // 定义父类
{
}
class 子类名 extends 父类名        // 用 extends 关键字实现类的继承
{
    <成员变量定义>;
    <成员方法定义>;
}
```

【例 3-9】继承与子类的定义及使用。

```
class Person
{
  String name;                                        // 姓名
  int   age;                                          // 年龄
  void Output()                                       // 输出信息
  {
        System.out.println("我是:"+name);
        System.out.println("今年:"+age+ "岁");
  }
  void Speak()
  {
        System.out.println(name+"say:");
  }
}
class Student extends Person                          // 定义子类 Student 继承自 Person
{
  String school;                                      // 学校
  void Output()                                       // 输出信息：覆盖父类方法
  {
      super.Output();                                 // 父类输出信息
      System.out.println("我在:"+ school+"上学");
  }
  void Speak(String str)                              // 重载父类方法
```

```
    {
            System. out. println( name+" say:" +str);
    }
}
public class inheritDemo
{
    public static void main( String[ ] args)
    {
            Student s = new Student( );                    // 定义 Student 类对象
            s. name = "张三";
            s. age = 25;

            s. school = "浙江";
            s. Output( );
            s. Speak( );
            s. Speak( "你好!" );
    }
}
```

运行结果：

```
我是：张三
今年：25 岁
我在：浙江上学
张三 say:
张三 say：你好!
```

程序说明如下。

(1) 成员变量和方法的继承

子类可以继承父类成员变量。本例中定义的 Student 类拥有的变量有 name、age、school。其中，name、age 是从父类 Person 继承来的。子类也可以继承父类的方法，如本例中 student 类自动拥有父类 Person 定义的方法 Output 和 Speak。

(2) 成员变量的添加

在定义子类时，可以添加新的成员变量。本例中 Student 类在继承 Person 类成员变量的基础上，添加了成员变量 school。

(3) 方法的覆盖

在 Java 中，子类可继承父类的方法，而不需要重新编写相同的方法。但如果子类并不想原封不动地继承父类的方法，而是想做一定的修改，则需要采用方法的重写。方法重写又称为方法覆盖。若子类中的方法与父类中的某一方法具有相同的方法名、返回类型和参数列表，则新方法将覆盖原有的方法。例如，本例中 Student 类覆盖了 Person 类的 Output 方法。在 main 方法中，对象 s 是子类 Student 的对象，因此 s. Output( ) 调用的是子类定义的 Output 方法。如果要调用父类中被覆盖的方法，则必须在方法前加上 super 关键字，即 super. 父类中的方法。

(4) 方法的重载

一个类中可以定义多个同名而参数列表不同的方法，称为方法的重载。重载的关键是参数类型不同。本例中 Student 类中定义的方法 void Speak(String str) 与 Person 类中定义的方法 void Speak( ) 符合重载的特征，即这是两个重载方法。

(5) 字符串类型

Java 中提供了 String 和 StringBuffer 两个类分别处理不变字符串和可变字符串，并封装在标准包 java.lang 中。这两个类中都封装了许多方法，用来对字符串进行操作。例如，字符定位 charAt、字符串长度 length、字符串查找 IndexOf、字符串比较 CompareTo 等。

📖 super 的使用有三种情况。

1）访问父类被隐藏的成员变量。

2）调用父类中被覆盖的方法（例 3-9 中的 super 用法即属此情况）。

3）调用父类的构造方法。

3.3.3 抽象类和接口

1. 抽象类和抽象方法

抽象类是指不能使用 new 方法进行实例化的类，即没有具体实例对象的类。抽象类有点类似“模板”，其目的是根据其格式来创建和修改新的类。对象不能由抽象类直接创建，只可以通过抽象类派生出新的子类，再由子类创建对象。当一个类被声明为抽象类时，需要在这个类前面加上修饰符 abstract。

抽象类中的成员方法包括一般方法和抽象方法。抽象方法就是以 abstract 修饰的方法，这种方法只声明返回的数据类型、方法名称和所需的参数，而没有定义方法体，即抽象方法只需要声明而不需要实现。当一个方法为抽象方法时，意味着这个方法必须被子类的方法所重写，否则其子类的该方法仍然是 abstract 的。而这个子类也必须是抽象的，即声明为 abstract。

抽象类中不一定包含抽象方法，但是包含抽象方法的类一定要被声明为抽象类。抽象类本身不具备实际的功能，只能用于派生子类。抽象类中可以包含构造方法，但是构造方法不能被声明为抽象类。

抽象类的定义格式如下：

```
abstract class 类名称            // 定义抽象类
{
    声明数据成员;
    访问权限 返回值数据类型 方法名称(参数…)
    {
            // 定义一般方法;
            …
    }
    abstract 返回值数据类型 方法名称(参数…); // 定义抽象方法，在抽象方法里，没有定义方法体
}
```

在 Java 面向对象程序设计中，抽象类的作用如下。

1）为一些相关的类提供公共基类，以便为下层类中功能相似但实现代码不同的方法对外提供统一的接口。

2）为下层相关类提供一些公共方法的实现代码，以减少代码冗余。

3）对一些直接实例化没有意义的类，可以加上 abstract 关键字，以防止类被意外实例化，这样可以增强代码的安全性。

抽象类定义的规则如下。

1）抽象类和抽象方法都必须用 abstract 关键字来修饰。

2）抽象类不能被实例化，也就是说不能用 new 关键字去产生对象。

3）抽象方法只需要声明而不需要实现。

4）含有抽象方法的类必须被声明为抽象类，抽象类的子类必须复写所有的抽象方法后才能被实例化，否则这个子类还是抽象类。

下面举一个例子来说明抽象类和抽象方法的定义及使用。

【例 3-10】抽象类与抽象方法。

```
abstract class Animal                                    // 定义抽象类
{
  String name;                                           // 成员变量
  public abstract String cry();                          // 定义抽象方法
  public String getName()
  {
        return name;
  }
}
// 非抽象子类 Dog 继承自 Animal 类
class Dog extends Animal
{
  public Dog (String name)
  {
        this.name = name;
  }
  // 复写 cry()方法
  public String cry()
  {
        return this.name+"狗发出汪汪……声!";
  }
}
// 非抽象子类 Cat 继承自 Animal 类
class Cat extends Animal
{
  public Cat(String name)
  {
        this.name = name;
  }
  // 复写 cry()方法
  public String cry()
  {
        return this.name + "猫发出喵喵……声!";
  }
}
public class AbstractTest {
  public static void main(String[] args)
  {
        Dog d = new Dog("小黄");                         // 定义 Dog 类对象
        Cat c = new Cat("小花");                         // 定义 Cat 类对象
        System.out.println(d.getName());                 // 输出相应的信息
        System.out.println(d.cry());
        System.out.println(c.getName());
        System.out.println(c.cry());
  }
}
```

运行结果：

```
小黄
小黄狗发出汪汪……声!
小花
小花猫发出喵喵……声!
```

程序说明如下。

1）Animal 类是一个抽象类，其中 cry( )为抽象方法，而 getName( )为普通方法。

2）子类 Dog 类中覆盖了抽象方法 cry( )，因此 Dog 类不再包含抽象方法，因而为非抽象类。

3）子类 Cat 类中覆盖了抽象方法 cry( )，因此 Cat 类也不再包含抽象方法，因而也是非抽象类，可以直接定义对象。

4）在主函数中，定义了 Dog 类对象 d 和 Cat 类对象 c。通过对象可以调用已经覆盖实现的方法 cry( )，同时也可以调用继承自 Animal 类的普通方法 getName( )。

2. 接口的声明和实现

接口（Interface）是 Java 提供的另一种重要技术，它的结构和抽象类非常相似，也具有成员变量与抽象方法，但它与抽象类又有以下几点不同。

1）接口里的成员变量必须初始化，且成员变量均为常量。

2）接口里的方法必须全部声明为 abstract，即接口不能像抽象类一样保留有一般的方法，而必须全部是抽象方法。

3）抽象类与其子类之间存在层次关系，而接口与实现它的类之间则不需要存在任何层次关系。

4）抽象类只支持单继承机制，而接口支持多继承。

接口定义的语法格式如下：

```
[public] interface 接口名称 [extends 父接口名表] // 定义接口类
{
  [final] 数据类型  成员名称 = 常量值;            // 数据成员必须赋初值
  返回值数据类型  方法名称(参数…);               // 抽象方法，注意在抽象方法里没有定义方法主体
}
```

接口的实现格式如下：

```
class 类名称 implements 接口 A,接口 B           // 接口的实现
{
  …
}
```

下面通过一个简单的例子来说明接口的定义与实现。

【例 3-11】接口的定义与实现。

```
interface Person // 定义接口
{

  String name = "张三";
  int age = 10;
  String school = "荷花小学";
  public abstract String Print( );                // 抽象方法
```

```
}
// Student 类继承自 Person 类
final class Student implements Person                              // 接口的实现类
{
  // 实现 Print()抽象方法
  public String Print()
  {
        return "姓名:"+this.name+",年龄:"+ Integer.toString(this.age) + ",在"+ school+"上学";
  }
}
public class InterfaceDemo {
  public static void main(String[] args)
  {
        Student s = new Student();
        System.out.println(s.Print());
  }
}
```

运行结果:

```
姓名:张三,年龄:10,在荷花小学上学
```

程序说明如下。

1）Person 接口定义了三个常量和一个抽象方法 Print( )，实现这个接口的类将为这个方法提供具体实现。

2）接口中的成员变量都是常量，默认的修饰为 public final static，其值一旦给定就不能再更改。接口中的方法都是抽象方法，默认的修饰为 public abstract。

3）Student 类定义前的 final 关键字表示该类不能有子类。

📖 final 关键字可以修饰变量、方法及类，其含义就是声明变量、方法及类为“最终的”、不能改变的。final 声明的变量的值一旦给定就不能更改；final 声明的方法不可以被子类所覆盖，但可以被继承；final 声明的类不可以有子类，类中的方法默认是 final 的。注意：final 不能用于修饰构造方法。

从设计或效率的角度出发，可能需要使用 final。

3.3.4 包

1. 包的含义

Java 语言中，每个类生成一个字节码文件，文件名与 public 的类名相同。当多个类使用相同的名字时将会引起命名冲突。为了解决这个问题，Java 提供包来管理类。

包与文件系统中的文件夹存在对应关系，它是一种层次化的树形结构。如果同名的类位于不同的包中，它们被认为是不同的，因而不会发生命名冲突。Java 中用包的方式组织类，使 Java 类更加容易被发现和使用。一般情况下，同一包中的类可以互相访问，所以通常需要把相关的或在一起工作的类和接口放在一个包里。

2. 创建包

可以将具有相同性质的类和接口组成一个包，用 package 语句声明程序文件中定义的类所在的包。package 语句的格式为

```
package  包名;
```

这条语句必须是程序文件中的第一条语句。如果程序首行没有 package 语句，则系统会创建一个无名包，文件中所定义的类都属于这个无名包。无名包没有名字，所以它不能被其他包所引用，也不能有子包。

3. 使用包中的类

要使用一个包中的类，如 java. awt 包中的 Frame 类，可以通过以下三种方式。

（1）导入整个包

可以利用 import 语句导入整个包，如 import java. awt. *。

此时，java. awt 包中的所有类（但不包括子包中的类）都加载到当前程序中了。有了这个语句，就可以在该源程序中的任何地方使用这个包中的类，如 Frame、TextField、Button 等。

【例 3-12】利用 import 语句导入类。

```
import java.awt.*;                          // 导入类
public class PackageDemo{
    public static void main(string[] args){
        Frame  frame =new Frame();          // 导入类后就可以开始使用 Frame 类了
        frame.setSize(200,200);
        frame.setVisible(true);
    }
}
```

（2）直接使用包名作为类名的前缀

如果不使用 import 语句导入某个包，但又想使用它的某个类，则可以直接在所需要的类名前加上包名作为前缀。例 3-12 的程序可以修改为

```
public class PackageDemo{
    public static void main(string[] args){
        java.awt.Frame  frame = new java.awt.Frame();  // 非频繁使用可采用此法
        frame.setSize(200,200);
        frame.setVisible(true);
    }
}
```

（3）导入一个类

例 3-12 中只用到了 java. awt 包中的一个 Frame 类，这时可以只装入这个类，而无须把整个包都加载进来。因此，可以将例 3-12 中的第一行修改为

```
import java.awt.Frame;                 // 导入包中特定的类
```

这个语句只载入 java. awt 包中的 Frame 类，因此需要熟悉导入包的结构及不同的类具体所在包的层次。

3.3.5　异常处理

在程序编写过程中，往往无法考虑得面面俱到，从而程序中难免会存在错误。即使编译时没有产生错误信息，也有可能在程序运行时出现一些运行时的错误。这种错误对 Java 而言是一种异常。为此，Java 语言提供了异常处理机制，从而增加程序的鲁棒性和安全性。

1. 异常的基本概念

异常也称为例外，是在程序运行中发生的、会打断程序正常执行的事件。Java 类库包含系

统定义的常见异常类，例如：算术异常（ArithmeticException），如除数为 0；没有给对象开辟内存空间时会出现空指针异常（NullPointerException）；找不到文件异常（FileNot FoundException）；数组访问下标越界（ArrayIndexOutOfBoundsException）等。当然，用户程序中特定的异常也可以通过用户自定义的异常类来进行处理。

【例 3-13】异常的初步认识。

```
import javax. swing. * ;
class ExceptionDemo
{
    public static void main(string args[ ])
    {
        String str=JOptionpane. showInputDialog("你的年龄:");
        int age=Integer. parseInt(str); // 转换为整数
        System. out. println("明年你的年龄是"+(age+1));
        System. exit(0);
    }
}
```

该程序在编译的时候不会发生任何错误，但是运行时如果输入 abc，则会产生下面的错误信息：

```
Exception in thread "main" java. lang. NumberFortmatException: For input string:"abc" at java. lang.
NumberFormatException. forinputString(NumberFormatException. java:48)
```

错误的原因就是与程序期待的输入类型不一致。Java 发现这个错误之后，便由系统抛出“NumberFormatException”异常，用来表示错误的原因，并中止程序运行。如果没有编写相应的处理异常的程序代码，则 Java 的默认异常处理机制会先抛出异常，然后中止程序运行。

2. 异常处理类

Java 语言是一种面向对象的编程语言，它会将异常当成对象来处理。当方法执行过程中出现错误时，会抛出一个异常，即构造出一个异常类的对象。

异常可分为两大类：java. lang. Exception 类与 java. lang. Error 类。这两个类均继承自 java. lang. Throwable 类。图 3-5 所示为 Throwable 类的继承关系。

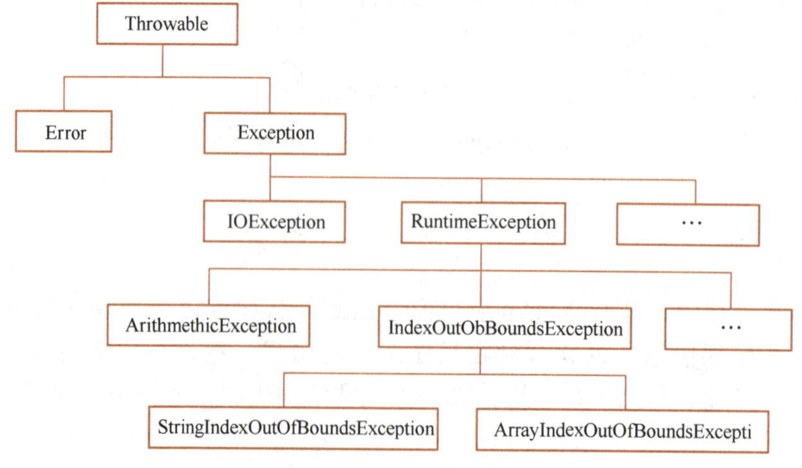

图 3-5　Throwable 类的继承关系

Throwable 类有两个直接子类，即 Error 和 Exception，它们分别用来处理两组异常。Error 类专门用来处理严重影响程序运行的错误。但通常程序设计者不会设计程序代码来捕捉这种错误，原因在于即使捕捉到它，也无法给予适当的处理，如 Java 虚拟机出错就属于一种 Error。

Exception 类是程序中所有可能恢复的异常类的父类，通常在捕捉到这些异常之后需要对它们进行处理。Exception 类的主要方法有：

1）“String getMessage( );” 返回详细信息。

2）“String toString( );” 返回描述，包括详细信息。

3）“void printStackTrace( );” 输出异常发生的路径及引起异常的方法调用的序列。

从异常类的继承关系可以看出，Exception 类扩展出数个子类，其中 Runtime Exception 是指 Java 程序在设计或实现中不小心而引起的异常，如数组的索引值超出了范围、算术运算出错等。这种异常可以通过适当编程进行避免，Java 不要求一定要捕获这种异常。除 Runtime Exception 以外的异常，如 IOException 等异常必须要编写异常处理的程序代码。它们通常用来处理与输入/输出相关的操作，如文件的访问、网络的连接等。

3. 异常的处理

异常处理是由 try、catch 与 finally 三个关键字所组成的程序块，其语法格式如下：

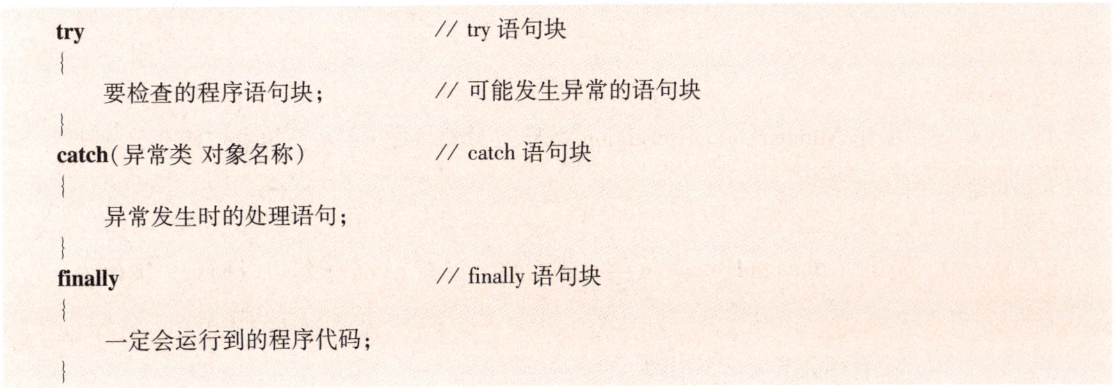

```
try                              // try 语句块
{
    要检查的程序语句块;            // 可能发生异常的语句块
}
catch(异常类 对象名称)            // catch 语句块
{
    异常发生时的处理语句;
}
finally                          // finally 语句块
{
    一定会运行到的程序代码;
}
```

try 语句块中若有异常发生时，程序的运行便会中断，抛出“由系统类所产生的对象”，并按照下列步骤来执行。

1）抛出的对象如果属于 catch 所要捕捉的异常类，则 catch 会捕捉此异常，然后在 catch 语句块里继续执行。

2）无论 try 语句块是否捕捉到异常、捕捉到的异常是否与 catch 的异常相同，最后都会运行 finally 语句块里的程序代码。finally 中的代码是异常的统一出口，无论是否发生异常都会执行此段代码。

3）try 语句块抛出一个异常，而没有一个 catch 能够匹配捕获。这时，Java 会中断 try 语句块的执行，转而执行 finally 语句块。最后将这个异常抛回给这个方法的调用者。

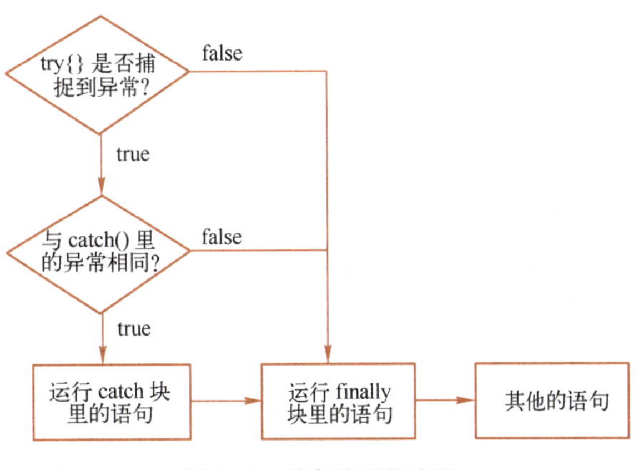

图 3-6　异常处理的流程

异常处理的流程如图 3-6 所示。

例 3-13 中加入异常处理后程序如下所示。

【例 3-14】加入异常处理。

```
class ExceptionDemo
{
    public static void main(string args[])
    {
        String str=JOptionpane.showInputDialog("你的年龄:");
        try{
            int age=Integer.parseInt(str);           //转换为整数
            System.out.println(100/age);
        }
        catch(NumberFormatException e)
        {
            System.out.println("你应该输入一个整数:");
        }
        finally
        {
            System.out.println("再见!");
            System.exit(0);
        }
}
```

运行结果:

1）输入 xy，抛出 NumberFormatException 类异常对象，在 catch 子句中被捕获，输出为

```
你应该输入一个整数:
再见!
```

2）输入 0，抛出 ArithmeticException 类异常对象，没有 catch 子句可以捕获，输出为

```
再见!
```

3）输入 20，没有引发异常，输出为

```
5
再见!
```

4. 异常的抛出

抛出异常有下列两种方式。

(1) 在程序中抛出异常

在程序中抛出异常时，一定要用到 throw 这个关键字，一般过程如下。

1）产生异常类的一个对象。

2）抛出该对象。

例如:

```
ArithmeticException e=new ArithmeticException();
throw e;
```

也可以写成:

```
throw new ArithmeticException();
```

利用 throw 语句抛出异常后，程序执行流程将寻找一个捕获（catch 语句）进行匹配，执行相应的异常处理语句。throw 后的语句将被忽略。

【例 3-15】用 throw 语句抛出异常。

```
public class ThrowDemo1 {
    public static void main(String args[])
    {
        int a=4,b=0;
        try
        {
            if(b==0)
                throw new ArithmeticException("一个算术异常");      // 抛出异常
            else

                System.out.println(a+"/"+b+"="+a/b);            // 不抛出异常，执行此行
        }
        catch(ArithmeticException e)                            // 捕获异常
        {
            System.out.println("抛出异常为:"+e);
        }
    }
}
```

（2）指定方法抛出异常

如果方法会抛出异常，则可将处理此异常的 try-catch-finally 块写在调用此方法的程序代码内。

如果要由方法抛出异常，则方法必须以下面的语法格式来声明。

```
方法名称(参数…)  throws 异常类 1,异常类 2,…
```

【例 3-16】指定方法抛出异常。

```
class Test
{
  // throws 在指定方法中不处理异常，在调用此方法的地方处理
  void add(int a, int b) throws Exception              // 方法抛出异常
  {
      int c;
      c=a/b;
      System.out.println(a+"/"+b+"="+c);
  }
}
public class ThrowDemo2 {
  public static void main(String args[])
  {
      Test t = new Test();
      try {                                    // 有异常的方法调用，需要由 try-catch 语句处理
          t.add(4, 0);
      } catch (Exception e) {
          System.out.println("若有异常，在此处理!");
      }
  }
}
```

3.4 思考与练习

一、判断题

1. 类就是对象，对象就是类。 (   )
2. 对象的访问是通过引用对象的成员变量或调用对象的成员方法来实现的。 (   )
3. 如果类的访问控制符是 public，则类中成员的访问控制属性也必须是 public。 (   )
4. 用于定义接口的关键字是 implements。 (   )
5. 一个类可以实现多个接口。 (   )
6. 实现一个接口必须实现接口的所有方法。 (   )
7. 抽象类中的方法都是没有方法体的抽象方法。 (   )
8. abstract 类只能用来派生子类，不能用来创建 abstract 类的对象。 (   )
9. 方法的覆盖是指子类重新定义从父类继承的方法。 (   )

二、选择题

1. 以下程序段执行后 k 的值为（　　）。

```
int x=20;
  y=30;
k=(x>y)?y:x
```

A. 20　　B. 30　　C. 10　　D. 50

2. Java 语言中的基本数据类型包括（　　）。

A. 整型、实型、逻辑型　　B. 整型、实型、字符型
C. 整型、逻辑型、字符型　　D. 整型、实型、逻辑型、字符型

3. 下列运算符中，优先级最低的是（　　）。

A. ?:　　B. &&　　C. ==　　D. *

4. 设 int x = 1, y = 2, z = 3，则表达式 y+=z-/++x 的值是（　　）。

A. 3　　B. 3.5　　C. 4　　D. 5

5. 下列语句中，能够将变量 x、y 中最大值复制到变量 t 中的是（　　）。

A. if(x>y)　t=x; t=y　　B. t=y; if(x>y)　t=x;
C. if(x>y)　t=y; else t=x　　D. t=x; if(x>y)　t=y;

6. 以下代码执行后 j 的值是（　　）。

```
int i=1, j=0;
switch(i)
{ case 2:
     j+=6;
case 4:
     j+=1;
case 1:
     j+=4;
}
```

A. 0　　B. 1　　C. 2　　D. 4

7. 以下选项中循环结构合法的是（　　）。

A. while(int i<7) {i++; system. out. println("i=" + i);}

B. int j=3;while(j){system.out.println("j="+j);}

C. int j=0; for(int k=0;j+k!=10;j++,k++){system.out.println("j="+j+"k="k);}

D. int j=0;do{system.out.println("j="+j++);if(j==3){continue loop;}}while(j<10);

8. Java 用来定义一个类时，所使用的关键字为（　　）。

A. class　　B. public　　C. struct　　D. class 或 struct

9. 关于构造方法说法错误的是（　　）。

A. 构造方法名与类相同

B. 构造方法无返回值，可以使用 void 修饰

C. 构造方法在创建对象时被调用

D. 在一个类中如果没有明确给出构造方法，编译器会自动提供一个构造方法

10. 在 Java 中（　　）。

A. 一个子类可以有多个父类，一个父类也可以有多个子类

B. 一个子类可以有多个父类，但一个父类只可以有一个子类

C. 一个子类只可以有一个父类，但一个父类可以有多个子类

D. 上述说法都不对

11. 在 Java 中，一个类可同时定义许多同名的方法，这些方法的形式参数的个数、类型或顺序各不相同，传回的值也可以不相同。这种面向对象程序设计的特性称为（　　）。

A. 隐藏　　B. 覆盖　　C. 重载　　D. Java 不支持此特性

12. 接口是 Java 面向对象的实现机制之一，以下说法正确的是（　　）。

A. Java 支持多重继承，一个类可以实现多个接口

B. Java 只支持单重继承，一个类可以实现多个接口

C. Java 只支持单重继承，一个类只可以实现一个接口

D. Java 支持多重继承，但一个类只可以实现一个接口

13. 关于实例方法和类方法，以下描述正确的是（　　）。

A. 实例方法只能访问实例变量

B. 类方法既可以访问类变量，也可以访问实例变量

C. 类方法只能通过类名来调用

D. 实例方法只能通过对象来调用

14. 下列关于继承的说法中正确的是（　　）。

A. 子类只继承父类的 public 方法和属性

B. 子类继承父类的非私有属性和方法

C. 子类只继承父类的方法，而不继承父类的属性

D. 子类将继承父类的所有属性和方法

15. 下列关于抽象类的说法中正确的是（　　）。

A. 某个抽象类的父类是抽象类，则这个子类必须重载父类的所有抽象方法

B. 接口和抽象类是同一回事

C. 绝对不能用抽象类去创建对象

D. 抽象类中不可以有非抽象方法

16. 关于 Java 的异常处理语句 try-catch-final，以下描述正确的是（　　）。

A. try 后面是可能产生异常的代码，catch 后面是捕获到某种异常对象时进行处理的代

码，final 后面是没有捕获到异常时要执行的代码

B. try 后面是可能产生异常的代码，catch 后面是捕获到某种异常对象时进行处理的代码，final 后面是无论是否捕获到异常都必须执行的代码

C. catch 语句和 final 语句都可以默认

D. catch 语句用来处理程序运行时的非致命性错误，而 final 语句用来处理程序运行时的致命性错误

三、程序设计题

1. 从键盘输入年份，判断该年份是否是闰年。

2. 编程计算下面分段函数的值，要求输入 x，输出 y。

$$y=\begin{cases}3x^2+2x-1 & x<-5\\ x\cdot\sin x+2^x & -5\leqslant x\leqslant 5\\ \sqrt{x-5}+\log_{10}x & x>5\end{cases}$$

3. 计算下式的和，变量 x 与 n 从键盘输入。

$$s=\frac{x}{2!}-\frac{x}{3!}+\frac{x}{4!}+\cdots+(-1)^{n+1}\frac{x}{(n+1)!}$$

4. 有一对兔子，从出生后第三个月起每个月都生一对兔子，小兔子长到第三个月后每个月又生一对兔子。假如兔子都不死，问每个月的兔子总数为多少？

5. 定义学生类，再派生研究生类和大学生类，然后进一步用研究生类派生博士生类。

第 4 章 Android 程序设计基础

第 2 章已经介绍了如何搭建 Android 开发环境，并且能够通过创建一个简单的项目让其在 Android 环境中运行。但是如何使这个项目能够“跑”起来呢？第 3 章介绍的 Java 基础正是为深入探究这一问题而做的准备。

要较好地开发一个 Android 应用，就必须对 Android 程序的组成有很好的理解。正如 C 语言那样，程序总是始于 main 函数止于 main 函数。再如，数学的推理过程都是有一定规律可循的。

本章将介绍整个 Android 应用程序的框架和结构。同时，还会讲解程序的调试工具，它是开发 Android 应用程序时经常使用的利器，可以帮助程序开发者查找藏匿在程序中的问题。最后，将讨论 Git 的入门使用方法，它是一个开源的分布式版本控制系统，可以有效、高速地处理从很小到非常大的项目版本管理。

4.1 Android 程序结构

4.1.1 目录结构

从第 2 章可知，通过 Android Studio 集成环境可以快速地生成一个 Android 应用程序的结构，并使它运行起来。这个程序结构就好比一幢房子的地基，地基打得好，房子才稳定、牢固。可见，要掌握 Android 的开发，熟悉其程序结构是非常重要的。

【例 4-1】Android 应用程序 Ch4_1：Hello World。

图 4-1 所示为 Android 应用程序 Ch4_1 的工程结构，这个结构是 Android Studio 以默认方式生成的。其中包含的一些目录和文件都有固定的作用，有的可以修改，有的则不能进行修改。

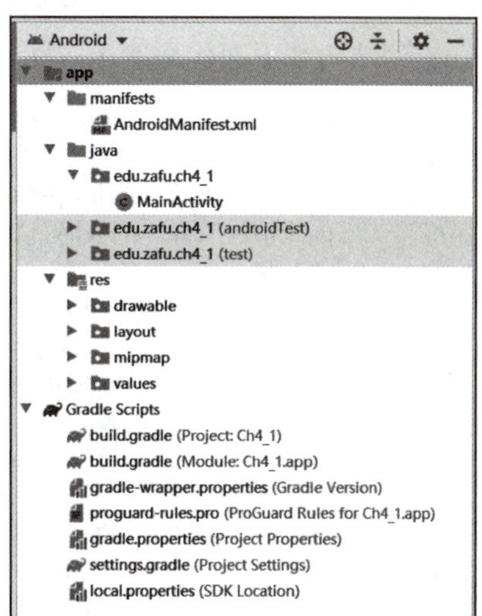

图 4-1　Android 项目目录结构

> 📖 在本书中，项目名称由两部分组成：前面为章号，后面为该章中的项目序号。

从图 4-1 可以看到，工程 Ch4_1 下面（Android 项目视图）有两个目录：app 和 Gradle Scripts。其中，app 是模块名称。新建一个工程，默认就会创建一个模块 app。每个 app 模块下面有三个子目录。

1）manifests。该目录下面只有一个 AndroidManifest. xml 文件，它是 app 的运行配置文件，描述了应用的基本特征并定义了其每一个组件。

2）java。该目录下面有三个应用程序包，其中第一个用于存储 Java 源代码文件，后面两个用于存放 JUnit 测试代码。

3）res。该目录用于存放所有的资源文件，包含 4 个子目录。

- drawable，用于存放图形描述文件和用户图片。
- layout，用于存放布局文件，展示用户界面。
- mipmap，用于存放启动图标。
- values，用于存放常量定义文件，包括字符串常量 strings. xml、尺寸常量 dimens. xml、颜色常量 colors. xml、主题定义 themes. xml。

Gradle Scripts 目录用于存放 Gradle 编译配置文件，包括以下文件。

1）build. gradle，配置 Gradle 编译和构建应用的方式。它有两个文件，一个用于项目，另一个用于模块，通过后面括号内的文字进行区分。

2）gradle-wrapper. properties，wrapper 的配置文件，自动设置和安装 Gradle 的工具。同时，它还提供了 gradlew 和 gradlew. bat 这两个执行文件，用来执行 Gradle 的任务。

3）proguard-rules. pro，用于描述 Java 文件的代码混淆规则文件。

4）gradle. properties，与 Gradle 相关的全局配置属性。

5）settings. gradle，Gradle 要创建的项目信息。

6）local. properties，项目的本地配置，是项目编译时自动生成的，包含 SDK 的本地路径、NDK 的本地路径等。

4.1.2　文件解析

下面对工程中出现的一些主要的、重要的文件进行说明，以使读者能够快速掌握 Android 开发所需要的基础知识。更多的细节和内容将在后续章节逐步展开。

1. AndroidManifest. xml 文件

AndroidManifest. xml 文件是 Android 项目的全局配置文件，记录应用中用到的各种全局配置，是每个 Android 程序的必需文件。它描述了程序中的全局数据，包括程序中用到的组件（activities、services 等），以及它们各自的实现类、各种能被处理的数据和启动位置等重要信息。它的结构如下面代码所示。

```
<?xml version="1.0" encoding="utf-8"?>  <!-- xml 版本及编码方式 -->
<manifest
    xmlns:android=http://schemas.android.com/apk/res/android
    package="edu.zafu.ch4_1"> <!-- 指定应用内 Java 主程序包的包名 -->
    <application
        android:allowBackup="true"
        android:icon="@mipmap/ic_launcher"
        android:label="@string/app_name"
        android:supportsRtl="true"
        android:theme="@style/Theme.Ch4_1">
        <activity android:name="MainActivity">
            <intent-filter>
                <action android:name="android.intent.action.MAIN" />
                <category android:name="android.intent.category.LAUNCHER" />
            </intent-filter>
```

```
16            </activity>
17        </application>
18    </manifest>
```

从该示例代码可以看出，项目全局配置文件以 manifest 为根节点，里面定义了 android 命名空间（第 3 行）和应用程序的包名（第 4 行）等信息。

从第 5 行开始定义 application。application 节点声明程序中最重要的四个组成部分：Activity（活动）、Service（服务）、BroadcastReceiver（广播接收器）和 ContentProvider（内容提供器）。根据需要，在根节点下还可以包括 Permission（声明安全权限，对组件、组件功能或其他应用的访问）、Instrumentation（探测和分析应用性能相关类，用于监控程序）这两类节点。

一个 AndroidManifest. xml 中必须含有一个 application 标签，这个标签声明了每一个应用程序的组件及其属性。例如，第 6 行定义是否允许应用参与备份和恢复基础架构，第 7 行定义了 app 的图标，第 8 行定义了 app 的标题，第 9 行声明应用是否支持从右到左（Rtl）的文字排列布局，第 10 行定义了 app 的主题。

从第 11 行开始，定义了一个 activity 节点（对应用户界面），这里是“MainActivity”。activity 节点下有 intent-filter 节点，主要声明 action 和 category 两个元素。第 13、14 两行表示 MainActivity 是启动 activity 的，是整个应用的入口。

关于 activity 的内容将在 4. 2 节详细描述。AndroidManifest. xml 中各个节点的信息内容及对应的属性值，请参照本书的附录 B。

2. 应用程序包目录

存放源文件的目录，即写有代码的以 . java 为扩展名的文件。图 4-2 所示代码为默认生成的 Java 源文件 MainActivity. java 的示例。

第 4 行是引入 Activity 包，默认使用的是 AppCompatActivity。从 Android 21 之后引入 Material Design 的设计方式，AppCompatActivity 代替了之前的 ActionBarActivity，支持 Material Color、调色板、Toolbar 等各种特性，更是引入了 AppCompatDelegate 类的设计，可以在普通的 Acitivity 中使用 AppCompate 的相关特性。

📖 在重写方法前加上@Override 伪代码有如下好处。

- 当作注释用，方便阅读。
- 编译器可验证@Override 下面的方法名是否为父类中所有，如果没有则报错，以减少错误。

第 8 行定义 MainActivity 类，并在第 12 行重写了父类的 onCreate 方法。该方法调用了父类的实现方法（第 14 行），同时设置了当前显示的内容在布局文件夹里的 activity_main. xml 文件（第 16 行），设置的方法为 SetContentView，其参数为布局对象。

注意：在 Java 代码中要引用 res 资源，常用的有：布局文件，通过 R. layout 进行访问，后面跟上具体的 XML 文件名，如 R. layout. activity_main；字符串资源，通过 R. string 访问，后面跟上具体的字符串变量，如 getResources( ). getText(R. string. name)；颜色资源，如 getResouces( ). getColor(R. color. red)；图片资源，如 R. drawable. icon；控件，如 R. id. name（name 为具体控件的 id 名称）。

注意：要区分在 XML 文件中对有关资源的引用方法，通过@ * * * 获得。例如，字符串为@string/name；图片为@drawable/img；控件为@+id/tv。

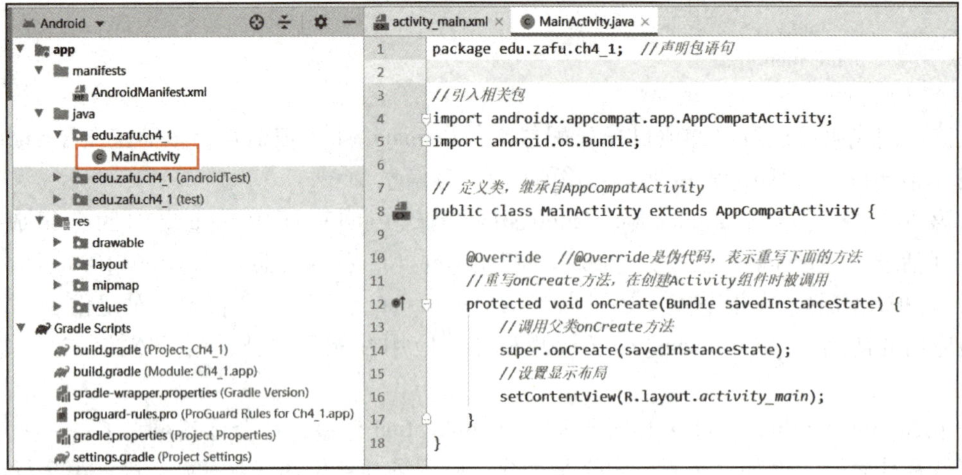

图 4-2　MainActivity. java 示例代码

3. res 目录

res 目录存放项目中的资源文件并编译到应用程序中，包括图片、字符串、菜单、界面布局、颜色、主题等，如图 4-3 所示。

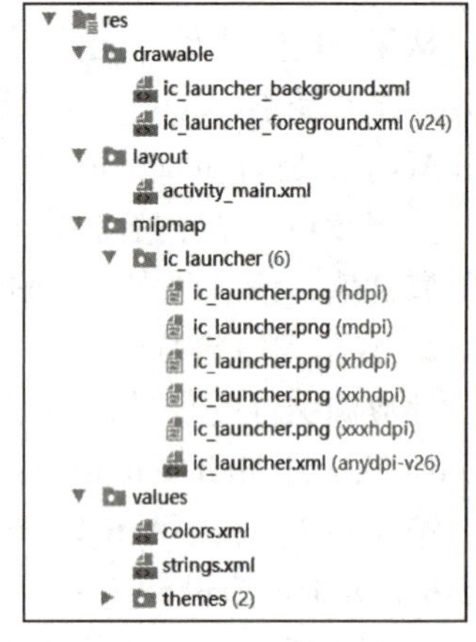

图 4-3　res 目录

（1）drawable 目录

该目录用于存放可绘制资源，包括位图或 XML 定义的各种图形等，通过 R. drawable 类进行访问。

（2）mipmap 目录

该目录为设计启动器图标提供了更多灵活性。若要为不同密度的设备构建不同版本的应用程序，则应该使用 mipmap 资源目录。各设备具有不同的分辨率，所以启动器应用程序显示不同分辨率的图标。启动器应用程序通过将启动器图标的所有密度移动到密度特定的 res/mipmap/文件夹（如 res/mipmap-mdpi/和 res/mipmap-xxxhdpi/）来使应用程序显示高分辨率图标。

（3）layout 目录

该目录用于存放布局文件，布局文件负责界面显示的方式和内容，类似于一个网页文件。下面是一个简单的布局文件 activity_main. xml 示例。

```
<?xml version="1.0" encoding="utf-8"?>
<androidx.constraintlayout.widget.ConstraintLayout
    xmlns:android="http://schemas.android.com/apk/res/android"
    xmlns:app="http://schemas.android.com/apk/res-auto"
    xmlns:tools="http://schemas.android.com/tools"
    android:layout_width="match_parent"
    android:layout_height="match_parent"
    tools:context=".MainActivity">
    <TextView
        android:id="@+id/textView1"
        android:layout_width="wrap_content"
        android:layout_height="wrap_content"
```

```
13            android:text="@string/hello_world"
14            app:layout_constraintBottom_toBottomOf="parent"
15            app:layout_constraintLeft_toLeftOf="parent"
16            app:layout_constraintRight_toRightOf="parent"
17            app:layout_constraintTop_toTopOf="parent" />
18    </androidx.constraintlayout.widget.ConstraintLayout>
```

布局文件利用 XML（结构性的标记语言）描述用户界面，每个标记成对出现。Android SDK 内置了多种布局方式，详见第 5 章中界面布局的介绍。上述代码列出了默认的布局方式——约束布局 ConstraintLayout（第 2 行）。

第 3~5 行是 XML 的命名空间。

第 6~7 行中的 layout_width 和 layout_height 两个属性分别表示布局的宽度和高度。其中，"match_parent"表示将对象扩展以填充所在容器（也就是父容器）;"wrap_content"表示根据对象内部内容自动扩展以适应其大小，如第 11~12 行表示 TextView 对象的大小为适应其内容的大小。

第 9 行 TextView 表示文本控件，用于显示字符串。

第 10 行控件对象 id 属性（可用于引用该对象）为"@+id/textView1"。其中，“@+id”表示 id 资源，“/”后面的字符串表示 id 资源名称（该名称在整个布局中是唯一的）。

第 13 行 text 属性为文本控件的显示文字内容，"@string/hello_world"表示来自字符串资源（@string）中的 hello_world 变量（下面可以看到，其值为"Hello world!"）。

第 14~17 行是确定控件位置的约束，具体见第 5 章中约束布局介绍。

（4）values 目录

该目录存放的是字符串、数组、尺寸、颜色和样式等资源，均以 resources 作为根节点。例如：

1）字符串资源文件 strings.xml：以 string 作为项目标签，定义字符串变量，其作用在于便于程序维护及应用国际化。下面的示例文件中定义了两个字符串变量 app_name 和 hello_world，取值分别为"Ch4_1"和"Hello World!"。

```
<resources>
    <string name="app_name">Ch4_1</string>
    <string name="hello_world">Hello World!</string>
</resources>
```

2）颜色资源文件 colors.xml：以 color 作为项目标签，定义了程序所使用的颜色。这样，如果程序中要使用某种颜色，直接引用此文件里对应的颜色变量即可。下面的示例中第 3~9 行定义了九种颜色，其中的颜色值是以“#”开始的 8 位十六进制数，每两位一个含义，分别表示透明度和红色、绿色、蓝色的颜色分量值。

```
1    <?xml version="1.0" encoding="utf-8"?>
2    <resources>
3        <color name="purple_200">#FFBB86FC</color>
4        <color name="purple_500">#FF6200EE</color>
5        <color name="purple_700">#FF3700B3</color>
6        <color name="teal_200">#FF03DAC5</color>
7        <color name="teal_700">#FF018786</color>
8        <color name="black">#FF000000</color>
9        <color name="white">#FFFFFFFF</color>
10   </resources>
```

3）主题资源文件 themes. xml：以 style 作为项目标签定义不同的外观样式，如无标题栏透明样式等。其中每一项以 item 作为标签。下面的示例中定义了 Theme. Ch4_1 样式（继承自 DarkActionBar）（第 3 行），对其中用到的一些颜色项用第 5~13 行的定义进行替换。

```
1   <resources xmlns:tools="http://schemas.android.com/tools">
2       <!-- Base application theme. -->
3       <style name="Theme.Ch4_1" parent="Theme.MaterialComponents.DayNight.DarkActionBar">
4           <!-- Primary brand color. -->
5           <item name="colorPrimary">@color/purple_500</item>
6           <item name="colorPrimaryVariant">@color/purple_700</item>
7           <item name="colorOnPrimary">@color/white</item>
8           <!-- Secondary brand color. -->
9           <item name="colorSecondary">@color/teal_200</item>
10          <item name="colorSecondaryVariant">@color/teal_700</item>
11          <item name="colorOnSecondary">@color/black</item>
12          <!-- Status bar color. -->
13          <item name="android:statusBarColor" tools:targetApi="l">?attr/colorPrimaryVariant</item>
14          <!-- Customize your theme here. -->
15      </style>
16  </resources>
```

4. 编译产生的目录

对工程项目进行编译或运行，就会在目录结构中生成 java(generated)、res(generated)两项，如图 4-4 所示。它们分别是源码文件夹 java 和资源文件夹 res 编译以后产生的文件夹，是不可以进行修改的。

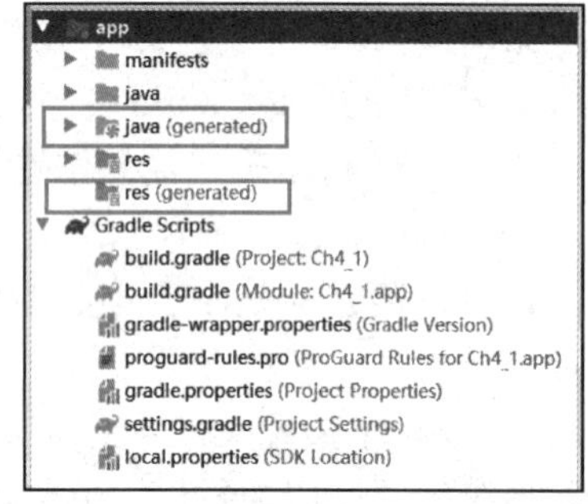

图 4-4　编译产生的目录

5. build. gradle 文件

项目级 build. gradle 文件内容基本固定，无须修改。下面给出默认生成的 app 模块的 build. gradle 文件内容。其中给出了注释，读者可以更好地理解每一个参数的作用。

```
plugins {  // 声明使用的插件
    id 'com.android.application'          // 表示应用程序模块，可直接运行
                      有些标识库模块，依附别的应用程序运行
}
android{
    compileSdkVersion 30                  // 编译 sdk 的版本，也就是 API Level
    buildToolsVersion "30.0.3"            // build tools 版本，其中包括了打包工具 aapt、dx 等
                                          // 这个工具的目录位于 sdk 目录/build-tools/下
    defaultConfig { // 默认配置
        applicationId "edu.zafu.ch4_1"  // 应用程序的包名
        minSdkVersion 16  // 最小 sdk 版本，若设备小于这个版本或者大于 maxSdkVersion 将无法安装
        targetSdkVersion 30               // 目标 sdk 版本，充分测试过的版本（建议版本）
        versionCode 1                     // 版本号，第一版是 1，之后每更新一次加 1
        versionName "1.0"                 // 版本名，显示给用户的版本号
        testInstrumentationRunner "androidx.test.runner.AndroidJUnitRunner"// Instrumentation 单元测试
    }
    buildTypes { // 生成安装文件配置，常有两个子包：release，debug，直接运行的是 debug 安装文件
        release { // release 版本的配置，即生成正式版安装文件的配置
            minifyEnabled false           // 是否对代码进行混淆，true 表示混淆
            // 指定混淆时使用的规则文件；
```

```
                // proguard-android. txt 所有项目通用混淆规则，proguard-rules. pro 当前项目特有混淆规则
                // release 的 Proguard 默认为 Module 下的 proguard-rules. pro 文件
                proguardFiles getDefaultProguardFile('proguard-android-optimize. txt'), 'proguard-rules. pro'
            }
        }
    compileOptions {  // 在这里你可以进行 Java 的版本配置，以便使用对应版本的一些新特性
            sourceCompatibility JavaVersion. VERSION_1_8
            targetCompatibility JavaVersion. VERSION_1_8
        }
}
// 指定当前项目的所有依赖关系：本地依赖、库依赖、远程依赖
// 本地依赖：可以对本地 Jar 包或目录添加依赖关系
// 库依赖：可以对项目中的库模块添加依赖关系
// 远程依赖：可以对 jcenter 库上的开源项目添加依赖，远程依赖格式是域名：组织名：版本号
dependencies{
    // 远程依赖，androidx. appcompat 是域名部分，appcompat 是组名称，1. 1. 0 是版本号
    implementation 'androidx. appcompat:appcompat:1. 1. 0'
    implementation 'com. google. android. material:material:1. 1. 0'
    implementation 'androidx. constraintlayout:constraintlayout:1. 1. 3'
    testImplementation 'junit:junit:4. +' // 声明测试用例库
    androidTestImplementation 'androidx. test. ext:junit:1. 1. 1'
    androidTestImplementation 'androidx. test. espresso:espresso-core:3. 2. 0'
}
```

6. settings. gradle 文件

此文件用于声明需要参与 Build 的项目。可通过 include(String… args)方法将需要 Build 的项目添加至编译项目中。在编译过程中有一个默认的根项目会自动添加至编译目录中，根项目是指包含了 settings 文件的项目，根项目的名称默认使用包含了 settings 文件所在目录的名称。下面是例 4-1 的示例，其中第 2 行 rootProject. name 表示工程名称。

```
1  include':app'
2  rootProject. name = "Ch4_1"
```

4.2 Android 程序框架

通过 4.1 节的学习了解了 Android 应用程序的结构，熟悉了程序中所包含的目录和文件。但是这些目录和文件是如何相互作用，完成整个项目功能的呢？这就需要进一步地探究 Android 程序的整个框架内容。

Android 程序由 Activity（活动）、Service（服务）、BroadcastReceiver（广播接收器）和 ContentProvider（内容提供器）四部分组成。这也是 Android 系统的四个重要组件，这些组件间是通过 Intent 进行交互的。这些形成了 Android 程序框架的核心内容。

4.2.1 Activity 生命周期

扫码看视频

程序的生命周期是指在 Android 系统中，进程从启动到终止的所有阶段，即 Android 程序启动到停止的全过程。由于 Android 系统一般运行在资源受限的硬件平台上，Android 程序并不能完全控制自身的生命周期，而是由系统进行调度和控制。Activity、Service、BroadcastReceiver 都有生命周期。由于控制机制相似，本小节以 Activity 的生命周期为例进行讲解。

Android 应用程序的所有 Activity 通过一个 Activity 栈进行管理。Activity 栈保存了所有已经启动且没有终止的 Activity。位于栈顶的 Activity 即为活动的 Activity。

Activity 在整个生命周期中有活动、暂停、停止和非活动四种状态。

1）活动状态，在栈顶的 Activity，它是可视的、有焦点的，可接收用户输入。Android 尽最大可能保持它为活动状态，“杀死”其他 Activity 来确保当前活动 Activity 有足够的资源可以使用。当另外一个 Activity 被激活时，它将被暂停。

2）暂停状态，是指当 Activity 失去焦点时，但仍然可见的状态，如被一个透明或者非全屏的 Activity 遮挡。

3）停止状态，若 Activity 变为完全隐藏的，它将会变成停止状态。这时 Activity 仍然在内存中保存它所有的信息。停止状态的 Activity 将优先被终止，因此 Activity 停止后一个很重要的工作就是要保存好程序数据和 UI 状态。

4）非活动状态，一旦 Activity 被用户关闭，暂时或停止状态的 Activity 被系统终止后，Activity 便会进入非活动状态，它将被移除 Activity 栈。

随着用户在界面上进行不同操作，Activity 的状态是在不断发生改变的。当 Activity 从一个状态转变到另一个状态时，会执行相应的事件函数。如图 4-5 所示，这些事件函数与 Activity 状态转换之间是存在联系的。在实现 Activity 类的时候，通过重写这些事件函数即可在需要实现某些功能的时候进行调用。这些事件函数及调用的先后顺序是要学习的重点内容。

- onCreate( )：当 Activity 首次创建时触发，可以在此时完成初始化工作。
- onStart( )：当 Activity 对用户即将可见时调用。
- onRestart( )：当 Activity 从停止状态再次进入活动状态时触发。
- onResume( )：当 Activity 可和用户交互时触发。此时，Activity 在 Activity 栈顶。
- onPause( )：当系统启动其他 Activity，当前 Activity 进入暂停状态时调用。只有该事件函数执行完毕后，其他 Activity 才能显示在界面上。
- onStop( )：当 Activity 对用户不可见时触发，并进入停止状态。若内存紧张，则系统可直接结束该 Activity，而不会触发 onStop( )。所以，应在 onPause( ) 时保存状态信息。
- onDestroy( )：在 Activity 被销毁前及进入非活动状态前触发该函数。当程序调用 finish( ) 函数或被 Android 系统终结时，该事件函数将会被调用。

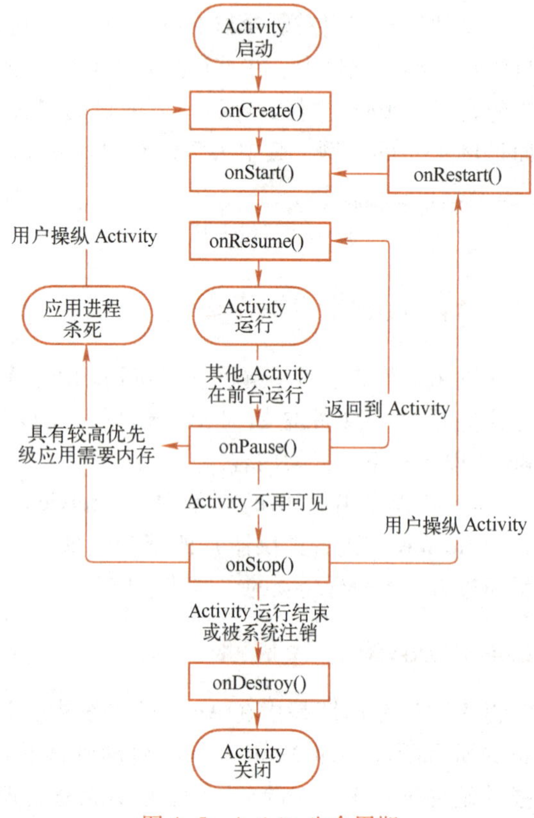

图 4-5　Activity 生命周期

Activity 的生命周期根据 Activity 的表现形式可以分为完整生命周期、可见生命周期和活动生命周期。

- 完整生命周期：从 Activity 创建到销毁的全部过程，始于 onCreate( )，止于 onDestroy( )。一般在 onCreate( )中进行全局资源和状态的初始化，而在 onDestroy( )中释放资源。
- 可见生命周期：从调用 onStart( )函数开始到调用 onStop( )函数结束。在这段时间内，Activity 可以被用户看到（对应的屏幕）。初始化或启动与更新界面相关的资源在 onStart( )函数中完成，而 onStop( )用于暂停或停止一切与更新界面相关的资源（如线程、计数器、Service 等）。
- 活动生命周期：从 Activity 调用 onResume( )函数开始到调用 onPause( )为止的这段过程。在这段时间内，Activity 在屏幕的最前面，能够与用户进行交互。

为了能够更好地理解 Activity 的事件函数和生命周期状态之间的关系，下面举例说明。

【例 4-2】Activity 生命周期演示项目 Ch4_2。

该项目只有一个 MainActivity。通过在生命周期事件函数里调用 System. out. println( )方法输出相应的信息，可查看它们执行的先后顺序。

```
package com.example.ch4_2;
import androidx.appcompat.app.AppCompatActivity;
import android.os.Bundle;
public class MainActivity extends AppCompatActivity {
    @Override
    protected void onCreate(Bundle savedInstanceState) {
        super.onCreate(savedInstanceState);
        setContentView(R.layout.activity_main);
        System.out.println("onCreate");
    }
    @Override
    protected void onStart() {
        super.onStart();
        System.out.println("onStart");
    }
    @Override
    protected void onResume() {
        super.onResume();
        System.out.println("onResume");
    }
    @Override
    protected void onPause() {
        super.onPause();
        System.out.println("onPause");
    }
    @Override
    protected void onStop() {
        super.onStop();
        System.out.println("onStop");
    }
    @Override
    protected void onRestart() {                    // 重启
```

```
        super. onRestart( );
        System. out . println( "onRestart" );
    }
    @Override
    protected void onDestroy( ) {                    // 结束
        super. onDestroy( );
        System. out . println( "onDestroy" );
    }
}
```

启动项目 Ch4_2，出现程序的展示界面后，可在 Logcat 调试窗口中看到所有的输出内容。由于输出的内容太多，会把我们关心的内容刷屏，可在搜索框中输入“System. out”，这样就只会显示标签为“System out”的记录了。如图 4-6 所示，首先单击下方的 Logcat 标签，打开 Logcat 调试窗口；然后在右侧搜索框内输入标签名。关于 Logcat 的具体使用可参见 4. 3 节。

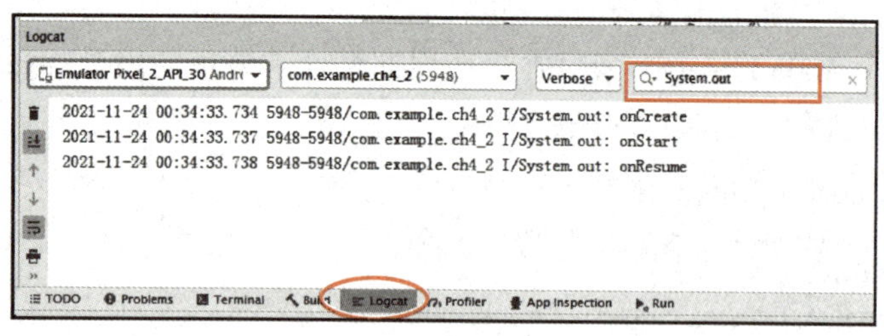

图 4-6　Logcat 输出内容

从图 4-6 中可以看到，Activity 启动后的执行顺序为 onCreate( )→onStart( )→onResume( )，之后 Activity 位于栈顶，可以与用户进行交互。在模拟器中，将当前运行的 Activity 切换到其他地方时，MainActivity 调用 onPause( )函数进入暂停状态；随即 MainActivity 不再可见，于是又调用 onStop( )函数进入停止状态。Logcat 调试输出如图 4-7 所示（见方框内记录）。

若此时内存资源不足，系统就会调用 MainActivity 的 onDestroy( )。但若重新切换回 MainActivity，则会依次调用 onRestart( )→onStart( )→onResume( )，如图 4-8 中 1 号方框内所示。若是退出程序，则会依次调用 onPause( )→onStop( )→onDestroy( )，如图 4-8 中 2 号方框内所示。

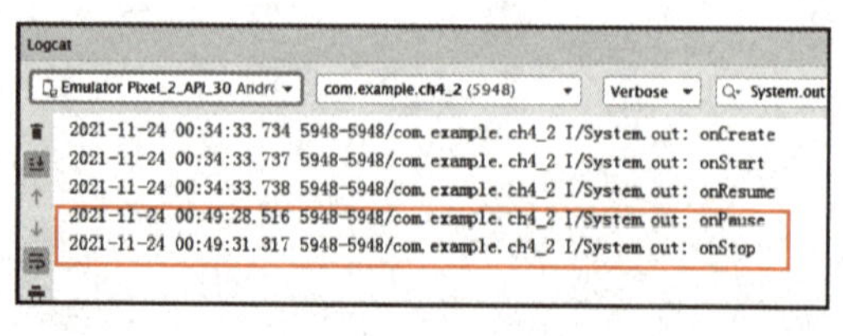

图 4-7　Logcat 调试输出

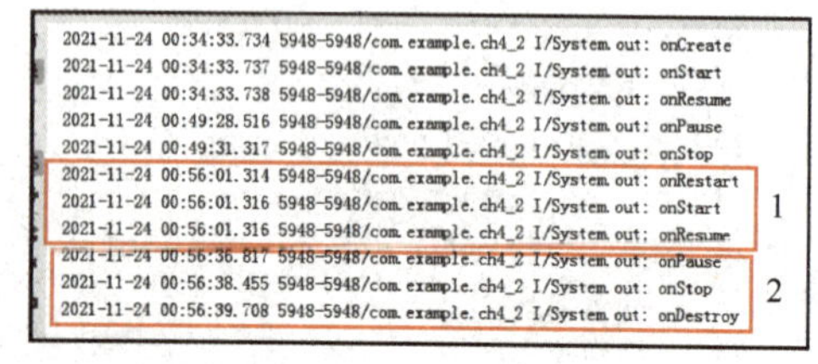

图 4-8　退出程序后的输出

Service 等的生命周期也具有类似 Activity 相同的管理方式。下面介绍 Android 这四个重要组件的具体内容。

4.2.2　Android 组件

一个 Android 应用程序通常由 Activity、Service、BroadcastReceiver 和 ContentProvider 四类组件构成，但并不是每个 Android 应用程序都必须包含这四类组件。除了 Activity 是必要部分外，其他的组件都可根据实际应用需要进行选择。在 AndroidManifest.xml 中声明可共享的组件，声明后 Android 系统可利用这些组件实现程序内部或程序间的调用。

1. Activity

Activity 是 Android 中最基础同时也是最重要的一个组件，它是用户唯一可以看得到的东西。Activity 是基于栈实现的，一个 Activity 在程序中是独立运行的，而程序中每一个显示的界面即为一个 Activity，多个 Activity 之间可以实现跳转。所有的 Activity 组成一个 Activity 栈，而当前显示的 Activity 位于栈顶。

几乎所有的 Activity 都会与用户进行交互，所以它主要负责创建展示窗口。用户可以在当前活动的界面上进行一些操作，如输入、选择等，程序会根据用户的操作进行相应的响应。而每一个 Activity 都必须在 AndroidManifest.xml 文件中注册，否则当程序跳转到这个 Activity 时就会报错。

界面是由 View 和 ViewGroup 对象构建而成的，而 ViewGroup 是特殊的 View 类，它又可以由 View 和 ViewGroup 组成，它们共同组成了用户界面。

图 4-9　应用程序运行界面

4.1 节中的例 4-1 创建的第一个应用程序，运行界面如图 4-9 所示。这个界面是在 Activity 中使用 setContentView(View v)来显示 UI（用户界面）的。具体的方法是，程序的界面显示内容在布局文件夹中的 activity_main.xml 文件定义，而 MainActivity 类的 onCreate()方法负责生成界面。在今后的开发中可以看到，Android 程序开发中这样的界面和代码分离是随处可见的。

当然，也可以只用代码实现程序的界面，这种方式在一些特殊情况下也会使用。

【例 4-3】 Hello world 的动态界面生成。

```
package com.example.ch4_3;                        // 包名
import androidx.appcompat.app.AppCompatActivity;  // 导入相关的包
import androidx.constraintlayout.widget.ConstraintLayout;
import androidx.constraintlayout.widget.ConstraintSet;
import android.os.Bundle;
import android.view.View;
import android.widget.TextView;
public class MainActivity extends AppCompatActivity {
    @Override
    protected void onCreate(Bundle savedInstanceState) {
        super.onCreate(savedInstanceState);
        ConstraintLayout cl = new ConstraintLayout(this);
        TextView tv = new TextView(this);
        tv.setId(View.generateViewId());
        tv.setText("Hello World!");
        cl.addView(tv);
```

```
17            ConstraintSet c = new ConstraintSet();
18            c.clone(cl);
19            c.connect(tv.getId(),ConstraintSet.RIGHT,ConstraintSet.PARENT_ID,ConstraintSet.RIGHT);
20            c.connect(tv.getId(),ConstraintSet.LEFT,ConstraintSet.PARENT_ID,ConstraintSet.LEFT);
21            c.connect(tv.getId(),ConstraintSet.TOP,ConstraintSet.PARENT_ID,ConstraintSet.TOP);
22            c.connect(tv.getId(),ConstraintSet.BOTTOM,ConstraintSet.PARENT_ID,ConstraintSet.BOTTOM);
23            c.applyTo(cl);
24            setContentView(cl);
25        }
26    }
```

首先导入一些程序所需的类（第 2~7 行），在 onCreate()方法中创建界面（第 11 行）。该界面对应布局 cl，是动态定义的约束布局对象（第 12 行），最后通过 setContentView()方法设置为界面（第 24 行）。

这个约束布局内就包含了一个 TextView 对象 tv（其中，第 13 行生成对象，第 14 和 15 行定义 id 和文本），并通过 addView()方法（第 16 行）加入到布局中。第 17~23 行，对 tv 对象通过 ConstraintSet 设置约束，使其在屏幕居中显示。

这段代码的运行结果与例 4-1 是一样的，但是代码量却增多了。因此，在实际开发中一般不采取这种方法来进行界面的生成，而是采用代码和界面分离的方法。

2. Service

Service 也是 Android 系统中一个非常重要的应用程序组件。它的最大特点是其不可见，没有 Activity 那样华丽的图形化界面，这也是它与 Activity 最大的区别。

Service 在程序后台运行，拥有独立的生命周期，通常用来处理一些耗时比较长的操作。可以使用 Service 更新 ContentPrivider、发送 Intent 及启动系统的通知等。但是 Service 不是一个单独的进程，也不是一个线程。如果 Service 里的代码阻塞了，会导致整个应用程序无响应。

每一个 Sevvice 在使用前与 Activity 一样，都要在 AndroidManifest.xml 文件里进行声明。具体使用方法将在第 6 章进行介绍。

3. BroadcastReceiver

BroadcastReceiver 是 Android 程序中的另一个重要的组件，即广播接收器，用于接收并响应 Android 系统和应用产生的各种广播消息。比如，当手机收到一条短信的时候，就会产生一个收到短信的事件，系统会向所有与它有关并已注册的广播接收器广播这个事件。

大部分广播消息是由 Android 系统产生的，如时区改变、电池电量低和语言选项改变等。使用广播接收器前必须先声明。有两种声明广播接收器的方法：一种是在 AndroidManifest.xml 文件里声明；另一种是在 Java 代码中使用 registReceiver()方法进行声明（又称作注册）。详细的内容会在第 6 章进行讨论。

4. ContentProvider

在 Android 系统中，每一个应用程序都运行在各自的进程中。当一个程序需要访问另一个应用程序的数据，即在不同的进程之间进行传递数据时，可以借助 ContentProvider 实现数据的交换，达到在不同的应用程序之间共享数据的效果。

ContentProvider 也可看作一种特殊的数据存储方式。它使用表的形式来存储数据（表 4-1 展示了一个示例），同时对数据的存储进行了封装，通过一套标准的接口获取和操作数据。

Android 系统本身也通过 ContentProvider 的方式开放系统内的一些基本数据（包括音频、视频、图片和通讯录等）。

表 4-1　ContentProvider 数据组织形式示例

_ID	NUMBER	NUMBER_KEY	LABEL	NAME	TYPE
13	(425)5556677	4255556677	Kirklandoffice	Bully Pulpit	TYPE_WORK
44	(212)555-1234	2125551234	NY apartment	Alan Vain	TYPE_HOME
45	(212)555-6657	2125556657	Downtown office	Alan Vain	TYPE_MOBILE
53	201. 555. 4433	2015554433	Love Nest	Rex Cars	TYPE_HOME

当开发的应用要实现自己的 ContentProvider 时，首先需定义一个 CONTENE_URI 常量，然后定义一个 ContentProvider 子类继承，并需要实现以下抽象方法。

- onCreate()：初始化 ContentProvider。
- insert(Uri,ContentValues)：向 ContentProvider 中插入数据。
- delete(Uri,ContentValues)：删除 ContentProvider 中指定的数据。
- update(Uri,ContentValues,String,String[])：更新 ContentProvider 中指定的数据。
- query(Uri,String[],String,String[],String)：从 ContentProvider 中查询数据。
- getType(Uri uri)：获取数据类型。

最后，还要在 AndroidManifest. xml 中进行声明。

通常 ContentProvider 与 ContentResolver 结合使用，其中一个应用程序通过 ContentProvider 来暴露自己的数据，而另一个程序则通过 ContentResolver 来访问该数据。

在 Android 中，每一个 ContentProvider 都拥有一个公共的 URI，这个 URI 可以用于找到某一个特定的 ContentProvider。Android 系统提供的 ContentProvider 都存放在 android. provider 包当中。关于 ContentProvider 的具体使用方法详见第 8 章 Android 数据存储的相关内容。

4.3　程序调试

也许只花了一个星期的时间完成的程序，得花上一个月甚至更久去调试它。调试时可能会出现各种各样的错误，调试的方法也因个人习惯会有所不同。要想马上解决问题，就需要有一个好的调试工具。作为一名程序员，调试技能是必备的。Android Studio 就提供了强大的调试功能。

本节首先讨论如果使用日志工具发现程序中的问题，然后介绍在 Android Studio 中执行基本的调试操作，包括断点设置、检查变量和对表达式求值等。

4.3.1　日志

在例 4-2 中，已经应用了日志（Logcat）来查看程序的运行输出信息。Logcat 是 Android Studio 的控制台日志输出信息，能够捕获的信息包括系统消息，如在进行垃圾回收时显示的消息，以及进程信息、ActivityManager 信息、PackagerManager 信息、Homeloader 信息、Windows-Manager 信息、Android 运行时信息和应用程序信息，如使用 Log 类添加到应用的消息等。

在使用 Logcat 之前需要先打开 Logcat 视图，在菜单栏选择“View”→“Tool Windows”→“Logcat”命令，或者在底部的状态栏中单击“Logcat”选项卡标签（见图 4-10 中圆圈）即可打开。

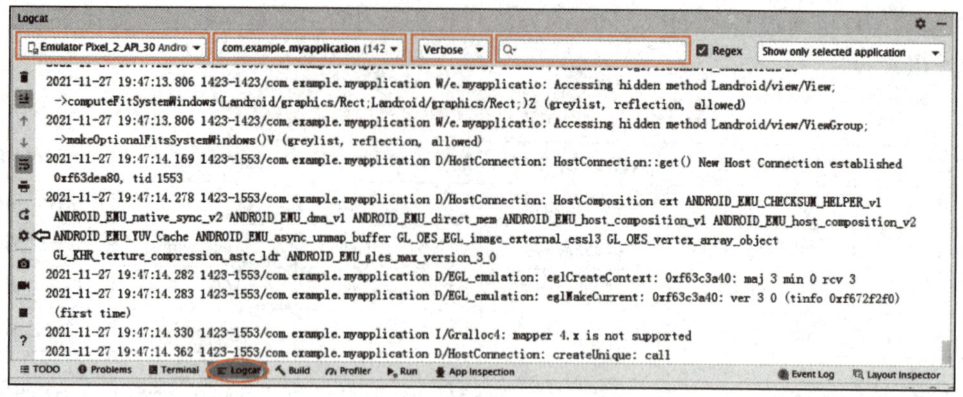

图 4-10　Logcat 视图

Logcat 视图中央显示实时消息，之前的历史记录也可通过滚动条向上找到。图 4-10 中顶部的方框，从左到右依次为“模拟器”“应用（包）”“级别”“标签”项。显示的信息往往比较多，若要仅显示感兴趣的信息，可以创建过滤器、修改消息中显示的信息量、设置优先级、仅显示通过应用代码生成的消息，以及搜索日志等方式缩小显示信息的范围，精准定位到感兴趣的消息。默认情况下，Logcat 仅显示与最近运行的应用相关的日志输出。

Logcat 的级别有六种，从低到高分别为：Verbose（详细）、Debug（调试）、Info（信息）、Warn（警告）、Error（错误）、Assert（断言）。在 Logcat 控制台设置日志输出级别后，则只有在该级别或以上级别的日志信息才可以显示。例如，日志输出级别设置为 Info，那么在控制台上只能看到 Info、Warn、Error 和 Assert 四个级别的日志。

在 Logcat 视图中，每条信息包含以下内容：信息等级（Level）、执行时间（Time）、产生日志进程编号（PID）、线程编号（TID）、应用包名（Application）、标签（Tag）和信息内容（Text）。要显示哪些内容可以通过单击图 4-10 左侧箭头所指的“Logcat Header”按钮，在打开的对话框中进行设置。

在 Java 源代码中要使用 Logcat，首先应引入 android.util.Log 包，然后使用 Log.v()、Log.d()、Log.i()、Log.w()、Log.e()等函数在程序中设置“日志点”。根据首字母对应相关信息。

1）Log.v 的调试颜色为黑色，任何消息都会输出。

2）Log.d 的调试颜色是蓝色，输出 Debug 调试信息。

3）Log.i 的调试颜色为绿色，一般用于显示提示性的消息。

4）Log.w 的调试颜色为橙色，可以看作警告，此时需要注意优化 Android 代码。

5）Log.e 的调试颜色为红色，用于输出错误。显示红色的错误信息，需要认真的分析，查看栈的信息。

如果输出的记录不按指定的颜色显示，则可以自定义 Android Studio Locat 的输出颜色，方法如下：打开“file”→“Settings”→“Editor”→“Color Scheme”→“Android Logcat”命令，在出现的对话框中单击不同日志级别，设置相应颜色即可（取消选中“Inherit values from”复选框）。

【例 4-4】 Logcat 输出示例。

```
package com.example.ch4_4;
import androidx.appcompat.app.AppCompatActivity;
```

```
3   import android. os. Bundle;
4   import android. util. Log;
5   public class MainActivity extends AppCompatActivity {
6       private static final String ACTIVITY_TAG = "ch4_4_MainActivity";
7       @Override
8       protected void onCreate( Bundle savedInstanceState) {
9           super. onCreate( savedInstanceState) ;
10          setContentView( R. layout. activity_main ) ;
11          Log. v( MainActivity. ACTIVITY_TAG , "This is Verbose. ") ;
12          Log. d( MainActivity. ACTIVITY_TAG , "This is Debug. ") ;
13          Log. i( MainActivity. ACTIVITY_TAG , "This is Information") ;
14          Log. w( MainActivity. ACTIVITY_TAG , "This is Warnning. ") ;
15          Log. e( MainActivity. ACTIVITY_TAG , "This is Error. ") ;
16          System. out. println( "This is println") ;
17      }
18  }
```

上述代码在第 11~15 行，使用 Log 类函数输出信息。当运行程序后，就会在 Logcat 视图下输出如图 4-11 所示的内容。从图中看到，各种信息的输出内容和使用的颜色与上面的描述是一致的。需要特别注意的是，在程序最后加了 println 输出，这里仅是为了说明 println 也是可以用来输出从而达到调试程序的目的。

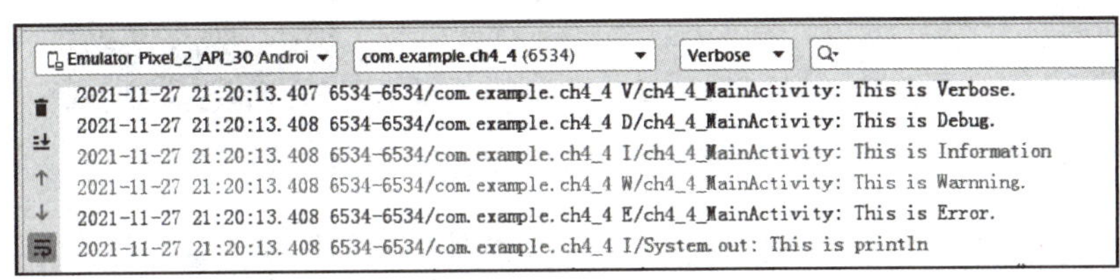

图 4-11　Logcat 输出示例

当程序运行到“日志点”时，应用程序的日志信息便会被发送到 Logcat 窗口中。通过查看“日志点”信息与预期的内容是否一致，可以判断程序是否存在错误。

除了有 Logcat 输出显示信息之外，Android Studio 还提供了模拟器管理功能，可以辅助开发者进行程序的调试。要打开模拟器管理视图，单击“View”→“Tools Windows”→“Emulator”命令（见图 4-12 中右上方的方框），再单击右侧箭头所指的“Extended Controls”图标按钮，即可出现图 4-12 中左边的模拟器管理视图窗口。窗口左侧为可以对模拟器进行的操作，例如，可以模拟经纬度、打电话、发短信、查看模拟器里的程序数据和模拟器的 CPU 消耗数据，以及模拟器数据和计算机数据相互交换等。熟练使用 Emulator 会给调试程序带来很大的方便。

【例 4-5】 错误程序示例。

```
package com. example. ch4_5;
import androidx. appcompat. app. AppCompatActivity;
import android. os. Bundle;
import android. widget. TextView;

public class MainActivity extends AppCompatActivity {
    private TextView tv = null;
    @Override
```

```
    protected void onCreate( Bundle savedInstanceState) {
        super. onCreate( savedInstanceState) ;

        tv = (TextView) findViewById( R. id. tv1) ;
        setContentView( R. layout. activity_main ) ;
        tv. setText( "这是修改后的 TextView") ;
    }
}
```

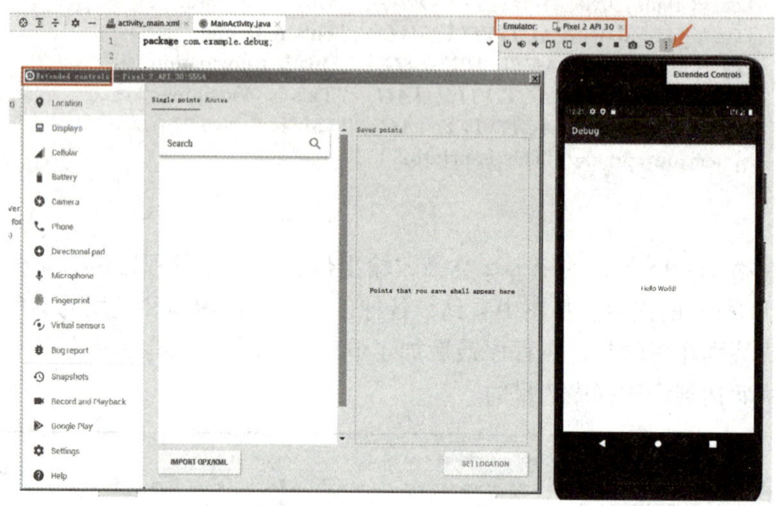

图 4-12　模拟器管理视图

当试图运行上述程序时，模拟器就会报告一个意外中止的错误。这是因为在设置布局之前是通过 findViewById( )方法去查找 TextView 对应的 id 的。然而此时，根本不存在这个 id。这样设置布局之后，通过 setText( )方法设置内容，对一个无法确定存在位置的 id 设置内容，必然会出错。这个错误就是常见的空指针异常。

那么，如何快速定位错误所在位置呢。其实在 Logcat 中就能找到答案——输出程序的异常信息。图 4-13 所示为一段关键的日志输出。

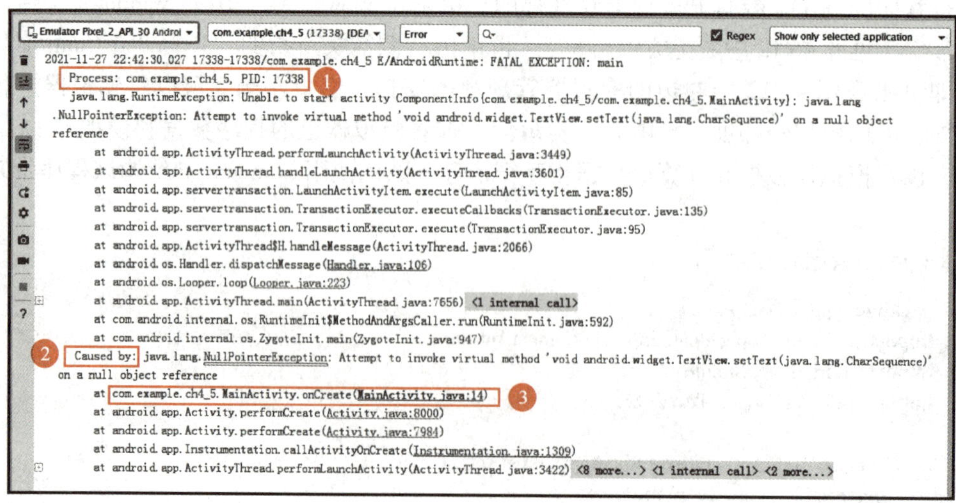

图 4-13　空指针异常的日志输出

从输出信息可以看到程序有个致命的错误（图中①给出了进程名和进程 ID），具体的原因是存在 java. lang. NullPointerException 的异常（图中②所示）。这就是常见的空指针异常，很多初学者都会遇到类似的错误。在图中③指出的地方还可以看到，错误在 MainActivity. java 文件中的第 14 行，也就是对一个空分 TextView 对象设置了内容。错误的原因在于第 12 行中由于布局还未加载，因此找不到 tv1 的控件对象。将第 12 行与第 13 行互换一下位置就能解决问题。

在 Logcat 中配合一套静态方法来查找错误和输出日志，在 Logcat 视图下观察输出是否正常，可以起到调试程序的目的。

4.3.2　基本调试操作

扫码看视频

一般开发集成环境都会提供开发调试工具，Android Studio 也不例外。如图 4-14 所示，在最下面的状态栏中单击圆圈 1 内的“Debug”选项卡标签，可打开 Debug 调试窗口。其中，方框 2 内的 6 个图标按钮是单步调试方式，从左到右分别是：Step Over（<F8>）、Step Into（<F7>）、Force Step Into（<Alt+Shift+F7>）、Step Out（<Shift+F8>）、Drop Frame、Run to Cursor（<Alt+F9>）；箭头 3 所指为“Evaluate Expression”图标按钮，可对输入的表达式进行计算；方框 5 中显示的是变量列表，包括变量名及其取值，通过箭头 4 所指的“+”按钮或下面的“-”按钮，可以增加或删除变量；方框 6 中是 Frames 层，在这个区域中显示了程序执行到断点处所调用过的所有方法，越下面的方法被调用的越早。

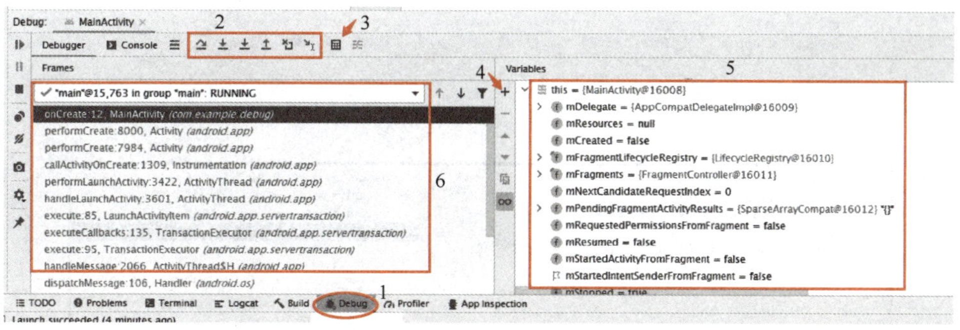

图 4-14　基本调试操作

下面通过一个程序示例来说明调试的一些基本操作。

【例 4-6】程序调试示例。

```
package com. example. ch4_6;
import androidx. appcompat. app. AppCompatActivity;
import android. os. Bundle;
import android. widget. TextView;
public classMainActivity extends AppCompatActivity {
    @Override
    protected void onCreate(Bundle savedInstanceState) {
        super. onCreate(savedInstanceState);
        setContentView(R. layout. activity_main);
        TextView tv=findViewById(R. id. textview);
        tv. setText(String. valueOf(sum(100)));
    }
    public int sum(int n) {
        int s = 0;
```

```
15          int i = 1;
16          while (i <= n) {
17              s += i;
18              i++;
19          }
20          System.out.println("1 到 n 累加的和为: " + s);
21          return  s;
22      }
23  }
```

(1) 设置断点

在调试之前，首先要选定设置断点的代码行，在行号的区域后面单击即可。如图 4-15 所示，选择第 19 行作为断点。

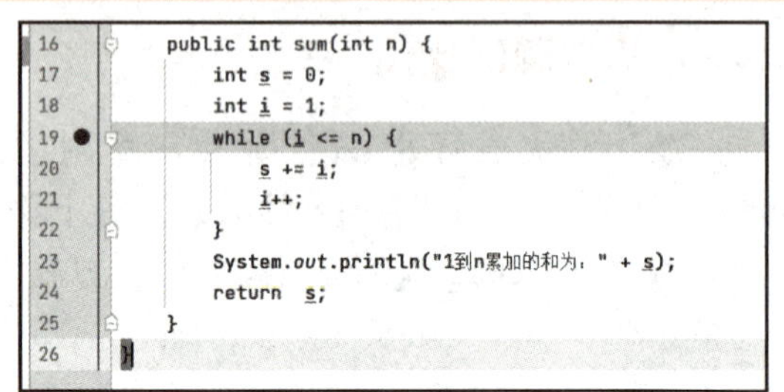

图 4-15 设置断点

(2) 开启调试会话

如图 4-16 所示，单击箭头指向的图标按钮，开始进入调试。

在出现的 Debug 视图（见图 4-17）中，左侧 Frames 层中最上方强调显示行表示当前调试程序停留的代码行：sum:19。右侧变量区给出断点处，三个变量 n、s、i 的取值。

图 4-16 开启调试会话

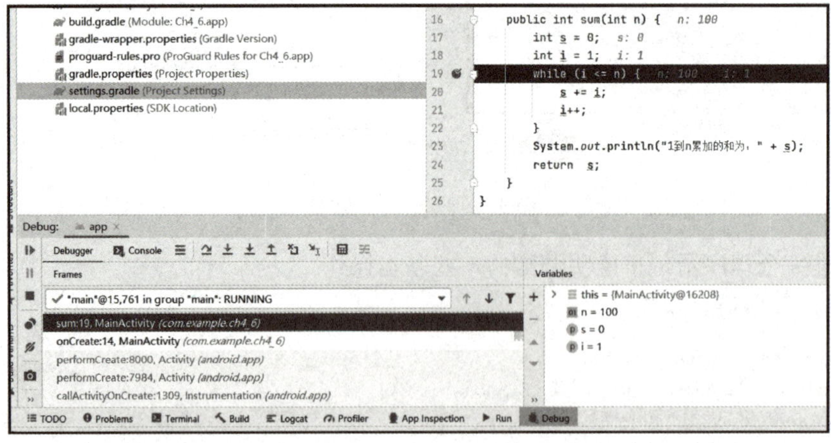

图 4-17 Debug 视图

(3) 单步调试

在 Debug 的视图工具栏中，有 6 种单步调试方式。

- Step Over：程序向下执行一行（如果当前行有方法调用，这个方法将被执行完毕返回，然后到下一行）。
- Step Into：程序向下执行一行，如果该行有自定义方法，则运行进入自定义方法（不会进入官方类库的方法）。

- Force Step Into：该按钮在调试的时候能进入任何方法。
- Step Out：如果在调试的时候进入了一个方法（如 sum( )），并觉得该方法没有问题，就可以使用 Step Out 跳出该方法，返回到该方法被调用处的下一行语句。需要注意的是，该方法已执行完毕。
- Drop Frame：返回到当前方法的调用处重新执行，并且所有上下文变量的值也回到那个时候。只要调用链中还有上级方法，就可以跳到其中的任何一个方法。
- Run to Cursor：程序执行到用户光标所定位的程序代码行。

（4）跨断点调试

设置多个断点，开启调试。如图 4-18 所示设置了两个断点。当启动调试会话后，即在程序第 13 行处中断。若想移动到下一个断点，则单击图 4-19 中 Debug 视图的箭头所指向"Resume Program"按钮（快捷键为<F9>），程序即运行一个断点到下一个断点之间需要执行的代码。如果后面代码没有断点，再次单击该按钮将会执行完程序。

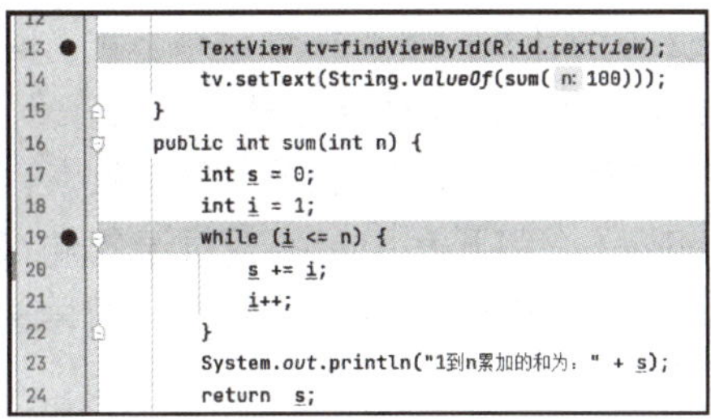

图 4-18　设置多个断点

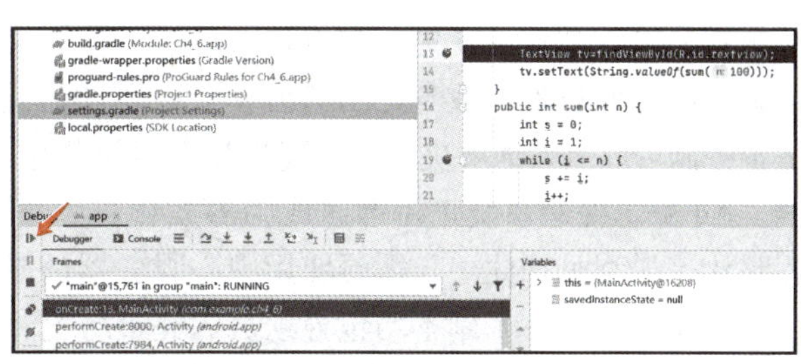

图 4-19　单击"Resume Program"按钮

（5）查看断点

单击 Debug 视图最左侧工具栏中的按钮（View Breakpoints），打开图 4-20 所示的"Breakpoints"（断点）对话框，在这里可查看曾经设置过的断点并可设置断点的一些属性。图中，箭头 1 所指向的是曾经设置过的断点信息，这里显示有两行，分别是 MainActivity 中的第 13 和 19 行。在箭头 2 指向的区域中可以设置条件断点（当程序执行至满足这个条件的时候，暂停程序的执行，如 i==7）。

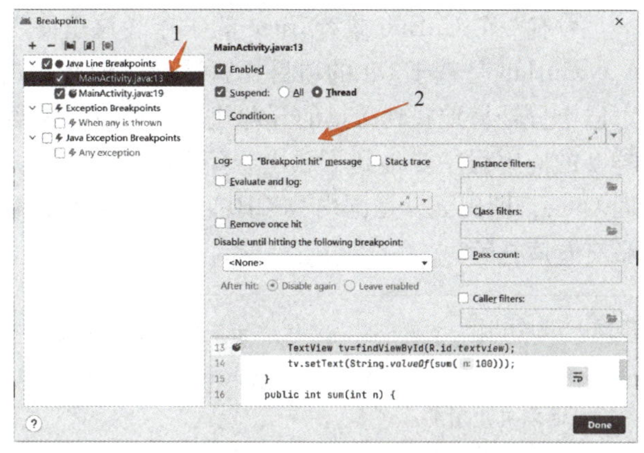

图 4-20　"断点"对话框

结束调试后，应该在箭头 1 处把所设的断点删除（选择要删除的断点即可）。

（6）设置变量值

调试开始后，在 Debug 视图中的 Variables 区域，可以给指定的变量赋值。例如设置图 4-21 所示变量 s 的值，单击选择变量，然后右击在弹出的快捷菜单中选择"Set Value"命令（见箭头 1），此时在变量的值部分，即图中箭头 2 所指向位置即可设置变量的值。利用这个功能可以更加快速地检测条件语句和循环语句。

调试的基本操作大致就是以上几种。学会这些方法后，可以提升代码的调试效率，更快地解决程序中碰到的逻辑问题。

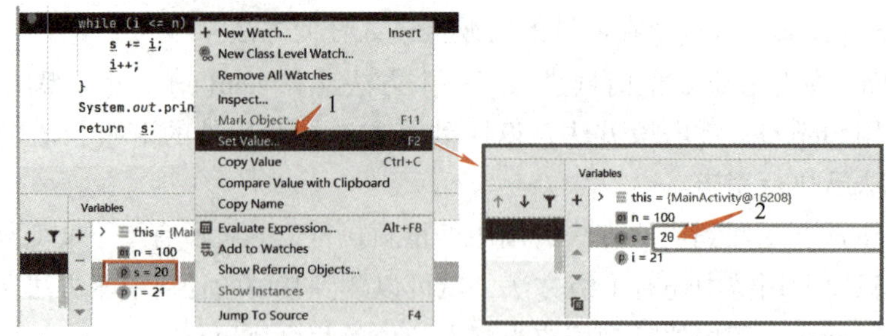

图 4-21　设置变量值

4.4　Git 入门

Git 由 Linus Torvalds 开发，目的是管理 Linux 内核开发。与 SVN、CVS 类似，它是一个开源的分布式版本控制软件，可用于敏捷、高效地处理任何或小或大的项目。版本控制最主要的功能就是追踪文件的变更，它将什么时候、什么人更改了文件的什么内容等信息记录下来。除了记录版本变更外，版本控制的另一个重要功能是并行开发。软件开发往往是多人协同作业，版本控制可以有效地解决版本的同步及不同开发者之间的开发通信问题，提高协同开发的效率。

Git 版本控制系统正在迅速成为事实标准，不仅在 Android 应用开发中，甚至对于软件编程整体来说都是如此。与需要使用中心服务器的早期版本控制系统不同，Git 是分布式的，这意味着仓库的每一个副本均包含项目的完整历史，而且所有贡献者都没有特权。

本节主要介绍在 Android Studio 中如何使用 Git。使用前需要准备：

- 计算机已经配置好 Git。
- 有一个 GitHub 或者 Gitee 的账号（这里使用 GitHub，Gitee 的操作类似）。

GitHub 是基于 Git 的项目托管平台，拥有超过 5600 万开发者用户。因此在 GitHub，用户可以十分轻易地找到海量的开源代码，所以它又被称为“程序员的维基百科全书”。随着越来越多的应用程序转移到了云上，GitHub 已经成为管理软件开发及发现已有代码的首选方法。而 Gitee，即码云，是国内 OSCHINA. NET 推出的代码托管平台，支持 Git 和 SVN，提供免费的私有仓库托管。

📖 以下是访问不了 github. com 或者访问慢的解决方法。

由于某些因素，导致 GitHub 的 github. com 或 raw. githubusercontent. com 域名解析被污染了。可以通过修改 hosts 解决此问题。

（1） 查询真实 IP

在 https://www. ipaddress. com/查询 github. com 的真实 IP，如图 4-22 所示。

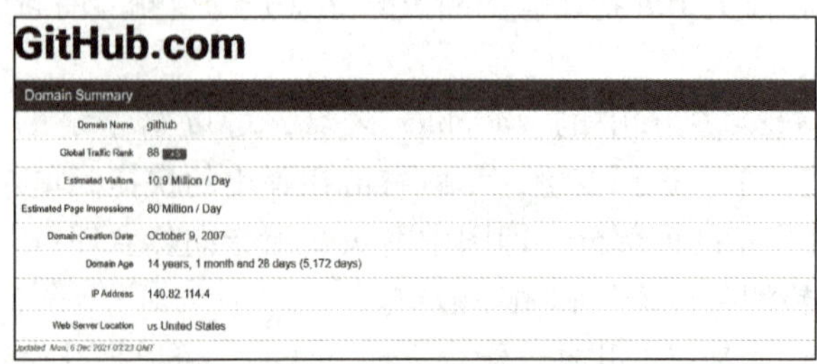

图 4-22　查询真实 IP

（2）修改 hosts

在 Linux 系统中使用命令“sudo vim /etc/hosts”或在 Windows 系统中打开文件 C:\Windows\System32\drivers\etc\HOSTS。

在打开的文件中添加如下内容：

```
140.82.114.4    github.com
```

对于 Windows 系统，设置完要刷新一下 DNS（ipconfig/flushdns）。

4.4.1　Git 的安装及设置

访问 https://git-scm.com/downloads，选择适合本机操作系统的 Git 版本。如图 4-23 所示，当前最新版是 2.34.1，这里以 Windows 版本为例进行介绍。

按照默认方式进行安装即可，并在 PATH 环境变量中添加 Git 目录后，单击 Git Bash 图标，启动 Git Bash 终端。

首先，配置用户的名字和电子邮箱，以便提交的 git 文件有相应的作者。在 Git Bash 中输入以下命令并将 Whj 的名字和电子邮箱地址替换成你自己的即可。命令中的--global 参数表示你这台机器上所有的 Git 仓库都会使用这个配置。

```
$ git config --global user.name "Whj"
$ git config --global user.email whj@example.com
```

然后，在 Android Studio 中单击“File”→“Settings”→“Version Control”→“Git”命令，在 Path To Git executable 中输入安装的 Git 位置，最后单击“Test”按钮，在下面出现 Git 的版本信息即表示配置成功。

下一步，需要一个 GitHub 官网的账号。若没有，可以去 GitHub 官网注册一个账号。然后在 Android Studio 中单击“File”→“Settings”→“Version Control”→“GitHub”命令，再单击最下面的加号按钮（见图 4-24 中箭头 1 所指），并在弹出的菜单中选择“Log In with Token”命令（见图 4-23 中箭头 2 所指），弹出图 4-25 所示的对话框。

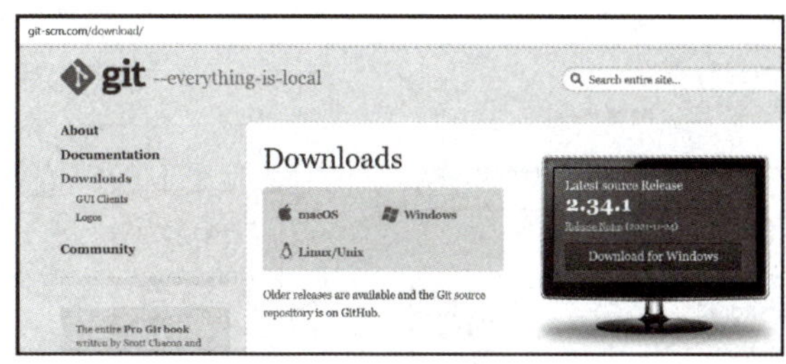

图 4-23　Git 下载界面

图 4-24　增加 GitHub 账号

单击“Token”文本框右侧的“Generate”按钮，会跳转到 GitHub 网站的相应页面，如图 4-26 所示。设置有效期和相应的权限后，单击最下面的“Generate token”按钮，出现图 4-27 则表示成功生成了 tokens。复制该 tokens 后，将其填入图 4-25 的“Token”文本框中，单击“Add Account”按钮，出现 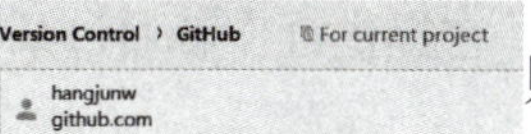 则表示完成 GitHub 的设置。

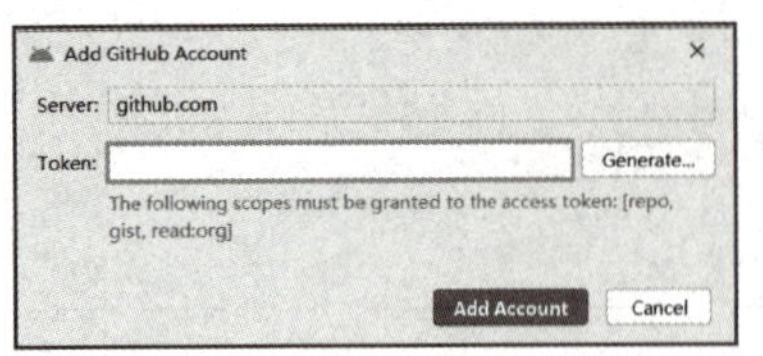

图 4-25 “Add GitHub Account”对话框

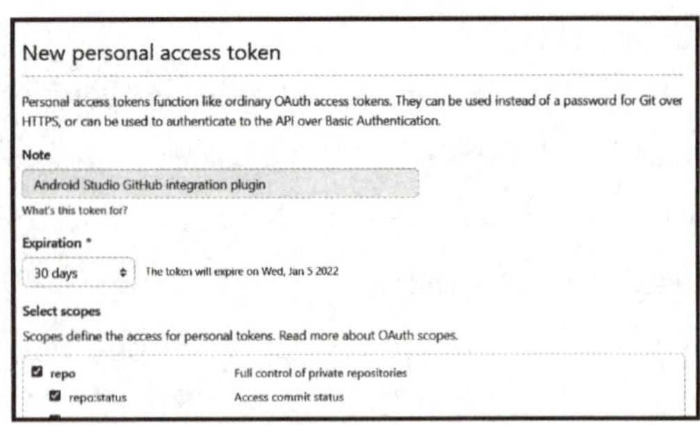

图 4-26 Git 下载界面

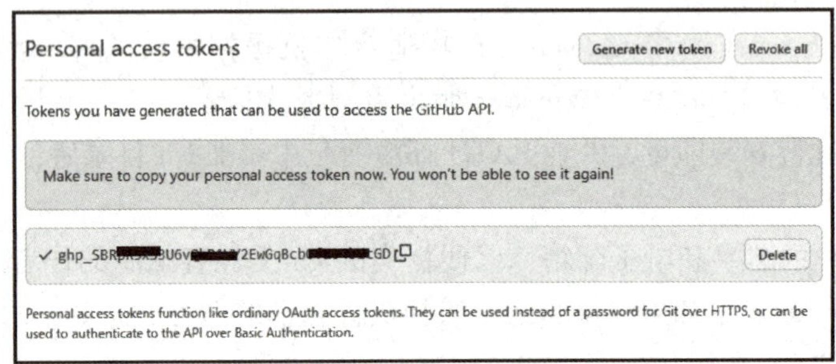

图 4-27 成功生成 tokens

📖 从 2021 年 8 月 13 日开始，在 GitHub.com 上执行 Git 操作时，不再接受以账户密码的形式完成身份验证。可以使用个人访问令牌（对于开发人员）、OAuth 或者 GitHub App 安装令牌（对于集成商）在 GitHub.com 上完成一切需要身份验证的 Git 操作。上面的介绍就是采用访问令牌的方式。

4.4.2 Git 的基本使用

在介绍 Git 的基本使用之前，需要弄清楚一些基本概念及关系。Git 的主要操作如图 4-28 所示。相关的模块有：远程仓库（Remote）、本地仓库（Repository）、暂存区（Index）、工作区（workspace）。

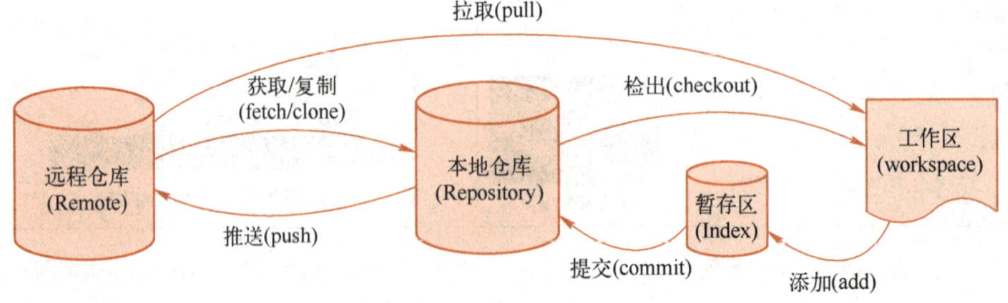

图 4-28 Git 主要操作的关系

其中，工作区相当于项目所在目录和目录下的所有可见文件；项目所在的目录下有一个隐藏的目录 .git/，这部分相当于本地仓库；而在本地仓库下有个 index 文件 .git/index，相当于暂存区；远程仓库相当于一个服务器，它提供合作者通过某种协议使用指定的某个版本库，它可以是公开的，也可以是私有的。

1. 创建远程仓库

登录 GitHub 网站后，有两个地方都可以创建一个 GitHub 空仓库，如图 4-29 中两处方框所示。

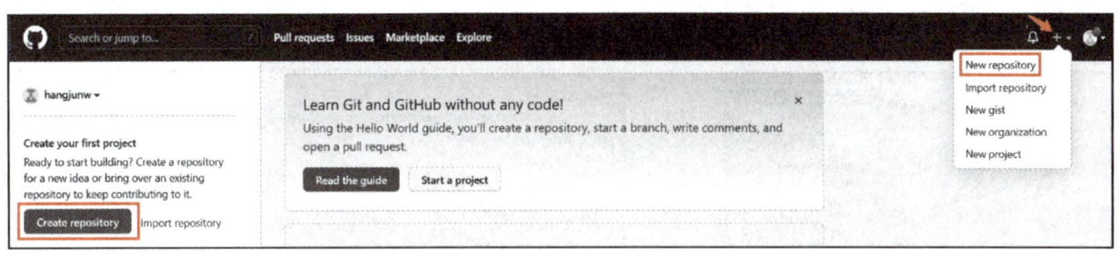

图 4-29　创建远程仓库

单击其中任意一项后就可以创建新的仓库了，如图 4-30 所示，填写仓库的名称、描述，选择是公开还是私有方式操作后，单击“Create repository”按钮后即可创建一个远程的 Git 仓库。

2. 创建本地仓库

创建与 Android Studio 关联该项目的一个本地仓库。单击菜单命令“VCS”→“Create Git Repository”，弹出图 4-31 所示的对话框，选择用于创建 Git 仓库的目录，选择项目所在的根目录。单击“OK”按钮，即创建了本地 Git 仓库。

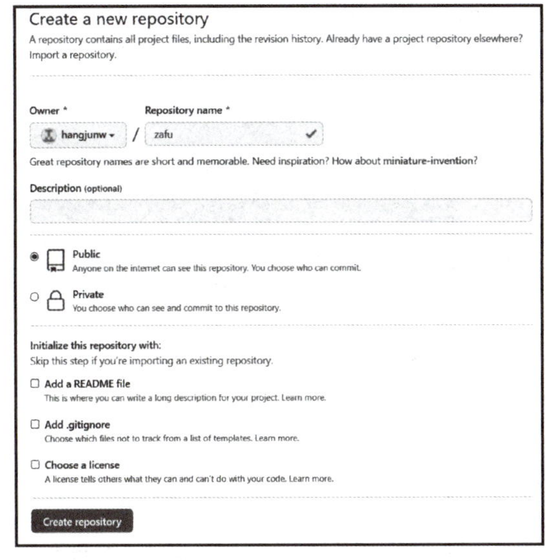
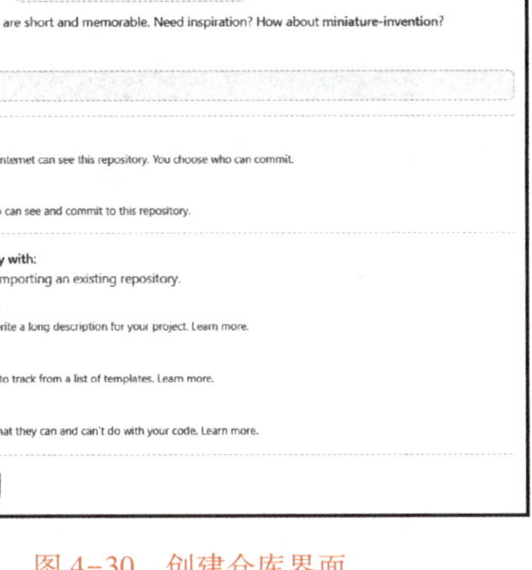

图 4-30　创建仓库界面

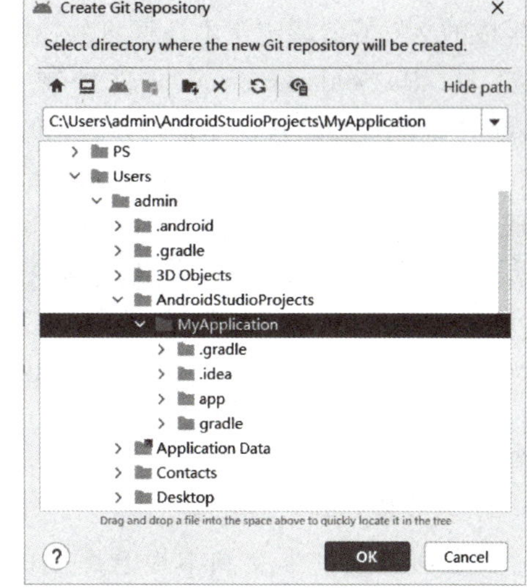

图 4-31　为 Git 仓库选择目录

此时，可以看到，Project 视图中的大多数文件名变了颜色。Android Studio 采用一种配色方案，让用户能够在工作过程中轻松识别出当前的版本控制状态。其中，棕色表示文件已经被 Git 本地识别，但是没有被 Git 跟踪，而且没有计划添加；蓝色表示文件正被 Git 跟踪而且已经被修改；绿色表示文件是被 Git 跟踪的全新文件；灰色表示没有改动或者没有被跟踪的文件。Android Studio 会持续跟踪已加入到项目中的文件并提示用户尽可能保持这些文件与 Git 同步。

创建仓库之后，项目中的文件都会变成棕色，表示没有添加到仓库中去。接下来，将工程下的所有文件添加到仓库中：切换到 Project 视图，右击项目，在弹出的菜单中选择“git”→“Add”命令（见图 4-32 中的箭头 1、2、3）。添加成功后，可以看到文件的颜色变为绿色：表示已添加，但未提交到仓库（commit）的文件。

3. 忽略文件

当创建本地仓库时，Android Studio 会生成项目级别的 . gitignore 文件和 module 级别的 . gitignore（见图 4-33 中两个箭头所指，注意：需要在圆圈所标的 Project 视图下），用于忽略那些本地文件，不需要上传到远程仓库。

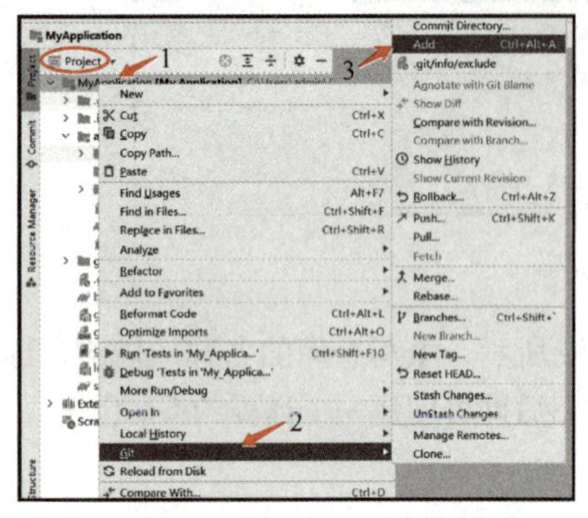

图 4-32　添加项目

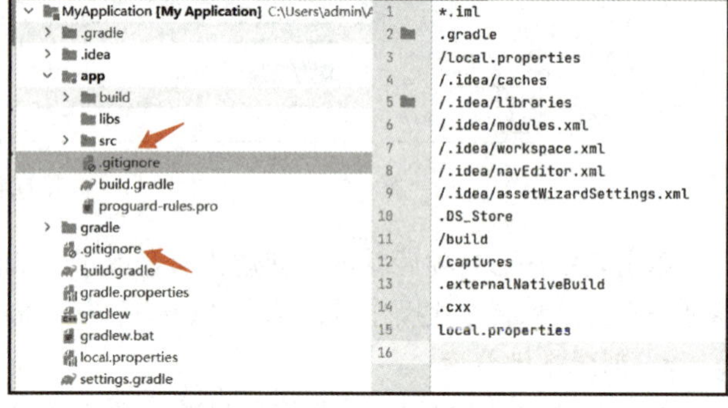

图 4-33　忽略文件

在默认情况下，Android Studio 会将某些文件排除在 Git 仓库之外。这个列表包含由项目构件生成的文件或者特定于本计算机的控制设置。例如，/. idea/workspace. xml 文件控制 Android Studio 本地配置的设置。尽管可以在 Git 中跟踪它，但它并不是构建项目的必要组成部分，而且在实际中可能会产生问题，因为这个文件对于每台计算机上的工作区来说都是唯一的。. gitignore 中有一项/local. properties，类似于 workspace. xml，它对于每台计算机来说也是唯一的。因此，在 Project 视图中显示的 local. properties 文件是灰色的，而其他文件是棕色的。

4. 提交代码到本地仓库

将添加的文件提交到本地仓库中的方法：右击工程，在弹出的菜单中选择“Git”→“Commit Directory”命令，或者选择 Git 菜单的 Commit 命令，出现图 4-34 所示的 Commit 界面。

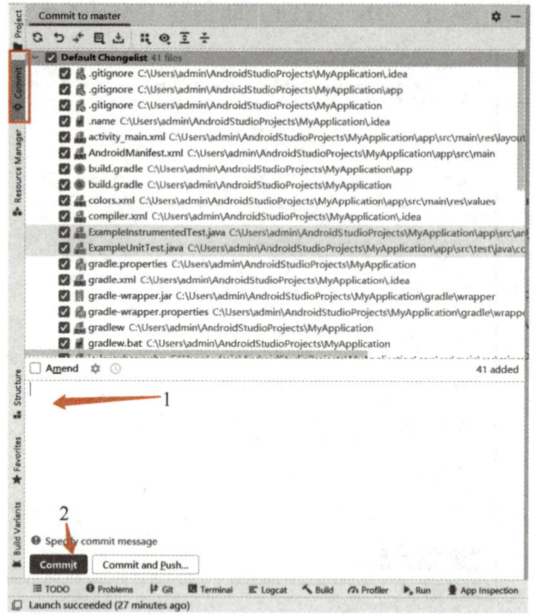

图 4-34　Commit 界面

在 Changelist 中选择需要提交的文件，然后在箭头 1 所指向区域中填写提交信息，单击箭头 2 所指向的“Commit”按钮提交。提交时可能会弹出一些警告信息提示框，不用理会，继续单击“Commit”按钮即可。然后会发现代码文件的颜色都变为正常，说明已经将代码成功提交到本地仓库中了。

📖 Git 日志：在最下面的状态栏中选择 Git 选项卡后，可以查看本地仓库中的代码提交情况，如图 4-35 所示。Git 日志功能很强大，可以浏览项目的提交历史，以及仓库中不同分支相关联的时间线。通过时间线中所列的文件修改列表，可以可视化文本 diff，它是一个并排的比较工具，突出显示了文件中的修改，也可以

编辑源代码、打开文件的仓库版本或者回退选中的修改，还可以查看文件提交的作者、日期、时间和哈希代码 ID 等信息。

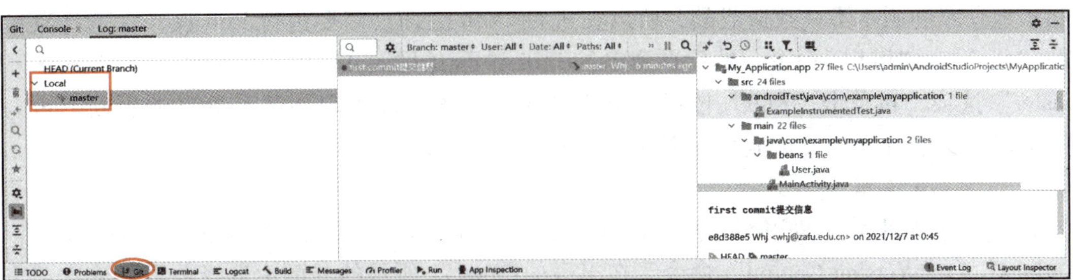

图 4-35　Git 日志

5. 将本地代码推送到远程仓库中

可以通过 push 操作将本地的代码推送到远程的仓库中。选择菜单栏中的“Git”→“Push”命令。如果是第一次推送，则要进行关联远程仓库操作。在图 4-36 所示的 Push 界面中单击“Define remote”项进行配置。在弹出的对话框（见图 4-37）中填写 Name 和 URL。其中，URL 是远程仓库的地址，在前面第 1 步成功创建远程仓库后，即可查看到该仓库的地址，如图 4-37 中的方框所示。

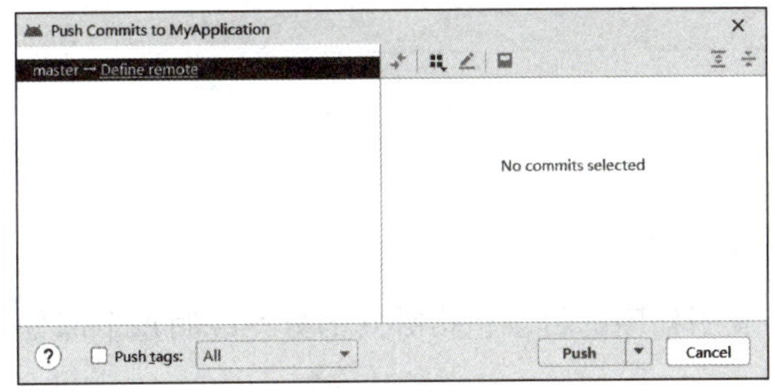

图 4-36　Push 界面

图 4-37　远程仓库的地址

将远程 Git 地址填入图 4-38 所示对话框的 URL 文本框中，单击“OK”按钮，会进行 URL 的检测。如果是有效的 URL，则会出现图 4-39 所示的界面，显示提交的代码文件，即表示成功。在该界面可以选择需要推送到远程仓库的文件/文件夹，最后单击右下方的“Push”按钮即可将本地代码推送到远程仓库了。这时到 GitHub 网站中查看远程仓库，提交的代码就已经存在了。

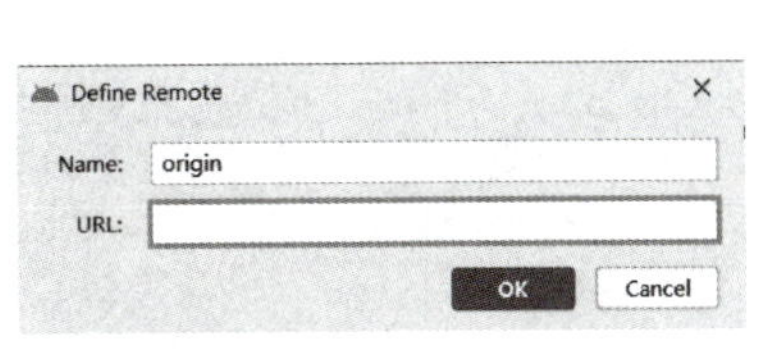

图 4-38　远程仓库设置

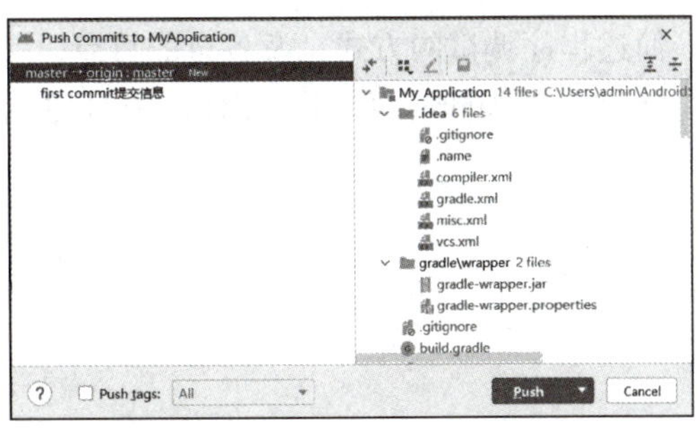

图 4-39　设置后的 Push 界面

6. 从远程仓库获取最新代码并与本地代码整合

如果在进行 Push 操作的时候失败了，出现了被拒绝的警告，很有可能是远程仓库中的版本和本地仓库的版本不一致造成的，所以在进行 Push 之前，需要进行 Pull 操作。选择菜单栏中的“Git”→“Pull”命令，然后在弹出的 Pull 界面（见图 4-40）中依次选择“origin”→“master”选项，再单击“Pull”按钮，则从关联的远程仓库中取回某个分支的更新，再与本地的指定分支进行合并（可能存在需要手动解决的冲突）。

7. 解除 Git 关联

如果希望项目不再使用 Git 进行管理，则要解除 Git 关联。选择菜单栏中的“File”→“Settings”→“Version Control”命令，在出现的图 4-41 所示的界面中选择项目，依次单击图中箭头 1、2 指向的按钮后，就可以删掉关联了。

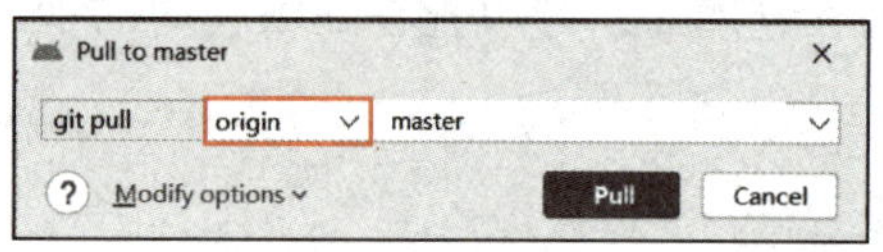

图 4-40　Pull 界面

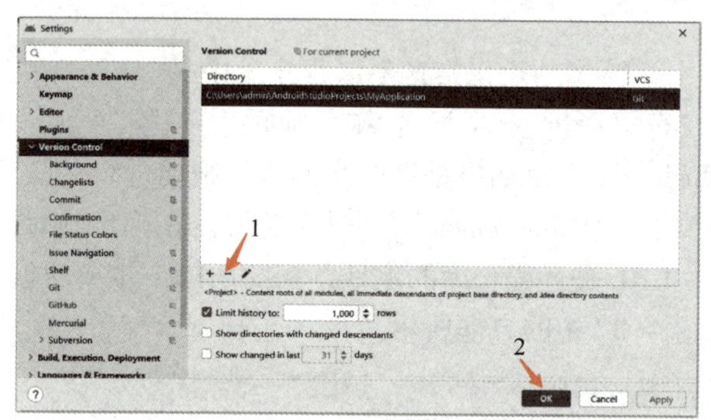

图 4-41　解除 Git 关联

4.5　思考与练习

1. 使用 Android Studio 默认创建的 Android 应用程序的目录包括哪几部分？说明每个部分包含的内容。
2. 简述 AndroidManifest.xml 文件的主要作用。
3. 在 Java 源代码中，有些方法前加上了@Override，有什么作用？
4. 在一个工程中，mipmap 目录下是存放什么内容的？
5. 在 .xml 和 .java 代码中分别如何引用 res 资源中定义的一个字符串？
6. 简述 Activity 生命周期的几种状态，以及状态之间的变换关系。
7. 简述 Android 系统的四种基本组件 Activity、Service、BroadcaseReceiver 和 ContentProvider 各自的用途。
8. 简述程序调试的方式，及各自的特点。
9. 新建一个 Android 项目，创建该项目的 Git 远程仓库和本地仓库。

第 5 章 用户界面开发

本章将学习 Android 开发中非常重要的一项内容——用户界面开发。

一个内容清晰、美观大方、交互友善的用户界面通常是通过文字和图形表达出来的，也是成功应用程序的重要因素之一。应用界面的设计是对控件、功能适当选择和处理的过程。在设计过程中，只有对设计的方法进行反复的推敲、琢磨，才能达到完美的效果。

Android 平台提供的控件的使用和网页设计的比较相似。比如，用 Theme 来定制风格、抽取所有的字符串等信息进行本地化设计等。设计 Android 的界面，要先给制定框架，然后再往框架里面放控件。

5.1 用户界面与 View 类

用户界面（User Interface，UI）是系统与用户之间进行交互和信息交换的主要媒介，它能够使用户方便有效地操作以达成双向交互，完成相应的工作。在 Android 应用程序中，用户界面由各种界面控件组合而成。而这些布局及控件是 Android 的基本组成部分，它们都是直接或间接地由 View 类派生而来的。因此，View 类是 Android 的基本视图，学习掌握好 View 类的知识，对后续的布局和控件的学习将会有很大的帮助，因为 View 类的属性和方法对所有的布局和控件都适用。

5.1.1 界面与 View 类概况

Android 的绝大部分 UI 组件都放在 android. widget 包及其子包、android. view 包及其子包中，而所有 UI 组件都继承了 View 类。View 类有一个重要的子类——ViewGroup，它通常作为其他组件的容器使用，也就是在 ViewGroup 中可以放置其他组件，当然，这个组件可以是普通 View 组件，也可以是 ViewGroup 组件。View 和 ViewGroup 的关系如图 5-1 所示。

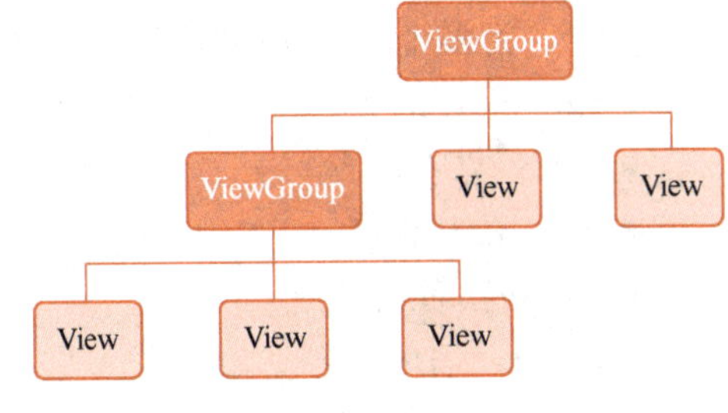

图 5-1 View 和 ViewGroup 的关系

Android 提供了两种方式来控制组件的行为表现。

1）在 XML 布局文件中通过 XML 属性进行控制。如图 5-2 所示的方框标注内容。

2）在 Java 或 Kotlin 代码中通过调用方法进行控制。如图 5-3 所示的 Java 代码中用方框标注的内容。

实际上不管使用哪种方式，它们控制 Android 用户界面行为的本质是完全一样的。大部分时候，控制 UI 组件的 XML 属性都有对应的方法。对于 View 类而言，它是所有 UI 组件的基类，因此它包含的 XML 属性和方法是所有组件都可以使用的。下面分别从 View 类的属性和方法两个方面进行详细介绍。

```
<LinearLayout
    android:layout_width="match_parent"
    android:layout_height="wrap_content"
    android:paddingLeft="10dp"
    android:paddingRight="10dp"
    >

    <TextView
        android:id="@+id/textView"
        android:layout_width="0dp"
        android:layout_weight="1"
        android:layout_height="wrap_content"
        android:gravity="center"
        android:text="1" />
```

图 5-2　XML 布局文件中的 XML 属性

```
@Override
protected void onCreate(Bundle savedInstanceState) {
    super.onCreate(savedInstanceState);
    setContentView(R.layout.activity_main);

    TextView tv= findViewById(R.id.textView);
    tv.setText(R.string.app_name);

}
```

图 5-3　在 Java 代码中调用方法

5.1.2　View 类常用属性

1）id：指定视图的全局唯一编号。

2）layout_width：指定视图的宽度。取值可为具体的 dp 值，也可为 match_parent（表示与上一级视图一样宽），还可以为 wrap_content（表示与该视图内的内容一样宽。如若超出上级视图，则宽度与上级视图等宽，且超出部分采用滚动方式显示）。

3）layout_height：指定视图的高度。取值与 layout_width 相同。

4）layout_margin：指定当前视图与其周围视图之间的距离（包括上、下、左、右四个方位）。取值为具体的 dp 值。

- layout_marginTop：指定当前视图上边与指定视图之间的距离。
- layout_marginBottom：指定当前视图下边与指定视图之间的距离。
- layout_marginLeft：指定当前视图左边与指定视图之间的距离。
- layout_marginRight：指定当前视图右边与指定视图之间的距离。

5）minWidth：指定当前视图的最小宽度。

6）minHeight：指定当前视图的最小高度。

7）background：指定当前视图的背景。背景可以是颜色，也可以是图片。

8）layout_gravity：指定当前视图与上一级视图的对齐方式。取值方式可以为一个，也可以为多个，为多个时中间用竖线“|”（去掉引号）表示。具体取值及含义如下。

- left：靠左对齐。
- right：靠右对齐。
- top：靠上对齐。
- bottom：靠下对齐。
- center：居中对齐。
- center_horizontal：水平方向居中对齐。
- center_vertical：垂直居中对齐。

9）gravity：指定当前视图内各组件的对齐方式，取值方式同 layout_gravity。

请注意属性 gravity 和 layout_gravity 的区别，图 5-4 给出了两者的对比关系。

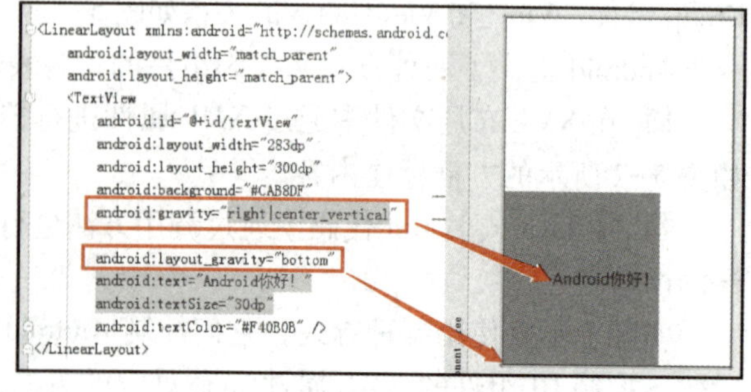

图 5-4　gravity 与 layout_gravity 的对比关系

10）padding：指定当前视图边缘与该视图内部内容之间的距离，包括上、下、左、右四个方向。取值为具体的 dp 值。

- paddingTop：指定当前视图边缘与该视图内部上边视图之间的距离。
- paddingBottom：指定当前视图边缘与该视图内部下边视图之间的距离。
- paddingLeft：指定当前视图边缘与该视图内部左边视图之间的距离。
- paddingRight：指定当前视图边缘与该视图内部右边视图之间的距离。

11）visibility：指定当前视图的可视类型，具体取值及含义如下。

- visible：可见，为默认值。
- invisible：不可见，但是却占着位置。
- gone：消失，不占位置。

5.1.3　View 类常用方法

1）setLayoutParams：指定视图的布局参数。参数对象的构造函数可设置视图的宽度与高度，取值分别如下。

- LayoutParams. MATCH_PARENT：表示与上一级视图同宽/高。
- LayoutParams. WRAP_CONTENT：表示与指定视图中的内容同宽/高。

2）setMargins：指定该视图与周围视图之间的距离。

3）setMinimumWidth：指定视图的最小宽度。

4）setMinimumHeight：指定视图的最小高度。

5）setBackgroundColor：指定视图的背景颜色。

6）setBackgroundDrawable：指定视图的背景图片。

7）setBackgroundResource：指定视图的背景资源 id。

8）setPadding：指定视图边缘与该视图内部内容之间的距离。

9）setVisibility：指定视图的可视类型。

以上这些 View 类的属性和方法，在后续学习与应用中将会频繁地使用到。用得多了，慢慢就能记住该怎么用了。如果遇到一些不常用的 View 及 ViewGroup 属性和方法，可以查阅 Android 官方的帮助指南来进行学习和使用。

5.1.4　Android 坐标系

视图及其控件如何展示给用户？分别放到屏幕的什么位置？这就涉及坐标系的问题。Android 有两种坐标系，分别为 Android 坐标系和视图坐标系。

（1）Android 坐标系

在 Android 中，将屏幕的左上角的顶点作为 Android 坐标系的原点，这个原点向右是 X 轴正方向，原点向下是 Y 轴正方向，如图 5-5 所示。

（2）视图坐标系

要了解视图坐标系只需要理解图 5-6 中的方法及对应的位置就可以了。其中，获取视图 View 自身宽/高，可通过以下两个函数。

- getHeight()：获取 View 自身高度。
- getWidth()：获取 View 自身宽度。

通过如下方法可以获得 View 的四边到其父控件（ViewGroup）的距离。

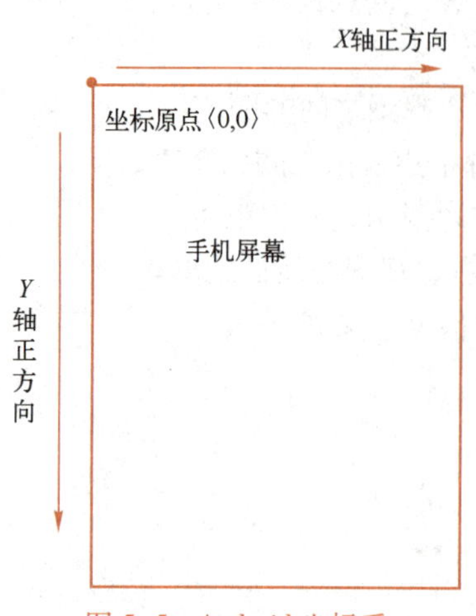

图 5-5　Android 坐标系

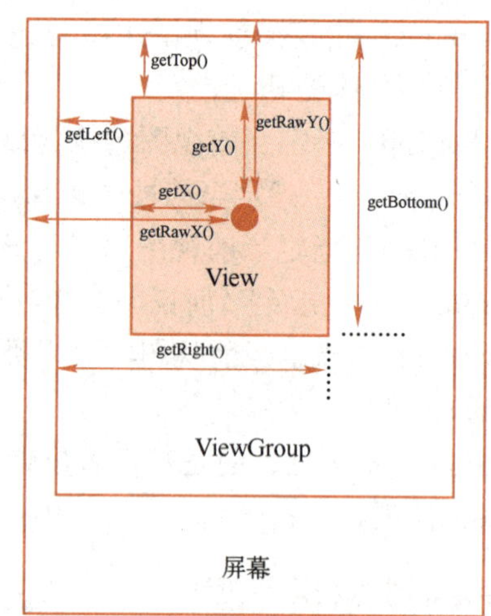

图 5-6　视图坐标系

- getTop()：获取 View 自身顶边到其父布局顶边的距离。
- getLeft()：获取 View 自身左边到其父布局左边的距离。
- getRight()：获取 View 自身右边到其父布局左边的距离。
- getBottom()：获取 View 自身底边到其父布局顶边的距离。

MotionEvent 提供的方法：假设图 5-6 中的那个点是触摸点，无论是 View 还是 ViewGroup，点击事件都会由 onTouchEvent(MotionEvent event) 方法来处理。而 MotionEvent 也提供了各种获取焦点坐标的方法。

- getX()：获取点击事件距离控件左边的距离，即视图坐标。
- getY()：获取点击事件距离控件顶边的距离，即视图坐标。
- getRawX()：获取点击事件距离整个屏幕左边的距离，即绝对坐标。
- getRawY()：获取点击事件距离整个屏幕顶边的距离，即绝对坐标。

5.2　界面开发基础

进行 Android 应用的开发需要经常跟界面布局、控件打交道。5.1 节介绍了布局和控件的基类 View 的有关基本知识，本节介绍具体的布局和常用控件知识，让人们能够快速进行 Android 应用的开发。

5.2.1　布局

在 Android 中，每个组件在窗体中都有具体的位置和大小。Android 提供了布局方式用于控制组件的位置和大小，如 LinearLayout（线性布局）、FrameLayout（框架布局）、TableLayout（表格布局）、RelativeLayout（相对布局）、AbsoluteLayout（绝对布局）、GridLayout（网格布局）等。从 Android Studio 2.3 起，官方默认使用 ConstraintLayout（约束布局）。

下面先来介绍最基本的线性布局的基础知识，其他更多的布局知识在 5.3 节再详细介绍。

线性布局，顾名思义，就是所有的控件按照一定的次序有序排列，这个次序可以是水平方向，也可以是垂直方向。因此，线性布局分为水平线性布局和垂直线性布局两种，通过属性 orientation 或 setOrientation 方法来设置（默认方向为水平方向）。

- orientation：取值为 horizontal，表示水平方向布局；取值为 vertical，表示垂直方向布局。

- setOrientation 方法：参数为 LinearLayout. HORIZONTAL 表示水平布局；参数为 LinearLayout. VERTICAL 表示垂直布局。

View 类中的属性、方法，线性布局 LinearLayout 也同样适用，如经常在线性布局中使用的有 gravity、layout_gravity、padding 等。

还有一个属性也经常会用到的，即 layout_weight，表示当前视图的宽或高占上级线性布局的权重。这里要注意以下几点。

- 该属性需要在下级视图的节点中设置。
- 如果要指定当前视图在上级视图宽度上占的权重，则属性 layout_width 要设置为 0。
- 如果要指定当前视图在上级视图高度上占的权重，则属性 layout_height 要设置为 0。

下面的例 5-1 和例 5-2 分别是水平和垂直线性布局示例。

【例 5-1】 水平线性布局。

相关代码 Ch 5_1 如下所示。其中，第 3 行设置线性布局方向；第 8 行设置 TextView 内的文字对齐方式；第 10 行把 TextView 宽度设为 0 dp，以及第 12 行设置 layout_weight 为 1，以确定 TextView 的宽度。还有两个 TextView 也是同样的设置。因为这三个 TextView 的权重分别为 1∶1∶1，所以它们是等宽占满整个父视图（LinearLayout）的。三个 TextView 的背景分别为红绿蓝（第 9、16、23 行），显示的文本内容由 text 属性确定（第 7、14、21 行）。运行效果如图 5-7 所示。

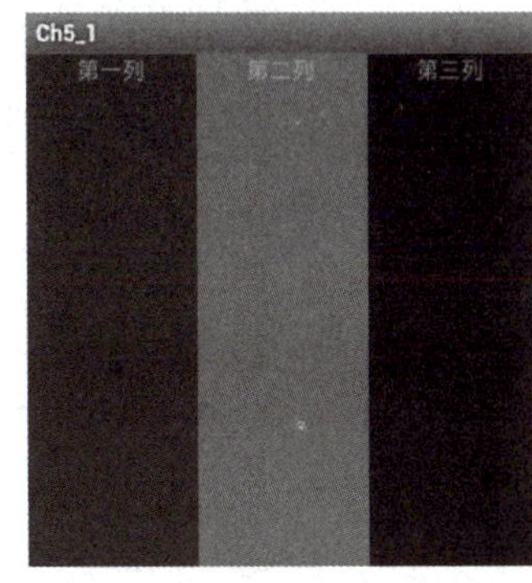

图 5-7　水平线性布局

```
1   <?xml version="1.0" encoding="utf-8"?>
2   <LinearLayout xmlns:android="http://schemas.android.com/apk/res/android"
3       android:orientation="horizontal"
4       android:layout_width="match_parent"
5       android:layout_height="match_parent">
6   <TextView
7       android:text="第一列"
8       android:gravity="center_horizontal"
9       android:background="#ff0000"
10      android:layout_width="0dp"
11      android:layout_height="match_parent"
12      android:layout_weight="1"/>
13  <TextView
14      android:text="第二列"
15      android:gravity="center_horizontal"
16      android:background="#00ff00"
17      android:layout_width="0dp"
18      android:layout_height="match_parent"
19      android:layout_weight="1"/>
20  <TextView
21      android:text="第三列"
22      android:gravity="center_horizontal"
23      android:background="#0000ff"
24      android:layout_width="0dp"
25      android:layout_height="match_parent"
26      android:layout_weight="1"/>
27  </LinearLayout>
```

【例 5-2】垂直线性布局。

相关代码 Ch5_2 如下。

```
1   <?xml version="1.0" encoding="utf-8"?>
2   <LinearLayout xmlns:android="http://schemas.android.com/apk/res/android"
3       android:orientation="vertical"
4       android:layout_width="match_parent"
5       android:layout_height="match_parent">
6       <TextView
7           android:text="第一行"
8           android:textSize="20pt"
9           android:gravity="center_vertical"
10          android:background="#ff0000"
11          android:layout_width="match_parent"
12          android:layout_height="0dp"
13          android:layout_weight="1"/>
14      <TextView
15          android:text="第二行"
16          android:textSize="20pt"
17          android:gravity="center"
18          android:background="#00ff00"
19          android:layout_width="match_parent"
20          android:layout_height="0dp"
21          android:layout_weight="2"/>
22      <TextView
23          android:text="第三行"
24          android:textSize="20pt"
25          android:textColor="@color/white"
26          android:gravity="center_vertical|right"
27          android:background="#0000ff"
28          android:layout_width="match_parent"
29          android:layout_height="0dp"
30          android:layout_weight="1"/>
31  </LinearLayout>
```

其中，第 3 行设置线性布局方向为垂直；第 9、17、26 行设置三个 TextView 内的文字对齐方式分别为垂直居中（center_vertical）、垂直水平均居中（center）、垂直居中右对齐（center_vertical | right）；三个 TextView 的宽度均设置为 0 dp（第 12、20、29 行），且对应的 layout_weight 为 1∶2∶1，来占满整个父视图（LinearLayout）。另外，三个 TextView 的字符大小均为 20 pt（android:textSize="20pt"），第三个 TextView 的字符颜色设为白色（android: textColor = "@color/white"）。三个 TextView 的背景颜色同样也分别为红绿蓝（第 10、18、27 行）。运行效果如图 5-8 所示。

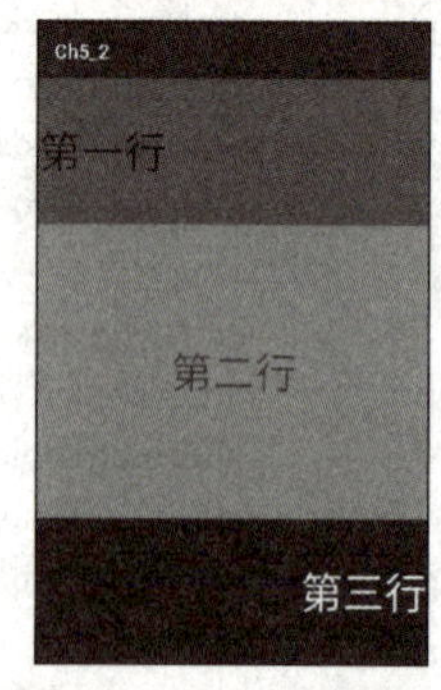

图 5-8　垂直线性布局

5.2.2　控件

扫码看视频

在布局之上可以布置各种控件，用于与用户进行交互。在例 5-1 和例 5-2 中，已经给出了 TextView 控件的使用，本节来总结一下，并介绍几种常用的控件，以及它们的基本使用方法。

（1） TextView

TextView（文本框）用于在屏幕上向用户展示信息。TextView 常用属性见表 5-1。

表 5-1　TextView 常用属性

XML 属性	说　明
android:autoLink	用于指定是否将指定格式的文本转换为可单击的超链接形式，其属性值有 none、web、email、phone、map 或 all
android:drawableBottom	用于在文本框内文本的底端绘制指定图像，该图像可以是放在 res/drawable 目录下的图片，通过“@drawable/文件名”（不包括文件的扩展名）设置
android:drawableLeft	用于在文本框内文本的左侧绘制指定图像，该图像可以是放在 res/drawable 目录下的图片，通过“@drawable/文件名”（不包括文件的扩展名）设置
android:drawableRight	用于在文本框内文本的右侧绘制指定图像，该图像可以是放在 res/drawable 目录下的图片，通过“@drawable/文件名”（不包括文件的扩展名）设置
android:drawableTop	用于在文本框内文本的顶端绘制指定图像，该图像可以是放在 res/drawable 目录下的图片，通过“@drawable/文件名”（不包括文件的扩展名）设置
android:hint	用于设置当文本框中的文本内容为空时，默认显示的提示文本
android:inputType	用于指定当前文本框显示内容的文本类型，其可选值有 textPassword、textEmailAddress、phone 和 date。可以同时指定多个，使用“ | ”进行分隔
android:singleLine	用于指定该文本框是否为单行模式，其属性值为 true（默认）或 false，为 true 表示该文本框不会换行，当文本框中的文本超过一行时，其超出的部分将被省略，同时在结尾处添加“…”
android:text	用于指定该文本中显示的文本内容，可以直接在该属性值中指定，也可以通过在 strings. xml 文件中定义文本常量的方式指定
android:textColor	用于设置文本框内文本的颜色，其属性值可以是#rgb、#argb、#rrggbb 或#aarrggbb 格式指定的颜色值
android:textSize	用于设置文本框内文本的字体大小，其属性由代表大小的数值加上单位组成，其单位可以是 px、pt、sp 和 in 等

📖 在表 5-1 中，仅给出了 TextView 组件部分常用的属性。关于该组件的其他属性，可参阅 Android 官方提供的 API 文档。

TextView 的属性值可以在 XML 文件中初始设定，也可以在程序中通过相应的方法进行设置或修改。

- getxxx()：取得属性值。在 Java 代码中可通过“组件名 . getxxx()”方法设置。例如，getText()获得文本，getTextSize()获得文本的大小等。
- setxxx()：设置属性。在 Java 代码中同样可通过“组件名 . setxxx()”方法设置。例如，setText()设置文本，setTextColor()设置文本颜色等。

（2） Button

Button（按钮）继承自 TextView，所以 TextView 的一些属性设置同样也适用于对 Button 的设置。Button 作为最为常用的控件之一，最基本的使用是按钮上的文字设置，以及当用户单击按钮时，按钮会触发一个 OnClick 事件，如何监听处理该事件。

其中，按钮上的文字处理方式与 TextView 一样，可以通过相关的属性（text）和方法（setText()、getText()）来进行设置。

而事件则是应用程序为用户动作提供响应动作的方式。在 Android 中，事件的发生必须在监听器下进行。Android 系统可以响应按键和触屏两种事件，下面列出几种常用的事件。

- onClick：按钮单击事件。
- onLongClick：长按事件。
- onCreateContextMenu：上下文菜单事件。
- onFocusChange：焦点事件。
- onTouchEvent：触屏事件。
- onKeyUp、onKeyDown：键盘或遥控事件。
- onTrackballEvent：轨迹球事件。
- onBackPressed：回退事件。
- onWindowFocusChanged：获得焦点事件。

基于监听的事件处理是一种面向对象的事件处理，Android 的事件处理与 Java 的 AWT、Swing 的处理方式几乎完全相同。对事件的监听处理主要涉及如下三类对象。

- Event Source 事件源：事件方式的场所，一般为各个组件，如按钮、菜单等。
- Event 事件：界面组件上发生的特定事情，通常对应用户的一次操作。
- EventListener 事件监听器：负责监听事件源所发生的事件，并对事件做出相应的响应。它是实现了特定接口的 Java 类的实例。

在程序中，实现事件监听器通常有匿名内部类、内部类、外部类和 Activity 类等多种实现形式，这里介绍最基本的匿名内部类作为监听器来处理 Button 按钮的 OnClick 事件，更多的事件处理方式将在 5.5 节进行介绍。

【例 5-3】按钮单击事件的简单示例。

首先创建默认的工程项目，使用线性布局，并修改如下。

```
1   <LinearLayout xmlns:android="http://schemas.android.com/apk/res/android"
2       android:layout_width="match_parent"
3       android:layout_height="match_parent"
4       android:orientation="vertical">
5       <TextView
6           android:id="@+id/textview"
7           android:layout_width="wrap_content"
8           android:layout_height="wrap_content"
9           android:text="Hello World!" />
10      <Button
11          android:id="@+id/button"
12          android:layout_width="match_parent"
13          android:layout_height="wrap_content"
14          android:text="Button" />
15  </LinearLayout>
```

这里增加了一个按钮控件（第 10~14 行）。为了在代码中引用布局中的两个控件，它们需要有 id，在第 6 和 11 行处设置。注意控件 id 的取值方式必须以“@+id/”再加上实际的 id 名称，如这里分别为 textview、button。

然后在 MainActivity 文件中，修改内容如下。

```
public class MainActivity extends AppCompatActivity {
    @Override
    protected void onCreate(Bundle savedInstanceState) {
        super.onCreate(savedInstanceState);
        setContentView(R.layout.activity_main);
```

```
6              TextView tv=findViewById(R.id.textview);
7              Button bt=findViewById(R.id.button);
8              bt.setOnClickListener(new View.OnClickListener() {
9                  @Override
10                 public void onClick(View v) {
11                     tv.setText(bt.getText().toString());
12                 }
13             });
14         }
15 }
```

其中，第 6 和 7 行定义并获得两个控件对象。这里需要通过 findViewById( ) 方法实现，这个方法是会经常使用到的方法，其参数为布局文件中定义的控件（注意：在代码中引用控件是通过编译过的 id 名称，即 R. id. 控件 id）。

第 8~13 行为按钮 bt 的匿名内部类对象作为监听器处理 OnClick 事件。按钮的监听器通过 setOnClickListener( ) 方法设置，它的参数为处理事件的 View. OnClickListener 类通过 new 定义的一个匿名对象。其中，View. OnClickListener 类的核心就是重新定义了 onClick 事件函数（第 10 行），当用户单击按钮 bt 后即执行该事件方法。该方法实际就第 11 行一条语句。该语句为调用 setText( ) 方法设置 TextView 的文本内容，参数为获取当前按钮的文本后返回。

（3） EditText

EditText（编辑框）用于在屏幕上显示可编辑的文本框，它也是 TextView 类的子类。因此 TextView 支持的属性（见表 5-1），EditText 同样也适用。下面列出一些应用中经常会用到的属性和事件。

1） 常用属性。

- android:textAllCaps="false"：文本内的字母是否会自动大写。这里设置的是关闭大写。
- android:inputType="textPassword"：明文转暗文。
- android:inputType="number"：输入时自动弹出数字键盘。
- android:cursorVisible="true"：是否显示光标。这里设置为显示。
- android:textCursorDrawable：设置光标图片。
- android:maxLines="3"：设置最大行数（这里为 3 行），超出的部分不显示。
- android:lines="3"：设置固定行数（这里为 3 行），超出的部分不显示。

2） 监听事件。TextWatcher 是一个监听字符变化的类。当调用 EditText 的 addTextChangedListener( ) 方法之后，就可以监听 EditText 的输入了。在通过 new 定义一个 TextWatcher 之后，需要实现三个抽象方法 beforeTextChanged( )、onTextChanged( )、afterTextChanged( )，分别在输入的前、中、后调用。

下面来通过一个案例来演示编辑框的使用。

【例 5-4】 编辑框（EditText）示例。

主要布局代码如下，布局效果如图 5-9 所示。

```
<LinearLayout xmlns:android="http://schemas.android.com/apk/res/android"
    android:layout_width="match_parent"
    android:layout_height="match_parent"
    android:orientation="vertical" >
    <EditText
        android:id="@+id/edittext"
```

```
            android:layout_width="match_parent"
            android:layout_height="wrap_content"
            android:hint="我是 EditText，请输入内容"
            android:textSize="20dp" />
        <Button
            android:id="@+id/button"
            android:layout_width="match_parent"
            android:layout_height="wrap_content"
            android:text="单击使 TextView 获取 EditText 内容" />
        <TextView
            android:id="@+id/textview"
            android:layout_width="match_parent"
            android:layout_height="wrap_content"
            android:padding="10dp"
            android:hint="我是 TextView"
            android:textColor="#ff0000"
            android:textSize="20dp" />
        <TextView
            android:id="@+id/btv"
            android:layout_width="match_parent"
            android:layout_height="wrap_content"
            android:padding="10dp"
            android:hint="beforeTextChanged"
            android:textSize="20dp" />
        <TextView
            android:id="@+id/otv"
            android:layout_width="match_parent"
            android:layout_height="wrap_content"
            android:padding="10dp"
            android:hint="onTextChanged"
            android:textSize="20dp" />
        <TextView
            android:id="@+id/atv"
            android:layout_width="match_parent"
            android:layout_height="wrap_content"
            android:padding="10dp"
            android:hint="afterTextChanged"
            android:textSize="20dp" />
</LinearLayout>
```

完成了控件的布置之后，需要在 MainActivity 中完善代码，具体如下。在编辑框中输入字符“12ast”，单击按钮后的运行效果如图 5-10 所示。

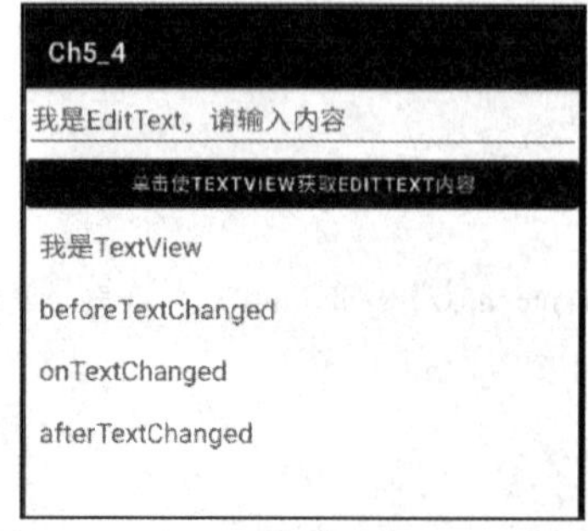

图 5-9　TextView 和 EditText 示例布局

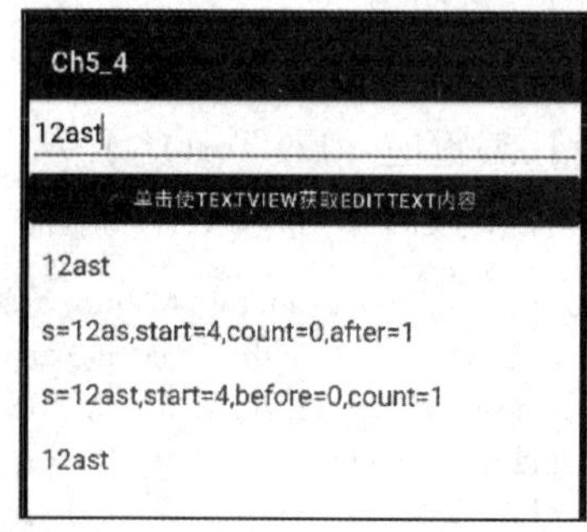

图 5-10　TextView 和 EditText 运行效果

```
1  protected void onCreate(Bundle savedInstanceState) {
2      super.onCreate(savedInstanceState);
3      setContentView(R.layout.activity_main);
4      EditText edittext = findViewById(R.id.edittext);
5      TextView tv=findViewById(R.id.textview);
6      TextView tv1=findViewById(R.id.btv);
7      TextView tv2=findViewById(R.id.otv);
8      TextView tv3=findViewById(R.id.atv);
9      Button bt = findViewById(R.id.button);
10     bt.setOnClickListener(new View.OnClickListener() {
11         @Override
12         public void onClick(View v) {
13             tv.setText(edittext.getText().toString());
14         }
15     });
16     edittext.addTextChangedListener(new TextWatcher() {
17         @Override              //(输入前)
18         public void beforeTextChanged(CharSequence s, int start,int count, int after) {
19             tv1.setText("s="+s+",start="+start+",count="+count+",after="+after);
20         }
21         @Override              //(输入中)
22         public void onTextChanged(CharSequence s, int start, int before, int count) {
23             tv2.setText("s="+s+",start="+start+",before="+before+",count="+count);
24         }
25         @Override              //(输入后)
26         public void afterTextChanged(Editable s) {
27             tv3.setText(s.toString());
28         }
29     });
30 }
```

第 4~8 行，获得布局中的 EditText 和 4 个 TextView 对象。第 9 行获得 Button 按钮对象，并设置 bt 的 Click 监听（第 10 行），单击后读取编辑框的文本内容设置到文本框 tv 中（第 13 行）。

第 16 行设置编辑框 edittext 的 TextWatcher 监听。在 3 个抽象函数中，分别执行一条语句，将函数的参数显示在相应的 TextView 中（第 19、23、27 行）。3 个函数的参数意义如下。

- beforeTextChanged(CharSequence s, int start, int count, int after)

s：修改之前的文字。

start：字符串中即将发生修改的位置。

count：字符串中即将被修改的文字的长度。如果是新增的话则为 0。

after：被修改的文字修改之后的长度。如果是删除的话则为 0。

- onTextChanged(CharSequence s, int start, int before, int count)

s：改变后的字符串。

start：有改变的字符串的序号。

before：被改变的字符串长度，如果是新增则为 0。

count：添加的字符串长度，如果是删除则为 0。

- afterTextChanged(Editable s)

s：修改后的文字。

（4）ImageView

ImageView（图像视图），继承自 View 类，主要功能是显示图片，包括任何 Drawable 对象。ImageView 适用于任何布局中，并且 Android 为其提供了缩放和着色的一些操作。它的常用属性如下。

1）android:src：指定 imageview 显示的资源文件。当使用 src 填入图片时，默认是按照图片大小直接填充，并不会进行拉伸。但它会受到属性 scaleType 的影响。而向量可绘制对象只能通过“app:srcCompat”加载。

2）android:scaleType：控制 ImageView 控件如何显示图片，属性值有以下几种。

- matirx：默认值，不改变原图的大小，从 ImageView 的左上角开始绘制原图，原图超过 ImageView 的部分做裁剪处理。
- fitXY：图片长宽独立缩放。为使 ImageView 可完全放下图片，会改变图片比例。
- fitStart：以原长宽比例缩放图片，保证 ImageView 可以放下图片最长的一边，然后图片放在左上角。ImageView 可能无法完全被图片填充，可配合 adjustViewBounds 使控件被完全填充。fitEnd 和 fitCenter 同理，只是摆放的位置不同。
- center：按图片原来的尺寸居中显示，当图片的长（宽）超过 view 的长（宽），则截取图片居中部分显示。
- centerCrop：以原比例缩放图片，保证最短的一边可以完全填充控件，最长的边裁剪超出部分。
- centerInside：保持横纵比缩放图片，直到 ImageView 能够完全地显示图片。

3）adjustViewBounds：设置是否调整 ImageView 边界以保持图片的长宽比。

4）android:backgroud：指背景，使用 background 填入图片，会根据 ImageView 给定的宽度来进行拉伸。

5）android:foreground：指前景，使用 foreground 填入图片，同样也会根据 ImageView 给定的宽度来进行拉伸。

6）app:tint：用于为单一透明图片着色，如 Icon 图标。有了这个方法，就可以任意修改图片的颜色以适应主题，从而不需要多套图片资源。

ImageView 有一个子类 ImageButton，它是 ImageView 和 Button 的结合，相当于一个表明是图片而不是文字的按钮。其使用方法和 Button 完全相同，但是它没有 android:text 属性，由 android:src 指定图标的位置。

下面来通过一个案例展示 ImageView 和 ImageButton 的使用。

【例 5-5】 ImageView 示例。

首先，在 XML 中添加下面的布局代码。

```
<LinearLayout xmlns:android="http://schemas.android.com/apk/res/android"
    android:layout_width="match_parent"
    android:layout_height="match_parent"
    android:orientation="vertical" >
    <ImageView
        android:id="@+id/imageView"
        android:layout_width="350dp"
        android:layout_height="340dp"
        android:layout_marginTop="16dp"
        android:layout_gravity="center_horizontal"
```

```
            android:scaleType="fitStart"
            android:src="@drawable/fqjy" />
        <ImageButton
            android:id="@+id/imageButton"
            android:layout_width="match_parent"
            android:layout_height="wrap_content"
            android:layout_gravity="center_horizontal"
            android:src="@drawable/lt" />
        <TextView
            android:id="@+id/textview"
            android:layout_width="wrap_content"
            android:layout_height="wrap_content"
            android:layout_gravity="center_horizontal"
            android:text=" fitStart" />
    </LinearLayout>
```

图 5-11　ImageView 运行效果

接着在 MainActivity 中完善代码具体如下。运行效果如图 5-11 所示，多次单击 ImageButton，ImageView 以不同的方式循环展示图片，同时下方的 TextView 显示图片展示的 ScaleType 方式名称。

```
public class MainActivity extends AppCompatActivity {
    ImageView imageView;
    TextView textview;
    int mode=0;
    @Override
    protected void onCreate(Bundle savedInstanceState) {
        super.onCreate(savedInstanceState);
        setContentView(R.layout.activity_main);
        imageView=findViewById(R.id.imageView);
        textview=findViewById(R.id.textview);
        ImageButton imageButton=findViewById(R.id.imageButton);
        imageButton.setOnClickListener(new View.OnClickListener() {
            @Override
            public void onClick(View view) {
                switch (mode) {
                    case 0:
                        imageView.setScaleType(ImageView.ScaleType.CENTER);
                        textview.setText("CENTER");
                        break;
                    case 1:
                        imageView.setScaleType(ImageView.ScaleType.CENTER_CROP);
                        textview.setText("CENTER_CROP");
                        break;
                    case 2:
                        imageView.setScaleType(ImageView.ScaleType.CENTER_INSIDE);
                        textview.setText("CENTER_INSIDE");
                        break;
                    case 3:
                        imageView.setScaleType(ImageView.ScaleType.FIT_CENTER);
                        textview.setText("FIT_CENTER");
                        break;
                    case 4:
                        imageView.setScaleType(ImageView.ScaleType.FIT_END);
```

```
                        textview.setText("FIT_END");
                        break;
                    case 5:
                        imageView.setScaleType(ImageView.ScaleType.FIT_START);
                        textview.setText("FIT_START");
                        break;
                    case 6:
                        imageView.setScaleType(ImageView.ScaleType.FIT_XY);
                        textview.setText("FIT_XY");
                        break;
                    case 7:
                        imageView.setScaleType(ImageView.ScaleType.MATRIX);
                        textview.setText("MATRIX");
                        break;
                }
                mode++;
                if(mode==8)            //循环展示
                    mode=0;
            }
        });
    }
}
```

5.3 界面布局

5.3.1 线性布局

扫码看视频

在 5.2.1 节中介绍了 LinearLayout（线性布局）的最基本的使用方法，其方向要么是水平的，要么是垂直的。但是，在实际 App 开发中遇到的界面极少是这种单一的形式，往往是比较复杂的，其中的控件既有垂直的，也有水平排列的，它们往往是交织在一起的。为了适应这种复杂的界面布局方式，线性布局支持嵌套使用。例如，在垂直线性布局中可以再嵌套水平布局，或者在水平布局中嵌套垂直布局。对于嵌套布局，可以将线性布局本身看作一种组件，置于另一个线性布局容器中。

下面来通过一个例子来说明线性布局嵌套的使用方法。

【例 5-6】线性布局嵌套示例。

要采用线性布局实现图 5-12 所示的效果，首先要对界面中的展示元素（控件）进行分块，最后划分为水平或垂直的元素（控件）列。本例中，可以按照图 5-13 所示的方式进行分块：最外层红色的方框是一个线性布局，其中包含了两个线性布局（上层蓝色的方框和下层绿色的方框），而这两个线性布局是上下排列的，因此这个最外层红色方框代表的线性布局的方向是垂直的。而里面的两个线性布局，其所含的控件（上面是 5 个图片，下面是 5 个文字）均是按照从左到右进行排列的，因此它们的布局方向都是水平的。

根据上面的分块，就可以很容易地写出如下 XML 布局代码。

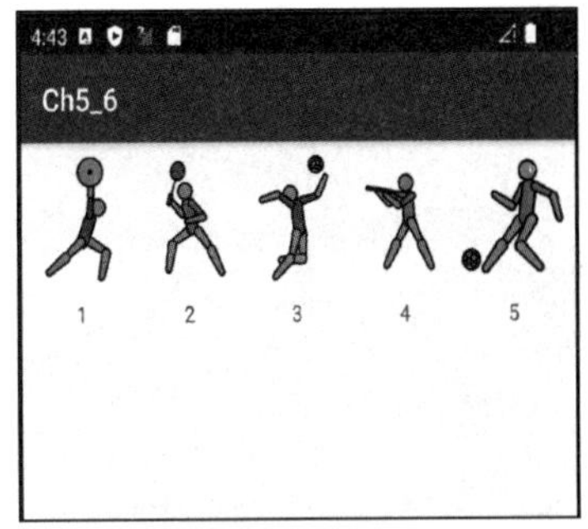

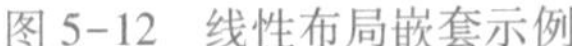
图 5-12　线性布局嵌套示例

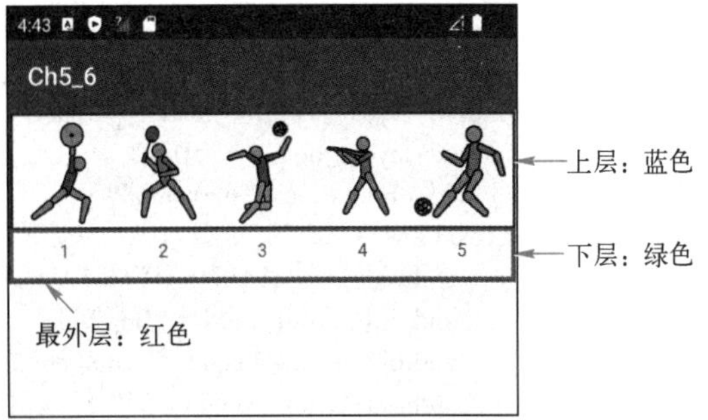

图 5-13　布局分块情况

```
<LinearLayout                    // 最外层：红色方框部分
    android:layout_width="match_parent"
    android:layout_height="match_parent"
    android:orientation="vertical"
    android:padding="5dp"
    xmlns:android="http://schemas.android.com/apk/res/android">
    <LinearLayout                // 上层：蓝色方框部分
        android:layout_width="match_parent"
        android:layout_height="95dp"
        android:orientation="horizontal">
        <ImageView
            android:id="@+id/iv1"
            android:layout_width="0dp"
            android:layout_height="88dp"
            android:layout_weight="1"
            android:src="@drawable/juzhong" />
        <ImageView
            android:id="@+id/iv2"
            android:layout_width="0dp"
            android:layout_height="88dp"
            android:layout_weight="1"
            android:src="@drawable/yumaoqiu" />
        <ImageView
            android:id="@+id/iv3"
            android:layout_width="0dp"
            android:layout_height="88dp"
            android:layout_weight="1"
            android:src="@drawable/paiqiu" />
        <ImageView
            android:id="@+id/iv4"
            android:layout_width="0dp"
            android:layout_height="88dp"
            android:layout_weight="1"
            android:src="@drawable/sheji" />
        <ImageView
            android:id="@+id/iv5"
            android:layout_width="0dp"
            android:layout_height="88dp"
            android:layout_weight="1"
            android:src="@drawable/zuqiu" />
```

```
        </LinearLayout>
        <LinearLayout    // 下层：绿色方框部分
            android:layout_width="match_parent"
            android:layout_height="50dp"
            android:orientation="horizontal">
            <TextView
                android:id="@+id/textView1"
                android:layout_width="0dp"
                android:layout_height="wrap_content"
                android:layout_weight="1"
                android:text="1"
                android:gravity="center"/>
            <TextView
                android:id="@+id/textView2"
                android:layout_width="0dp"
                android:layout_height="wrap_content"
                android:layout_weight="1"
                android:text="2"
                android:gravity="center"/>
            <TextView
                android:id="@+id/textView3"
                android:layout_width="0dp"
                android:layout_height="wrap_content"
                android:layout_weight="1"
                android:text="3"
                android:gravity="center"/>
            <TextView
                android:id="@+id/textView4"
                android:layout_width="0dp"
                android:layout_height="wrap_content"
                android:layout_weight="1"
                android:text="4"
                android:gravity="center" />
            <TextView
                android:id="@+id/textView5"
                android:layout_width="0dp"
                android:layout_height="wrap_content"
                android:layout_weight="1"
                android:text="5"
                android:gravity="center"/>
        </LinearLayout>
</LinearLayout>
```

📖 这里首先要准备好图片，并放置在 res 的 drawable 下。在程序中用到的图标，除了可以自己设计外，还可以使用网上的资源。这里介绍三种网络资源。

（1）阿里矢量图标库（https://www.iconfont.cn/）

这是由阿里巴巴打造的一个最大且功能最全的矢量图标库，提供矢量图标下载、在线存储、格式转换等功能。内含矢量图标近百万个，是设计师和前端开发的便捷工具。同时，Iconfont 是一个去中心化的平台，支持用户自行上传图标、收藏图标及管理项目图标。总体而言，Iconfont 非常实用。

（2）IconFinder-Free Icons（https://www.iconfinder.com/free_icons）

该网站包含超过十万个免费图标，每个图标旁边都有标示使用授权与说明，大部分都可以免费用于个人或商业用途。同时，网站无须注册即可使用。

(3) Find Icons (https://findicons.com/)

它号称是全球最大的图标搜索引擎，该网站涵盖了 2677 个图标集和 475450 个图标。该网站支持中文浏览，但是关键字搜索只能使用英文。同样无须登录即可免费下载多种版本的图标。

当然，对于同一布局，也可以有不同的界面分块方式。例如，在本例中也可以按照图 5-14 所示的方式进行分块：最外层红色的方框是一个线性布局，它包含了从左到右进行排列的 5 个蓝色的线性布局，因此这时这个最外层红色方框代表的线性布局的方向是水平的。而每个蓝色方框代表的线性布局中均由两个控件（图片与文字，按照从上到下排列）组成，因此这 5 个线性布局的方向都是垂直的。

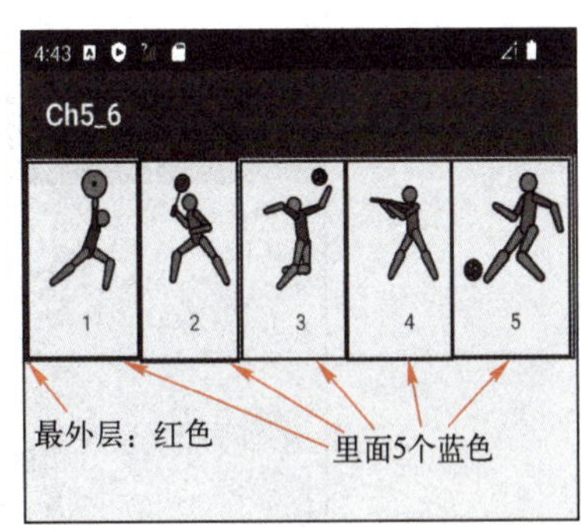

图 5-14　不同的分块效果

可以自行根据以上分块的方式，实现这个界面的布局代码。同时思考一下，对于同一个界面，如何进行分块才更简单、有效。

在图 5-14 中第一张举重的图片上增加 onTouch 事件：当按下该图片时，图片变成打羽毛球，放开后又还原为举重图片。代码如下。其中，在第一张图片（iv1，第 7 行）上设置 onTouch 监听（第 8 行）。onTouch 事件函数中（第 10 行），参数 motionEvent 表示事件的动作。若该动作为“ACTION_DOWN”（第 11 行），则切换图片（第 13 行，通过 ImageView 的成员函数 setImageDrawable()可以设置图片。而 getDrawable()方法可以从资源中获得图片对象，其第一个参数为上下文，可以调用 getApplicationContext()获得，第二个参数为图片资源的名称）；若 onTouch 事件的动作为“ACTION_UP”（第 15 行），则又切换到原图片（第 16 行，使用方法同第 13 行）。

```
1   public class MainActivity extends AppCompatActivity{
2       ImageView iv;
3       @Override
4       protected void onCreate(Bundle savedInstanceState) {
5           super.onCreate(savedInstanceState);
6           setContentView(R.layout.activity_main);
7           iv=findViewById(R.id.iv1);
8           iv.setOnTouchListener(new View.OnTouchListener() {
9               @Override
10              public boolean onTouch(View view, MotionEvent motionEvent) {
11                  if(motionEvent.getAction()==MotionEvent.ACTION_DOWN)
12                  {
13  iv.setImageDrawable(ContextCompat.getDrawable(getApplicationContext(),R.drawable.yumaoqiu));
14                  }
15                  else if(motionEvent.getAction()==MotionEvent.ACTION_UP){
16  iv.setImageDrawable(ContextCompat.getDrawable(getApplicationContext(),R.drawable.juzhong));
17                  }
18                  return true;
19              }
20          });
21      }
22  }
```

下面来看一个使用嵌套线性布局的综合案例实现。

【例 5-7】计算器示例。运行效果如图 5-15 所示。

分析：对于该界面，如图 5-16 所示，整体最外层红色方框代表的线性布局，里面分为三个区域，其中①②是 TextView，③是按钮区域，可使用一个线性布局表示，这样最外层就是一个垂直的线性布局。而按钮区域又可以划分为 5 行由绿色方框代表的水平线性布局组成，每行包含 4 个按钮（最后一行 3 个按钮）。于是就可以很容易地写出 XML 的布局代码。

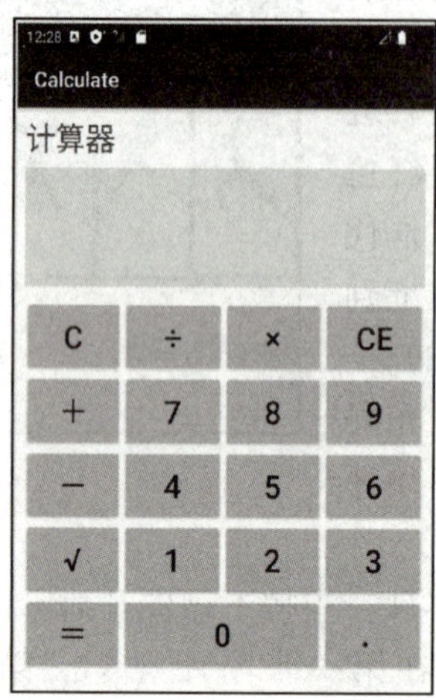

图 5-15　计算器运行效果

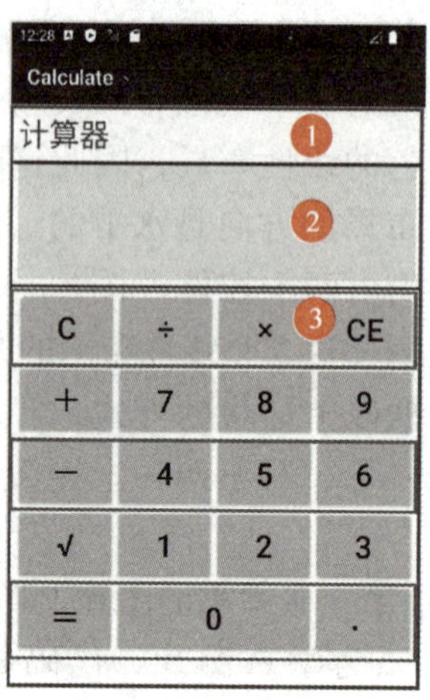

图 5-16　布局分块情况

下面给出第一行按钮的布局示例代码。

```
1   <LinearLayout          // 该垂直线性布局代表整个按钮部分，即图 5-10 中的③
2       android:layout_width="match_parent"
3       android:layout_height="wrap_content"
4       android:orientation="vertical">
5       <LinearLayout        // 第一行按钮所在水平线性布局
6           android:layout_width="match_parent"
7           android:layout_height="70dp"
8           android:orientation="horizontal">
9           <Button
10              android:id="@+id/bt_clear"
11              style="@style/button"
12              android:text="C" />
13          <Button
14              android:id="@+id/bt_divide"
15              style="@style/button"
16              android:text="÷" />
17          <Button
18              android:id="@+id/bt_multiply"
19              style="@style/button"
20              android:text="×" />
21          <Button
22              android:id="@+id/bt_cancel"
23              style="@style/button"
24              android:text="CE" />
25      </LinearLayout>
```

由于本例中按钮有 19 个之多，且各按钮大部分用于控制按钮表现的属性是相同的，这时，可以使用样式来实现，这样 XML 代码能更加简洁。例如，上面第 11、15、19 和 23 行中的引用代码“style="@style/button"”。此时，需要在 res/values 的 styles. xml 中增加样式 button 的定义：

```
<style name="button">
    <item name="android:layout_width">0dp</item>
    <item name="android:layout_height">match_parent</item>
    <item name="android:layout_weight">1</item>
    <item name="android:textSize">30dp</item>
</style>
```

在 Java 实现部分，最核心的是对每个按钮的 onClick 事件响应。但是，如果还是按照第 5. 2. 2 小节中的为按钮添加匿名内部类对象作为监听器处理，对于这么多按钮，代码会变得非常长。这些按钮的执行逻辑类似，可以进行复用。这里介绍一种新的实现事件监听的方法，即在 Activity 中实现事件监听接口，如下面代码所示。

在代码的第 1 行，定义主 Activity 时，实现接口 implements View. OnClickListener。

然后，在该类中定义事件处理函数 onClick：public void onClick(View v)。

这样，可以将所有按钮的 onClick 事件交给当前 Activity 去处理，见第 13~16 行代码（这里显示了 4 个按钮，其他代码省略）。

```
1   public class MainActivity extends AppCompatActivity implements View.OnClickListener {
2       private String opt = "";            // 运算符
3       private String firstnum = "";       // 第一个操作数
4       private String secondnum = "";      // 第二个操作数
5       private String result = "";         // 运算结果
6       private String show_result = "";    // 文本框中显示结果
7       private TextView tv_result;
8       @Override
9       protected void onCreate(Bundle savedInstanceState) {
10          super.onCreate(savedInstanceState);
11          setContentView(R.layout.activity_main);
12          tv_result = (TextView) findViewById(R.id.tv_result);
13          findViewById(R.id.bt_clear).setOnClickListener(this);
14          findViewById(R.id.bt_divide).setOnClickListener(this);
15          findViewById(R.id.bt_multiply).setOnClickListener(this);
16          findViewById(R.id.bt_cancel).setOnClickListener(this);
```

这里要注意的是，在 Activity 的 onClick 事件函数中要处理所有按钮回调过来的单击事件：通过 onClick 的参数“View v”可获得按钮对象，并通过 v. getId()得到该控件的 id，从而根据该 id 处理不同的按钮逻辑。更多实现细节请参考本书所附源代码。

5. 3. 2　约束布局

扫码看视频

约束布局（Constraint Layout）是谷歌在 2016 年推出的一种新的布局方式，从 Android Studio 2. 3 起，Android Studio 的默认模板就使用约束布局。

约束布局是一个 ViewGroup，它的出现主要是为了解决布局嵌套过多的问题，它能以灵活的方式定位和调整 View。约束布局是扁平式的布局方式，没有任何嵌套，减少了布局的层级，优化了渲染性能。

创建一个 layout 布局文件，默认使用布局如下。

```
<androidx.constraintlayout.widget.ConstraintLayout
    xmlns:android="http://schemas.android.com/apk/res/android"
```

```
3        xmlns:app="http://schemas.android.com/apk/res-auto"
4        xmlns:tools="http://schemas.android.com/tools"
5        android:layout_width="match_parent"
6        android:layout_height="match_parent">
7        <TextView
8            android:layout_width="wrap_content"
9            android:layout_height="wrap_content"
10           android:text="TextView"
11           app:layout_constraintBottom_toBottomOf="parent"
12           app:layout_constraintEnd_toEndOf="parent"
13           app:layout_constraintStart_toStartOf="parent"
14           app:layout_constraintTop_toTopOf="parent" />
15   </androidx.constraintlayout.widget.ConstraintLayout>
```

在上面的布局代码中，布局类型为 androidx. constraintlayout. widget. ConstraintLayout，xmlns 给出了引用的命名空间。

（1）相对定位

对于 TextView 控件，在上面布局代码中第 11~14 行给出了其位置信息，这就是一种相对定位的布局方式，它通过建立约束，确定控件相对于另一个控件的定位。相对定位分为水平轴和垂直轴。其中，水平轴有左（Left）、右（Right）、起点（Start）、终点（End），垂直轴有顶部（Top）、基线（Baseline）、底部（Bottom），如图 5-17 所示。

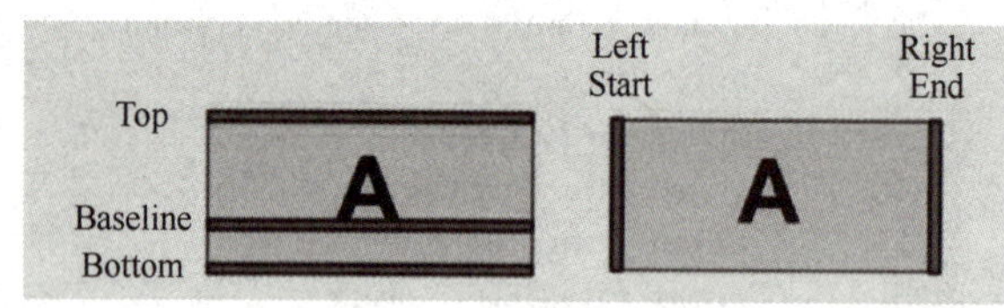

图 5-17 相对定位的边界

相对定位的语法格式为 app:layout_constraintxxx_toyyyOf，其中加粗的 xxx 是使用这条约束语句的 View 的某个位置，yyy 是被用作锚点的 View 的某个位置。也就是说，用这个 View 的哪条边（xxx）去对齐另外一个 View 的哪条边（yyy）。例如上面代码中第 11 行 app:layout_constraintBottom_toBottomOf="parent"，就是用该文本框的底部对齐它的 parent（父容器，即约束布局）的底部。

类似这样的约束还包括：layout_constraintLeft_toLeftOf、layout_constraintRight_toRightOf、layout_constraintTop_toTopOf、layout_constraintBottom_toTopOf、layout_constraintTop_toBottomOf、layout_constraintStart_toEndOf、layout_constraintEnd_toStartOf、layout_constraintStart_toStartOf、layout_constraintEnd_toEndOf、layout_constraintBaseline_toBaselineOf 等。

📖 这里要注意的是，在很多情况下，水平轴的 Left 与 Start、Right 与 End 的作用是相同的，可以替换。但是有些国家的文字或习惯是从右到左的，这可由 Android 的 LTR 和 RTL 两种布局方式支持。在 LTR 中 left = start，right=end；在 RTL 中 right = start，left=start。

若要使用 RTL 布局，需要在 AndroidManifest. xml 中将 supportsRtl 设置为 true。

（2）居中和偏向

约束布局并没有单独的属性用于设置居中的效果，而是使用两条相对定位方式（水平居中，垂直居中类似）：

```
app:layout_constraintLeft_toLeftOf="parent"
app:layout_constraintRight_toRightOf="parent"
```

这种方式可能一开始接触的时候有点不习惯。设置了这个属性的 View，就会被左右两边“拉”着，两边用力都一样，那么就水平居中了。

水平居中后，可根据比例调整这个位置关系，这需要使用偏向（bias）属性，它包括水平偏向 layout_constraintHorizontal_bias 和垂直偏向 layout_constraintVertical_bias。例如，在 View 水平居中后，想让 View 水平开始位于宽度 20%的位置，那么可以这样设置：

```
app:layout_constraintLeft_toLeftOf="parent"
app:layout_constraintRight_toRightOf="parent"
app:layout_constraintHorizontal_bias="0.2"
```

另外，还可以使用 margin 来调整控件在水平/垂直方向的位置，例如：

```
1   <TextView
2       android:id="@+id/TextView1"
3       android:layout_width="wrap_content"
4       android:layout_height="wrap_content"
5       android:text="TextView1"
6       android:layout_marginLeft="100dp"
7       app:layout_constraintLeft_toLeftOf="parent"
8       app:layout_constraintRight_toRightOf="parent" />
```

这里，第 6 行使用 layout_marginLeft="100dp" 使该控件向右偏移了 100 dp（一种独立于像素 px 的设计单位，1 dp=ppi/160 px），第 7 和第 8 行使 TextView1 在水平居中，如图 5-18 所示，TextView1 左边离父容器空出 100 dp 后，在剩下的空间水平居中。

（3）宽高百分比布局

在约束布局中，除了控件的位置可以采用相对方式设置外，当把控件的宽或高设置为 0 dp 时，可以使用 layout_constraintHeight_percent 和 layout_constraintWidth_percent 属性设置横竖方向占比来确定宽度和高度，而不用具体尺寸。这种方法可以用于一般控件的屏幕适配。例如，下面代码中第 4 和 5 行就是将 Button 的宽和高分别设置为父容器（屏幕）水平和垂直大小的 0.5，效果如图 5-19 所示。

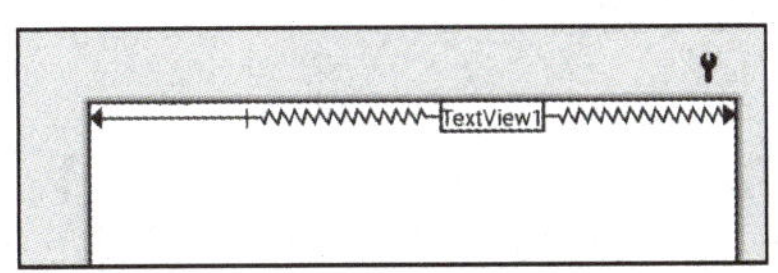

图 5-18　margin 和居中效果

图 5-19　自适应大小效果

```
1   <Button
2       android:layout_width="0dp"
3       android:layout_height="0dp"
4       app:layout_constraintWidth_percent="0.5"
5       app:layout_constraintHeight_percent="0.5"
6       android:text="Hello World!"
```

```
app:layout_constraintBottom_toBottomOf="parent"
app:layout_constraintLeft_toLeftOf="parent"
app:layout_constraintRight_toRightOf="parent"
app:layout_constraintTop_toTopOf="parent"/>
```

当把控件的宽或高设置为 0 dp 时，还可以通过 layout_constraintDimensionRatio 属性设置控件的宽高比，以灵活设置 View 的尺寸。例如 app:layout_constraintDimensionRatio="16:9" 可以将 View 的宽高比设置为 16:9。

（4）控件链

如果两个或以上控件，彼此之间建立关联关系，水平方向则是控件彼此左右关联，竖直方向则是上下关联，每相邻两个 View 之间必须紧紧关联 id，即将一个方向上的控件形成锁链（相互依赖）。通过图 5-20 所示的方式约束在一起，就可以认为 3 个 TextView 相互约束，两端两个 TextView 分别与 parent 约束，成为一条链（此图为横向的链，纵向同理）。

一条链的第一个控件是这条链的链头，通过对链头设置 layout_constraintHorizontal_chainStyle 或 layout_constraintVertical_chainStyle 属性来改变整条链的样式。共有三种链的样式，如图 5-21 所示。

- Spread Chain：展开元素（默认方式）。
- Spread Inside Chain：展开元素，但链的两端贴近 parent。
- Packed Chain：链的元素将被打包在一起。

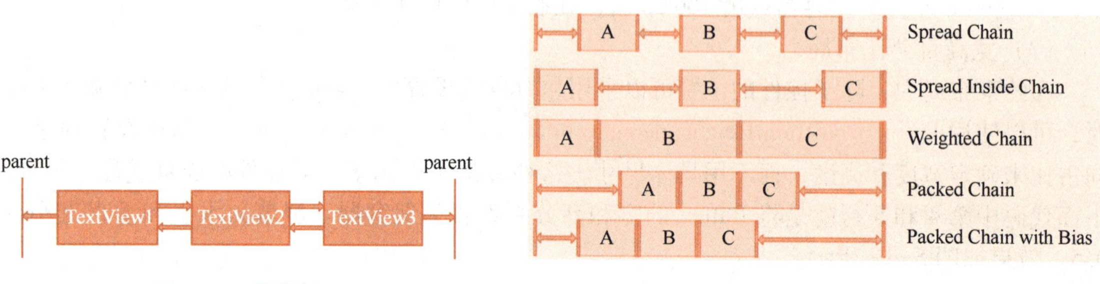

图 5-20 控件链

图 5-21 链的样式

除了样式链外，还可以创建一个权重链（Weighted Chain）。这时把控件的宽度都设为 0 dp，然后在每个控件中设置权重 layout_constraintHorizontal_weight 或 layout_constraintVertical_weight 来创建一个权重链。

另外，Packed Chain with Basis 是在 Packed Chain 样式基础上，使用属性 layout_constraint-Horizontal_bias/layout_constraintVertical_bias 使整个链进行偏移。

（5）圆弧定位

圆弧定位是相对于锚点 View 的中心位置，声明一个角度和距离（半径）来确定 View 的位置。这里的锚点 View、角度和半径分别通过 layout_constraintCircle、layout_constraintCircleAngle 和 layout_constraintCircleRadius 属性设置。其中，半径是指当前设置的 View 的中心点与关联的锚点 View 的中心点的距离（圆弧半径）。关于角度和半径的示意如图 5-22 所示。

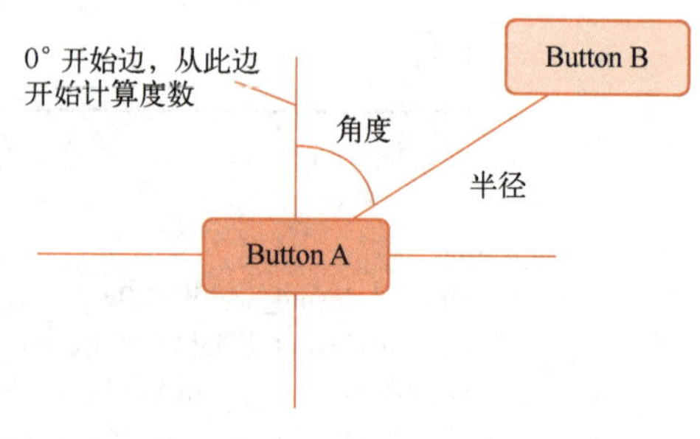

图 5-22 角度和半径的示意

例如，让 Button B 位于 Button A 的 45°角，并且距离 Button A 中心点为 150 dp。当 Button A 的位置确定后，第 14~16 行代码通过圆弧定位确定了 Button B 的位置。

```
1   <Button
2       android:id="@+id/btn1"
3       android:layout_width="100dp"
4       android:layout_height="100dp"
5       android:text="A"
6       app:layout_constraintBottom_toBottomOf="parent"
7       app:layout_constraintLeft_toLeftOf="parent"
8       app:layout_constraintRight_toRightOf="parent"
9       app:layout_constraintTop_toTopOf="parent" />
10  <Button
11      android:id="@+id/btn2"
12      android:layout_width="100dp"
13      android:layout_height="100dp"
14      app:layout_constraintCircle="@+id/btn1"
15      app:layout_constraintCircleAngle="45"
16      app:layout_constraintCircleRadius="150dp"
17      android:text="B" />
```

5.3.3 辅助布局

（1）GuideLine

GuideLine 是参考线，有水平参考线和竖直参考线两种。在 ConstraintLayout 里面 View 的定位往往需要找到对应参考的锚点 View，而有时这个 View 并不好找，或者说一定要先建立一个参考的锚点 View 后才行。这种情况下，GuideLine 就派上用场了。

GuideLine 就是一个虚拟的辅助线，方便其他的 View 以此作为锚点，而它自身并不会参与绘制。它有以下几个重要的属性。

- orientation：方向，用法和 LinearLayout 中的一样。
- layout_constraintGuide_percent：指定参考线的百分比位置，根据 orientation 指定的方向调整位置。
- layout_constraintGuide_begin：参考线距离开始的具体数值。
- layout_constraintGuide_end：参考线距离结束的具体数值。

（2）Group

Group 同样是一个虚拟的 View，并不参与实际绘制。它可以把多个控件归为一组，方便隐藏或显示一组控件。

Group 有两个重要属性：android:visibility 和 app:constraint_referenced_ids。

例如，下面的代码给出了三个文本框 TextView1、TextView2 和 TextView3，创建了一个 androidx.constraintlayout.widget.Group，对 TextView1 和 TextView3 进行了分组（第 23 行）。注意：Group 在写一组控件 id 的时候是用逗号隔开的，然后只写 id 的名字。此后，可以同时控制该组内的所有控件状态，如第 22 行将这两个控件的状态设为不可见。

```
1   <TextView
2       android:id="@+id/TextView1"
3       android:layout_width="wrap_content"
4       android:layout_height="wrap_content"
5       android:text="TextView1"/>
```

```
<TextView
    android:id="@+id/TextView2"
    android:layout_width="wrap_content"
    android:layout_height="wrap_content"
    android:text="TextView2"
    app:layout_constraintLeft_toRightOf="@+id/TextView1" />
<TextView
    android:id="@+id/TextView3"
    android:layout_width="wrap_content"
    android:layout_height="wrap_content"
    android:text="TextView3"
    app:layout_constraintLeft_toRightOf="@id/TextView2" />
<androidx.constraintlayout.widget.Group
    android:id="@+id/group"
    android:layout_width="wrap_content"
    android:layout_height="wrap_content"
    android:visibility="invisible"
    app:constraint_referenced_ids="TextView1,TextView3" />
```

（3）Placeholder

Placeholder 是一个占位布局，同样它本身也不会参与绘制。它有一个 app:content 属性，可以绑定一个 View。当绑定了一个 View 之后，被绑定的 View 就会显示到 Placeholder 中。因此，它适合用来编写模板布局，在适当的情况下利用 Placeholder 先提前占位，之后根据需要再替换成目标 View。

【例 5-8】模板布局 Placeholder 示例。

首先给出模板布局 template_layout，这个布局分成上下两个部分。

```
<merge
    xmlns:android="http://schemas.android.com/apk/res/android"
    xmlns:app="http://schemas.android.com/apk/res-auto"
    xmlns:tools="http://schemas.android.com/tools"
    android:layout_width="match_parent"
    android:layout_height="match_parent"
    tools:layout_editor_absoluteX="0dp"
    tools:layout_editor_absoluteY="81dp"
    tools:parentTag="androidx.constraintlayout.widget.ConstraintLayout">
    <androidx.constraintlayout.widget.Placeholder
        android:id="@+id/template_top"
        android:layout_width="0dp"
        android:layout_height="0dp"
        app:layout_constraintHeight_percent="0.5"
        app:content="@+id/top"
        app:layout_constraintLeft_toLeftOf="parent"
        app:layout_constraintRight_toRightOf="parent"/>
    <androidx.constraintlayout.widget.Placeholder
        android:id="@+id/template_bottom"
        android:layout_width="0dp"
        android:layout_height="0dp"
        app:layout_constraintHeight_percent="0.5"
        app:layout_constraintHeight_default="percent"
        app:content="@+id/bottom"
        app:layout_constraintBottom_toBottomOf="parent"
```

```
26            app:layout_constraintLeft_toLeftOf="parent"
27            app:layout_constraintRight_toRightOf="parent"/>
28    </merge>
```

这里用 merge 标签避免模板布局带来的冗余嵌套，加入 tools:parentTag（第 9 行）使之按照 ConstraintLayout 的约束规则来处理。

在布局文件中引用这个模板布局，并使用两个 ImageView 替换模板布局中的两个占位。

```
1     <androidx.constraintlayout.widget.ConstraintLayout
2         xmlns:android="http://schemas.android.com/apk/res/android"
3         xmlns:app="http://schemas.android.com/apk/res-auto"
4         xmlns:tools="http://schemas.android.com/tools"
5         android:layout_width="match_parent"
6         android:layout_height="match_parent"
7         tools:context=".MainActivity">
8         <include layout="@layout/template_layout"/>
9         <ImageView
10            android:id="@+id/top"
11            android:layout_width="wrap_content"
12            android:layout_height="wrap_content"
13            android:background="@color/purple_200"/>
14        <ImageView
15            android:id="@+id/bottom"
16            android:layout_width="wrap_content"
17            android:layout_height="wrap_content"
18            android:background="@color/teal_700"/>
19    </androidx.constraintlayout.widget.ConstraintLayout>
```

利用 include 标签（第 8 行）引入模板布局，两个 Placeholder 实际上被替换成了 ImageView，而原来定义的 ImageView 则不会显示。

注意： include 标签需要放在要替换 Placeholder 的 View 的前面，不然不会被替换。而且定义的 ImageView 已经没必要再配置那些约束属性了，因为这些约束属性已经在 Placeholder 里面声明过了。

（4）Barrier

Barrier（屏障线）也是一个辅助类，不会绘制到屏幕上，也不会展现给用户。它通过属性 constraint_referenced_ids 包含了若干 View 组件形成一个屏障，然后基于这些 View 组件在某个方向（如上下左右，通过属性 barrierDirection 设置）创建一条虚拟的线。屏障线的位置是其指定方向的所有组件最外侧的位置。使用屏障线的 View 可以防止屏障内的 View 覆盖自己，当屏障内的某个 View 要覆盖自己的时候，屏障会自动移动，避免自己被覆盖。

如图 5-23 所示，希望右下角的 TextView4 能够始终在左边三个 TextView 的右侧，而不论左侧三个 TextView 中文字的长短。

这样，TextView4 就不能对齐到左侧某一个 TextView 的边缘，而是要创建一个如下所示的 Barrier。

```
<androidx.constraintlayout.widget.Barrier
    android:id="@+id/barrier"
    android:layout_width="wrap_content"
    android:layout_height="wrap_content"
    app:barrierDirection="right"
    app:constraint_referenced_ids="TextView1,TextView2,TextView3" />
```

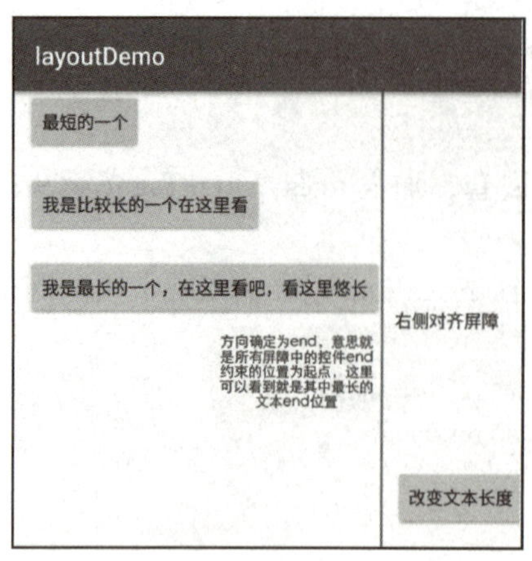

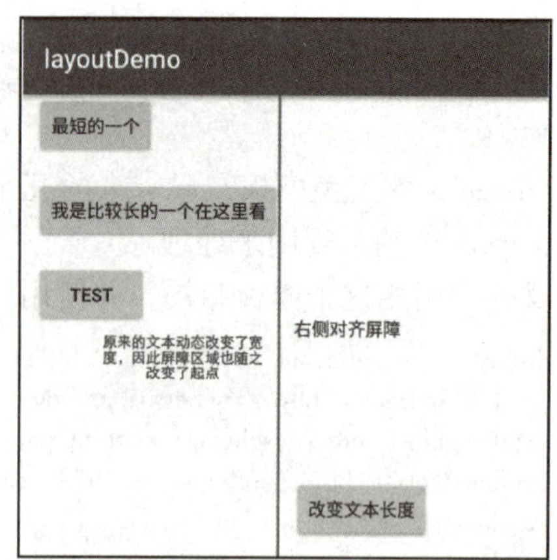

图 5-23　Barrier 示例

这个 Barrie 组合了 TextView1、TextView2、TextView3（第 6 行），形成一个右向（第 5 行）的屏障线。然后对 TextView4 设置属性 app:layout_constraintLeft_toRightOf="@+id/barrier"。

5.3.4　其他布局*

在大多情况下，使用约束布局已经完全能够胜任复杂的界面设计要求。但是，Android 还支持其他一些布局方式，这些布局方式在特定的因素下能够产生意想不到的效果。下面介绍几类较为常见的布局：框架布局、表格布局、相对布局、网格布局。

（1）框架布局

框架布局（FrameLayout）是组织视图控件最简单的布局之一。该布局一般只用来显示单视图或者层叠的多视图。层叠的情况一般为：第一个添加的控件会被放在最底层，最后一个添加到框架布局中的视图显示在顶层，上一层的控件则会相应地覆盖下一层的控件。这种显示方式类似于堆栈。

所有的控件都默认显示在屏幕左上方，如果要控制控件的位置，可以通过设置该控件的 layout_gravity 属性。

（2）表格布局

表格布局（TableLayout）中每一个 TableRow 对象或者 View 对象为一行。TableRow 是一个容器，因此可以向 TableRow 中添加子控件，每添加一个子控件，该表格就增加一列。值得注意的是，在表格布局中，列的宽度是由其中最宽的单元格来决定的，整个表格布局的宽度则取决于父容器的宽度（默认情况下是占满父容器本身）。表 5-2 列出了 TableLayout 支持的常用 XML 属性及相关方法的说明。

表 5-2　TableLayout 支持的常用 XML 属性及相关方法的说明

XML 属性	相关方法	说明
Android:collapseColumns	SetColumnCollapsed(int,boolean)	设置需要被隐藏的列的列序号（序号从 0 开始），多个列序号之间用逗号“,”分隔
Android:shrinkColumns	setShrinkAllColumns(boolean)	设置允许被收缩的列的列序号（序号从 0 开始），多个列序号之间用逗号“,”分隔
Android:stretchColumns	setStretchAllColumns (boolean)	设置允许被拉伸的列的列序号（序号从 0 开始），多个列序号之间用逗号“,”分隔

下面的代码实现用表格布局设计登录界面，运行效果如图 5-24 所示。

```
<TableLayout xmlns:android="http://schemas.android.com/apk/res/android"
    android:layout_width="match_parent"
    android:layout_height="match_parent"
    android:stretchColumns="1"  >
    <TableRow>
        <TextView
            android:layout_width="wrap_content"
            android:layout_height="wrap_content"
            android:text="账号"/>
        <EditText
            android:text=""
            android:layout_width="match_parent"
            android:layout_height="wrap_content" />
    </TableRow>
    <TableRow>
        <TextView
            android:layout_width="wrap_content"
            android:layout_height="wrap_content"
            android:text="密码" />
        <EditText
            android:text=""
            android:layout_width="match_parent"
            android:layout_height="wrap_content"/>
    </TableRow>
    <Button
        android:layout_width="match_parent"
        android:layout_height="wrap_content"
        android:text="登录" />
</TableLayout>
```

TableLayout

账号

密码

登录

图 5-24　TableLayout 布局

(3) 相对布局

与约束布局中的相对定位方式类似，当需要在小范围内显示多个控件的时候，使用相对布局（RelativeLayout）在空间的位置放置上比较灵活、自由。

表 5-3 列出了 RelativeLayout 的一些重要属性。

表 5-3　RelativeLayout 的一些重要属性

属性名称	作用描述	备　注
android:layout_centerHorizontal	将该控件放置在水平方向的中央	属性值为 true 或 false，此处假设值为 true
android:layout_centerVertical	将该控件放置在垂直方向的中央	
android:layout_centerInparent	将该控件放置在水平方向和垂直方向的中央	
android:layout_alignParentTop	将该控件的顶部与父元素的顶部对齐	
android:layout_alignParentBottom	将该控件的底部与父元素的底部对齐	
android:layout_alignParentLeft	将该控件的左部与父元素的左部对齐	
android:layout_alignParentRight	将该控件的右部与父元素的右部对齐	
android:layout_alignWithParentIfMissing	如果找不到对应的兄弟元素则以父元素为参照物	

（续）

属性名称	作用描述	备注
android:layout_above	将该控件的底部放置在指定 id 控件的上面	属性设置示例：android：layout_above = "@id/example"。其中，example 为指定的控件 id
android:layout_below	将该控件的顶部放置在指定 id 控件的下面	
android:layout_toLeftOf	将该控件的右部放置在指定 id 控件的左边	
android:layout_toRightOf	将该控件的左部放置在指定 id 控件的右边	
android:layout_alignTop	将该控件的顶部与指定 id 控件的顶部对齐	
android:layout_alignBottom	将该控件的底部与指定 id 控件的底部对齐	
android:layout_alignLeft	将该控件的左部与指定 id 控件的左部对齐	
android:layout_alignRight	将该控件的右部与指定 id 控件的右部对齐	

例如，要实现图 5-25 所示的布局效果，可采用以下代码。

```
<RelativeLayout xmlns:android="http://schemas.android.com/apk/res/android"
    android:layout_width="match_parent"
    android:layout_height="match_parent" >
    <Button
        android:id="@+id/button1"
        android:layout_width="wrap_content"
        android:layout_height="wrap_content"
        android:layout_centerHorizontal="true"
        android:layout_marginTop="155dp"
        android:text="中" />
    <Button
        android:id="@+id/button2"
        android:layout_width="wrap_content"
        android:layout_height="wrap_content"
        android:layout_alignLeft="@+id/button1"
        android:layout_alignRight="@+id/button1"
        android:layout_alignParentTop="true"
        android:layout_marginTop="80dp"
        android:text="上" />
    <Button
        android:id="@+id/button3"
        android:layout_width="wrap_content"
        android:layout_height="wrap_content"
        android:layout_alignLeft="@+id/button1"
        android:layout_below="@+id/button1"
        android:layout_marginTop="40dp"
        android:text="下" />
    <Button
        android:id="@+id/button4"
        android:layout_width="wrap_content"
        android:layout_height="wrap_content"
        android:layout_alignBottom="@+id/button1"
        android:layout_marginRight="20dp"
        android:layout_toLeftOf="@+id/button1"
        android:text="左" />
    <Button
        android:id="@+id/button5"
```

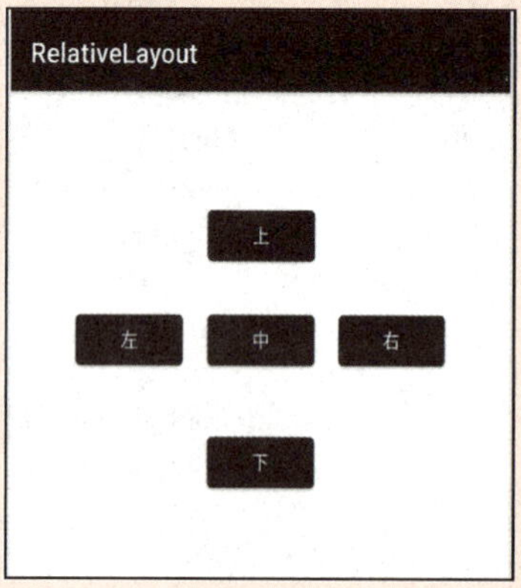

图 5-25　RelativeLayout 布局

```
38             android:layout_width="wrap_content"
39             android:layout_height="wrap_content"
40             android:layout_alignBottom="@+id/button1"
41             android:layout_marginLeft="20dp"
42             android:layout_toRightOf="@+id/button1"
43             android:text="右" />
44     </RelativeLayout>
```

确定按钮“中”的位置：水平居中（第 8 行）、顶部距父容器 155 dp（第 9 行）。其余四个按钮根据“中”按钮确定自己的位置。例如，按钮“左”在按钮“中”（button1）的左边（第 34 行）、中间空 20 dp（第 33 行），并且底部与按钮“中”底部对齐（第 32 行），这样就确定了该按钮的位置。其他三个按钮的处理类似。

（4）网格布局

网格布局（GridLayout）使用虚细线将布局划分为行、列和单元格，它也支持一个控件在行、列上都有交错排列。它与 LinearLayout 布局一样，也分为水平和垂直两种方式。默认是水平布局，但通过 android:columnCount 属性设置列数后，控件会自动换行进行排列。

若要指定某控件显示在固定的行或列，需要设置该子控件的 android:layout_row 和 android:layout_column 属性。需要注意的是，android:layout_row="0" 表示从第一行开始，android:layout_column="0" 表示从第一列开始。

如果需要设置某控件跨越多行或多列，只需将该子控件的 android:layout_rowSpan 或 layout_columnSpan 属性设置为数值，再设置其 layout_gravity 属性为 fill_horizontal 或 fill_vertical 即可。前一个设置表明该控件跨越的行数或列数，后一个设置表明该控件填满所跨越的整行或整列。

下面利用 GridLayout 实现一个简单的计算器界面，如图 5-26 所示。

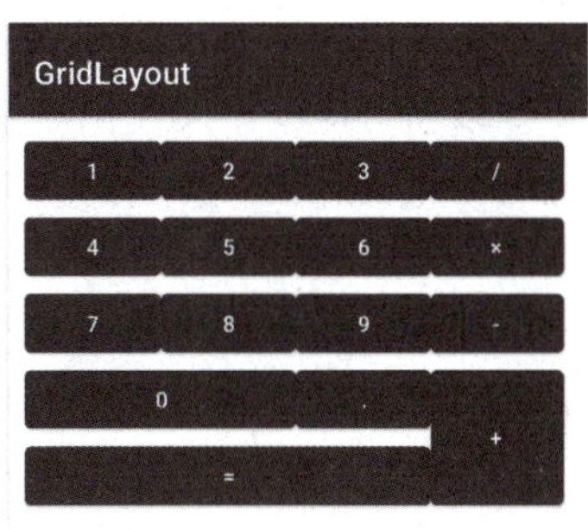

图 5-26　GridLayout 布局

```
<GridLayout xmlns:android="http://schemas.android.com/apk/res/android"
      android:layout_width="wrap_content"
      android:layout_height="wrap_content"
      android:rowCount="5"
      android:columnCount="4">
      <Button android:id="@+id/one" android:text="1"/>
      <Button android:id="@+id/two" android:text="2"/>
      <Button android:id="@+id/three" android:text="3"/>
      <Button android:id="@+id/devide" android:text="/"/>
      <Button android:id="@+id/four" android:text="4"/>
      <Button android:id="@+id/five" android:text="5"/>
      <Button android:id="@+id/six" android:text="6"/>
      <Button android:id="@+id/multiply" android:text="×"/>
      <Button android:id="@+id/seven" android:text="7"/>
      <Button android:id="@+id/eight" android:text="8"/>
      <Button android:id="@+id/nine" android:text="9"/>
      <Button android:id="@+id/minus" android:text="-"/>
      <Button android:id="@+id/zero" android:layout_columnSpan="2"
          android:layout_gravity="fill_horizontal"
```

```
20              android:text="0"/>
21          <Button android:id="@+id/point" android:text="."/>
22          <Button android:id="@+id/plus" android:layout_rowSpan="2"
23              android:layout_gravity="fill_vertical"
24              android:text="+"/>
25          <Button android:id="@+id/equal" android:layout_columnSpan="3"
26              android:layout_gravity="fill_horizontal"
27              android:text="="/>
28      </GridLayout>
```

该 GridLayout 由 5 行（第 4 行）4 列（第 5 行）组成，不同按钮按照从左到右、从上到下的次序依次排列。这里要注意三个按钮：按钮“0”，占 2 列（第 18 行），水平填满（第 19 行）；按钮“+”，占 2 行（第 22 行），垂直填满（第 23 行）；按钮“=”，占 3 列（第 25 行），水平填满（第 26 行）。

5.3.5 布局综合案例

“枫桥经验”是 20 世纪 60 年代初由浙江诸暨枫桥镇干部群众创造的一套基层社会治理方案。2003 年浙江省明确提出要大力推广“枫桥经验”，同时要不断创新“枫桥经验”。

社区网格治理是基层社会治理的基础单元，是实现国家治理体系和治理能力现代化的基础工程，也是新时代“枫桥经验”的重要载体，被广泛应用于矛盾调解、信息贯通、应急突处等基层治理领域。

下面设计一个面向基层社会网格治理的 App 系统界面，助力基层社会网格治理数字化和智能化。

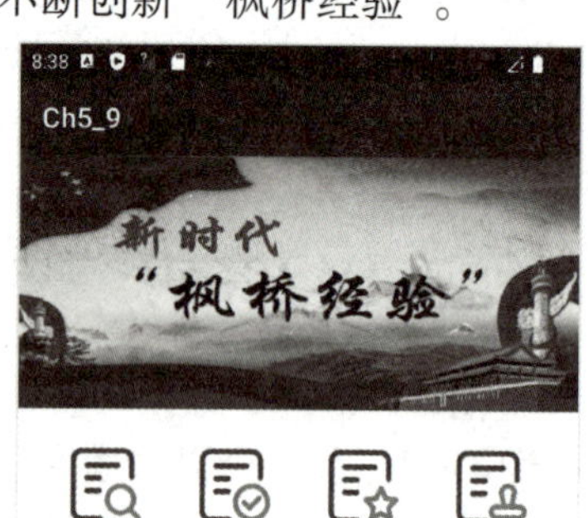

图 5-27　约束布局综合示例

【例 5-9】约束布局综合示例。界面效果如图 5-27 所示。

对于该界面可以使用嵌套的线性布局来实现。但这里介绍采用约束布局的实现方式，线性布局留给读者自己练习。

整个界面可以分为以下三个部分。

（1）横幅图片

首先把图片 fqjy 放在资源 drawable 中，并在 ImageView 中引入（第 9 行），取 id 为“imageViewlp”（第 2 行）。

确定显示的宽和高：宽为整个屏宽（第 3 行），高取 200 dp（第 4 行）；图片在该长宽上独立缩放，使 ImageView 可完全放下图片（fitXY，第 5 行）。

确定横幅位置：左右和顶部都与屏幕对齐（第 6~8 行），即从屏幕顶部开始显示横幅。

```
1   <ImageView
2       android:id="@+id/imageViewlp"
3       android:layout_width=" match_parent"
4       android:layout_height="200dp"
5       android:scaleType="fitXY"
6       app:layout_constraintEnd_toEndOf="parent"
7       app:layout_constraintStart_toStartOf="parent"
8       app:layout_constraintTop_toTopOf="parent"
9       app:srcCompat="@drawable/fqjy" />
```

（2）功能按钮

功能按钮总共有 8 个，分 2 行 4 列显示。每个功能按钮又由图片和文字上下两个组件组成。

首先来看第一行的 4 个图片，它们从左到右排列，形成了一个链，代码如下。

其中，每个图片的宽和高均为 60 dp，距横幅图片（imageViewlp）均为 24 dp，效果如图 5-28 所示。

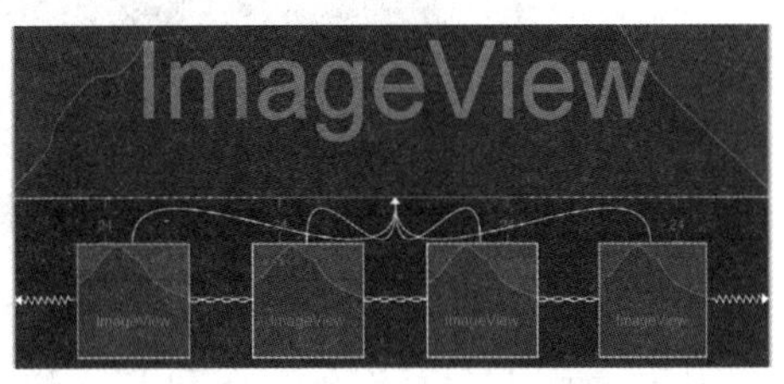

图 5-28　第一行图片位置约束示意

代码中，链首图片（imageView1）设置链类型为 spread（第 3 行）。每个图片设置好其 Start、End 和 Top 与哪个控件对齐。例如，第一个图片（imageView1），它的 Start 与 parent 对齐（第 8 行），End 与第二个图片（imageView2）对齐，Top 与横幅（imageViewlp）的底部对齐（第 9 行），而且图片顶部与横幅底部边距 24 dp（第 6 行）。其他三个图片的设置类似。

```
1  <ImageView
2      android:id="@+id/imageView1"
3      app:layout_constraintHorizontal_chainStyle="spread"
4      android:layout_width="60dp"
5      android:layout_height="60dp"
6      android:layout_marginTop="24dp"
7      app:layout_constraintEnd_toStartOf="@+id/imageView2"
8      app:layout_constraintStart_toStartOf="parent"
9      app:layout_constraintTop_toBottomOf="@id/imageViewlp"
10     app:srcCompat="@drawable/he_01" />
11 <ImageView
12     android:id="@+id/imageView2"
13     android:layout_width="60dp"
14     android:layout_height="60dp"
15     android:layout_marginTop="24dp"
16     app:layout_constraintTop_toBottomOf="@id/imageViewlp"
17     app:layout_constraintStart_toEndOf="@id/imageView1"
18     app:layout_constraintEnd_toStartOf="@id/imageView3"
19     app:srcCompat="@drawable/he_02" />
20 <ImageView
21     android:id="@+id/imageView3"
22     android:layout_width="60dp"
23     android:layout_height="60dp"
24     android:layout_marginTop="24dp"
25     app:layout_constraintTop_toBottomOf="@id/imageViewlp"
26     app:layout_constraintStart_toEndOf="@id/imageView2"
27     app:layout_constraintEnd_toStartOf="@id/imageView4"
28     app:srcCompat="@drawable/he_03"/>
29 <ImageView
30     android:id="@+id/imageView4"
31     android:layout_width="60dp"
32     android:layout_height="60dp"
33     android:layout_marginTop="24dp"
34     app:layout_constraintEnd_toEndOf="parent"
35     app:layout_constraintStart_toEndOf="@id/imageView3"
36     app:layout_constraintTop_toBottomOf="@id/imageViewlp"
37     app:srcCompat="@drawable/he_04" />
```

每个文字与图片是成对的，并且在图片的正下方居中，边距为 8 dp，如图 5-29 所示。

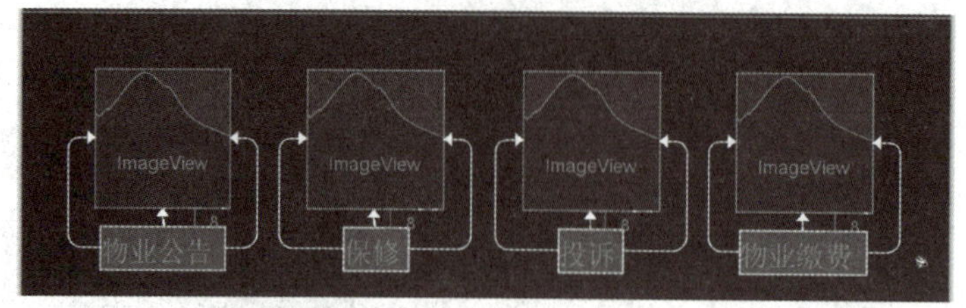

图 5-29　第一行文字位置约束示意

因此，可以让文字的 Start 和 End 与对应图片的 Start 和 End 对齐，文字的顶部 Top 与对应图片的底部 Bottom 对齐，并且边距（marginTop）为 8 dp。例如，下面代码以第一个文字对应 TextView 为例进行说明，其他文字的设置类似。

```
<TextView
    android:id="@+id/textView1"
    android:layout_width="wrap_content"
    android:layout_height="wrap_content"
    android:layout_marginTop="8dp"
    android:text="物业公告"
    app:layout_constraintEnd_toEndOf="@+id/imageView1"
    app:layout_constraintStart_toStartOf="@+id/imageView1"
    app:layout_constraintTop_toBottomOf="@+id/imageView1" />
```

（3）公告栏

公告栏由三部分组成：分割线、标题和内容。公告栏位置约束如图 5-30 所示。

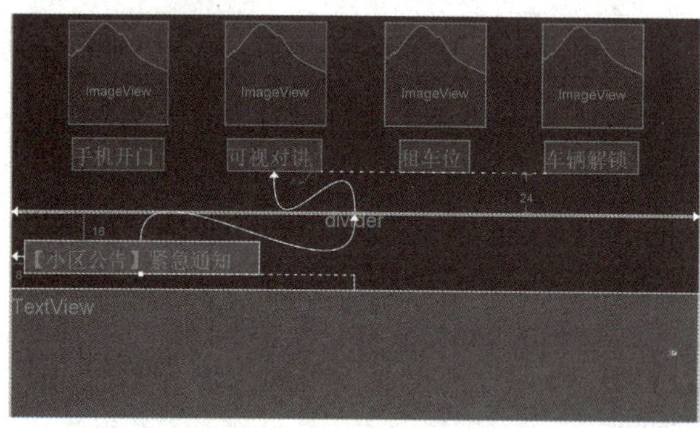

图 5-30　公告栏位置约束示意

首先创建 View 分割线：宽占满整个屏幕（第 3 行）、高为 1 dp（第 4 行）的分割线（第 6 行）。该分割线的底部与上面文本（textView6）的底部对齐（第 9 行），并且边距为 24 dp（第 5 行）。

标题部分（textView12）：Start 与父容器 Start 对齐（第 17 行），边距为 8 dp（第 14 行）；Top 与分割线的底部对齐（第 18 行），边距为 16 dp（第 15 行）。

内容为 TextView（textView13）：其 Start 和 End 均与 parent 对齐（第 27、28 行），且宽度设置为 0 dp（第 21 行），因此该 TextView 的宽度与 patent（屏幕）等宽。顶部与标题底部对齐（第 29 行）、底部与 parent 的底部对齐（第 26 行），上边距为 8 dp（第 23 行），因此该 TextView 的高度占满标题底部 8 dp 与 parent 底部之间所有的空间。

```
<View
    android:id="@+id/divider"
    android:layout_width="0dp"
    android:layout_height="1dp"
    android:layout_marginTop="24dp"
    android:background="?android:attr/listDivider"
    app:layout_constraintEnd_toEndOf="parent"
    app:layout_constraintStart_toStartOf="parent"
    app:layout_constraintTop_toBottomOf="@+id/textView6" />
<TextView
    android:id="@+id/textView12"
    android:layout_width="wrap_content"
    android:layout_height="wrap_content"
    android:layout_marginStart="8dp"
    android:layout_marginTop="16dp"
    android:text="【小区公告】紧急通知"
    app:layout_constraintStart_toStartOf="parent"
    app:layout_constraintTop_toBottomOf="@+id/divider" />
<TextView
    android:id="@+id/textView13"
    android:layout_width="0dp"
    android:layout_height="0dp"
    android:layout_marginTop="8dp"
    android:background="#A3A0A0"
    android:text="TextView"
    app:layout_constraintBottom_toBottomOf="parent"
    app:layout_constraintEnd_toEndOf="parent"
    app:layout_constraintStart_toStartOf="parent"
    app:layout_constraintTop_toBottomOf="@+id/textView12" />
```

5.4　界面控件

Android 应用程序的人机交互界面由很多 Android 控件组成，使用功能最适合的界面控件是界面开发的关键，所以要清楚地了解各个控件的共同点及不同点，以便能在需要的时候熟练使用。

5.2 节已经介绍了常见控件 TextView、Button、EditText 和 ImageView 的基本使用方法。本节将介绍更多关于控件的使用细节及其他控件，熟练使用它们，应用界面可以更加美观，用户交互更加自然、有效。

5.4.1　再论 TextView、Button 和 EditText*

1. 尺寸问题

界面布局中经常涉及长度的问题。之前经常用到的是两个相对的取值——match_parent 和 wrap_content，以及 dp 作为具体取值的尺寸单位。还有哪些尺寸单位呢？它们有什么区别呢？

例如，对于 TextView 上显示的文本字体大小由 textSize 属性决定，它的取值需要一个尺寸单位：andoridtextSize ="20sp"。

Android 中常用的尺寸单位及其关系如下。

- px（pixel，像素）：每个 px 对应屏幕上的一个点。

- dip 或 dp（device independent pixels，设备独立像素）：一种基于屏幕密度的抽象单位。在每英寸 160 个点的显示器上，1 dip = 1 px。但随着屏幕密度的改变，dip 与 px 的换算会发生改变，dp 是与实际尺寸匹配的单位。
- sp（scaled pixels，比例像素）：主要处理字体的大小，可根据用户的字体大小首选项进行缩放。
- in（inch，英寸）：标准长度单位，1 in = 25.4 mm。
- pt（point，磅）：标准长度单位，1 in = 72 pt。

2. 颜色问题

很多时候要使用颜色，比如设置控件的背景、字体的颜色等。例如，TextView 或 Button 上显示文字的颜色由 textColor 属性确定。

Android 的颜色值一般有四种形式。

- #RGB：分别表示红、绿、蓝三原色的值（该表示支持 0~F 这 16 级的颜色）。
- #ARGB：分别表示透明度（只支持 0~F 这 16 级的透明度）、红、绿、蓝三原色的值（只支持 0~F 这 16 级的颜色）。
- #RRGGBB：分别表示红、绿、蓝三原色的值（该表示支持 00~FF 这 256 级的颜色）。
- #AARRGGBB：分别表示透明度（支持 00~FF 这 256 级的透明度）、红、绿、蓝三原色的值（该表示支持 00~FF 这 256 级的颜色）。

上面四种形式中，A、R、G、B 都表示一个十六进制的数，其中 A 代表透明度、R 代表红色的数值、G 代表绿色的数值、B 代表蓝色的数值。

在 Android 中，可以用以下几种方式使用颜色。

1）使用 Color 类的常量，例如：

```
int color = Color.BLUE;
int color = Color.RED;
int color = Color.WHITE;
```

2）通过 ARGB 方法构建，例如：

```
int color = Color.argb(127, 255, 0, 255);      // 半透明的紫色
```

其中，第一个参数表示透明，0 表示完全透明，255（ff）表示完全不透明；后三位分别代表 RGB 的值。

3）使用 XML 资源文件来定义颜色。该方法扩展性好，便于修改和共享，如在 values 目录下创建一个 color.xml：

```
<?xml version="1.0" encoding="utf-8"?>
<resources>
    <color name="mycolor">#7fff00ff</color>
</resources>
```

上述代码定义了一个名为 mycolor 的颜色，在其他地方就可以引用 mycolor 来获取该颜色的值。使用方法如下：

- 在 XML 中的使用方法：可给 textView 的字体颜色定义，比如：

```
android:textColor="@color/mycolor"
```

- 在 Java 代码中的使用方法：可用 ResourceManager 类中的 getColor 来获取该颜色，比如：

```
int color = getResources().getColor(R.color.mycolor);
```

其中，getResources( )方法返回当前活动 Activity 的 ResourceManager 类实例。

4）直接定义色值，比如：

```
tx.setTextColor(0xffff00f);
```

这种方法必须使用 0x 开头，而不是用常用的#。值也必须用 8 位表示，不接受 6 位的颜色表示。分组为 0x|ff|ff00ff，0x 是代表颜色整数的标记，ff 表示透明度，ff00ff 表示 RGB 颜色值。

3. 样式问题

前面使用的几个组件，其基本样式都比较呆板，在 Android 开发中的很多情况下都是使用图片作为背景来提升显示效果。还有一种方法就是使用样式（shape）来进行简单的界面开发。一方面样式是 Android 开发的基础，另一方面可以在一定程度上减少图片的使用，降低 App 的体积。

一般用 shape 定义的 XML 文件存放在 drawable 目录下。shape 可以定义四种类型的几何图形，由 android:shape 属性指定，其取值可以是 rectangle（矩形，默认的形状）、line（线形，可以画实线和虚线）、oval（椭圆形）和 ring（环形，可以画环形进度条）。

（1）rectangle

- solid：设置形状填充的颜色，只有 android:color 一个属性。
- padding：设置内容与形状边界的内间距，可分别设置左右上下的距离，分别对应 android:left、android:right、android:top 和 android:bottom 四个属性。
- gradient：设置形状的渐变类型，由 android:type 属性确定，取值可以是线性渐变（linear，默认的渐变类型）、辐射渐变（radial）和扫描性渐变（sweep）。
  - android:startColor：渐变开始的颜色。
  - android:endColor：渐变结束的颜色。
  - android:centerColor：渐变中间的颜色。
  - android:angle：渐变的角度，线性渐变时才有效，必须是 45 的倍数，0 表示从左到右，90 表示从下到上。
  - android:centerX：渐变中心相对 X 的坐标，放射渐变时才有效，取值范围为 0.0~1.0，默认为 0.5，表示在正中间。
  - android:centerY：渐变中心相对 Y 的坐标，放射渐变时才有效，取值范围为 0.0~1.0，默认为 0.5，表示在正中间。
  - android:gradientRadius：渐变的半径，只有渐变类型为 radial 时才可用。
  - android:useLevel 如果为 true，则可在 LevelListDrawable 中使用。
- corners：设置圆角，只适用于 rectangle 类型。可分别设置四个角不同半径的圆角，当设置的圆角半径很大时，比如 200 dp，就可变成弧形边了。
  - android:radius：全部的圆角半径，会被下面每个特定的圆角属性重写。
  - android:topLeftRadius：左上角的半径。
  - android:topRightRadius：右上角的半径。
  - android:bottomLeftRadius：左下角的半径。
  - android:bottomRightRadius：右下角的半径。
- stroke：设置描边，可为实线或虚线。
  - android:color：描边的颜色。

◆ android:width：描边的宽度。

◆ android:dashWidth：设置虚线时的横线长度。

◆ android:dashGap：设置虚线时的横线之间的距离。

【例 5-10】矩形形状控件示例。运行效果如图 5-31 所示。

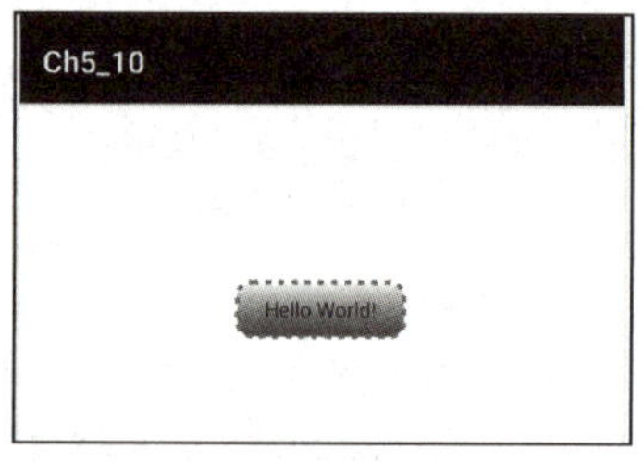

图 5-31　矩形形状控件运行效果

首先，在 drawable 包下新建 btn_bg.xml：在创建的初始项目中，找到 res/drawable，右击，在弹出的快捷菜单中选择 “New” → “Drawable Resource File” 命令，如图 5-32a 所示。在出现的创建对话框中，在前两个文本框中分别输入 “btn_bg.xml” 和 “shape”，其他保持默认设置，然后单击 “OK” 按钮，如图 5-32b 所示。

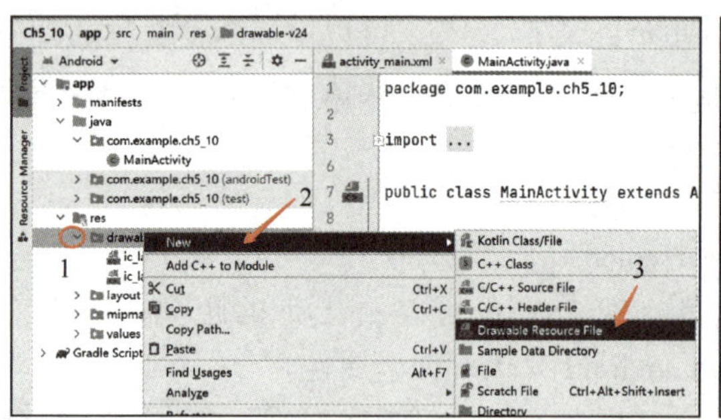

a) 创建命令

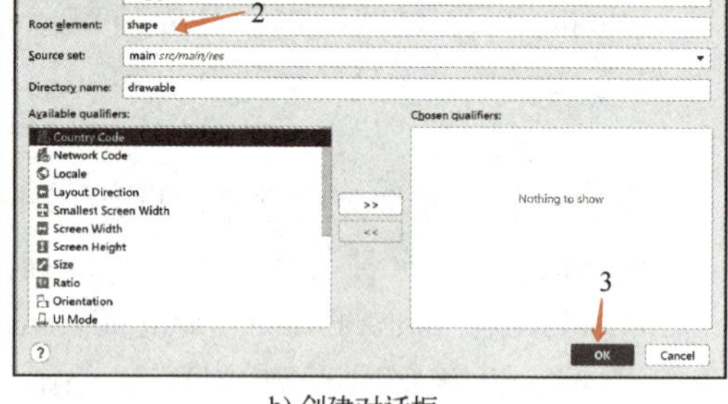

b) 创建对话框

图 5-32　新建 shape

在文件 btn_bg.xml 中输入以下代码。

第 3 行指出形状类型 rectangle；第 4 行给出圆角半径；第 5 行给出矩形形状内部的填充色；第 6~10 行为形状内部的边界距离；第 11~15 行是渐变设置：包括渐变的起始颜色、角度和类型；第 16~20 行设置了一个内部填充的虚线边框。

```
1    <shape
2        xmlns:android="http://schemas.android.com/apk/res/android"
3        android:shape="rectangle">
4        <corners android:radius="6dp" />
5        <solid android:color="#4097e6" />
6        <padding
7            android:bottom="10dp"
8            android:left="20dp"
9            android:right="20dp"
10           android:top="10dp" />
11       <gradient
12           android:endColor="#4097e6"
13           android:startColor="#FFFFFF"
14           android:angle="270"
15           android:type="linear" />
16       <stroke
17           android:width="3dp"
18           android:color="#ff8900"
19           android:dashGap="5dp"
```

```
        android:dashWidth="4dp" />
</shape>
```

定义了形状控件后，需要设置需要作用的控件的背景，比如本例作用在 TextView 控件上，设置以下属性即可：android:background="@drawable/btn_bg"。

通过 rectangle 形状控件，可以实现的基本效果如图 5-33 所示。读者可以作为练习分别实现之。

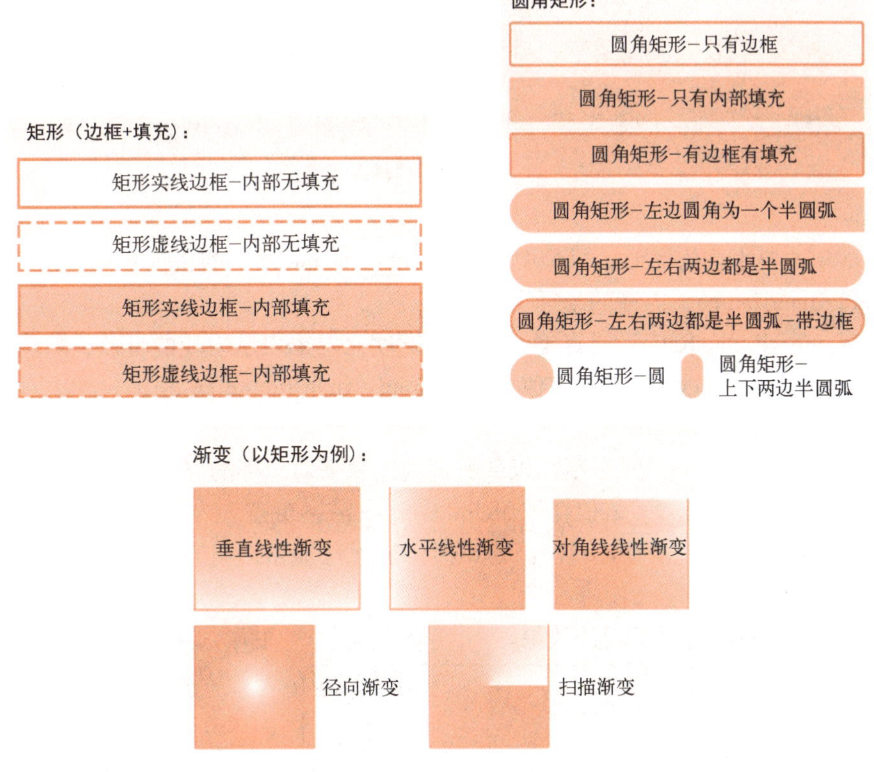

图 5-33　rectangle 可实现的基本效果

（2）line

line 可以设置分割线，分为实线和虚线，用法与 rectangle 中的 solid 和 stroke 属性类似。需要注意的是：

- 只能画水平线，画不了垂直线。
- 线的高度是通过 stroke 的 android:width 属性设置的。
- size 标签的 android:height 属性定义整个形状区域的高度。因此，size 的 height 必须大于 stroke 的 width，否则线无法显示。
- 线在整个形状区域中是居中显示的。
- 线左右两边会留有空白间距，线越粗，空白越大。
- 应用虚线时需添加属性 android:layerType，并设为"software"，否则无法显示虚线。

（3）oval

oval 用来画椭圆，其主要标签是 size，用于设置形状默认的大小，使用两个属性设置宽度和高度：

- android:width 为宽度。
- android:height 为高度。

oval 的内部填充、边框和渐变使用与 rectangle 相同。它可实现的基本效果如图 5-34 所示。

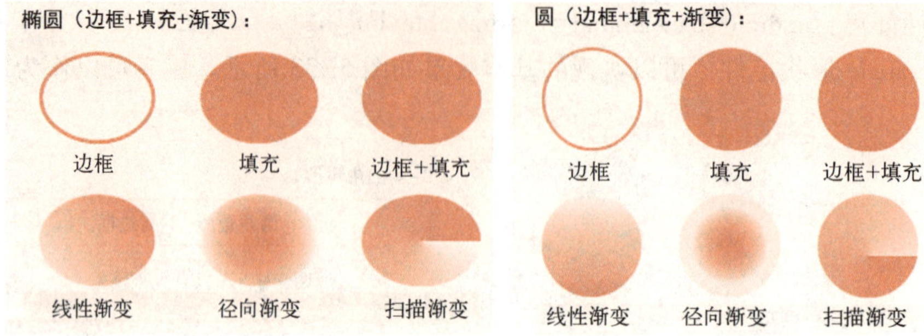

图 5-34　oval 可实现的基本效果

（4） ring

ring 与 oval 的使用较为类似，只是中间是空心的。shape 的一些根标签只适用于 ring。

- android:innerRadius：内环的半径。
- android:innerRadiusRatio：浮点型，以环的宽度比率来表示内环的半径，默认为 3，表示内环半径为环的宽度除以 3，该值会被 android：innerRadius 覆盖。
- android:thickness：环的厚度。
- android:thicknessRatio：浮点型，以环的宽度比率来表示环的厚度，默认为 9，表示环的厚度为环的宽度除以 9，该值会被 android：thickness 覆盖。
- android:useLevel：一般为 false，否则环形可能无法显示，只有作为 LevelListDrawable 使用时才设为 true。

图 5-35 所示是 ring 可以实现的效果。

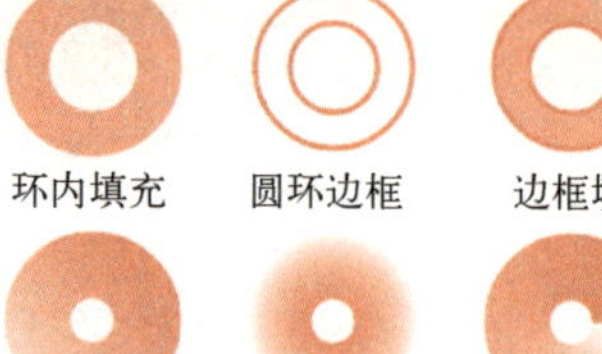

图 5-35　ring 可以实现的效果

4. 选择器

扫码看视频

选择器（selector），在 Android 中常用作设置组件的背景或字体颜色，避免了用代码控制实现组件在不同状态下不同的前景、背景颜色或图片的变换，使用十分方便。

selector 就是状态列表（StateList），它分为两种：color-selector 和 drawable-selector。

（1） color-selector

color-selector 就是颜色状态列表，可以跟 color 一样使用，颜色会随着组件的状态而改变。文件存储于/res/color/filename. xml。其使用方法如下：

- 在 Java 中的使用方法：R. color. filename。
- 在 XML 中的使用方法：@[package]color/filename。

Color-Selector 使用语法如下：

```
<?xml version="1.0" encoding="utf-8"?>
<selector xmlns:android="http://schemas.android.com/apk/res/android" >
    <item android:color="hex_color"  // 颜色值，#RGB，$ARGB，#RRGGBB，#AARRGGBB
        android:state_pressed=["true" | "false"]     // 是否触摸
        android:state_focused=["true" | "false"]     // 是否获得焦点
```

```
        android:state_selected=["true" | "false"]              // 是否被选中状态
        android:state_checkable=["true" | "false"]             // 是否可选
        android:state_checked=["true" | "false"]               // 是否选中
        android:state_enabled=["true" | "false"]               // 是否可用
        android:state_window_focused=["true" | "false"] />     // 是否窗口聚焦
</selector>
```

这里每个 item 项目表示某个状态使用某个颜色，如果不跟任何状态，则表示使用默认状态的颜色。

下面的 color_selector. xml 代码给出了一个示例，定义了按下（第 3 行）、获得焦点（第 4 行）和默认（第 5 行）状态下的颜色值。

```
1  <?xml version="1.0" encoding="utf-8"?>
2  <selector xmlns:android="http://schemas.android.com/apk/res/android">
3      <item android:state_pressed="true" android:color="#ffff0000"/><!-- pressed -->
4      <item android:state_focused="true" android:color="#ff0000ff"/> <!-- focused -->
5      <item android:color="#ff000000"/> <!-- default -->
6  </selector>
```

最后，在作用的组件上调用，如设置 TextView 的字体颜色：

```
android:textColor="@color/color_selector"
```

（2） drawable-selector

drawable-selector 是背景图状态列表，可以跟图片一样使用，背景会根据组件的状态变化而变化。文件存储于/res/drawable/filename. xml。其使用方法如下：

- 在 Java 中的使用方法：R. drawable. filename。
- 在 XML 中的使用方法：@[package:]drawable/filename。

drawable-selector 使用语法如下：

```
<?xml version="1.0" encoding="utf-8"?>
<selector xmlns:android="http://schemas.android.com/apk/res/android"
    android:constantSize=["true" | "false"]      // drawable 的大小与状态关系，true 表示所有变化大小
// 相同(以最大的为准)，false 表示各个状态的大小各自不同，默认为 false
    android:dither=["true" | "false"]            // 设置为 true 时做图像抖动处理(dither)，false 时不抖
// 动。默认 true
    android:variablePadding=["true" | "false"] >     // 内边距是否变化，默认 false
    <item android:drawable="@[package:]drawable/drawable_resource"     // 图片资源
    android:state_pressed=["true" | "false"]                           // 是否触摸
    android:state_focused=["true" | "false"]                           // 是否获取到焦点
    android:state_hovered=["true" | "false"]                           // 光标是否经过
    android:state_selected=["true" | "false"]                          // 是否选中
    android:state_checkable=["true" | "false"]                         // 是否可勾选
    android:state_checked=["true" | "false"]                           // 是否勾选
    android:state_enabled=["true" | "false"]                           // 是否可用
    android:state_activated=["true" | "false"]                         // 是否激活
    android:state_window_focused=["true" | "false"] />                 // 所在窗口是否获取焦点
</selector>
```

同样，这里每个 item 表示某个状态下使用的图片，如果不跟任何状态，则表示使用默认状态的图片。

下面 button_selector. xml 代码给出了一个示例，定义在不同状态下显示的图片。

```
</selector>
<?xml version="1.0" encoding="utf-8"?>
<selector xmlns:android="http://schemas.android.com/apk/res/android">
    <item android:state_selected="true" android:drawable="@drawable/button_bg_press" />
    <item android:state_focused="true" android:drawable="@drawable/button_bg_press" />
    <item android:state_pressed="true" android:drawable="@drawable/button_bg_press" />
    <item android:drawable="@drawable/button_bg_normol" />
</selector>
```

定义后，可以给一个 Button 设置该效果。在设置该 Button 的 background（背景）属性时，调用 android:background="@drawable/button_selector"。

📖 在 color-selector 和 drawable-selector 中，可以同时为不同的状态定义不同的颜色或图片，即多个 item，每个 item 代表一种状态和对应的颜色或图片。

需要注意的是，当有多个 item 时，若存在默认状态，则该状态的 item 不能排在第一项，否则其他的状态会无效。

---

color-selector 和 drawable-selector 可以同时使用，例如，可以让一个按钮在不同状态下显示不同的图片，同时字体颜色也发生改变。而且，selector 经常与 shape 一起使用，以达到美化控件的作用。

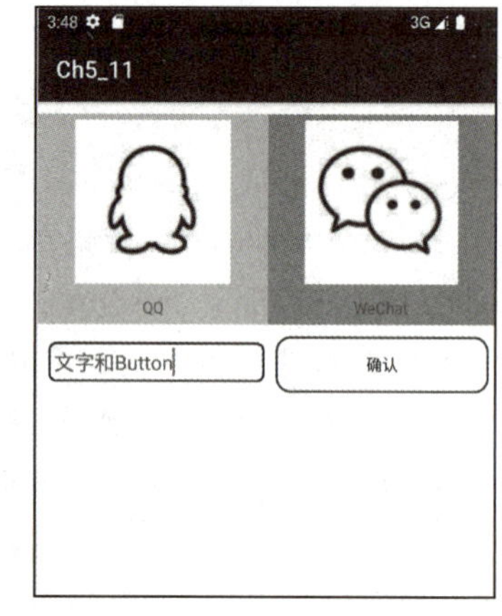

图 5-36　运行效果

【例 5-11】 selector 和 shape 综合案例。运行效果如图 5-36 所示。

对于该界面，这里采用嵌套线性布局实现：在最外层垂直线性布局里面包含上下两个水平线性布局。其中，上面的线性布局又包含了两个垂直的线性布局 qq_ll 和 weixin_ll，它们分别包含一个图片和一个文字；下面的水平线性布局 textbutton_ll 包含一个 EditText 和 Button。

这里两个图片都使用了 drawable-selector：qq_selector.xml、weixin_selector.xml。作用在这两个 ImageView 上分别设置属性：android:src="@drawable/qq_selector" 和 android:src="@drawable/weixin_selector"。

```
<!-- qq_selector.xml -->
<?xml version="1.0" encoding="utf-8"?>
<selector xmlns:android="http://schemas.android.com/apk/res/android">
    <item android:drawable="@drawable/qq2" android:state_pressed="true" />
    <item android:drawable="@drawable/qq1" />
</selector>
```

```
<!-- weixin_selector.xml -->
<selector xmlns:android="http://schemas.android.com/apk/res/android">
    <item android:drawable="@drawable/wx2" android:state_pressed="true" />
    <item android:drawable="@drawable/wx1" />
</selector>
```

两个文本框（“QQ” 和 “WeChat”）使用了 color-selector：tv_selector.xml。设置属性 android:textColor="@color/tv_selector"。

```
<?xml version="1.0" encoding="utf-8"?>
<selector xmlns:android="http://schemas.android.com/apk/res/android">
    <item android:color="#F44336" android:state_pressed="true" />
    <item android:color="#2196F3" />
</selector>
```

对于 EditText，同时作用了 color-selector 和 shape。其中，color-selector 即为上面定义的tv_selector.xml，设置在 textColor 属性上；shape 的定义 et_shape.xml 如下。

```
<?xml version="1.0" encoding="utf-8"?>
<shape xmlns:android="http://schemas.android.com/apk/res/android">
    <corners android:radius="6dp" />
    <stroke
        android:width="2dp"
        android:color="#081D92" />
</shape>
```

设置 EditText 的背景属性：android:background="@drawable/et_shape"。

对于 Button（按钮）也同时使用了 drawable-selector 和 shape。

首先，定义两个 shape。

```
<!-- bt_shape_normal.xml -->
<?xml version="1.0" encoding="utf-8"?>
<shape xmlns:android="http://schemas.android.com/apk/res/android">
    <corners android:radius="12dp" />
    <stroke
        android:width="2dp"
        android:color="#3F51B5" />
</shape>
```

```
<!-- bt_shape_pressed.xml -->
<?xml version="1.0" encoding="utf-8"?>
<shape xmlns:android="http://schemas.android.com/apk/res/android">
    <corners android:radius="10dp" />
    <stroke
        android:width="2dp"
        android:color="@color/blue"/>
    <gradient
        android:centerColor="@color/green"
        android:endColor="@color/blue" />
</shape>
```

然后，定义一个 drawable_selector：bt_selector.xml，在 pressed 状态，作用 bt_shape_pressed；在默认状态，作用 bt_shape_normal。

```
  <?xml version="1.0" encoding="utf-8"?>
<selector xmlns:android="http://schemas.android.com/apk/res/android">.xml
    <item android:drawable="@drawable/bt_shape_pressed" android:state_pressed="true" />
    <item android:drawable="@drawable/bt_shape_normal" />
</selector>
```

最后，将 bt_selector.xml 作用在按钮的背景上：android:background="@drawable/bt_selector"。

在 MainActivity 代码中，获得 qq_ll、weixin_ll 和 textbutton_ll 三个线性布局对象，设置 onClick 事件监听，并在当前 Activity 实现 onClick 事件函数。

```
1    @Override
2    public void onClick(View v) {
3        switch (v.getId()) {
4            case R.id.qq_ll:
5                Toast.makeText(MainActivity.this, "QQ登录", Toast.LENGTH_SHORT).show();
6                break;
7            case R.id.weixin_ll:
8                Toast.makeText(MainActivity.this, "WeChat登录", Toast.LENGTH_SHORT).show();
9                break;
10           case R.id.textbutton_ll:
11               Toast.makeText(MainActivity.this, "Text-Button", Toast.LENGTH_SHORT).show();
12               break;
13       }
```

其中，第 5、8、11 行代码表示在当前 Activity 上显示信息。完整项目代码见本书所附源码。

5.4.2 选择控件：CheckBox 和 RadioButton

面对 CheckBox（复选框）和 RadioButton（单选按钮），有时候只可以选择其中之一，有时候可同时选择多个。RadioButton 和 CheckBox 是在需要选项应用的时候需要用到的控件。RadioButton 只能用于单选，而 CheckBox 可以用于多选模式。需要注意的是，同一个等级的 RadioButton 需要放在 RadioGroup 下才行。

CheckBox 和 RadioButton 都有属性 checked，表示其是否被选中，取值为 true 或 false。在代码中也可以通过 setChecked() 方法设置。

RadioGroup 和 CheckBox 控件常用于设置监听器 setOnCheckedChangeListener，是处理选项发生变化时的操作。

下面通过示例介绍它们的用法。效果分别如图 5-37 和图 5-38 所示。

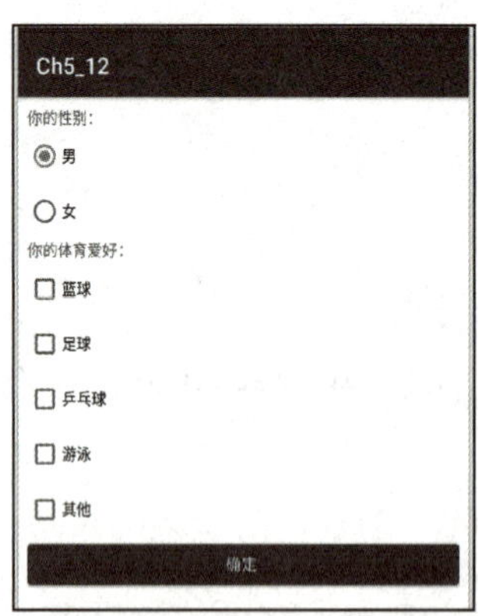

图 5-37　RadioButton 示例

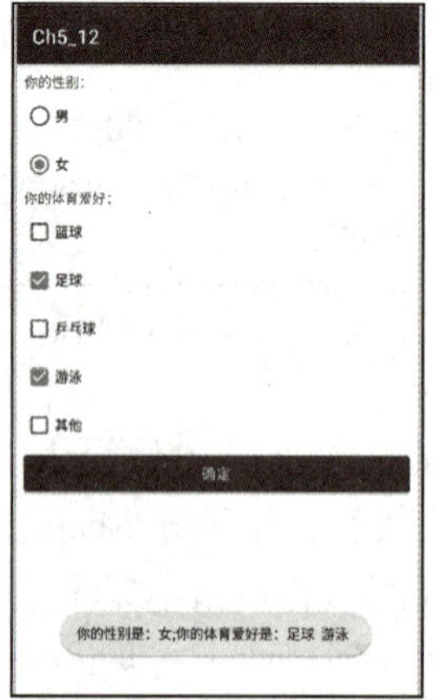

图 5-38　CheckBox 示例

【例 5-12】CheckBox 和 RadioButton 示例。

```
<LinearLayout xmlns:android="http://schemas.android.com/apk/res/android"
    android:layout_width="fill_parent"
    android:layout_height="fill_parent"
```

```
    android:padding="8dp"
    android:orientation="vertical" >
    <TextView
        android:id="@+id/textview1"
        android:layout_width="match_parent"
        android:layout_height="wrap_content"
        android:text="你的性别:" />
    <RadioGroup
          android:id="@+id/radiogroup"
          android:layout_width="wrap_content"
          android:layout_height="wrap_content"
          android:orientation="vertical" >
        <RadioButton
            android:id="@+id/radiobutton1"
            android:layout_width="wrap_content"
            android:layout_height="wrap_content"
            android:checked="true"
            android:text="男" />
        <RadioButton
            android:id="@+id/radiobutton2"
            android:layout_width="wrap_content"
            android:layout_height="wrap_content"
            android:text="女" />
    </RadioGroup>
      <TextView
        android:id="@+id/textview2"
        android:layout_width="match_parent"
        android:layout_height="wrap_content"
        android:text="你的体育爱好：" />
    <CheckBox
        android:id="@+id/checkbox1"
        android:layout_width="wrap_content"
        android:layout_height="wrap_content"
        android:checked="false"
        android:text="篮球" />
      <CheckBox
        android:id="@+id/checkbox2"
        android:layout_width="wrap_content"
        android:layout_height="wrap_content"
        android:text="足球" />
      <CheckBox
        android:id="@+id/checkbox3"
        android:layout_width="wrap_content"
        android:layout_height="wrap_content"
        android:text="乒乓球" />
      <CheckBox
        android:id="@+id/checkbox4"
        android:layout_width="wrap_content"
        android:layout_height="wrap_content"
        android:text="游泳" />
      <CheckBox
        android:id="@+id/checkbox5"
        android:layout_width="wrap_content"
```

```
57            android:layout_height="wrap_content"
58            android:text="其他" />
59        <Button
60            android:id="@+id/button1"
61            android:layout_width="match_parent"
62            android:layout_height="wrap_content"
63            android:text="确定" />
64    </LinearLayout>
```

该布局使用了一个垂直线性布局。其中一个 RadioGroup（第 11 行）放了两个单选按钮（第 16、22 行），可供用户选择性别。然后定义了五个复选框（第 33、39、44、49、54 行），供用户选择体育爱好。

下面给出主 Activity 代码。其中 str1 和 str2 分别是用户选择的性别和爱好信息（第 2、3 行）。在第 8 行获得确定按钮对象，并在第 9 行设置 onClick 监听，在其事件函数（第 11 行）中：对 RadioGroup 设置 onCheckedChanged 监听（第 14 行），处理被选中的 RadioButton，得到 str1 字符串；第 27~31 行得到五个复选框对象，从第 33 行开始依次判断每个复选框是否被选中，并修改 str2 的值。最后，第 48 行显示字符串。

```
1   public class MainActivity extends AppCompatActivity {
2       String str1 = "";
3       String str2 = "";
4       @Override
5       protected void onCreate(Bundle savedInstanceState) {
6           super.onCreate(savedInstanceState);
7           setContentView(R.layout.activity_main);
8           Button button = (Button) findViewById(R.id.button1);
9           button.setOnClickListener(new View.OnClickListener() {    //设置“确定”按键监听
10              @Override
11              public void onClick(View v) {
12                  str2 = "";
13                  RadioGroup group = (RadioGroup) findViewById(R.id.radiogroup);
14                  group.setOnCheckedChangeListener(new RadioGroup.OnCheckedChangeListener() {
15                      @Override
16                      public void onCheckedChanged(RadioGroup arg0, int arg1) {
17                          //获取变更后的选中项的 ID
18                          int radioButtonId = arg0.getCheckedRadioButtonId();
19                          //根据 ID 获取 RadioButton 的实例
20                          RadioButton radiobutton = (RadioButton) MainActivity.this
21                                  .findViewById(radioButtonId);
22                          //更新文本内容，以符合选中项
23                          str1 = "你的性别是：" + (String) radiobutton.getText();
24                      }
25                  });
26                  str2 = ";你的体育爱好是：";
27                  CheckBox checkbox1 = (CheckBox) findViewById(R.id.checkbox1);
28                  CheckBox checkbox2 = (CheckBox) findViewById(R.id.checkbox2);
29                  CheckBox checkbox3 = (CheckBox) findViewById(R.id.checkbox3);
30                  CheckBox checkbox4 = (CheckBox) findViewById(R.id.checkbox4);
31                  CheckBox checkbox5 = (CheckBox) findViewById(R.id.checkbox5);
32                  //对选项进行确认
33                  if (checkbox1.isChecked()) {
```

```
                        str2 = str2 + checkbox1.getText()+ "   ";
                    }
                    if (checkbox2.isChecked()) {
                        str2 = str2 + checkbox2.getText()+ "   ";
                    }
                    if (checkbox3.isChecked()) {
                        str2 = str2 +  checkbox3.getText()+ "   ";
                    }
                    if (checkbox4.isChecked()) {
                        str2 = str2 +  checkbox4.getText()+ "   ";
                    }
                    if (checkbox5.isChecked()) {
                        str2 = str2 +  checkbox5.getText()+ "   ";
                    }
                    DisplayToast(str1+str2);
                }
            });
    }
    public void DisplayToast(String str) {
        Toast.makeText(this, str, Toast.LENGTH_SHORT).show();
    }
}
```

5.4.3　Spinner 和 ListView

1. Spinner

在选项过多时，可以考虑使用 Spinner（列表选择框）。它相当于网页中常见的下拉列表框控件，能方便地罗列所有选项，当需要选择时就会提供一个下拉列表罗列出供用户选择的所有选项。这大大节省了空间，也使界面整体更加美观、整齐。

Spinner 是 ViewGroup 的间接子类，因此它可作为容器使用。Spinner 支持的常用 XML 属性见表 5-4。

表 5-4　Spinner 支持的常用 XML 属性

XML 属性	说　　明
Android:prompt	设置该列表选择框的提示
Android:entries	使用数组资源设置该下拉列表框的列表项目

如果使用 entries 设置列表项内容是最简单的一种方式，这首先需要创建数组资源。

1）在 values 目录下创建 arrays.xml 文件。

2）在 arrays.xml 中使用<string-array>或<integer-array>标签定义数组。

```
<?xml version="1.0" encoding="utf-8"?>
<resources>
    <string-array name="languages">
        <item>c 语言</item>
        <item>java </item>
        <item>php</item>
        <item>xml</item>
        <item>html</item>
    </string-array>
```

```
        <integer-array name="arr_values" translatable="false">
            <item>1</item>
            <item>2</item>
            <item>3</item>
        </integer-array>
    </resources>
```

3）在 Spinner 设置属性：android:entries="@array/languages"。

下面来介绍使用适配器的方式显示列表内容的例子。

【例 5-13】Spinner 示例。开始界面十分简洁，如图 5-39 所示。当要进行选择时，只需要单击选项，就会弹出整张列表，如图 5-40 所示。

图 5-39　Spinner 示例图 1

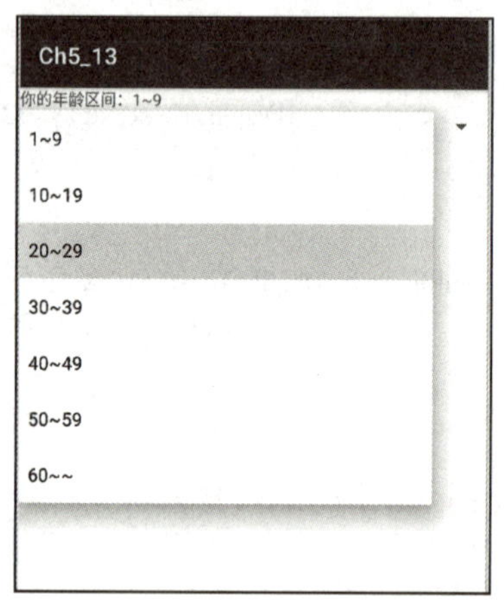

图 5-40　Spinner 示例图 2

1）在布局 XML 中添加一个 TextView 和一个 Spinner。

```
<TextView
    android:id="@+id/textview"
    android:layout_width="match_parent"
    android:layout_height="wrap_content"
    android:text="你的年龄" />
<Spinner
    android:id="@+id/spinner"
    android:layout_width="match_parent"
    android:layout_height="wrap_content" />
```

2）在主 Activity 中写入相关代码。

其中 Spinner 内容通过 ArrayAdapter 设置：首先定义字符数组 x（第 2 行）、字符适配器 adapter（第 3 行）；适配器与 spinner 之间的绑定由 setAdapter 完成（第 11 行）。适配器的展示效果由第 9、10 行确定。

在 Spinner 设置 OnItemSelected 监听，其事件处理函数有四个参数（第 15 行），其中第 4 个参数 arg2 为用户选择的选项位置，因此可以获得对应文本（第 17 行）。

```
1   public class MainActivity extends AppCompatActivity {
2       private String[] x={"1~9","10~19","20~29","30~39","40~49","50~59","60~~"};
3       private ArrayAdapter<String> adapter;
4       @Override
5       protected void onCreate(Bundle savedInstanceState) {
6           super.onCreate(savedInstanceState);
```

```
        setContentView(R.layout.activity_main);
        Spinner spinner = (Spinner) findViewById(R.id.spinner);
        adapter = new ArrayAdapter<String>(this,android.R.layout.simple_spinner_item,x);
        adapter.setDropDownViewResource(android.R.layout.simple_spinner_dropdown_item);
        spinner.setAdapter(adapter);
        spinner.setOnItemSelectedListener(new AdapterView.OnItemSelectedListener() {
            TextView textview = (TextView) findViewById(R.id.textview);
            @Override
            public void onItemSelected(AdapterView<?> arg0, View arg1, int arg2, long arg3) {
                // 第三个参数 arg2，是选中下拉选项所在的位置，一般自上而下从 0 开始
                textview.setText("你的年龄区间:"+x[arg2]);
            }
            @Override
            public void onNothingSelected(AdapterView<?> arg0) {
            }
        });
    }
}
```

2. ListView

在 Android 开发中，ListView（列表视图）作为一个能以列表形式灵活展现内容的组件是十分重要的。表 5-5 列出了 ListView 支持的 XML 属性。

表 5-5　ListView 支持的 XML 属性

XML 属性	说　明
Android:divider	用于设置列表视图分隔条，既可以用颜色分隔，也可以用 Drawable 资源分隔
Android:dividerHeight	用于设置分隔条的亮度
Android:entries	用于通过数组资源为 ListView 指定列表项
Android:footerDividersEnabled	用于设置是否在 footerView 之后绘制分隔条，默认为 true，设置为 false 时，表示不绘制。使用该属性时，需要通过 ListView 组件提供的 addfooterView()方法为 ListView 设置 footerView
Android:headerDividersEnabled	用于设置是否在 headerView 之后绘制分隔条，默认为 true，设置为 false 时，表示不绘制。使用该属性时，需要通过 ListView 组件提供的 addHeaderView()方法为 ListView 设置 headerView

使用列表显示时要注意三大元素。

1）ListView：用来展示列表的 View。

2）适配器：用来把数据映射到 ListView 的中介。

3）相关数据：具体的将要被映射的字符串、图片或基本组件。

下面介绍列表框使用过程中经常会用到的 ArrayAdapter、SimpleAdapter 和 SimpleCursorAdapter 三种适配器。这里重点介绍前面两种适配器的使用方法。

（1）ArrayAdapter

ArrayAdapter 相对简单，它每次只能显示一行文字，所以功能也就相对单一。

【例 5-14】ListView 的 ArrayAdapter 示例，效果如图 5-41 所示。

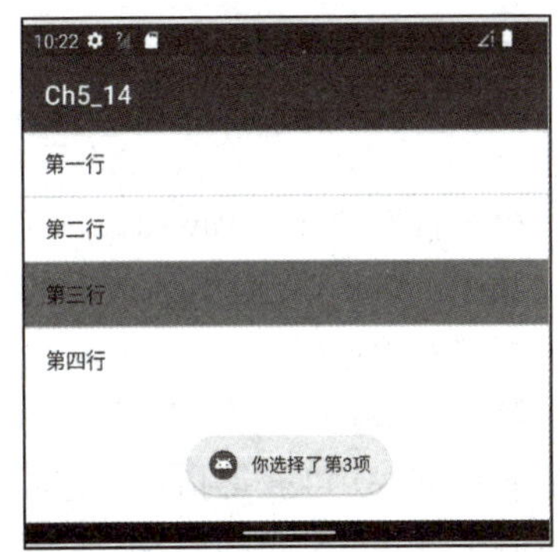

图 5-41　ListView 的 ArrayAdapter 示例

1）XML 布局的设置。

```
<androidx.constraintlayout.widget.ConstraintLayout xmlns:android="http://schemas.android.com/apk/res/android"
xmlns:app="http://schemas.android.com/apk/res-auto"
xmlns:tools="http://schemas.android.com/tools"
    android:layout_width="match_parent"
    android:layout_height="match_parent"
    tools:context=".MainActivity">
    <ListView
        android:id="@+id/listview"
        android:layout_width="0dp"
        android:layout_height="wrap_content"
        app:layout_constraintTop_toTopOf="parent"
        app:layout_constraintEnd_toEndOf="parent"
        app:layout_constraintStart_toStartOf="parent"/>
```

2）主 Activity 程序代码。

```
1  public class MainActivity extends AppCompatActivity {
2      @Override
3      protected void onCreate(Bundle savedInstanceState) {
4          super.onCreate(savedInstanceState);
5          setContentView(R.layout.activity_main);
6          ListView listView =(ListView)findViewById(R.id.listview);
7          final String[] string=new String[]{"第一行","第二行","第三行","第四行"};
8          listView.setAdapter(new ArrayAdapter<String>(this, android.R.layout.simple_list_item_1, string));
9          listView.setOnItemClickListener(new AdapterView.OnItemClickListener() {
10             @Override
11             public void onItemClick(AdapterView<?> adapterView, View view, int i, long l) {
12                     Toast.makeText(getApplicationContext(), "你选择了第" + (i+1) + "项", Toast.LENGTH_SHORT).show();
13                 for(int j=0;j<adapterView.getCount();j++){
14                     View v=adapterView.getChildAt(j);
15                     if(i==j){
16                         v.setBackgroundColor(Color.GRAY);
17                     }else{
18                         v.setBackgroundColor(Color.TRANSPARENT);
19                     }
20                 }
21             }
22         });
23     }
24 }
```

第 8 行设置了 ArrayAdapter 后，第 9 行设置列表项的单击事件监听。在第 11 行的事件处理函数中，“int i” 给出了单击的项目位置（从 0 开始），第一个参数 adapterView 给出了单击的适配器对象指针。

第 13 行遍历了当前适配器所有选项，选项总数由适配器 getCount( )方法得到。第 14 行，方法 getChildAt 可获得指定的选项对象指针，然后判断是否为当前单击的选项，若是，加一个背景颜色（第 16 行），若不是则背景色为透明（第 18 行）。

（2）SimpleAdapter

SimpleAdapter 简单适配器其实一点都不简单。它具有良好的扩充性，可以自由地进行布局，以达到各种列表效果。

【例 5-15】SimpleAdapter 示例。运行效果如图 5-42 所示。

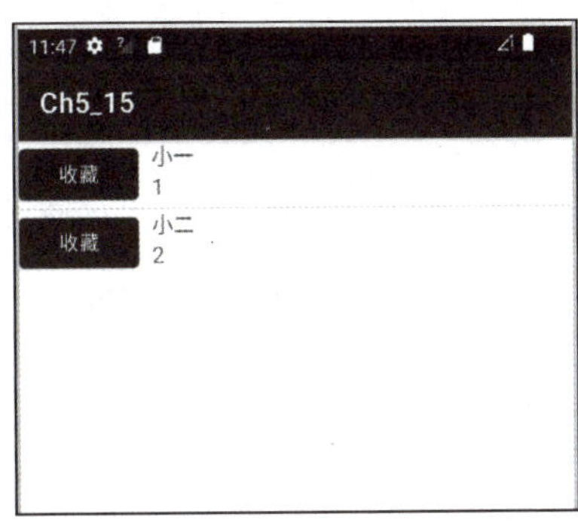

图 5-42 SimpleAdapter 示例

在主界面中有一个 ListView，每一项有三个 View。因此，使用 SimpleAdapter 时，首先需要定义用来显示每一行内容的 XML 布局。以下示例是使用了一个线性布局的 adapter. xml 文件，包含了一个按钮和两个文本框。

```
<LinearLayout xmlns:android="http://schemas.android.com/apk/res/android"
    xmlns:tools="http://schemas.android.com/tools"
    android:layout_width="match_parent"
    android:layout_height="match_parent">
    <Button android:id="@+id/button"
        android:layout_width="wrap_content"
        android:layout_height="wrap_content"
        android:text="收藏"/>
    <LinearLayout android:orientation="vertical"
        android:layout_width="wrap_content"
        android:layout_height="wrap_content"
        android:paddingLeft="10dp">
        <TextView android:id="@+id/name"
            android:layout_width="wrap_content"
            android:layout_height="wrap_content"
            android:textSize="16dp" />
        <TextView android:id="@+id/number"
            android:layout_width="wrap_content"
            android:layout_height="wrap_content"
            android:textSize="16dp" />
    </LinearLayout>
</LinearLayout>
```

在主 Activity 中使用 SimpleAdapter 生成列表框的对象及数据，实现代码如下。

```
public class MainActivity extends AppCompatActivity {
    @Override
    protected void onCreate(Bundle savedInstanceState) {
        super.onCreate(savedInstanceState);
        setContentView(R.layout.activity_main);
        SimpleAdapter adapter = new SimpleAdapter(this,getData(),R.layout.adapter,
                new String[]{"name","number"},
                new int[]{R.id.name,R.id.number});
        ListView lv=findViewById(R.id.lv);
        lv.setAdapter(adapter);
    }
    private List<Map<String, Object>> getData() {
        List<Map<String, Object>> list = new ArrayList<Map<String, Object>>();
        //添加列表内容
        Map<String, Object> map = new HashMap<String, Object>();
```

```
16            map.put("name","小一");
17            map.put("number","1");
18            list.add(map);
19            map =new HashMap<String, Object>();
20            map.put("name","小二");
21            map.put("number","2");
22            list.add(map);
23            return list;
24        }
25    }
```

注意第 6 行创建 SimpleAdapter 时用到的参数。其原型为：SimpleAdapter(Context context, List <? extends Map<String,?> > data, int resource, String[ ] from, int[ ] to)。其中的 5 个参数说明如下。

- Context context：上下文参数，指的是关联 List 的上下文视图。
- List<?extends Map<String, ?>> data：数据源，并且是存在 Map 中的数据源。
- int resource：单项 ListView 的布局文件。
- String[ ] from：一个 string 数组，指定的是 Map 键名。
- int[ ] to：指要把从 from 参数得来的数据，加载到 ListView 上的哪个控件（id）上。

以上的按钮、文字只是作为样式而已，还可以自由地放上其他控件，如图片、单选框、复选框等。

（3）SimpleCursorAdapter

SimpleCursorAdapter 可以说是 SimpleAdapter 与数据库的简单结合，通过列表的形式对数据库的内容进行展示，这里不展开讨论。

5.4.4 对话框

扫码看视频

在使用 Android 应用时，界面上经常会弹出一些询问或者供用户选择的对话框，这是与用户之间沟通交流的方式。当然，如果要实现这样的功能就需要在开发的时候使用 Android Dialog（对话框）功能。下面详细介绍几种经常使用的 Dialog。

1. AlertDialog

一般会使用 AlertDialog 来创建一些普通的对话框。首先了解几个重要的方法。

- setTitle()：为对话框设置标题。
- setIcon()：为对话框设置图标。
- setMessage()：为对话框设置内容。
- setView()：给对话框设置自定义样式。
- setItems()：设置对话框要显示的一个 List，一般用于在显示几个命令时。
- setMultiChoiceItems()：用来设置对话框要显示的一系列的复选框。
- setNeutralButton()：普通按钮。
- setPositiveButton()：给对话框添加“Yes”按钮。
- setNegativeButton()：给对话框添加“No”按钮。
- create()：创建对话框。
- show()：显示对话框。

下面通过一个简单示例具体了解上述方法。

【例 5-16】 AlertDialog 示例。运行效果如图 5-43 所示。

程序运行后生成 Dialog 对象 alertDialog（第 4 行），设置标题、文本内容和图标后（第 5~7 行），添加了三个按钮：确定（第 8~14 行）、取消（第 15~21 行）和查看详情（第 22~28 行）。再调用 create()方法创建（第 28 行），调用 show()方法显示（第 29 行）。

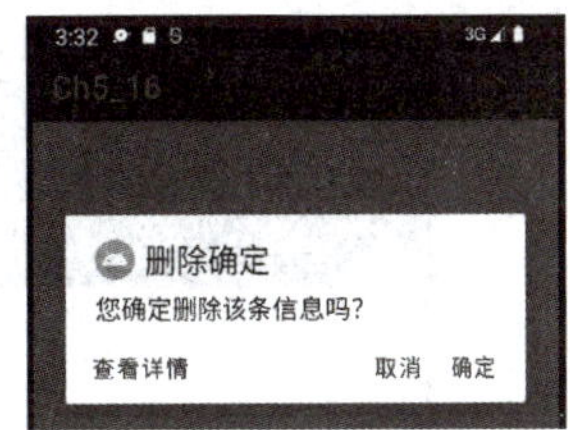

图 5-43　AlertDialog 运行效果

```
1   protected void onCreate(Bundle savedInstanceState) {
2       super.onCreate(savedInstanceState);
3       setContentView(R.layout.activity_main);
4       Dialog alertDialog = new AlertDialog.Builder(this)
5           .setTitle("删除确定")// 设置对话框标题
6           .setMessage("您确定删除该条信息吗?")// 设置文本内容
7           .setIcon(R.mipmap.ic_launcher)// 设置图标
8           .setPositiveButton("确定", new DialogInterface.OnClickListener() // 设置确定按钮
9           {
10              @Override
11              public void onClick(DialogInterface dialog, int which) {
12                  DisplayToast("删除成功");
13              }
14          })
15          .setNegativeButton("取消", new DialogInterface.OnClickListener()    // 设置取消按钮
16          {
17              @Override
18              public void onClick(DialogInterface dialog, int which) {
19                  DisplayToast("取消成功");
20              }
21          })
22          .setNeutralButton("查看详情", new DialogInterface.OnClickListener() // 设置一般类普通按钮
23          {
24              @Override
25              public void onClick(DialogInterface dialog, int which) {
26                  DisplayToast("查看相关信息");
27              }
28          }).create();
29      alertDialog.show();
30  }
31  protected void DisplayToast(String string) {
32      Toast.makeText(this, string, Toast.LENGTH_SHORT).show();
33  }
```

2. PopupWindow

PopupWindow 是一种较为自由的悬浮式弹窗，它可以悬浮在当前的活动窗口之上，同时不会干扰用户对背后窗口的操作。对于开发时的放置位置也十分自由，可以由开发者自行决定弹窗出现的位置。需要注意的是，PopupWindow 的调用必须要有事件触发，否则就会报错。在开发过程中，常会与 AlertDialog 混合使用。

下面通过一个示例说明 PopupWindow 的使用方法。

【例 5-17】 PopupWindow 示例。运行效果如图 5-44 所示。

单击“POPUPWINDOW 使用”按钮后，在 onClick 事件函数中调用 initPopupWindow()。该方法的定义如下。

图 5-44 PopupWindow 运行效果

```
1  protected void initPopupWindow() {
2      // 加载 PopupWindow 的布局文件
3      View contentView = LayoutInflater.from(getApplicationContext()).inflate(R.layout.popup, null);
4      // 声明一个弹出框，并设置大小
5      final PopupWindow popupWindow = new PopupWindow(findViewById(R.id.main), 600, 300);
6      // 为弹出框设定自定义的布局
7      popupWindow.setContentView(contentView);
8      popupWindow.showAsDropDown(button);
9      Button button1 = (Button)contentView.findViewById(R.id.button1);
10     button1.setOnClickListener(new View.OnClickListener() {
11         @Override
12         public void onClick(View v) {
13             DisplayToast("弹窗已经弹出");
14         }
15     });
16     Button button2 = (Button)contentView.findViewById(R.id.button2);
17     button2.setOnClickListener(new View.OnClickListener() {
18         @Override
19         public void onClick(View v) {
20             DisplayToast("弹窗正在关闭");
21             popupWindow.dismiss();
22         }
23     });
24 }
25 public void DisplayToast(String str) {
26     Toast.makeText(this, str, Toast.LENGTH_SHORT).show();}
```

第 3 行中 LayoutInflater 类的作用类似于 findViewById，两者的不同点在于：LayoutInflater 是用来找 res/layout/下的 XML 布局文件，并且实例化；而 findViewById 是用来找 XML 布局文件下的具体 widget 控件（如 Button、TextView 等）。

📖 Android 中有两种对话框：PopupWindow 和 AlertDialog。它们的不同点在于：AlertDialog 的位置固定，而 PopupWindow 的位置是随意的；AlertDialog 是非阻塞线程的，而 PopupWindow 是阻塞线程的。

---

3. DatePickerDialog 和 TimePickerDialog

DatePickerDialog（日期选择对话框）和 TimePickerDialog（时间选择对话框）可供开发者需要对日期和时间进行操作时使用。前者显示选择的年月日，后者显示选择的时分秒。调节日期和时间的对话框较为简单，如图 5-45 和图 5-46 所示。

需要注意的是，在 DatePickerDialog 控件中需要实现 DatePickerDialog. OnDateSet Listener 接

口，并实现该接口中的 onDateSet( )方法。在 TimePickerDialog 控件中需要实现 TimePickerDialog. OnTimeSetListener 接口，并实现该接口中的 onTimeSet( )方法。

图 5-45　DatePickerDialog 对话框

图 5-46　TimePickerDialog 对话框

【例 5-18】 DatePickerDialog 示例。

在 MainActivity 中实现 DatePickerDialog. OnDateSetListener 和 OnClickListener 接口。

```
public void onClick(View v) {
    // 创建日历引用 date，通过静态方法 getInstance()从指定时区 Locale.CHINA 获得一个日期实例
    Calendar date = Calendar.getInstance(Locale.CHINA);
    // 创建一个 Date 实例
    Date mydate = new Date();
    // 设置日历的时间，把一个新建 Date 实例 mydate 传入
    date.setTime(mydate);
    // 获得日历中的年月日
    int year = date.get(Calendar.YEAR);
    int month = date.get(Calendar.MONTH);
    int day = date.get(Calendar.DAY_OF_MONTH);
    // 新建一个 DatePickerDialog 构造方法
    DatePickerDialog date1 = new DatePickerDialog(this, this, year, month,day);
    // 让 DatePickerDialog 显示出来
    date1.show();
}
@Override
// DatePickerDialog 中按钮确定按下时自动调用
public void onDateSet(DatePicker view, int year, int monthOfYear, int dayOfMonth) {
    // 通过 TextView 输出日期展示
    TextView txt = (TextView) findViewById(R.id.textview);
    txt.setText(Integer.toString(year) + "-" + Integer.toString(monthOfYear+1) + "-"
            + Integer.toString(dayOfMonth));
}
```

然后在 onCreate 事件函数中，设置 Button 的 onClick 监听，交给 Activity 处理。

【例 5-19】 TimePickerDialog 示例。

在 MainActivity 中实现 TimePickerDialog. OnTimeSetListener 和 OnClickListener 接口。

```
@Override
public void onClick(View v) {
    Calendar time = Calendar.getInstance(Locale.CHINA);
    // 获得时间
    int hour = time.get(Calendar.HOUR_OF_DAY);
    int minute = time.get(Calendar.MINUTE);
    // 新建一个 TimePickerDialog 构造方法
    TimePickerDialog time1 = new TimePickerDialog(this, this, hour, minute, true);
    // 让 TimePickerDialog 显示出来
    time1.show();
}
@Override
// TimePickerDialog 中按钮确定按下时自动调用
public void onTimeSet(TimePicker view, int hourOfDay, int minute) {
    // 通过 TextView 输出时间展示
    TextView txt = (TextView) findViewById(R.id.textview);
    txt.setText(Integer.toString(hourOfDay) + "时" + Integer.toString(minute) + "分");
}
```

4. ProgressDialog

ProgressDialog 是在程序运行时，能够弹出“对话框”作为提醒的一种控件，往往用于应用程序无法操作时。ProgressDialog 也带有取消功能。在单击“取消”按钮后，可以关闭相应的正在加载中的程序。ProgressDialog 分为两种，一种为长条形进度条对话框，另一种为圆形进度条对话框，分别如图 5-47 和图 5-48 所示。两种对话框并没有太大的差别，只是在设置 setProgressStyle 时，一个是 ProgressDialog.STYLE_HORIZONTAL，另一个是 ProgressDialog.STYLE_SPINNER。

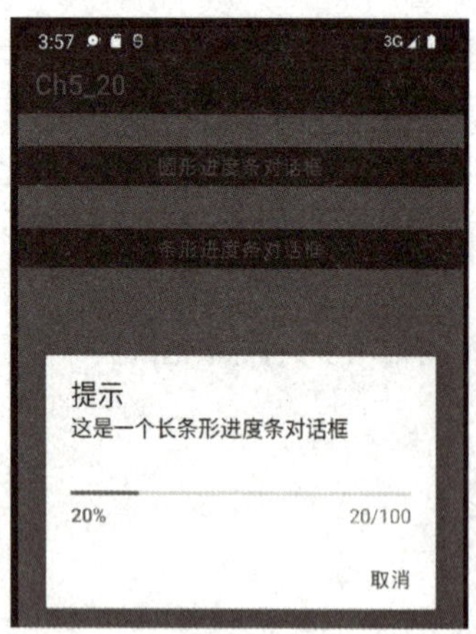

图 5-47　长条形进度条对话框

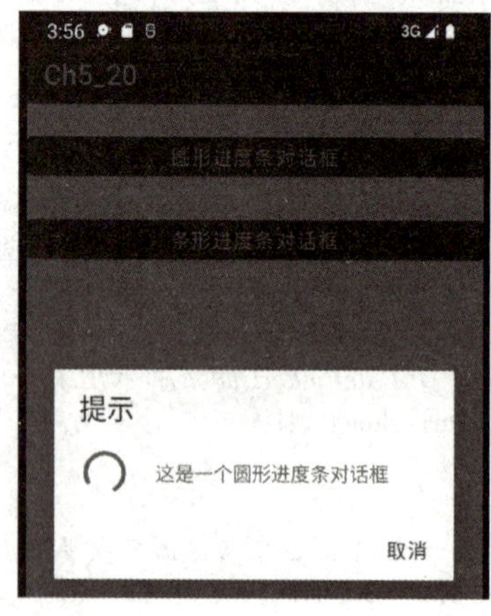

图 5-48　圆形进度条对话框

【例 5-20】ProgressDialog 示例。

```
public class MainActivity extends AppCompatActivity {
    int count;
    @Override
    protected void onCreate(Bundle savedInstanceState) {
        super.onCreate(savedInstanceState);
        setContentView(R.layout.activity_main);
```

```
        Button button1 = (Button)findViewById(R.id.button1);
        button1.setOnClickListener(new View.OnClickListener() {
            @Override
            public void onClick(View v) {
                // 创建ProgressDialog对象
                ProgressDialog progressDialog = new ProgressDialog(MainActivity.this);
                // 设置进度条风格，风格为圆形，旋转的
                progressDialog.setProgressStyle(ProgressDialog.STYLE_SPINNER);
                progressDialog.setTitle("提示");      // 设置ProgressDialog标题
                // 设置ProgressDialog提示信息
                progressDialog.setMessage("这是一个圆形进度条对话框");
                progressDialog.setIndeterminate(false); // 设置ProgressDialog的进度条是否不明确
                progressDialog.setCancelable(true); // 设置ProgressDialog是否可以单击取消按钮取消
                // 设置取消按钮
                progressDialog.setButton("取消",
                        new DialogInterface.OnClickListener() {
                            @Override
                            public void onClick(DialogInterface dialog, int which) {
                                dialog.cancel();
                            }
                        });
                progressDialog.show();                    // 让ProgressDialog显示
            }
        });
        Button button2 = (Button)findViewById(R.id.button2);
        button2.setOnClickListener(new View.OnClickListener() {
            @Override
            public void onClick(View v) {
                // 创建ProgressDialog对象
                final ProgressDialog  progressDialog = new ProgressDialog(MainActivity.this);
                // 设置进度条风格，风格为长条形，读条
                progressDialog.setProgressStyle(ProgressDialog.STYLE_HORIZONTAL);
                progressDialog.setTitle("提示");      // 设置ProgressDialog标题
                // 设置ProgressDialog提示信息
                progressDialog.setMessage("这是一个长条形进度条对话框");
                progressDialog.setIndeterminate(false); // 设置ProgressDialog的进度条是否不明确
                progressDialog.setCancelable(true); // 设置ProgressDialog是否可以单击取消按键取消
                progressDialog.setButton("取消",      // 设置取消按钮
                        new DialogInterface.OnClickListener() {
                            @Override
                            public void onClick(DialogInterface dialog, int which) {
                                dialog.cancel();
                            }
                        });
                progressDialog.show();                    // 让ProgressDialog显示
                count=0;                                  // 长形条进度模拟
                new Thread() {
                    @Override
                    public void run() {
                        try{
                            while (count <= 100) {
                                progressDialog.setProgress(count++);  // 由线程来控制进度
                                Thread.sleep(100);
```

```
                            }
                                progressDialog. cancel( ) ;
                            }
                            catch ( InterruptedException e)
                            {
                                progressDialog. cancel( ) ;
                            }
                        }
                    }. start( ) ;
                }
            });
        }
    }
```

5.4.5 菜单

扫码看视频

菜单在应用程序中是很常见的控件，Android 菜单主要分为两种：选项菜单（OptionMenu）和上下文菜单（ContexMenu）。对于所有菜单类型，Android 提供了标准的 XML 格式来定义菜单项。对于定义菜单项的方法，可以在 XML 菜单资源中静态创建菜单文件（或称菜单布局文件），也可通过代码方式动态调用接口方法进行创建。

1. 菜单文件

菜单文件的静态创建需要在 res/menu/menu 文件下进行创建。在很多情况下，创建的 Android 项目没有 menu 文件夹，这时可以选择“File”→“New”→“Android Resource Directory”命令，在弹出的“New Resource Directory”对话框中，选择“Resource type”为“menu”（此时“Directory name”自动改为“menu”）后，单击“OK”按钮即可，如图 5-49 所示。这时就可以在项目 res 下看到新创建的 menu 文件夹了。

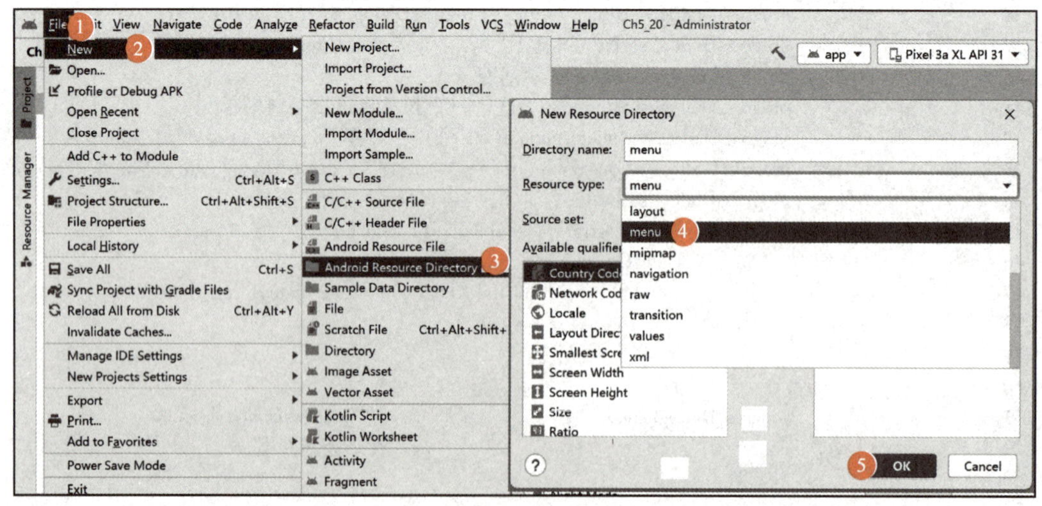

图 5-49 创建 menu 文件夹

在 res/menu 文件夹上右击，并在弹出的快捷菜单中选择“New”→“Menu Resource File”命令，打开“New Resource File”对话框，在“File name”文本框中输入需要创建的菜单文件名，单击“OK”按钮即可，如图 5-50 所示。

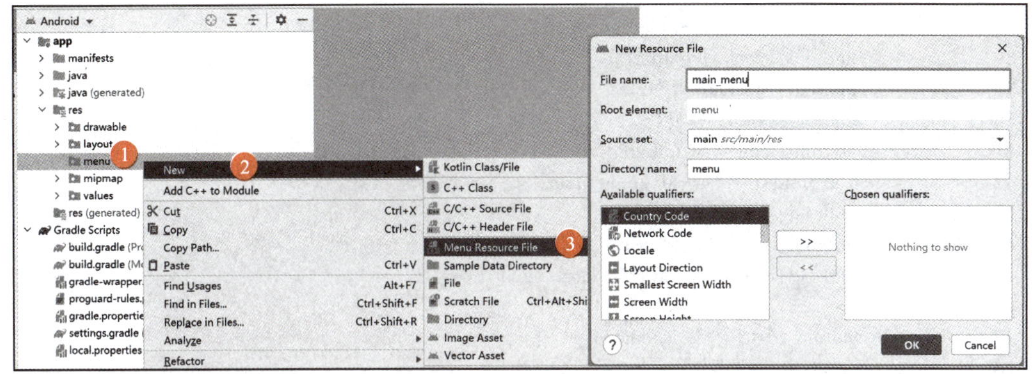

图 5-50　创建菜单文件

生成的菜单文件是一个 XML 文件，它遵循一定的格式规定。

1）<menu>标签：它必须是该文件的根节点，并且能够包含一个或多个<item>和<group>元素。

```
<?xml version="1.0" encoding="utf-8"?>
<menu xmlns:android="http://schemas.android.com/apk/res/android">
</menu>
```

2）<item>标签：用于创建 MenuItem（菜单项），可能包含嵌套的<menu>元素，以便创建子菜单。其常见属性如下。

- android:id：定义资源 id，它是 MenuItem 的唯一标识，使用“@+id/name”可以给这个菜单项创建一个新的资源 id，“+”号指示要创建一个新的 id。
- android:icon：菜单项图标（可选）。
- android:title：用字符串资源或原始的字符串来定义菜单项的标题（必选）。
- android:titleCondensed：菜单项短标题（可选），当菜单项标题太长时使用。
- android:onClick：方法名，单击此菜单项时要调用的方法。该方法必须在 Activity 中声明为 public，并且只接受一个 MenuItem 对象，这个对象指明了被单击的菜单项。此方法优先标准回调方法 onOptionsItemSelected()。
- android:checkable：是否可选中。如果菜单项是可以复选的，那么该属性就设置为 true。
- android:checked：是否选中。如果复选菜单项默认是被选中的，那么该属性就设置为 true。
- android:visible：是否可见。如果菜单项默认是可见的，那么该属性就设置为 true。
- android:enabled：是否启用。如果菜单项默认是可用的，那么该属性就设置为 true。
- android:orderInCategory：整数值，定义菜单项在菜单组中重要性的顺序。

3）<group>标签：定义了一个菜单组（它使一组菜单项共享可用性和可见性等属性），是<item>元素的不可见容器（可选）。它包含多个<item>元素，而且必须是<menu>元素的子元素。<group>的常见属性与<item>的类似，这里不再赘述。

下面通过一个菜单文件的具体示例，说明菜单文件的使用。

```
<?xml version="1.0" encoding="utf-8"?>
<menu xmlns:android="http://schemas.android.com/apk/res/android">
    <item android:id="@+id/item1"
        android:title="搜索"
        android:icon="@drawable/search"/>
    <group android:id="@+id/group">
```

```
            <item android:id="@+id/group_item1"
                android:checked="true"
                android:checkable="true"
                android:title="打开"
                android:icon="@drawable/open" />
            <item android:id="@+id/group_item2"
                android:title="关闭"
                android:checkable="true"
                android:icon="@drawable/close" />
        </group>
        <item android:id="@+id/submenu"
            android:title="编辑">
            <menu>
                <item android:id="@+id/submenu_item1"
                    android:title="修改" />
                <item android:id="@+id/submenu_item2"
                    android:title="删除" />
            </menu>
        </item>
    </menu>
```

该菜单文件的使用效果如图 5-51 所示。

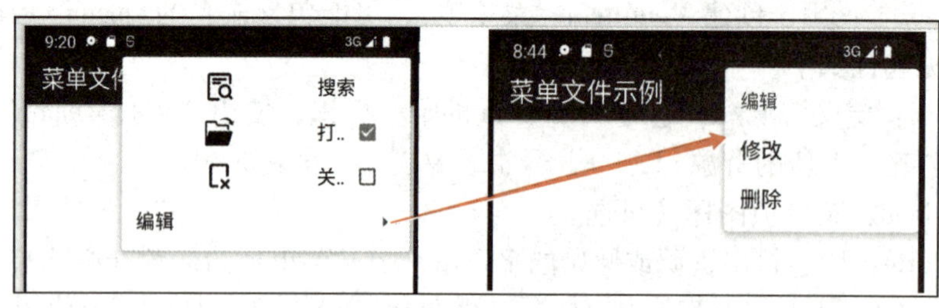

图 5-51　menu 文件示例

2. 选项菜单

选项菜单（OptionMenu）是一个 Activity 菜单项的主要部分，一般设置为对应用程序会产生全局影响的操作。早期手机有一个物理按键“Menu”，用于在单击后显示选项菜单。但是，当前这个物理按键早已不存在了，需要在代码中进行创建，之后在对应的 Activity 的右上角会出现三个竖点的图标，单击后弹出选项菜单。

实现选项菜单功能经常需要重写以下几种常用的方法。

```
// 创建 OptionMenu，在这里完成菜单初始化和加载
public boolean onCreateOptionsMenu(Menu menu)
// 菜单项被选中时触发，这里完成事件处理
public boolean onOptionsItemSelected(MenuItem item)
// 菜单关闭会调用该方法
public void onOptionsMenuClosed(Menu menu)
// 选项菜单显示前会调用该方法，可在这里进行菜单的调整（动态加载菜单列表）
public boolean onPrepareOptionsMenu(Menu menu)
// 选项菜单打开以后会调用这个方法
public boolean onMenuOpened(int featureId, Menu menu)
```

下面通过一个具体示例来说明一个选项菜单的具体使用方法。

【例 5-21】选项菜单示例。运行效果如图 5-52 所示。

```
public class MainActivity extends AppCompatActivity {
    @Override
    protected void onCreate(Bundle savedInstanceState) {
        super.onCreate(savedInstanceState);
        setContentView(R.layout.activity_main);
    }
    @Override
    public boolean onCreateOptionsMenu(Menu menu) {
        // 此处用到的是 menu.add 方法
        getMenuInflater().inflate(R.menu.activity_main, menu);
        menu.add(Menu.NONE, 1, 7, "删除")
            .setIcon(android.R.drawable.ic_menu_delete);
        menu.add(Menu.NONE, 2, 2, "保存")
            .setIcon(android.R.drawable.ic_menu_edit);
        menu.add(Menu.NONE, 3, 5, "帮助")
            .setIcon(android.R.drawable.ic_menu_help);
        menu.add(Menu.NONE, 4, 1, "添加")
            .setIcon(android.R.drawable.ic_menu_add);
        menu.add(Menu.NONE, 5, 4, "详细")
            .setIcon(android.R.drawable.ic_menu_info_details);
        menu.add(Menu.NONE, 6, 3, "发送")
            .setIcon(android.R.drawable.ic_menu_send);
        menu.add(Menu.NONE, 7, 6, "分享")
            .setIcon(android.R.drawable.ic_menu_share);
        return true; // 需要 return true 才能起作用
    }
    @Override
    public boolean onOptionsItemSelected(MenuItem item) {
        switch (item.getItemId()) {
            // 与群中 item 的 id 一一对应，这里用 Toast 方法只是以弹窗的形式象征功能的实现
            case 1:
                Toast.makeText(this, "删除", Toast.LENGTH_LONG).show();
                break;
            case 2:
                Toast.makeText(this, "保存", Toast.LENGTH_LONG).show();
                break;
            case 3:
                Toast.makeText(this, "帮助", Toast.LENGTH_LONG).show();
                break;
            case 4:
                Toast.makeText(this, "添加", Toast.LENGTH_LONG).show();
                break;
            case 5:
                Toast.makeText(this, "详细", Toast.LENGTH_LONG).show();
                break;
            case 6:
                Toast.makeText(this, "发送", Toast.LENGTH_LONG).show();
                break;
            case 7:
                Toast.makeText(this, "分享", Toast.LENGTH_LONG).show();
                break;
            default:
```

图 5-52　选项菜单示例

```
53                      break;
54                  }
55              return false;
56          }
57      }
```

上述程序的第 8 行，通过重写 onCreateOptionsMenu(Menu menu)创建自己的选项菜单。第 10 行，调用 Activity 的 getMenuInflater()得到一个 MenuInflater 对象，再调用 inflate()方法为当前 Activity 创建选项菜单。inflate()方法有两个参数：第一个参数是指定通过哪个菜单文件来创建菜单（这里为 R. menu. activity_main，其代码如下）；第二个参数是菜单将添加到哪个 menu 对象中（这里是 menu）。

menu 的资源文件 activity_main 具体代码如下，这里仅定义了一个菜单项。

```
<?xml version="1.0" encoding="utf-8"?>
<menu xmlns:android="http://schemas.android.com/apk/res/android">
    <item
        android:id="@+id/menu_settings"
        android:orderInCategory="100"
        android:title="@string/menu_settings"/>
</menu>
```

例 5-21 程序的第 11~24 行，通过 menu 的 add 方法动态添加了 7 个菜单项。add()方法的通用语法格式为：menu. add(int groupId, int itemId, int order, charsequence title)。它的 4 个参数，依次代表：

1）组别：如果不分组的话就写 Menu. NONE。

2）id：这个很重要，Android 根据这个 id 来确定不同的菜单项。

3）顺序：哪个菜单项在前面由这个参数的大小决定，越小，排在越前面。

4）文本：菜单项的显示文本。

add()方法返回的是 MenuItem 对象，调用其 setIcon()方法，还可为相应 MenuItem 设置 Icon（图标）。

程序第 28 行，调用 onOptionsItemSelected(MenuItem item)方法，定义菜单响应事件。第 29 行，通过调用 item. getItemId()方法来判断用户单击的是哪个菜单项，该方法的返回值即为菜单项的 id。

3. 上下文菜单

上下文菜单（ContextMenu）是一个在用户长按了某个视图后才会弹出的一个悬浮类型菜单。要使这个视图有所反应，就必须在程序中为这个视图注册上下文菜单。

任何视图都能注册上下文菜单。但经常会将此菜单应用于 ListView、GridView 等那些由许多视图组件组成的布局中，利用上下文菜单对其中的某个项进行单独操作。上下文菜单的实现步骤如下。

1）在 res/menu 文件夹中，创建 ContextMenu 菜单文件。若是在代码中动态创建菜单，则此步骤可以缺省。

2）为某个视图调用 registerForContextMenu()方法注册上下文菜单。

3）使用 onCreateContextMenu()方法加载上下文菜单。在该方法中，通过 Activity 的 getMenuInflater(). inflate()方法可加载菜单资源文件，也可通过 menu 的 add 方法动态生成菜单。

4）使用 onContextItemSelected()方法响应用户对上下文菜单项的选择操作。

5）为视图调用 unregisterForContextMenu( )方法注销上下文菜单。

下面通过一个具体示例来说明上下文菜单的具体使用方法。

【例 5-22】上下文菜单示例。在主界面显示的 ListView 中选择某一行，长按大约 2 s 之后就会弹出相应菜单，效果如图 5-53 所示。

```
public class MainActivity extends AppCompatActivity {
    ListView listView;
    @Override
    protected void onCreate(Bundle savedInstanceState) {
        super.onCreate(savedInstanceState);
        setContentView(R.layout.activity_main);
        listView = (ListView)findViewById(R.id.listview);
        // 此处是为 listview 注册上下文菜单
        this.registerForContextMenu(listView);
        String [ ] string=new String[ ]{"张三","李四","王五","齐六","吕八","周九"};
        listView.setAdapter(new ArrayAdapter<String>(this, android.R.layout.simple_list_item_1,string));
    }
    @Override                           // 设置上下文菜单，通过长按条目激活上下文菜单
    public void onCreateContextMenu(ContextMenu menu, View view,
                                    ContextMenu.ContextMenuInfo menuInfo) {
        menu.setHeaderTitle("号码操作");
        menu.add(0, 1, 0, "删除");       // 添加菜单项
        menu.add(0, 2, 0, "修改");
        menu.add(0, 3, 0, "保存");
    }
    @Override                           // 菜单单击响应事件
    public boolean onContextItemSelected(MenuItem item) {
        switch(item.getItemId()) {      // 获取当前被选择的菜单项的 id 信息
            case 1:
                DisplayToast("删除成功");
                break;
            case 2:
                DisplayToast("修改成功");
                break;
            case 3:
                DisplayToast("保存成功");
                break;
        }
        return true;
    }
    public void DisplayToast(String str)
    {
        Toast.makeText(this, str, Toast.LENGTH_SHORT).show();
    }
    @Override
```

图 5-53　上下文菜单示例

```
41      protected void onDestroy() {
42          this.unregisterForContextMenu(listView); // 此处是为 listview 注销上下文菜单
43          super.onDestroy();
44      }
45  }
```

程序的第 6 行加载布局文件 activity_main，其代码如下，其仅定义了一个 ListView 视图。

```
<androidx.constraintlayout.widget.ConstraintLayout xmlns:android="http://schemas.android.com/apk/res/android"
    xmlns:app="http://schemas.android.com/apk/res-auto"
    xmlns:tools="http://schemas.android.com/tools"
    android:layout_width="match_parent"
    android:layout_height="match_parent"
    tools:context=".MainActivity">
  <ListView
      android:id="@+id/listview"
      android:layout_width="match_parent"
      android:layout_height="wrap_content"
      app:layout_constraintLeft_toLeftOf="parent"
      app:layout_constraintRight_toRightOf="parent"
      app:layout_constraintTop_toTopOf="parent"/>
</androidx.constraintlayout.widget.ConstraintLayout>
```

例 5-22 程序的第 9 行，对 listView 注册上下文菜单。第 14 行，使用 onCreateContextMenu() 方法创建上下文菜单，这里使用了 menu 的 add 方法添加了 3 项菜单，即删除、修改和保存（第 17~19 行），并用 menu 的 setHeaderTitle()方法添加了菜单的标题（第 16 行）。

程序的第 22 行，使用 onContextItemSelected(MenuItem item)方法定义了上下文菜单响应事件。第 23 行，调用 item.getItemId()方法判断用户单击的菜单项。

程序的第 42 行，在 Activity 的 onDestroy()方法中，使用 unregisterForContextMenu()方法为 listView 注销上下文菜单。

5.5 事件处理

事件处理与界面设计紧密相关，用户通过程序界面进行各种交互操作时，应用程序必须为用户操作提供响应动作，这种响应动作就要通过事件来完成。

1. Android 事件处理简介

事件指的是用户与应用交互的动作。在 Android 中有专门的事件处理器对事件对象进行翻译和处理工作。在 Android 中，事件的发生必须在监听器下进行。

在程序中，实现事件监听器通常有匿名内部类、内部类、外部类和 Activity 类等几种形式。在 5.2.2 小节的按钮中，介绍了匿名内部类作为监听器来处理 Button 的 OnClick 事件；在 5.3.1 小节的例 5-7 计算器示例中介绍了在 Activity 中实现事件监听接口的方法。本节将对所有基本的事件处理方法进行系统介绍。

2. 匿名内部类作为监听器类

当事情处理器没有复用价值，只是临时使用一次时，可以使用匿名内部类作为事件的监听器。下面是一个按钮单击事件示例。

```
Button button = (Button) findViewById(R.id.button1);
button.setOnClickListener(new OnClickListener()
```

```
3    {
4        @Override
5        public void onClick(View v) {
6            // 设置了一个弹窗来显示事件触发成功
7            DisplayToast("事件触发成功");
8        }
9    });
```

程序的（第 3~8 行）是设置 Button 对象的监听，该监听器就在本程序部分使用了一次，在用户单击时触发 onClick 事件。该处理对象是对临时定义的类利用 new 方法创建的，该类的核心就是重写 onClick 事件函数。同理，当用 onLongClick( )替换 onClick( )后，就需要长按按钮后才能触发事件了。

3. 内部类作为事件监听器类

使用内部类作为事件监听器，可以在当前类中复用该监听器。并且监听器类可以访问其所在外部类的所有界面组件。

下面给出了两个按钮同时共享同一个事件处理函数的例子。

【例 5-23】内部类作为事件监听器类示例。

```
1  public class MainActivity extends AppCompatActivity {
2      @Override
3      protected void onCreate(Bundle savedInstanceState) {
4          super.onCreate(savedInstanceState);
5          setContentView(R.layout.activity_main);
6          Button button1 = (Button) findViewById(R.id.button1);
7          button1.setOnClickListener(new MyClickListener());
8          Button button2 = (Button) findViewById(R.id.button2);
9          button2.setOnClickListener(new MyClickListener());
10     }
11     class MyClickListener implements View.OnClickListener
12     {
13         @Override
14         public void onClick(View v) {
15             if(v.getId() == R.id.button1) {
16                 DisplayToast("按钮 1 被单击");
17             } else {
18                 DisplayToast("按钮 2 被单击");
19             }
20         }
21     }
22     public void DisplayToast(String str) {
23         Toast.makeText(this, str, Toast.LENGTH_SHORT).show();
24     }
25 }
```

程序的第 11 行定义了监听类 MyClickListener，在第 14 行实现了单击事件处理函数。该类是 MainActivity 的内部类，可以被按钮 button1 和 button2 同时使用（第 7 行和第 9 行）。

需要注意的是，在实现函数 onClick 中，需要区分是单击哪个按钮进入的。这可以通过参数 v（单击的按钮对象），调用 getId( )方法获得 id 后进行判断（第 15 行），然后进行相应的处理即可。

4. 外部类作为事件监听器类

使用外部类定义事件监听器类的形式比较少见，因为：

1）事件监听器通常属于特定的 GUI（图形用户界面），定义成外部类不利于提高程序的内聚性。

2）外部类形式的事件监听器不能自由访问 GUI 中的组件，编程不够简洁。

但如果某个事件监听器确实需要被多个 GUI 所共享，而且主要是完成某种业务逻辑的实现，则可以考虑使用外部类的形式来定义事件监听器类。

下面给出一个通过外部类实现单击事件处理的示例。

【例 5-24】外部类作为事件监听器类示例。

定义外部监听器类（MyClickListener. java）：

```
1  public class MyClickListener implements OnClickListener{
2      private Activity act;
3      public MyClickListener(Activity act)
4      {
5          this.act = act;
6      }
7      @Override
8      public void onClick(View v) {
9          // 设置了一个弹窗来显示事件触发成功
10         DisplayToast("事件触发成功");
11     }
12     public void DisplayToast(String str){
13         Toast.makeText(act, str, Toast.LENGTH_SHORT).show();
14     }
15 }
```

由于外部事件监听器类没有与任何 GUI 耦合，创建该监听器对象时需要传入 GUI 中进行交互的对象，这里是一个 Activity 对象（第 2 行，通过第 3 行参数传入）。如果还需要对界面中其他的控件进行处理，则需要定义对应的成员变量，然后在构造函数中添加新的参数传入。

第 13 行，Toast 消息显示在 act 对应的 Activity 中。

主 Activity 程序（MainActivity. java）。使用上面定义的 MyClickListener 类定义对象处理 onClick 事件。

```
Button button=(Button) findViewById(R.id.button);
button.setOnClickListener(new MyClickListener(this));
```

注意：设置按钮监听器的时候需要传入当前 Acitity 类的对象 this，以便事件处理函数（MyClickListener. java）在屏幕上显示消息。

5. Activity 本身作为事件监听器类

使用 Activity 本身作为监听器类，可直接在 Activity 类中定义事件处理函数，形式上比较直观、简洁。

在 5.3.1 小节的例 5-7 计算器示例中已介绍了使用方法，这里再总结一下。

1）在自定义的 Activity 类中实现 OnClickListener 接口（第 1 行黑体部分）。

2）在 Activity 类中定义成员函数 onClick（第 9 行黑体部分）。

3）在控件设置监听时，处理对象设为 this（第 7 行黑体部分）。

```
1  public class MainActivity extends AppCompatActivity implements View.OnClickListener {
2      @Override
3      protected void onCreate(BundlesavedInstanceState) {
```

```
        super.onCreate(savedInstanceState);
        setContentView(R.layout.activity_main);
        Button button=(Button)findViewById(R.id.button1);
        button.setOnClickListener(this);
    }
    public void onClick(View v){
        DisplayToast("事件触发成功");
    }
}
```

5.6　Intent 和 Intent Filter

扫码看视频

Android 的四类组件是相互独立的，它们之间可以互相调用，协调工作，最终组成一个真正的 Android 应用。而这些组件之间的通信，则主要是由 Intent 协助完成的。

5.6.1　Intent 及其属性

Intent 是一种轻量级的消息传递机制，这种消息描述了应用中一次操作的动作、动作涉及数据、附加数据。Android 系统根据此 Intent 的描述，负责找到对应的组件，并将 Intent 传递给调用的组件，完成组件的调用。

例如，在一个联系人维护的应用中，当在一个联系人列表屏幕（假设对应的 Activity 为 listActivity）上，单击某个联系人后，希望能够看到此联系人的详细信息（假设对应的 Activity 为 detailActivity）。为此，listActivity 需要构造一个 Intent。这个 Intent 用于告诉系统，用户要做“查看”的动作，此动作对应的查看对象是“某联系人”，然后调用 startActivity（Intent intent），将构造的 Intent 传入，系统会根据此 Intent 中的描述，到 AndroidAndroid.xml 中找到满足此 Intent 要求的 Activity。系统会调用找到的 Activity，即 detailActivity，最终传入 Intent。而 detailActivity 则会根据此 Intent 中的描述，执行相应的操作。

一个 Intent 完成的工作主要由三部分组成。

1）Intent 通信从哪里来、到哪里去、要怎么走。

2）通信发起方装载通信需要的数据，接收方对收到的 Intent 数据进行解包。

3）若发起方需要接收方的处理结果，Intent 要负责让接收方传回应答的数据内容。

Intent 的属性和方法见表 5-6。

表 5-6　Intent 的属性和方法

组成	属性	设置属性方法	获取属性方法	说　明
动作	Action	setAction()	getAction()	动作，用于指定 Intent 的操作行为
数据	Data	setData()	getData()	即 URI，用于指定动作要操作的数据路径
类型	Type	setType()	getType()	数据类型，用于指定 Data 类型的定义
分类	Category	addCategory()	getCategories()	类别，用于指定 Intent 的操作类别
组件	Component	setComponent() setClass() setClassname()	getComponent()	组件，用于指定 Intent 的来源与目的
扩展信息	Extra	putExtra()	getXXXExtra()用于获取不同数据类型的数据，getExtra()用于获取 Bundle 包	扩展信息，用于指定装载的参数信息

1. 动作（Action）

Action 属性用于描述 Intent 要完成的动作。通过 setAction( )设置 Action，并通过 getAction( )进行获取。Intent 类中定义了许多动作常量，见表 5-7。

表 5-7 Action 常量

Action 常量	目标组件	行为描述
ACTION_CALL	Activity	初始化一个电话呼叫
ACTION_EDIT	Activity	显示用户要编辑的数据
ACTION_VIEW	Activity	根据 Data 类型，由对应软件显示数据
ACTION_SEND	Activity	由用户指定方式进行数据发送
ACTION_MAIN	Activity	应用程序入口
ACTION_SYNC	Activity	在设备上同步服务器的数据
ACTION_BATTERY_LOW	Broadcast receiver	电量不足的警告
ACTION_HEADSET_PLUG	Broadcast receiver	耳机插入设备，或者从设备中拔出
ACTION_SCREEN_ON	Broadcast receiver	屏幕点亮
ACTION_TIMEZONE_CHANGED	Broadcast receiver	时区设置改变

2. 数据（Data）

Data 属性由两部分构成，数据 URI 和数据 MIME 类型。Action 的定义往往决定了 Data 该如何定义。如果一个 Intent 的 Action 为 ACTION_EDIT，那么它对应的 Data 应该包含待编辑的数据的 URI。如果一个 Action 为 ACTION_CALL，那么 Data 应该为“tel:”，即电话号码的 URI 形式。类似的，如果 Action 为 ACTION_VIEW，那么 Data 应该为“http:”URI，接收到的 Activity 会下载并显示相应的数据。

当 Intent 和组件进行匹配时，除了 Data 的 URI 以外，了解 Data 的 MIME 类型也很重要。例如，一个显示图片的组件不应该去播放声音文件。

在许多情况下，Data 的类型可以由 URI 推测出。尤其是当 URI 为“content:URIs”时，数据通常位于本地设备上而且是由某个 ContentProvider 来控制的。但是，仍然可以在 Intent 对象上设置一个 Data 类型。setData( )方法只能设置 URI，setType( )方法用于设置 MIME 类型，而 setDataAndType( )方法则可以对二者都进行设置。要获取 URI 和 Data 类型，可分别调用 getData( )和 getType( )方法。

3. 分类（Category）

Category 包含处理 Intent 的组件种类信息，对 Action 起到补充说明作用。

一个 Intent 对象可以有任意多个 Category。可以用 addCategory( )方法添加一个 Category，用 removeCategory( )方法可删除一个 Category，用 getCategorys( )方法可获取所有的 Category。

和 Action 一样，在 Intent 类中也定义了几个 Category 常量，见表 5-8。

表 5-8 Category 常量

Category 常量	说明
CATEGORY_BROWSABLE	目标 Activity 可以使用浏览器显示数据
CATEGORY_GADGET	可内嵌到另外一个 Activity 中
CATEGORY_HOME	该组件为 Home Activity

（续）

Category 常量	说　明
CATEGORY_LAUNCHER	可以让一个 Activity 出现在 Launcher
CATEGORY_PREFERENCE	该 Activity 是一个选项面板
CATEGORY_DEFAULT	默认执行方式，按照普通 Activity 方式执行

4. 组件（Component）

Component 用于指明处理 Intent 的组件名称，是目标组件的完整限定名（包名+类名），如“edu. zafu. ch4”。该字段是可选的，如果设置了此字段，那么 Intent Object 将会被传递到这个组件名所对应的类的实例中。如果没有设置此字段，Android 会用 Intent 对象中的其他信息去定位到一个合适的目标组件中。

有两种 Intent 方式可用于寻找目标组件。

1）显式 Intent：直接指定 Component 名称实现。设置 Component name 可以使用方法 setComponent( )、setClass( )或者 setClassName( )。通过 getComponent( )方法可以进行读取。

下面是显式 Intent 示例，从 Activity1 启动 Activity2。

```
// 创建一个 Intent 对象
Intent intent=new Intent();
// 指定 Intent 对象的目标组件是 Activity2
intent.setClass(Activity1.this, Activity2.class);
startActivity(intent);
```

其中，Activity1. this 为当前环境；Activity2. class 为目标组件类型。由于组件名称通常不会被其他应用程序的开发者所知，所以，显式 Intent 通常在应用程序内部消息中使用。例如，一个 Activity 启动一个从属的 Service 或者启动另一个 Activity。

如果要关闭当前的 Activity，则可以调用该 Activity 的 finish( )方法。

2）隐式 Intent：通过 Intent Filter 过滤实现。过滤时通常根据 Action、Data 和 Category 属性进行匹配。通过 Intent Filter 实现的隐式 Intent 方式将在 5. 6. 2 小节进行讨论。

5. 扩展信息（Extra）

Extra 用于添加一些附加信息，例如在发送邮件时，可通过 Extra 属性添加主题和内容。将传递的信息存放到 Extra 属性中有两种方式。

1）直接调用 putExtra( )方法添加信息到 Extra，然后通过 getXXXExtra( )方法获取附加信息。该方式主要用于数据量比较少的情况。例如：

```
Intent intent=new Intent();              // 生成 Intent 对象
intent.putExtra("name", "zhangsan");
```

刚存入的人名字符串可以使用 getString Extra( )方法来获得：String name= intent. getStringExtra("name");。

2）将数据封装到 Bundle 包中，通过 putExtra( )方法将 Bundle 对象添加到 Extra 属性中，再使用 getExtra( )方法获取 Bundle 对象，最后可以读取 Bundle 包中的数据即可。这种方式主要用于数据量较多的情况。

6. Intent 启动不同组件

通过 Intent 可以启动或激活 Activity、BroadcastReceiver 及 Service。对不同的组件，Intent 提供不同的启动方式，见表 5-9。

表 5-9　不同组件 Intent 启动方法

组　件	调用方法	作　用
Activity	Context. startActivity( ) Activity. startActivityForResult( )	启动一个新的 Activity，或是用一个已存在的 Activity 去做新的任务
Service	Context. startService( )	初始化一个 Service 或传递一个新的操作给当前正在运行的 Service
	Context. bindService( )	绑定一个 Service
BroadcastReceiver	Context. sendBroadcast( ) Context. sendOrderedBroadcast( ) Context. sendStickyBroadcast( )	对所有想接收消息的 BroadcastReceiver 传递消息

前面介绍 Component 时给出了显示启动一个 Activity 的最简单例子，这个示例 Activity1 只负责启动了 Activity2，而没有传递数据过去。下面来看一个例子，理解如何通过 Intent 传递数据。

【例 5-25】Intent 传递数据示例。

程序运行结果如图 5-54 所示，在 MainActivity 中输入的字符串会在 OtherActivity 中显示，从而达到数据传递、共享的目的。

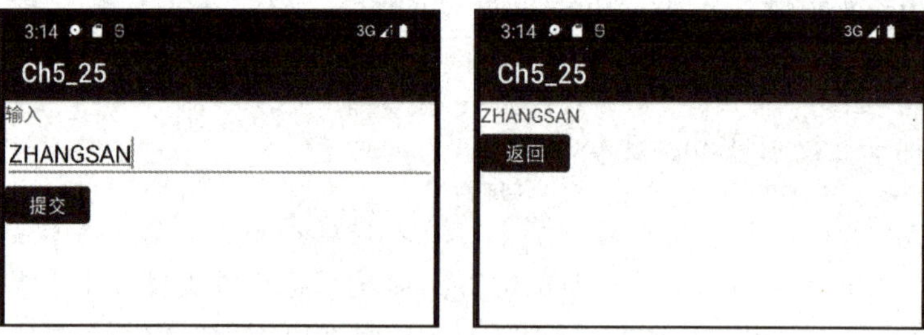

图 5-54　Intent 传递数据示例

主 Activity 程序（MainActivity. java）如下。

```
public class MainActivity extends AppCompatActivity {
    EditText ed;
    @Override
    protected void onCreate(Bundle savedInstanceState) {
        Button bt;
        super. onCreate(savedInstanceState);
        setContentView(R. layout. activity_main);
        ed=(EditText) findViewById(R. id. editText1);
        bt=(Button) findViewById(R. id. button1);
        bt. setOnClickListener(new ButtonClickListener());
    }
    class ButtonClickListener implements OnClickListener{
        @Override
        public void onClick(View arg0){
            Intent intent=new Intent();
            intent. setClass(MainActivity. this, OtherActivity. class);
            intent. putExtra("name", ed. getText(). toString());
            startActivity(intent);
            finish();
        }
    }
}
```

其中第 17 行，通过调用 Intent 的 putExtra( )方法将数据通过键值对的形式打包存入。

OtherActivity.java 的内容如下。

```
1   public class OtherActivity extends AppCompatActivity {
2       Button bt;
3       @Override
4       public void onCreate(Bundle savedInstanceState) {
5           super.onCreate(savedInstanceState);
6           setContentView(R.layout.activity_other);
7           bt=(Button) findViewById(R.id.button2);
8           bt.setOnClickListener(new ButtonClickListener());
9           Intent intent=this.getIntent();
10          String et= intent.getStringExtra("name");
11          TextView tv=(TextView)findViewById(R.id.textView2);
12          tv.setText(et);
13      }
14      class ButtonClickListener implements OnClickListener{
15          @Override
16          public void onClick(View arg0) {
17              Intent intent=new Intent();
18              intent.setClass(OtherActivity.this, MainActivity.class);
19              startActivity(intent);
20              finish();
21          }
22      }
23  }
```

其中第 9 行，调用了 Activity 的 getIntent( )方法可以获得上一个 Activity 启动的 Intent，然后调用 intent.getExtras( )或者 getXXXExtra( )方法得到 Intent 所附带的数据，如第 10 行 intent.getStringExtra("name")。

当从一个 Activity 向下一个 Activity 传递的数据较多时，可以将数据先进行打包放入 Bundle 中，然后再将 Bundle 放到 Intent 传给下一个 Activity 去处理。例如，对例 5-18 可以进行修改如下。

1）MainActivity.java 的第 17 行改为

```
Bundle bundle=new Bundle();                             //创建 Bundle 对象，记录传输数据
bundle.putString("name", ed.getText().toString());      //向 Bundle 对象中保存数据
intent.putExtras(bundle);                               //将 Bundle 对象封装到 Intent 对象
```

2）OtherActivity.java 的第 10 行改为

```
Bundle bundle=intent.getExtras();                       //生成 Bundle 对象
String et= bundle.getString("name");                    //获得字符串
```

📖 使用 Android Studio 创建应用框架时，系统默认在 AndroidManifest.xml 中自动生成 MainActivity 的定义，不会生成 OtherActivity 的定义。因此，需要手工添加以下 OtherActivity 的配置，否则运行时会因找不到 OtherActivity 而异常中止。

<activity android:name=".OtherActivity"></activity>

上面的两个 Intent 示例都是从一个 Activity 启动了另一个 Activity 就结束了，如果上一个 Activity 还需要等待下一个 Activity 返回，并处理返回的数据，这时就要调用以下语句：startActivityForResult(intent,requestCode);。其中，requestCode 为请求码，用于区分当前 Activity 启动的不同 Activity。

同时，当前 Activity 需要重写 onActivityResult()方法，用以处理返回的数据。而下一个 Activity 通过调用 setResult()方法返回到上一个 Activity。

下面通过一个示例说明 Activity 间如何通过 Intent 进行数据的相互传递。

【例 5-26】 Activity 之间的数据相互传递示例。

如图 5-55 所示，在 MainActivity 中输入的数传递到 OtherActivity 中显示出来，单击“求和”按钮，返回到 MainActivity 中，并在 TextView 中显示结果。

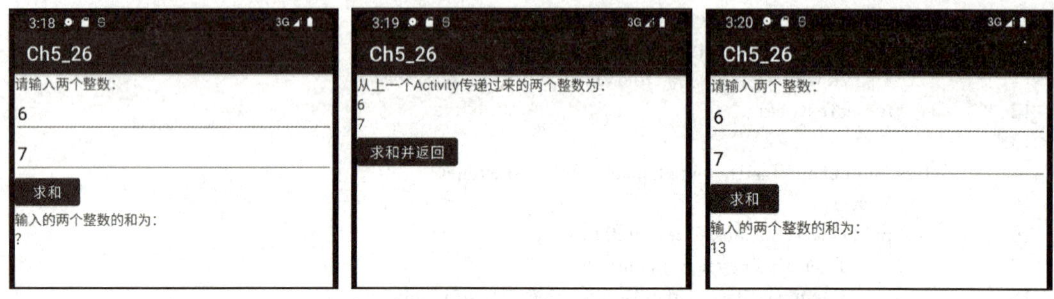

图 5-55　程序运行界面

因为程序的两个界面布局比较简单，在此就不多做介绍了。下面来看一下与例 5-25 的数据传递有何不同。

1）MainActivity.java：在“求和”按钮单击事件中，从两个编辑框获得的数据分别存入 Intent 中（第 9、10 行），然后调用 startActivityForResult()方法（第 11 行，请求码为 1）启动 OtherActivity。

```
1    ed1 = (EditText) findViewById(R.id.editText1);
2    ed2 = (EditText) findViewById(R.id.editText2);
3    Button bt = (Button) findViewById(R.id.button1);
4    bt.setOnClickListener(new OnClickListener() {
5        @Override
6        public void onClick(View arg0) {
7            Intent intent = new Intent();
8            intent.setClass(MainActivity.this, OtherActivity.class);
9            intent.putExtra("add1", ed1.getText().toString());
10           intent.putExtra("add2", ed2.getText().toString());
11           startActivityForResult(intent,1);
12       }
13   });
```

同时，在 MainActivity 中还要重写 onActivityResult()处理 OtherActivity 的返回，见下面代码的第 1 行。它有三个参数，分别是请求码 requestCode、结果码 resultCode 和 Intent。

第 3 行，根据请求码，依次处理。本例中，只有单击按钮“求和”一个请求码 1，即在下面代码的第 4 行开始处理：获得 Intent 中的数据（第 6 行），显示到 tv 中（第 7 行）。

```
1    protected void onActivityResult(int requestCode, int resultCode, @Nullable Intent data) {
2        super.onActivityResult(requestCode, resultCode, data);
3        switch (requestCode) {                    // 请求码
4            case 1:
```

```
                if(RESULT_OK == resultCode){    // 处理结果码 RESULT_CANCELED
                    String returnResult = data.getStringExtra("data_return");
                    TextView tv=findViewById(R.id.result);
                    tv.setText(returnResult);
                }
                break;
            default:
    }
}
```

2）OtherActivity.java：首先在 onCreate 函数中，从 MainActivity 传递来的 Intent 中获得两个整数，并显示在 TextView 上（代码略，与上例类似）；然后在“求和并返回”按钮的单击事件处理函数 onClick 中，计算这两个整数的和（下面代码的第 3 行），并存入 Intent 中（第 4 行）；最后调用 setResult( )方法返回（第 5 行），返回的结果码为“RESULT_OK”。

```
1  public void onClick(View arg0){
2      Intent intent=new Intent();
3      Integer i=Integer.valueOf(et1)+Integer.valueOf(et2);
4      intent.putExtra("data_return", i.toString());
5      setResult(RESULT_OK, intent);
6      finish();
7  }
```

5.6.2　Intent Filter 配置

与显式 Intent 相比，隐式 Intent 则“含蓄”了许多，它并不明确指出想要启动哪一个 Activity，而是指定一系列更为抽象的 action 和 category 等信息，然后交由系统去分析这个 Intent，并找出合适的 Activity 去启动。

Intent 的隐式启动方式依靠 Intent Filter。Intent Filter 就是意图过滤器，当隐式地启动系统组件时，就会根据 Intent Filter 来筛选出合适的 Activity 进行启动。这样，在 Intent 中没有指明 Activity 的情况下，Android 系统也可以根据 Intent 中的数据信息找到需要的 Activity 进行启动。

如果组件的 Intent Filter 与 Intent 中的 Intent Filter 正好匹配，系统就会启动该组件，并把 Intent 传递给它。如果有多个组件同时匹配，系统则会弹出一个选择框，让用户选择使用哪个应用去处理这个 Intent。比如有时候单击一个网页链接，会弹出多个应用，让用户选择用哪个浏览器去打开该链接，就是这种情况。

有两种生成 Intent Filter 的方式：一是通过 IntentFilter 类生成，二是通过在配置文件 AndroidManifest.xml 中定义 intent-filter 标签元素生成。由于实际应用中多是采用第二种方式，因此这里只介绍这种方式。

在 intent-filter 标签元素中，可配置的选项有三个，分别是：

- action：用来表示意图的行动，这个可以自定义，也可以使用系统中自带的。例如，android.intent.action.MAIN 标识该 Activity 为这个 App 的开始。
- category：声明接受的 Intent 类别。
- data：根据设置的数据匹配，通常为 URI 类型。

在配置文件 AndroidManifest.xml 中配置了 Activity 的 intent-filter 过滤规则后，在其他 Activity 的 Java 代码中就可使用 Intent 进行隐式过滤匹配启动。例如：

```
Intent intent= new Intent( ) ;
intent. setAction( Intent. ACTION_BATTERY_LOW) ;
intent. addCategory( Intent. CATEGORY_APP_EMAIL) ;
intent. setDataAndType( Uri. EMPTY, " video/mpeg" ) ;
startActivity( intent) ;
```

1. <action>子元素

一个 Intent 对象只能命名一个 Action，但是一个 Intent Filter 可以列出多个 Action。例如：

```
<intent-filter >
    <action android:name=" com. example. project. SHOW_CURRENT" />
    <action android:name=" com. example. project. SHOW_RECENT" />
    <action android:name=" com. example. project. SHOW_PENDING" />
</intent-filter>
```

使用中要注意：

1）一个过滤器必须包含一个<action>元素，否则它将阻止所有的 Intent 通过该测试。

2）如果一个过滤器包含了多个<action>元素，那么 Intent 请求的 Action，只要匹配其中的一条 action 就可以通过这条<intent-filter>的动作测试。

3）如果一个过滤器中有<action>元素，若 Intent 中不存在 Action，那么可以通过测试；若 Intent 中存在 Action，那么 Intent 中的 Action 必须是 Intent Filter 中的其中一个（区分大小写）才可以通过。

2. <category>子元素

要通过 category 测试，Intent 对象中包含的每个 category 都必须匹配 intent-filter 中的一个。Intent-filter 可以列出额外的 category，但是不能遗漏 Intent 对象中包含的任意一个 category。例如：

```
<intent-filter >
    <category android:name=" android. intent. category. DEFAULT" />
    <category android:name=" android. intent. category. BROWSABLE" />
</intent-filter>
```

如果 intent-filter 不存在 category，那么所有的 Intent 都无法通过。

如果希望通过一个没有任何 category 的 Intent 对象的测试，则必须在它们的 intent-filter 中至少包含一个 android. intent. category. DEFAULT 的 category。

3. <data>子元素

<data>元素指定了希望接收的 Intent 请求的数据 URI 和数据类型 mimeType。其中，URI 由 scheme、host、path 和 port 组成；mimeType 表示媒体类型。在 Intent 中可以同时设置这两部分的数据，比如 intent. setDataAndType(Uri, " text/plain") ;。

当一个 Intent 对象中的 URI 被用来和一个过滤器中的 URI 做比较时，比较的是 URI 的各个组成部分。Intent Filter 和 Intent 中的 data 必须完全匹配才能通过，也适用于通配符。

intent-filter 可以有多个 data，但 Intent 中最多能有一个 data。data 在 intent-filter 中的描述举例如下：

```
<data android:mimeType=" video/mpeg"
    android:scheme=" http"
    android:host=" com. example. android"
    android:path=" /myfolder/my. txt"
    android:pathPattern=" /myfolder/ * "
    android:port=" 80" />
```

5.7　应用主从模块和跳转综合案例

用户界面是用户使用应用程序的交互端口，对于应用程序来说至关重要。本章前面的小节介绍了 Android 用户界面开发的有关知识和技巧，这是开发 Android 应用程序应该掌握的基本内容。由于组件内容多、更新快，这些知识需要结合实践在应用中逐步积累、掌握。

【例 5-27】在例 5-9 约束布局综合示例关于基层社会网格治理 App 系统界面基础之上，模拟实现模块应用功能，特别是模块之间的跳转实现。

1. 底部导航栏 BottomNavigationView

当应用程序的功能模块较多时，为了使用户能快速找到自己所需的模块，可以通过导航栏的方式对应用模块进行分类。BottomNavigationView 是一个底部导航视图，可以切换不同的视图。导航栏的内容可以通过菜单资源文件填充，显示菜单的文本和图标，菜单项的数量一般为 3~5 个（含 3、5）。

在 Ch5_9 布局文件的最后添加 BottomNavigationView 组件，代码如下。

```
1  <com.google.android.material.bottomnavigation.BottomNavigationView
2      android:id="@+id/bnv"
3      android:layout_width="match_parent"
4      android:layout_height="wrap_content"
5      app:layout_constraintBottom_toBottomOf="parent"
6      app:menu="@menu/navigation"
7      app:itemIconTint="@color/selector_bnv"
8      app:itemTextColor="@color/selector_bnv"   />
```

添加后的效果如图 5-56 所示。在这个布局中，指定了 BottomNavigationView 的 id 为 bnv，并设置了宽度和高度，将其位置设置为底部。同时，第 6 行使用了 app：menu 属性来指定底部导航栏的菜单项，该属性的值为一个 menu 资源文件 navigation。

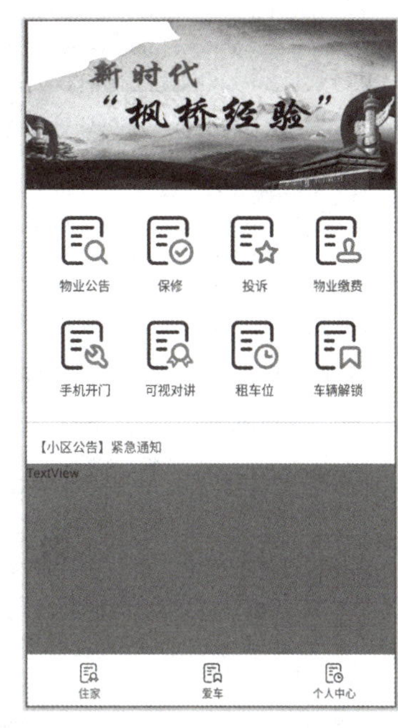

图 5-56　布局示例

第 7 行和第 8 行使用了颜色选择器，是为了在选中菜单项时，相应的图标和字体颜色能够有变化，以区别于其他未选中的菜单项。该颜色选择器 selector_bnv.xml 创建在 res/color 目录下，其内容如下。

```
<?xml version="1.0" encoding="utf-8"?>
<selector xmlns:android="http://schemas.android.com/apk/res/android">
  <item android:color="#FF5722" android:state_checked="true"></item>
  <item android:color="#666565"></item>
</selector>
```

接下来，创建 menu 资源文件 navigation，用于定义底部导航栏的菜单项。在 res/menu 目录下创建一个名为 navigation.xml 的文件，并添加以下代码。

```
<?xml version="1.0" encoding="utf-8"?>
<menu xmlns:android="http://schemas.android.com/apk/res/android">
```

```
    <item
        android:id="@+id/navigation_home"
        android:icon="@drawable/he_06"
        android:title="住家" />
    <item
        android:id="@+id/navigation_car"
        android:icon="@drawable/he_08"
        android:title="爱车" />
    <item
        android:id="@+id/navigation_notifications"
        android:icon="@drawable/he_07"
        android:title="个人中心" />
</menu>
```

在这个文件中，定义了三个菜单项"住家""爱车"和"个人中心"，分别对应底部导航栏的三个功能模块。每个菜单项都包含一个 id、一个图标和一个标题。

2. 主页面功能代码

主页面中 8 个图标代表 8 大功能，单击图标对应文字可跳转到相应的模块去处理。这里作为演示仅通过 Toast 显示功能名称。具体代码如下。

```
1  TextView tv1=findViewById(R.id.textView1);
2  TextView tv2=findViewById(R.id.textView2);
3  TextView tv3=findViewById(R.id.textView3);
4  TextView tv4=findViewById(R.id.textView4);
5  TextView tv5=findViewById(R.id.textView5);
6  TextView tv6=findViewById(R.id.textView6);
7  TextView tv7=findViewById(R.id.textView7);
8  TextView tv8=findViewById(R.id.textView8);
9  tv1.setOnClickListener(this);
10 tv2.setOnClickListener(this);
11 tv3.setOnClickListener(this);
12 tv4.setOnClickListener(this);
13 tv5.setOnClickListener(this);
14 tv6.setOnClickListener(this);
15 tv7.setOnClickListener(this);
16 tv8.setOnClickListener(this);
```

其中，前 8 行语句获得图标对应的 8 个 TextView 对象，后 8 行设置单击事件处理交于当前 Activity：public class MainActivity extends AppCompatActivity implements View.OnClickListener {。

具体执行事件函数如下。

```
public void onClick(View v) {
    TextView tv=(TextView)v;
    Toast.makeText(this, tv.getText(), Toast.LENGTH_SHORT).show();
}
```

BadgeDrawable 类是 Android 提供的一种简单而强大的用于向应用程序图标添加标记的方式，以吸引用户的注意力并提供重要的信息，如显示未读消息或其他通知，从而为应用程序带来更多的功能和灵活性，增强应用程序的用户体验。

通过 BottomNavigationView 的 getOrCreateBadge()方法可以获得 BadgeDrawable 对象。本例中，对三个菜单项分别设置标记。由于这三个对象需要在 Activity 的不同成员函数中使用，因此把这三个对象定义为 Activity 的成员变量：

```
1   BadgeDrawable badge1,badge2,badge3;
```

在主 Activity 的 onCreate 函数中，得到布局文件中添加的 BottomNavigationView 对象，然后调用 getOrCreateBadge( )方法（参数为菜单项对应 id）得到对应的 BadgeDrawable 对象。

```
2   BottomNavigationView navView=findViewById(R.id.bnv);
3   badge1= navView.getOrCreateBadge(R.id.navigation_home);
4   badge2= navView.getOrCreateBadge(R.id.navigation_car);
5   badge3= navView.getOrCreateBadge(R.id.navigation_notifications);
```

接下来，使用 BadgeDrawable 的 setNumber(int)方法设置标记上显示的数字，当数字为 0 时显示一个小红点。此外，还可以设置标记的颜色、形状和大小，以适应不同的应用程序设计需求。例如，使用 setBadgeTextColor(int)方法设置标记的文本颜色；使用 setBackgroundColor(int)方法设置标记的背景颜色，或者使用 setBadgeGravity(int)方法设置标记的位置；使用 setBadgeTextSize(float)方法设置标记的文本大小；使用 setVisible(boolean)方法在需要时显示或隐藏标记；使用 clearNumber( )方法将标记的数字设置为 0。

在主 Activity 中定义两个成员变量分别为菜单项“住家”和“爱车”时所对应的标记数值。

```
6   int Numhome=0;
7   int Numcar=0;
```

使用 setOnNavigationItemSelectedListener( )方法为底部导航栏设置一个选中事件的监听器。在监听器的回调方法中，根据单击的菜单项的 id 来处理相应的逻辑。

本例中，在单击菜单项后，“小区公告”标题栏（第 8 行，id 为 textView12，获得的对象为 tv_which）显示菜单项标题（第 16、21 和 24 行）；将“住家”和“爱车”两个菜单项的标记数值加 1（第 14、19 行），然后设置标记（第 15、20 行）。

```
8   TextView tv_which = (TextView) findViewById(R.id.textView12);
9   navView.setOnNavigationItemSelectedListener(new BottomNavigationView.OnNavigationItemSelectedListener() {
10      @Override
11      public boolean onNavigationItemSelected(@NonNull MenuItem item) {
12          switch (item.getItemId()) {
13              case R.id.navigation_home:
14                  Numhome++;
15                  badge1.setNumber(Numhome);
16                  tv_which.setText(item.getTitle());
17                  break;
18              case R.id.navigation_car:
19                  Numcar++;
20                  badge2.setNumber(Numcar);
21                  tv_which.setText(item.getTitle());
22                  break;
23              case R.id.navigation_notifications:
24                  tv_which.setText(item.getTitle());
25                  Intent intent = new Intent();
26                  intent.setClass(MainActivity.this, personal.class);
27                  intent.putExtra("add", Numhome+Numcar);
28                  startActivityForResult(intent,1);
29                  break;
30          }
31          return true;
32      }
```

```
33  });
34  navView.getMenu().getItem(0).setChecked(true);
```

单击第 3 个菜单项“个人中心”后将跳转至个人中心 Activity：（第 26 行，personal），将前两个菜单项的单击总次数作为参数传入（第 27 行）。个人中心 Activity 返回后，需将在该 Activity 中图标的单击次数返回，因此第 28 行，使用 startActivityForResult()启动 Activity。

第 34 行，App 默认选中底部导航栏的第一个菜单项“住家”。

个人中心 Activity 返回的单击次数显示在第 3 个菜单项的标记中（第 40 行），由 onActivityResult 回调函数处理。

```
35  protected void onActivityResult(int requestCode, int resultCode, @Nullable Intent data) {
36      super.onActivityResult(requestCode, resultCode, data);
37      switch (requestCode) {   // 请求码
38          case 1:
39              if(RESULT_OK == resultCode) {   // 处理结果码 RESULT_OK
40                  badge3.setNumber(data.getIntExtra("data_return",0));
41              }
42              break;
43          default:
44          }
45  }
```

图 5-57 所示为一个单击示例的部分界面截图：其中前两个菜单项均单击了一次，个人中心 Activity 中的图标单击了 5 次后返回。

3. 个人中心布局

本例个人中心的界面效果如图 5-58 所示。下面使用约束布局实现。

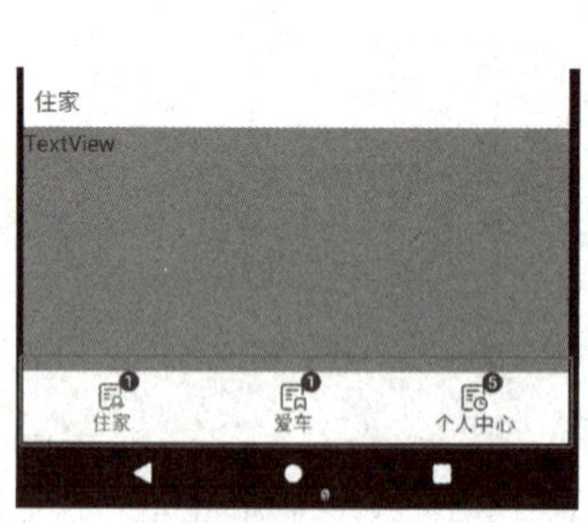

图 5-57　单击示例的部分界面

图 5-58　个人中心界面

最上面的头像（第 11 行）和姓名（第 16 行）放在一个垂直的线性布局 ll 中（第 1 行），其背景颜色在第 9 行设置。

```
1   <LinearLayout
2       android:id="@+id/ll"
3       android:layout_width="match_parent"
```

```
4          android:layout_height="wrap_content"
5          android:orientation="vertical"
6          app:layout_constraintEnd_toEndOf="parent"
7          app:layout_constraintStart_toStartOf="parent"
8          app:layout_constraintTop_toTopOf="parent"
9          android:background="#CFDF2C"
10         android:gravity="center"  >
11       <ImageView
12           android:id="@+id/imageView"
13           android:layout_width="wrap_content"
14           android:layout_height="wrap_content"
15           app:srcCompat="@drawable/user"   />
16       <TextView
17           android:id="@+id/textView"
18           android:layout_width="wrap_content"
19           android:layout_height="wrap_content"
20           android:text="张三"
21           android:layout_marginBottom="30dp"
22           android:textSize="24sp"   />
23     </LinearLayout>
```

接下来是“我的钥匙”和“我的房子”图标和标题文字。分别放置在两个水平线性布局 l1（第 25 行）和 tl1（第 48 行）中。注意：标题文字要居中，因此需要将 TextView 的 gravity 属性设置为 center（第 63 和 71 行）。

```
24     <LinearLayout
25         android:id="@+id/l1"
26         android:layout_width="match_parent"
27         android:layout_height="wrap_content"
28         android:orientation="horizontal"
29         android:layout_marginTop="10dp"
30         app:layout_constraintTop_toBottomOf="@id/ll"
31         app:layout_constraintBottom_toTopOf="@id/tl1"
32         app:layout_constraintEnd_toEndOf="parent"
33         app:layout_constraintStart_toStartOf="parent"   >
34       <ImageView
35           android:id="@+id/imageView9"
36           android:layout_width="wrap_content"
37           android:layout_height="wrap_content"
38           android:layout_weight="1"
39           app:srcCompat="@drawable/mykey"   />
40       <ImageView
41           android:id="@+id/imageView10"
42           android:layout_width="wrap_content"
43           android:layout_height="wrap_content"
44           android:layout_weight="1"
45           app:srcCompat="@drawable/myhouse" />
46     </LinearLayout>
47     <LinearLayout
48         android:id="@+id/tl1"
49         android:layout_width="match_parent"
50         android:layout_height="wrap_content"
51         android:gravity="center"
```

```
52          android:orientation="horizontal"
53          app:layout_constraintBottom_toTopOf="@id/l2"
54          app:layout_constraintEnd_toEndOf="parent"
55          app:layout_constraintStart_toStartOf="parent"
56          app:layout_constraintTop_toBottomOf="@id/l1"    >
57      <TextView
58              android:id="@+id/textView9"
59              android:layout_width="wrap_content"
60              android:layout_height="wrap_content"
61              android:layout_weight="1"
62              android:text="我的钥匙"
63              android:gravity="center"
64              android:textSize="20dp"  />
65      <TextView
66              android:id="@+id/textView10"
67              android:layout_width="wrap_content"
68              android:layout_height="wrap_content"
69              android:layout_weight="1"
70              android:textSize="20dp"
71              android:gravity="center"
72              android:text="我的房子"   />
73  </LinearLayout>
```

“我的报修”和“我的资料”图标和标题文字的实现与上面两个相同，此处不再赘述。

最后来实现界面右下角的返回按钮。因为该按钮按下与否的图标是不同的，所以此处使用了 drawable/select_return（第 80 行）。

```
74  <android.widget.Button
75          android:id="@+id/button"
76          android:layout_width="50dp"
77          android:layout_height="50dp"
78          android:layout_marginBottom="8dp"
79          android:layout_marginEnd="8dp"
80          android:background="@drawable/select_return"
81          app:layout_constraintBottom_toBottomOf="parent"
82          app:layout_constraintEnd_toEndOf="parent" />
```

select_return.xml 的代码如下：

```
83  <?xml version="1.0" encoding="utf-8"?>
84  <selector xmlns:android="http://schemas.android.com/apk/res/android">
85          <item android:state_pressed="true" android:drawable="@drawable/return1" />
86          <item android:drawable="@drawable/return0"   />
87  </selector>
```

4. 个人中心功能代码

单击“我的钥匙”等四个图标后，将对图标的单击次数进行计数。定义 Activity 的成员变量 numclick 用于存放计数（第 2 行）。采用 Activity 本身作为单击事件监听器处理这四个图标（第 1 行）。第 7~10 行获取四个图标对象，第 11~14 行设置监听器。单击事件处理函数在第 34~36 行，非常简单，仅将 numclick 加 1。

第 16 行获得从主 Activity 传入的 Intent 对象，得到前两个图标的单击次数和（第 17 行）。根据该数值，确定姓名 TextView 中显示“张三”或“李四”（第 18~21 行）。

```
1   public class personal extends AppCompatActivity implements View. OnClickListener {
2       int numclick=0;
3       @Override
4       protected void onCreate( Bundle savedInstanceState) {
5           super. onCreate( savedInstanceState) ;
6           setContentView( R. layout. personal) ;
7           ImageView iv1=findViewById( R. id. imageView9) ;
8           ImageView iv2=findViewById( R. id. imageView10) ;
9           ImageView iv3=findViewById( R. id. imageView11) ;
10          ImageView iv4=findViewById( R. id. imageView12) ;
11          iv1. setOnClickListener( this) ;
12          iv2. setOnClickListener( this) ;
13          iv3. setOnClickListener( this) ;
14          iv4. setOnClickListener( this) ;
15          TextView tv=findViewById( R. id. textView) ;
16          Intent intent=this. getIntent( ) ;
17          int add= intent. getIntExtra( "add" ,0) ;
18          if( add>5)
19              tv. setText( "张三" ) ;
20          else
21              tv. setText( "李四" ) ;
22          Button bt=findViewById( R. id. button) ;
23          bt. setOnClickListener( new View. OnClickListener( ) {
24              @Override
25              public void onClick( View view) {
26                  Intent intent=new Intent( ) ;
27                  intent. putExtra( "data_return" , numclick) ;
28                  setResult( RESULT_OK, intent) ;
29                  finish( ) ;
30              }
31          }) ;
32      }
33      @Override
34      public void onClick( View view) {
35          numclick++;
36      }
37  }
```

对于返回按钮对象 bt（第 22 行），设置单击事件监听器（第 23 行），在其处理函数（第 25 行）中，将当前 Activity 图标单击次数 numclick 存入 Intent（第 27 行）后返回主 Activity（第 28 行），然后关闭个人活动 Activity（第 29 行）。

5.8　思考与练习

1. 简述 Android 常用的几种布局方式及特点。
2. 简述 Android 常用的界面控件的功能及应用方式。
3. 使用线性布局实现图 5-59 所示的界面。
4. 使用线性布局嵌套实现图 5-60 所示的界面。
5. 使用线性布局嵌套实现图 5-61 所示的界面。
6. 使用帧布局实现图 5-62 所示的霓虹灯效果。
7. 使用约束布局方式实现例 5-7 的界面效果。

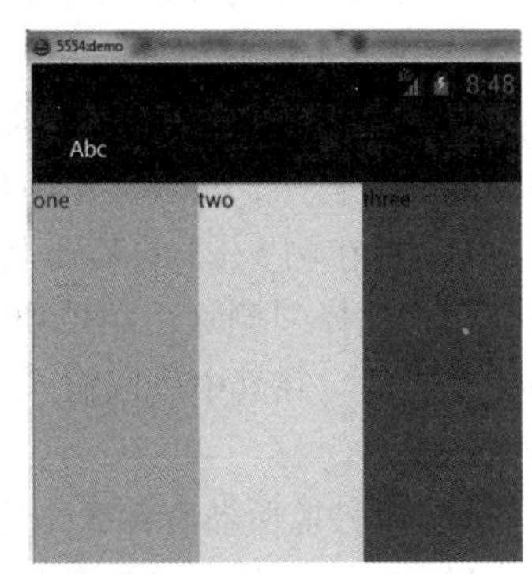

图 5-59　题 3 界面

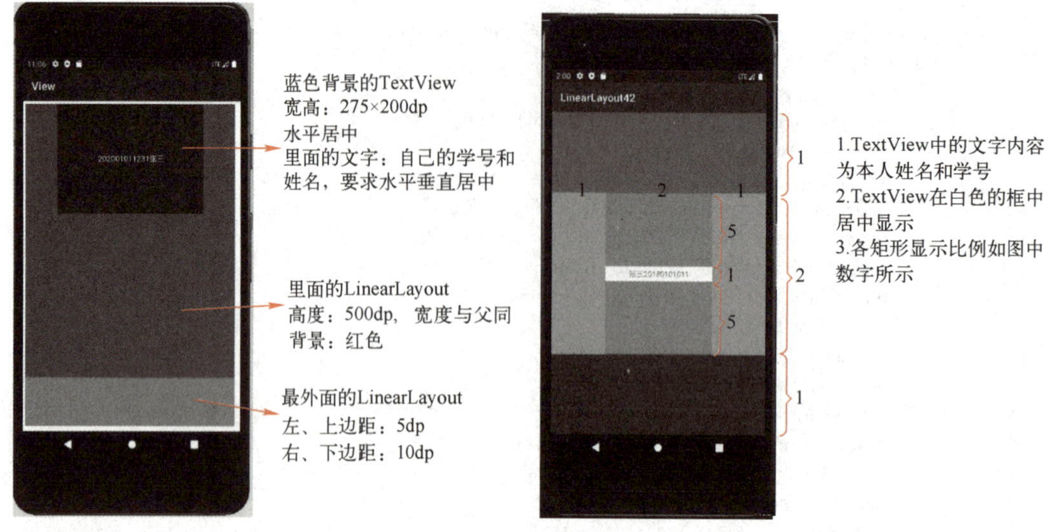

图 5-60　题 4 界面　　　图 5-61　题 5 界面

8. 实现文字输入的准确率判断，界面如图 5-63 所示，在编辑框中输入文字后单击“提交”按钮后，提示相关的信息，给出文字输入的准确率。

图 5-62　题 6 效果

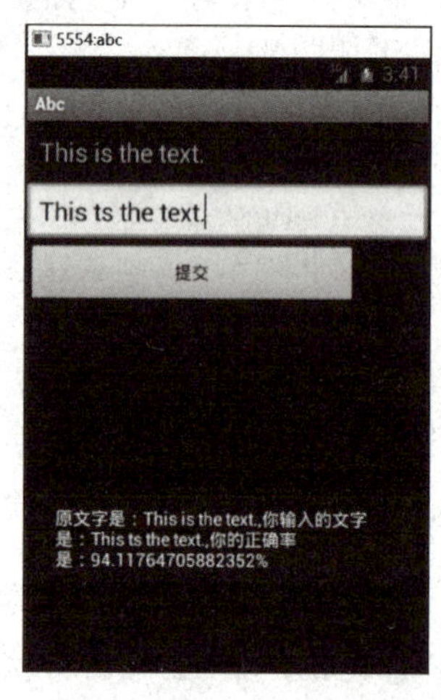

图 5-63　题 8 运行效果

9. 编写一个程序，可在第一个 Activity 中输入两个整数，单击“计算”按钮后，在第二个 Activity 中显示两个整数的和。

10. 例 5-12 中，如果未选择性别或者体育爱好，则在单击“确定”按钮时，提示出错信息。请修改程序，实现无论用户是否对性别和体育爱好进行了选择，都能够正确地提示信息。

11. 请在例 5-22 的基础上，设置上下文菜单为“删除”和“添加”。在列表项选择一项长按后，选择“删除”菜单项，则在列表项中删除该选项；选择“添加”菜单项，则会出现另一个界面，在其中可以输入一个姓名，单击“确定”按钮后，在主界面的列表项中加入刚输入的姓名。

12. 事件监听器有什么作用？实现方式有哪几种？

13. Intent 有什么重要属性？Activity 之间是如何通过 Intent 进行数据传递的？

第 6 章 Service 和广播消息

很多 Android 应用只有界面是不够的，往往还必须要配合 Service 和 Broadcast 等一起使用。

当需要创建后台运行程序时，就要使用 Service。比如，在后台播放音乐、记录地理位置的改变等，这些功能都适合在后台运行，且是不可见的。另外，广播消息（Broadcast）是一种重要的通信机制，用于在应用程序和系统组件之间传递消息，比如系统级的事件通知、应用程序之间的通信，以及应用程序内部的模块间通信等。本章将对这两个组件进行介绍。

6.1 Service 简介

Service 是 Android 的四大组件之一，在 Android 应用开发中起到了非常重要的作用。Service 的官方定义：Service（服务）是一个没有用户界面的在后台运行执行耗时操作的应用组件。其他应用组件能够启动 Service，并且即使用户切换到另外的应用，Service 也将持续在后台运行。另外，一个组件能够与一个 Service 进行绑定并与之交互（IPC 机制）。例如，一个 Service 可能会处理网络操作、播放音乐、操作文件 I/O 或者与内容提供者（Content Provider）交互，而所有这些活动都是在后台进行的。

Android SDK 提供的 Service 类似于 Linux 守护进程或者 Windows 的服务。它有以下两种类型。

1）本地服务（Local Service）：用于应用程序内部，实现应用程序自身的一些耗时任务，比如查询升级信息。它并不占用应用程序，比如 Activity 所属线程，而是单开线程后台执行，这样可获得更好的用户体验。

在这种方式下，可以调用 Context. startService( )启动 Service，而调用 Context. stopService( )结束 Service，也可以调用 Service. stopSelf( )或 Service. stopSelfResult( )来使自己停止。无论调用了多少次 startService( )方法，只需要调用一次 stopService( )来停止 Service。

2）远程服务（Remote Service）：用于 Android 系统内部的应用程序之间，可被其他应用程序复用，比如天气预报服务。其他应用程序不需要再写这样的服务，调用已有的即可。它可以通过自己定义并暴露出来的接口进行程序操作。客户端建立一个到服务对象的连接，并通过这个连接来调用 Service。可调用 Context. bindService( )方法建立连接，调用 Context. unbindService( )方法关闭连接。多个客户端可以绑定至同一个 Service。如果 Service 此时还没有加载，则 bind-Service( )会先加载它。

Service 的运行方式和 Activity 类似，也具有生命周期。图 6-1 所示为 Service 的生命周期。Service 的生命周期并不像 Activity 那么复杂，但是它有两种启动方式，对应不同的生命周期过程。

1）当采用 context. startService( )启动服务时，Service 会经历以下几个过程。

startService( )→onCreate( )→onStartCommand( )→Service 运行→stopService( )→onDestroy( )→Service 关闭

如果 Service 没有运行，系统会先调用 onCreate( )方法，再调用 onStartCommand( )方法；如果 Service 已经运行，则只需调用 onStartCommand( )方法即可。所以，一个 Service 的 onStartCommand( )方法可能会被重复调用多次。

调用 stopService( )的时候会直接调用 onDestroy( )方法。如果是调用者自己直接退出而没有调用 stopService( )，则 Service 会一直在后台运行。该 Service 的调用者再次启动后，可以通过 stopService( )关闭 Service。

所以，调用 startService( )的生命周期为

onCreate( )→onStartCommand( )(可多次调用)→onDestroy( )

2）当采用 context. bindService( )启动时，Service 则经历以下几个过程。

bindService( )→onCreate( )→onBind( )→Service 运行→unbindService( )→onUnbind( )→onDestroy( )→Service 关闭

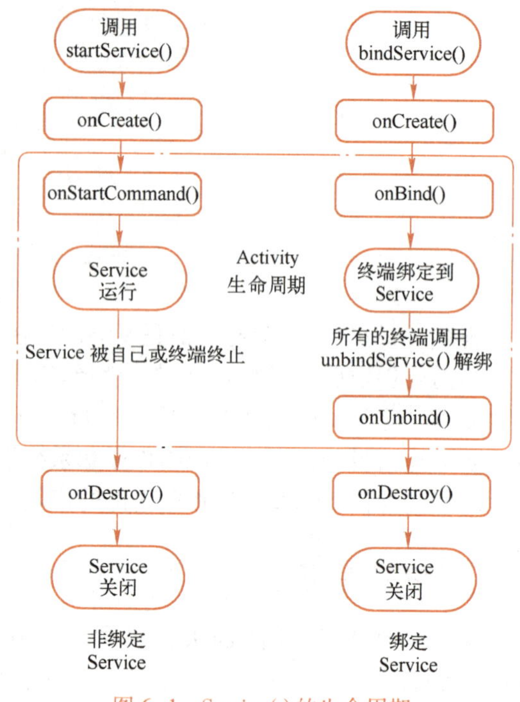

图 6-1　Service( )的生命周期

onBind( )将返回给客户端一个 IBind 接口实例，IBind 允许客户端回调 Service 的方法，比如得到 Service 的实例、运行状态或其他操作。这个时候调用者（Context，如 Activity）会和 Service 绑定在一起。Context 退出了或者调用了 unbindService( )方法，Srevice 就会调用 onUnbind( )→onDestroy( )相应退出。

所以，调用 bindService( )的生命周期为

onCreate( )→onBind( )(只一次,不可多次绑定)→onUnbind( )→onDestory( )

在 Service 每一次的开启/关闭过程中，只有 onStartCommand( )可被多次调用（通过多次 startService( )调用），其他 onCreate( )、onBind( )、onUnbind( )、onDestory( )在一个生命周期中只能被调用一次。

6.2　Service 的实现

扫码看视频

首先要定义一个继承自 Service 的类，并在其生命周期方法中实现应用功能；然后通过 Acitvity 调用相应的启动方式来启动 Service。需要注意的是，一个定义好的 Service 必须在 AndroidMainfest. xml 配置文件中通过<service>元素声明才能使用。

6.2.1　创建 Service

创建一个 Service 类，就是要继承 android. app. Service 类，并根据需要在 Service 类的有关生命周期方法中实现功能和交互，如 onCreate( )、onStartCommand( )、onDestroy( )、onBind( )、onUnbind( )等。

创建 Service 类的示例代码如下。

```
public class MyService extends Service {          // 定义自己的 Service 类
    @Override
    public IBinder onBind(Intent intent) {        // 该方法在 Service 绑定到其他程序时调用
        return null;
    }
    @Override
    public void onCreate() {
        super.onCreate();                         // 创建服务
    }
    @Override
    public void onDestroy() {
        super.onDestroy();                        // 销毁服务
    }
    @Override
    public void onStart() {
        super.onStart();                          // 开始服务
    }
}
```

要使用上面代码所定义的 MyService 类，还必须在 AndroidMainfest. xml 配置文件中声明该 Service，并确定如何访问该 Service。否则，启动 Service 时会提示“new Intent 找不到对应的 Service 错误”。

配置文件中的相关内容如下。

```
<service android:name=".MyService" > <!--指定 Service 类名-->
<intent-filter>
   <action android:name="com.example.MyService" />
</intent-filter>
</service>
```

6.2.2　启动和绑定 Service

1. 启动方式：通过 context. startService( )启动 Service

启动 Service 的代码如下。

```
Intent intent=new Intent();  // 创建 Intent
intent.setAction("com.example.ch6_1.MusicService");  // 设置 Action 属性
intent.setPackage("com.example.ch6_1"); // 注意：Android 5.0 以后不允许隐式 Intent 启动 Service
startService(intent);              // 启动 Service
```

该代码调用者与启动的 Service 之间没有关联。因此，即使调用者退出程序，Service 依然运行。调用 startService( )启动 Service 后，如果 Service 未被创建，则系统首先会调用 Service 的 onCreate( )方法，然后调用 onStartCommand( )方法；如果 Service 已经创建，则系统会直接调用 onStartCommand( )方法，而不会执行 onCreate( )方法。

当然，也可以将 Action 属性值放在创建 Intent 对象时来设置：

```
Intent intent=new Intent("com.example.ch6_1.MusicService");   // 创建 Intent
startService(intent);                                          // 启动 Service
```

其中，Service 的名称必须是在 AndroidMainfest. xml 配置文件中配置的 Service 名称，即可以通过隐式 Intent 方式找到该 Service。

2. 绑定方式：通过 context. bindService( )启动 Service

其调用代码如下。

```
Context. bindService(intent, conn, Service. BIND_AUTO_CREATE);   // 绑定 Service
```

调用 context. bindService( )绑定一个 Service 时需要提前准备好三个参数。

1）Intent 对象：与启动方式相同。

2）Service 连接对象 ServiceConnection：必须实现两个回调方法 onServiceConnected( )和 onServiceDisconnected( )。下面为一个创建 ServiceConnection 对象的例子。

```
private ServiceConnection conn = new ServiceConnection( ) {
    @Override
    public void onServiceConnected(ComponentName name, IBinder service) {// 获取 Service 实例
        MyService. MyBinder binder = (MyService. MyBinder) service;
        myService = binder. getService( );
    }
    @Override
    public void onServiceDisconnected(ComponentName name) {
    }
};
```

3）创建 Service 的方式：常用的是绑定时自动创建，即设置为 Service. BIND_AUTO_ CREATE。

通常情况下，bindService 模式下服务是与调用者互相联系的。在绑定结束之后，一旦调用者被销毁，Service 立即终止。

当 Activity 使用 bindService( )来保持与 Service 持久关联时，将不会调用 onstartCommand( )（跟 startService( )不一样）。Activity 将会在 onBind( )回调中接收到 IBinder 接口返回的对象。通常 IBinder 作为一个复杂的接口通常是返回 AIDL 数据。Service 也可以混合启动和绑定方式一起使用。

6.2.3 停止 Service

当 Service 完成规定的动作或处理后，需要调用相应的方法来停止它，从而释放其所占用的资源。根据启动 Service 的两种方式，对应地也有两种停止 Service 的方式。

1）对于通过 context. startService( )启动 Service 的启动方式，通过调用 context. stopService( )或 Service. stopSelf( )方法结束 Service。

2）对于通过 context. bindService( )绑定 Service 的启动方式，通过调用 context. unbindService( )解除绑定。

当调用 context. stopService( )或 Service. stopSelf( )，或者用 context. unbindService( )方法来停止 Service 时，系统最终都会调用 onDestroy( )方法销毁 Service 并释放其所占用的资源。

📖 stopService( )和 stopSelf( )方法的不同之处在于，stopService( )方法强行终止 Service，而 stopSelf( )方法则一直等到相应的 Intent 被处理完以后才停止 Service。

下面通过两个例子来详细说明 Service 两种启动方式的创建、启动和停止方法。

【例 6-1】Service 应用举例（启动方式）。

采用第一种启动方式实现一个简单的播放器程序。首先需要实现播放音乐的 Service。MusicService. java 实现如下。

```
public class MusicService extends Service {
    private MediaPlayer mediaPlayer;   // 声明 MediaPlayer 类，实现播放音乐
    @Override
    public IBinder onBind(Intent intent) {
        return null;
    }
    @Override
    public void onCreate() {              // 如果 mediaPlayer 为空，则设置播放文件后进行播放
        if (mediaPlayer == null) {
            mediaPlayer = MediaPlayer.create(this, R.raw.tmp);
            // 设置播放音乐资源文件，该文件位于 res 文件夹下的 raw 文件夹里，名为 tmp
            mediaPlayer.setLooping(false);  // 设置非循环播放
        }
    }
    @Override
    public void onDestroy() {             // 销毁 MediaPlayer 对象
        if (mediaPlayer != null) {
            mediaPlayer.stop();        // 首先停止音乐的播放
            mediaPlayer.release();  // 在内存中释放
        }
    }
    @Override
    public int onStartCommand(Intent intent, int flags, int startId) {
        if (!mediaPlayer.isPlaying()) {
            mediaPlayer.start();       // 播放音乐
        }
        return START_STICKY;
    }
}
```

其中，关于 MediaPlayer 的内容将在 7.3 节中介绍。接着在 AndroidManifedt.xml 文件里的<application>标签下进行注册。

```
<service
    android:name=".MusicService"
    android:enabled="true"
    android:exported="true">
  <intent-filter>
    <action android:name=".MusicService" />
  </intent-filter>
</service>
```

最后，只要在 Activity 里通过调用 startService()和 stopService()方法就可以开始和停止 Service。MainActivity.java 实现如下。

```
public class MainActivity extends AppCompatActivity implements View.OnClickListener{
    private Button startBtn;       // 启动按钮
    private Button stopBtn;        // 停止按钮
    private Intent intent;         // 声明对象
    @Override
    protected void onCreate(Bundle savedInstanceState) {
        super.onCreate(savedInstanceState);
        setContentView(R.layout.activity_main);
```

```
            startBtn = (Button) findViewById(R. id. start);
            stopBtn = (Button) findViewById(R. id. stop);
            startBtn. setOnClickListener(this);
            stopBtn. setOnClickListener(this);
            intent = new Intent("com. example. ch6_1. MusicService"); // 定义 Intent 对象，里面的参
// 数与 AndroidManifest. xml 里 Service 中过滤器里的值相同，即表示启动的是该指定的 Service
            intent. setPackage("com. example. ch6_1");
        }
        @Override
        public void onClick(View v) {
            switch (v. getId()) {                    // 获得按钮的 id，根据不同的按钮执行不同的功能
                case R. id. start:
                    startService(intent);            // 调用 startService()方法来启动 Service
                    Toast. makeText(getApplicationContext(), "startService", Toast. LENGTH_LONG). show();
                    break;
                case R. id. stop:
                    stopService(intent);             // 调用 stopService()方法来停止 Service
                    Toast. makeText(getApplicationContext(), "stopService", Toast. LENGTH_LONG). show();
                    break;
            }
        }
}
```

程序运行后，其主界面如图 6-2 所示。当单击“startService()”按钮后，出现图 6-3a 所示的界面。此时，可以听到音乐已经在后台开始播放。当单击“stopService()”按钮后，会出现图 6-3b 所示的界面。此时，音乐停止播放。如果再次单击“startService()”按钮，则音乐从头开始播放。

图 6-2　程序主界面

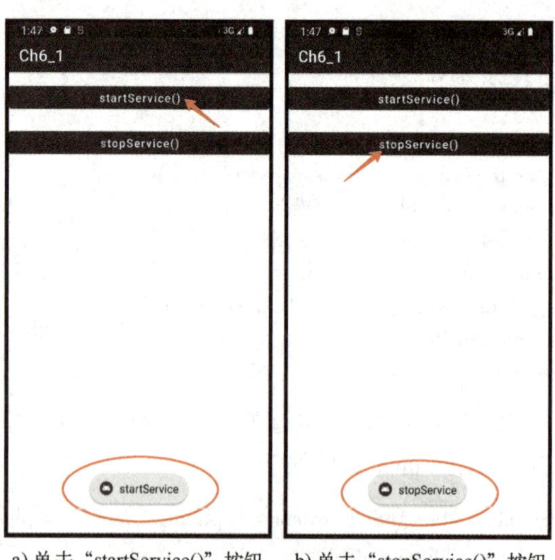

a) 单击“startService()”按钮　b) 单击“stopService()”按钮

图 6-3　播放和停止播放界面

【例 6-2】Service 应用举例（绑定方式）。

同样还是实现例 6-1 的程序功能，但是本例采用了 Service 的第二种实现方法，即绑定方式。首先创建一个类，命名为 MusicService。

```
1   public class MusicService extends Service {
2       private MediaPlayer mediaPlayer;        // 声明 MediaPlayer 对象
3       private final IBinder binder = new MyBinder();
4       public class MyBinder extends Binder {
5           MusicService getService() {
6               return MusicService.this;
7           }
8       }
9       @Override
10      public IBinder onBind(Intent intent) {
11          return binder;
12      }
13      @Override
14      public boolean onUnbind(Intent intent) {
15          return super.onUnbind(intent);
16      }
17      @Override
18      public void onCreate() {
19          super.onCreate();
20      }
21      @Override
22      public void onDestroy() {
23          super.onDestroy();
24          if (mediaPlayer != null) {
25              mediaPlayer.stop();         // 停止播放
26              mediaPlayer.release();      // 释放资源
27          }
28      }
29      public void play() {
30          if (mediaPlayer == null) {      // 若为空，则进行相应设置后进行播放，否则，开始播放
31              mediaPlayer = MediaPlayer.create(this, R.raw.tmp);
32              mediaPlayer.setLooping(false);
33          }
34          if (!mediaPlayer.isPlaying()) {
35              mediaPlayer.start();
36          }
37      }
38  }
```

本例 Service 与上例中的 Service 有很多代码是相同的。当一个 Activity 绑定到一个 Service 上时，它负责维护 Service 实例的引用，允许对正在运行的 Service 进行一些方法调用。

第 3 行就是新建一个 IBinder 对象，它定义了继承自 Binder 的 MyBinder 类（第 4 行）。该类只有一个 getService()方法（第 5 行），返回当前的 Service 对象（第 6 行）。

第 10 行回调方法 onBind()可以获得第 3 行新建的 IBinder 对象 binder。

```
private MusicService musicService;   // 声明 Service 对象
private ServiceConnection sc = new ServiceConnection() {
    @Override // 成功建立连接后调用下面的方法
    public void onServiceConnected(ComponentName name, IBinder service) {
        musicService = ((MusicService.MyBinder) (service)).getService();
        if (musicService != null) {
            musicService.play();
        }
```

```
9        }
10       @Override
11       public void onServiceDisconnected(ComponentName name) { // 取消连接后调用下面的方法
12           musicService = null;
13       }
14   };
```

在上面的 Activity 代码中，首先声明 Service 对象 musicService（第 1 行）。而 Service 和 Activity 的连接用 ServiceConnection 实现。因此需要实现一个新的 ServiceConnection（第 2 行），重写 onServiceConnected( )（第 4 行）和 onServiceDisconnected( )（第 11 行）方法。一旦连接建立，就能得到 Service 实例的引用，从而可以与之进行交互。

在第一个按钮中执行绑定，调用 bindService( )方法，传入一个选择了要绑定 Service 的 Intent（显式）和一个实现了的 ServiceConnection 实例，代码如下。

```
bt1 = (Button) findViewById(R.id.bind);
bt1.setOnClickListener(new View.OnClickListener() {
    @Override
    public void onClick(View arg0) {
        Intent intent = new Intent(getApplicationContext(),MusicService.class);
        bindService(intent, sc, Context.BIND_AUTO_CREATE);
    }
});
```

一旦找到 Service 对象，通过 onServiceConnected( )函数获得 MusicService 的对象就能得到它的公共方法和属性，如本例中的 play( )方法，实现音乐的播放。

在 Activity 中添加如下代码，解除绑定即可停止 Service。当单击按钮后便会解除绑定，一旦解除绑定成功，就会调用 ServiceConnection 的 onServiceDisconnected( )方法。

```
bt2 = (Button) findViewById(R.id.unbind);
bt2.setOnClickListener(new View.OnClickListener() {
    @Override
    public void onClick(View arg0) {
        unbindService(sc);
    }
});
```

这样，就解除了 Activity 和 Service 的绑定，Service 就停止了。当 Activity 被销毁时，与之绑定的 Service 也会被销毁。

6.3 广播消息

在 Android 中，有一些操作完成以后，会发送广播，比如发出一条短信或打出一个电话。如果某个程序接收到这个广播，就会做相应的处理。之所以叫作广播，就是因为它只负责发送消息，而不管接收方如何处理。另外，广播可以被多个应用程序所接收，当然也可能不被任何应用程序所接收。

Broadcast 就是一种广泛运用在应用程序之间传输信息的机制。BroadcastReceiver 是 Android 应用程序中的第三个组件，对发送出来的 Broadcast 进行过滤接收并响应的一类组件。BroadcastReciver 和事件处理机制类似，不同的是，事件处理机制是用于应用程序组件级别的。比如一个按钮的 OnClickListener 事件，只能够在一个应用程序中处理。而广播事件处理机制是系统级别的，不同的应用程序都可以处理广播事件。

下面将详细描述如何发送Broadcast和使用BroadcastReceiver过滤接收的过程。

首先在需要发送信息的地方，把要发送的信息和用于过滤的信息（如Action、Category）装入一个Intent对象，然后通过调用context.sendBroadcast()（普通广播）或sendOrderBroadcast()（有序广播）方法，将Intent对象以广播的方式发送出去。

普通广播和有序广播是系统对广播的两种不同的传播方式。

1. 普通广播

普通广播是一种完全异步的广播机制，发送者不需要关心接收者是否存在。当发送普通广播时，系统会将广播发送给所有注册了对应广播类型的接收者，无论它们当前是否处于活动状态。这种广播机制适用于不需要有序处理的场景，如通知用户有新消息到达或者更新应用程序的UI等。

下面是普通广播的函数语法格式。

```
Intent intent = new Intent("com.example.ACTION");
sendBroadcast(intent);
```

在上述代码中，首先创建了一个Intent对象，其构造函数接收一个字符串参数，用于指定广播的动作。然后，调用sendBroadcast()方法发送广播。接收者可以通过注册广播接收器来接收该广播。

普通广播的特点是高效和快速。广播不需要等待接收者的处理结果，发送者可以立即继续执行后续操作，而不会被阻塞，这使得普通广播非常适合在后台发送一些通知或者广告等信息，以提升用户体验。

2. 有序广播

有序广播是一种按照优先级顺序依次传递给接收者的广播机制。当发送有序广播时，系统会根据接收者的优先级依次将广播传递给它们。每个接收者都可以对广播进行处理，并且可以通过设置优先级来控制广播传递的顺序。

下面是有序广播的函数语法格式。

```
Intent intent = new Intent("com.example.ACTION");
sendOrderedBroadcast(intent,null);
```

上述代码中，同样创建了一个Intent对象，并调用sendOrderedBroadcast()方法发送广播。与普通广播不同的是，sendOrderedBroadcast()方法还接收一个BroadcastReceiver对象作为第二个参数，用于接收广播结果。接收者可以通过设置优先级控制接收广播的顺序。

有序广播的特点是可控和有序。通过设置不同的优先级，可以确保高优先级的接收者先收到广播并进行处理，然后再传递给低优先级的接收者。这种机制可以用于一些需要按照特定顺序处理的场景，例如，发送系统级别的广播通知，确保接收者按照特定顺序进行处理。

因为是顺序执行，优先级高的接收者有能力终止这个广播的传播，可以通过abortBroadcast()方法终止。一旦广播被终止，优先级低的接收器就不会再接收到这个广播了。这就是短信、电话拦截器等软件的工作原理，通过它可以让垃圾短信停留在管理软件的垃圾箱内，而不再传递给用户正常的短信收件箱。

普通广播适用于不需要有序处理的场景，具有高效和快速的特点。而有序广播适用于需要按照优先级顺序处理的场景，具有可控和有序的特点。在实际开发中，需要根据具体的需求来选择合适的广播机制，以提供更好的用户体验和功能实现。

当Intent发送以后，所有已经注册的BroadcastReceiver会检查注册时的Intent Filter是否与发送的 Intent 相匹配，若匹配则会调用 BroadcastReceiver 的 onReceive( )方法。所以，当定义一个 BroadcastReceiver 的时候，需要实现 onReceive( )方法。

注册 BroadcastReceiver 有以下两种方式。

1）静态方式：在 AndroidManifest. xml 中用<receiver>标签进行注册，并在标签内用<intent-filter>标签设置过滤器。

2）动态方式：在代码中先定义并设置好一个 Intent Filter 对象，然后在需要注册的地方调用 context. registerReceiver( )方法，取消时调用 Context. unregisterReceiver( )方法。如果用动态方式注册的 BroadcastReceiver 的 context 对象被销毁，BroadcastReceiver 会自动取消注册。

【例 6-3】 简单广播应用示例。在该程序界面上有一个按钮，当单击该按钮时会发送一个广播，当广播接收器收到该广播时会在 Logcat 中输出一个信息，如图 6-4 所示。

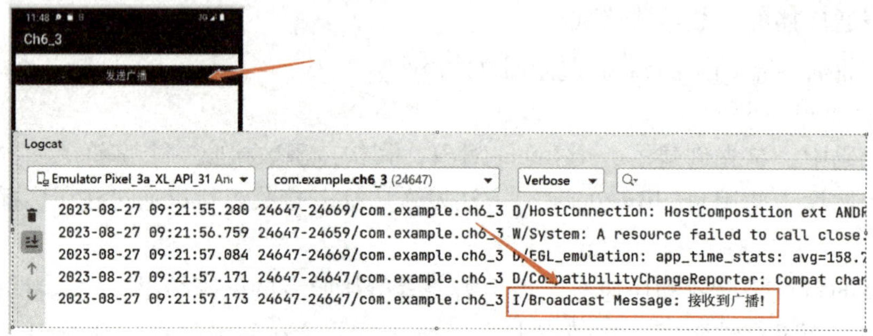

图 6-4　广播接收器运行效果

主界面的代码如下。

```java
1  public class MainActivity extends AppCompatActivity {
2      private Button button=null;                    // 定义按钮对象
3      private final String action="MyBroadcast"; // 此值与对应的 Receiver 的过滤器里的值相同
4      @Override
5      protected void onCreate(Bundle savedInstanceState) {
6          super.onCreate(savedInstanceState);
7          setContentView(R.layout.activity_main);
8          button=(Button)findViewById(R.id.button1);
9          button.setOnClickListener(new View.OnClickListener() {
10             public void onClick(View v) {
11                 Intent intent=new Intent();
12                 intent.setAction(action);
13                 intent.setPackage("com.example.ch6_3");
14                 sendBroadcast(intent);         // 发送广播
15             }
16         });
17     }
18 }
```

注意： 对于以 Android 8.0 或更高版本为目标平台，大多数隐式广播不能使用清单来声明接收器。因此在第 13 行通过 setPackage( )来显示调用。

该代码中对按钮进行监听，当单击该按钮时就会发送广播。其中 Action 的值与 AndroidManifest. xml 文件里的值相对应。

自定义的广播接收器代码如下。

```
public class MyReceiver extends BroadcastReceiver {
    public void onReceive(Context context, Intent intent) {
        Log.i("Broadcast Message","接收到广播!");
    }
}
```

当收到广播时，就会通过 Log 输出信息，内容为“接收到广播!”。

因界面较为简单，布局文件代码此处省略，详见本书所附 PDF 文件或源代码。

在 AndroidManifest. xml 文件里注册广播接收器的代码如下。

```
<receiver android:name=".MyReceiver" android:exported="true">
  <intent-filter>
    <action android:name="MyBroadcast" />
  </intent-filter>
</receiver>
```

其中，<intent-filter>里面的 action 的 name 属性与发送广播时的字符串相对应。

注意： android：exported 在这里是必需的属性，用于确定是否支持其他应用调用当前组件。该属性是 Android 的四大组件 Activity、Service、Provider、Receiver 都会有的一个属性。

上面的程序采用在 AndroidManifest. xml 文件中注册广播接收器。这种注册方式有一个特点：即使应用程序已经被关闭，这个 BroadcastReceiver 依然可以接收到广播出来的对象。比如要监听电池的电量时，就可以采用这种方法。但是有时候并不需要总是收到广播，这时则需要采用在 Java 代码中进行动态注册的方法。

【例 6-4】 Broadcast 动态注册示例。下面来实现一个程序，该程序的作用是监视系统电池电量的改变。当电量发生变化时，显示一个通知。

主 Activity 的代码如下。

```
1  public class MainActivity extends AppCompatActivity {
2      private Button button = null;
3      private MyReceiver mr = null;
4      private IntentFilter i = null;
5      @Override
6      protected void onCreate(Bundle savedInstanceState) {
7          super.onCreate(savedInstanceState);
8          setContentView(R.layout.activity_main);
9          mr = new MyReceiver();
10         i = new IntentFilter();
11         i.addAction(Intent.ACTION_BATTERY_CHANGED);
12         registerReceiver(mr, i);  // 动态注册
13     }
14     @Override
15     protected void onDestroy() {
16         super.onDestroy();
17         if (mr!=null) {
18             unregisterReceiver(mr);
19         }
20     }
21 }
```

在上述代码中，新建了一个 Receiver 对象（第 9 行）和一个 IntentFilter 对象（第 10 行），第 11 行加入 Action：Intent. ACTION_BATTERY_CHANGED 表示电池电量变化。然后将刚才两个对象作为参数调用 registerReceiver( )进行动态注册广播（第 12 行）。这种注册方式可以随时在代码中进行注册，注册后就可以接收广播消息了。

如果要取消注册，调用 unregisterReceiver(Receiver r)方法即可（第 18 行），一般放在 onDestroy()方法（第 15 行）中。

如果一个 BroadcastReceiver 用于更新 UI，则通常会使用这种方法进行注册。在 Activity 启动时注册广播接收器，在 Activity 不可见之后取消注册。

自定义的广播接收器代码如下。

```
1  public class MyReceiver extends BroadcastReceiver {
2      public void onReceive(Context arg0, Intent arg1) {
3          if (arg1.getAction().equals(Intent.ACTION_BATTERY_CHANGED)) {
4              Toast.makeText(arg0, "电量发生变化!", Toast.LENGTH_LONG).show();
5              Log.i("Broadcast message", "电量发生变化!");
6          }
7      }
8  }
```

首先自定义广播接收器类 MyReceiver（第 1 行），重写 onReceive()处理函数（第 2 行）。然后判断广播的 Action 是否为电池电量变化（第 3 行），如果是，则通过 Toast 和 Log 在相关地方显示消息。

图 6-5 所示为运行程序后，通过单击模拟器工具栏最后一项（①处），在弹出的“Extended Controls”对话框的左侧菜单栏中，单击“Battery”项（②处），在对话框右侧可以设置模拟器电池的状态。拖动一下“Charge level”（③处），可模拟手机的电量发生了变化。此时，模拟器系统就会发出电量改变的系统广播消息。而刚注册的 MyReceiver 对象就会接收到该消息并进行处理：在 Logcat 窗口下面（④处）和程序界面的下面（⑤处）显示“电量发生变化!”。

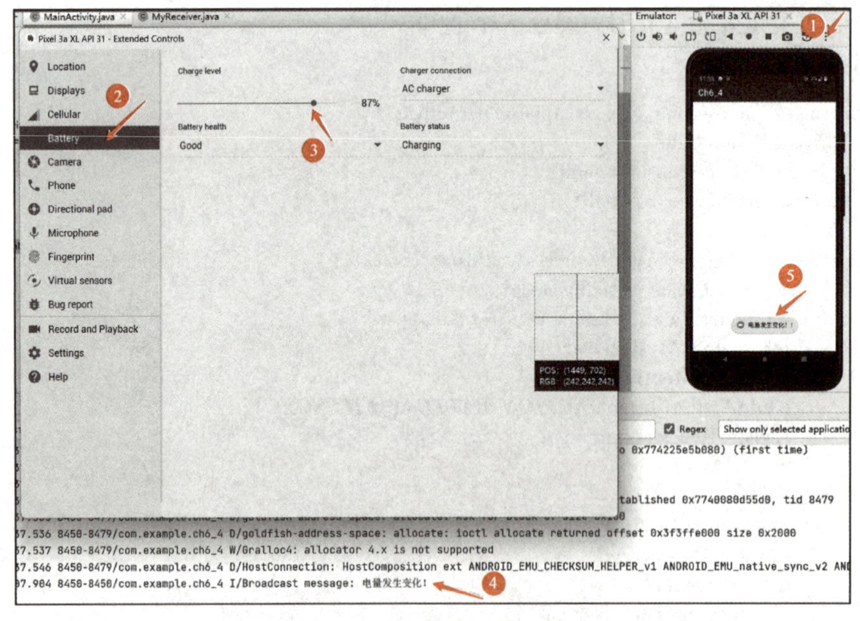

图 6-5　系统广播接收器运行效果

6.4　思考与练习

1. Service 的启动方式有哪几种？有什么不同？
2. Broadcast 有哪几种注册方法？有什么区别？
3. 查一查，你能收到哪些 Android 系统广播消息，并尝试捕获和处理它们。

第7章 Android图形图像和多媒体开发

一款好的Android应用，除了具有强大的功能外，一般还同时拥有友好的交互界面。因此，除了可以使用前面介绍的各种Android系统内置的控件外，同时还可以在界面中使用漂亮的图片。Android系统提供了丰富的图片功能支持，其中包括静态效果及动画效果。

在Android系统中可以使用ImageView显示普通的静态图片，使用AnimationDrawble显示动画，还可以通过Animation对普通图片使用补间动画。一般Android游戏，如益智类游戏和2D游戏等，在开发时就需要用到大量的图形、图像处理。

通过本章的学习，读者能掌握Android应用中图形、图像的处理，并能在Android平台上开发出各种小游戏。

7.1 图形

一个Android应用经常需要在界面上绘制各种图形，比如一个Android游戏会在运行时根据用户的输入状态生成各种各样的图片，使游戏变得丰富精彩，这就需要借助Android图形系统的支持。

在Android中，绘制图像常用的是Paint类、Canvas类、Bitmap类和BitmapFactory类。在现实生活中，绘图则需要画笔和画布。在Android绘图系统中，Paint类就是画笔，Canvas类就是画布，通过这两个类就可以在Android系统中绘图。

7.1.1 Canvas画布简介

在Java的Swing中绘图的思路是开发一个自定义类，该类继承JPanel，并且重写JPanel的paint(Graphics g)方法。在Android中绘图的思路与此十分类似，首先要铺好画布，也就是创建一个继承自View类的视图，并且在该类中重写它的onDraw（Canvas canvas）方法，然后在显示绘图的Activity中添加该视图。

扫码看视频

7.1.2 Canvas常用绘图方法

Canvas类提供了一些方法绘制各种图形，见表7-1（更多的方法请查阅官方文档）。

表7-1 Canvas提供的绘图方法

方法声明	说明
public boolean clipPath（Path path）	沿着指定Path切割
public void drawARGB（int a, int r, int g, int b）	填满整张位图
public void drawArc（RectF oval, float startAngle, float sweepAngle, boolean useCenter, Paint paint）	绘制弧

（续）

方法声明	说　明
public void drawBitmap (Bitmap bitmap, Matrix matrix, Paint paint)	在指定的矩形中绘制位图
public void drawCircle (float cx, float cy, float radius, Paint paint)	绘制圆
public void drawColor (int color)	用一种颜色填充
public void drawLine (float startX, float startY, floatstopX, float stopY, Paint paint)	画线
public void drawOval (RectF oval, Paint paint)	画椭圆
public void drawPaint (Paint paint)	指定画笔填充位图
public void drawPath (Path path, Paint paint)	沿着 Path 绘图
public void drawPicture (Picture picture)	绘制指定图片
public void drawPoint (float x, float y, Paint paint)	绘制点
public void drawPosText (String text, float[ ] pos, Paint paint)	绘制文本
public void drawRect (Rect r, Paint paint)	绘制矩形
public void drawText (String text, float x, float y, Paint paint)	绘制文本
public final void rotate (float degrees, float px, float py)	旋转画布
public void scale (float sx, float sy)	缩放画布
public void translate (float dx, float dy)	移动画布

Canvas 提供的这些绘图方法，都有一个 Paint 类型的参数。Paint 是 Android 在绘图操作中十分重要的 API。Paint 表示画布 Canvas 上的画笔，Paint 类主要用于设置绘制风格，包括画笔颜色、画笔笔触粗细、填充风格等。Paint 类提供了许多设计画笔的常用方法，见表 7-2。

表 7-2　Paint 类的常用方法

方法声明	说　明
setARGB(int a, int r, int g, int b)	设置颜色
setAlpha(int a)	设置透明度
setAntiAlias(boolean aa)	设置是否去锯齿
setColor(int color)	设置颜色
setPathEffect(PathEffect effect)	设置路径效果
setShader(Shader shader)	设置填充效果
setShadowLayer(float radius, float dx, float dy, int color)	设置阴影
setStrokeJoin(Paint. Join join)	设置转弯处连接风格
setStrokeWidth(float width)	设置画笔宽度
setStyle(Paint. Style style)	设置填充风格
setTextAlign(Paint. Align align)	设置文本对齐方式
setTextSize(float textSize)	设置文本大小

下面通过一个具体的实例展示 Canvas 类的使用方法和绘图效果。

【例 7-1】 使用 Canvas 类绘制图形。

首先自定义一个继承自 View 类的类，重写 View 类的 onDraw(Canvas canvas)方法。该类的代码如下。

```
public class MyView extends View
{
    public MyView(Context context, AttributeSet set)
    {
        super(context, set);
    }
    @Override
    protected void onDraw(Canvas canvas)                    // 重写该方法，进行绘图
    {
        super.onDraw(canvas);
        canvas.drawColor(Color.WHITE);                      // 把整张画布绘制成白色
        Paint paint = new Paint();
        paint.setAntiAlias(true);                           // 去锯齿
        paint.setColor(Color.BLUE);
        paint.setStyle(Paint.Style.STROKE);
        paint.setStrokeWidth(3);
        canvas.drawCircle(80, 80, 60, paint);               // 绘制圆形
        canvas.drawRect(20, 180, 140, 300, paint);          // 绘制正方形
        canvas.drawRect(20, 340, 140, 400, paint);          // 绘制矩形
        RectF re1 = new RectF(20, 440, 140, 500);
        canvas.drawRoundRect(re1, 25, 25, paint);           // 绘制圆角矩形
        RectF re11 = new RectF(20, 540, 140, 600);
        canvas.drawOval(re11, paint);                       // 绘制椭圆
        Path path1 = new Path();                            // 定义一个 Path 对象，封闭成一个三角形
        path1.moveTo(20, 700);
        path1.lineTo(140, 700);
        path1.lineTo(80, 640);
        path1.close();
        canvas.drawPath(path1, paint);                      // 根据 Path 进行绘制，绘制三角形
        Path path2 = new Path();                            // 定义一个 Path 对象，封闭成一个五角形
        path2.moveTo(50, 740);
        path2.lineTo(120, 740);
        path2.lineTo(140, 800);
        path2.lineTo(80, 860);
        path2.lineTo(20, 800);
        path2.close();
        canvas.drawPath(path2, paint);                      // 根据 Path 进行绘制，绘制五角形
        paint.setStyle(Paint.Style.FILL);                   // --------设置填充风格后绘制--------
        paint.setColor(Color.RED);
        canvas.drawCircle(260, 80, 60, paint);
        canvas.drawRect(200, 180, 320, 300, paint);         // 绘制正方形
        canvas.drawRect(200, 340, 320, 400, paint);         // 绘制矩形
        RectF re2 = new RectF(200, 440, 320, 500);
        canvas.drawRoundRect(re2, 25, 25, paint);           // 绘制圆角矩形
        RectF re21 = new RectF(200, 540, 320, 600);
        canvas.drawOval(re21, paint);                       // 绘制椭圆
        Path path3 = new Path();
        path3.moveTo(200, 700);
        path3.lineTo(320, 700);
        path3.lineTo(260, 640);
        path3.close();
        canvas.drawPath(path3, paint);                      // 绘制三角形
        Path path4 = new Path();
```

```
            path4. moveTo(230, 740);
            path4. lineTo(290, 740);
            path4. lineTo(320, 800);
            path4. lineTo(260, 860);
            path4. lineTo(200, 800);
            path4. close();
            canvas. drawPath(path4, paint);                          // 绘制五角形
            Shader mShader = new LinearGradient(0, 0, 40, 60  // 设置渐变器后绘制,为 Paint 设置渐变器
                , new int[] { Color. RED, Color. GREEN, Color. BLUE, Color. YELLOW }
                ,null, Shader. TileMode. REPEAT);
            paint. setShader(mShader);
            paint. setShadowLayer(45, 10, 10, Color. GRAY);          // 设置阴影
            canvas. drawCircle(440, 80, 60, paint);                  // 绘制圆形
            canvas. drawRect(380, 180, 500, 300, paint);             // 绘制正方形
            canvas. drawRect(380, 340, 500, 400, paint);             // 绘制矩形
            RectF re3 = new RectF(380, 440, 500, 500);
            canvas. drawRoundRect(re3, 25, 25, paint);               // 绘制圆角矩形
            RectF re31 = new RectF(380, 540, 500, 600);
            canvas. drawOval(re31, paint);                           // 绘制椭圆
            Path path5 = new Path();
            path5. moveTo(380, 700);
            path5. lineTo(500, 700);
            path5. lineTo(440, 640);
            path5. close();
            canvas. drawPath(path5, paint);                          // 根据 Path 进行绘制,绘制三角形
            Path path6 = new Path();
            path6. moveTo(410, 740);
            path6. lineTo(470, 740);
            path6. lineTo(500, 800);
            path6. lineTo(440, 860);
            path6. lineTo(380, 800);
            path6. close();
            canvas. drawPath(path6, paint);                          // 根据 Path 进行绘制,绘制五角形
            paint. setTextSize(40);                                  // 设置字符大小后绘制
            paint. setShader(null);
            // 绘制 7 个字符串,代码中使用 xml 资源
            canvas. drawText(getResources(). getString(R. string. circle), 560, 80, paint);
            canvas. drawText(getResources(). getString(R. string. square), 560, 240, paint);
            canvas. drawText(getResources(). getString(R. string. rect), 560, 370, paint);
            canvas. drawText(getResources(). getString(R. string. round_rect), 560, 470, paint);
            canvas. drawText(getResources(). getString(R. string. oval), 560, 570, paint);
            canvas. drawText(getResources(). getString(R. string. triangle), 560, 670, paint);
            canvas. drawText(getResources(). getString(R. string. pentagon), 560, 800, paint);
    }
}
```

接下来在布局文件中加载这个 View 视图。布局文件代码如下。

```
<androidx. constraintlayout. widget. ConstraintLayout xmlns:android=" http:// schemas. android. com/apk/res/android"
    xmlns:app=" http:// schemas. android. com/apk/res-auto"
    xmlns:tools=" http:// schemas. android. com/tools"
    android:layout_width=" match_parent"
    android:layout_height=" match_parent"
```

```
        tools:context=".CanvasTest" >
    <com.example.ch7_1.MyView // 自定义视图
        android:layout_width="match_parent"
        android:layout_height="match_parent" />
</androidx.constraintlayout.widget.ConstraintLayout>
```

最后，通过 setContentView( )函数来加载布局，代码如下。

```
public class CanvasTest extends AppCompatActivity {
    @Override
    protected void onCreate(Bundle savedInstanceState) {
        super.onCreate(savedInstanceState);
        setContentView(R.layout.activity_main);
    }
}
```

📖 本书后面类似于布局文件代码及程序入口处代码，除非必要时不再给出，以避免篇幅过长。读者可以自行查阅随书源代码。

上面的程序调用了大量的 Canvas 方法来显示一系列的图形，并且其中一些图形设置了阴影和渐变效果。图 7-1 所示为程序运行的效果。

Canvas 提供的绘图方法不仅这些，甚至还可以通过 Canvas 直接在界面上绘制一张位图，这样，美工人员处理后的精美图片能十分简单地展现在界面上。读者可以通过阅读 Canvas 类的官方 API 来获取 Canvas 类更多绘图方法的解释及示例。

图 7-1　利用 Canvas 显示的图形

7.1.3　Canvas 绘制的辅助类

Canvas 提供的绘图方法中，常需要辅以一些辅助类，如 7.1.2 小节中讲到的 Paint 类就是一个十分重要的辅助类。可以从 Canvas 提供的绘图方法中看到这些辅助类，其中包括 Paint 类、Path 类、Bitmap 类、Rect 类及 Point 类等。本小节先介绍 Path 类和 Rect 类的使用，Drawable 类和 Bitmap 类将在 7.2 节中介绍。

1. Path 类

通过例 7-1 已经了解了 Path 类的使用。Android 提供 Path 类来表示画笔绘制的路径，它可以预先在 View 上将 N 个点连成一条路径，再调用 Cavans 的 drawPath( )方法即可沿着路径绘制出图形。同时可以使用 PathEffect 来定义绘制效果。Android 定义了一系列效果，每个效果都是 PathEffect 的一个子类。也可以派生 PathEffect 类来自定义路径绘制效果。常见的 PathEffect 子类有：ComposePathEffect、CornerPathEffect、DashPathEffect、DiscretePathEffec、PathDashPathEffect 和 SumPathEffect。

下面通过一个例子来说明这几个子类效果的不同之处。

【例 7-2】 使用 PathEffect 类绘制路径。

```
public class PathEffectView extends View {
    private int[ ] color;
```

```
3        private PathEffect[] pathEffects = new PathEffect[7];
4        private Paint paint;
5        private float phase;
6        private Path path;
7        public PathEffectView(Context context, AttributeSet set) {
8            super(context, set);
9            paint = new Paint();
10           paint.setAntiAlias(true);                    // 防止边缘的锯齿
11           paint.setStyle(Paint.Style.STROKE);   // 设置画笔填充样式：描边
12           paint.setStrokeWidth(5);                     // 设置线宽
13           color = new int[] {Color.BLACK, Color.BLUE, Color.YELLOW, Color.RED,
14                   Color.GRAY, Color.GREEN, Color.CYAN};
15           path = new Path();
16           path.moveTo(0, 0);
17           for (int i = 1; i < 15; i++) {              // 画出 15 个点，连成一条线
18               path.lineTo(i * 60, (float) Math.random() * 180);
19           }
20           path.close();
21       }
22       @Override
23       protected void onDraw(Canvas canvas) {
24           super.onDraw(canvas);
25           canvas.drawColor(Color.WHITE);
26           pathEffects[0] = null;
27           pathEffects[1] = new CornerPathEffect(10);
28           pathEffects[2] = new DiscretePathEffect(3, 5);
29           pathEffects[3] = new DashPathEffect(new float[] {20, 10, 5, 10}, 10);
30           Path p = new Path();
31           p.addRect(0, 0, 8, 8, Path.Direction.CCW);
32           pathEffects[4] = new PathDashPathEffect(p, 12, phase, PathDashPathEffect.Style.ROTATE);
33           pathEffects[5] = new SumPathEffect(pathEffects[3], pathEffects[4]);
34           pathEffects[6] = new ComposePathEffect(pathEffects[3], pathEffects[4]);
35           canvas.translate(8, 8);
36           for (int i = 0; i < pathEffects.length; i++) {
37               paint.setColor(color[i]);
38               paint.setPathEffect(pathEffects[i]);
39               canvas.drawPath(path, paint);
40               canvas.translate(0, 60);
41           }
42           phase += 1;                                  // phase 如果不自增，就没有动画效果
43           invalidate();                                // 回调 onDraw 重新绘制
44       }
45   }
```

在这个自定义的视图类 PathEffectView（第 1 行）中，第 3 行定义了变量 pathEffects 数组用于存放 7 种不同的 PathEffect 效果。在第 7 行构造函数中，对变量 paint、color 和 path 分别进行了初始化。

在绘制函数 onDraw()（第 23 行）中，第 25 行设置背景为白色。第 25~34 行，设置了 7 种 PathEffect 效果：

- 第 26 行不设置效果。
- 第 27 行 CornerPathEffect 设置路径连线之间的夹角更加平滑、圆润。

- 第 28 行 DiscretePathEffect 产生一种离散效果，在路径上绘制许多杂点。
- 第 29 行 DashPathEffect 产生虚线效果。
- 第 30～32 行 PathDashPathEffect 动态改变会产生动画效果。
- 第 33 行的 SumPathEffect 和第 34 行的 ComposePathEffect 是两个 PathEffect 的组合效果。其中，SumPathEffect 的作用是分别对两个参数的效果各自独立进行表现，然后将两个效果简单地重叠在一起显示出来；而 ComposePathEffect 的作用是先将第 1 个效果作用到路径上，然后再在变换后的路径上添加第 2 个效果。

第 35 行和第 40 行的 canvas. translate( ) 方法，用于将画布在水平和垂直方向上进行平移，从而使得 7 种 PathEffect 效果虽然都是在同一个 path 上画的线，但是在屏幕上的不同位置进行了错开显示，而不至于重叠在一起。

从上面的程序可以看到，定义 DashPathEffect、PathDashPathEffect 时可以指定一个 phase 参数。该参数用于指定路径效果的相位。当参数 phase 改变时，绘制效果也略有变化。不断改变参数 phase 的值，并不停地重绘 View 组件，就可以看到动画效果。读者可以通过随书源代码查看动画效果。图 7-2 所示为该程序的静态效果。

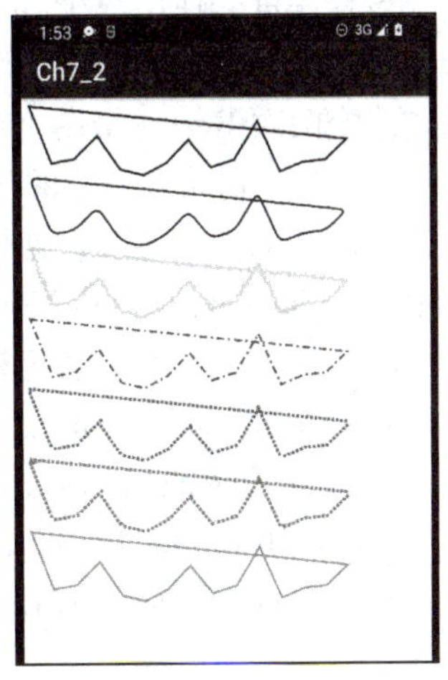

图 7-2　7 种 PathEffect 效果

从图 7-2 可以看出各种 PathEffect 的效果。除此之外，Canvas 类还提供了一个 DrawTextOnPath(String text, Path path, float hOffset, float vOffset, Paint paint) 方法，该方法可以沿着 path 绘制文本。其中，参数 hOffset 指定水平偏移；vOffset 指定垂直偏移。

2. Rect 类

Canvas 的另外一个比较重要的辅助类是 Rect 类。Rect 类表示一个矩形或者一个范围框。Rect 类不仅只用在 Canvas 类，其他 API 类的方法也有以 Rect 类为参数的情况。Canvas 类的 drawRect（Rect r, Paint paint）用一种风格的 Paint 填充整个指定的矩形。下面通过一个例子说明这个方法的使用方法及效果。

【例 7-3】使用 Canvas 类的 drawRect( ) 方法实现切分屏幕的效果，如图 7-3 所示。

```
public class RectView extends View{
    private Rect rect;
    private Paint paint;
    private int width;
    private int height;
    public RectView(Context context, AttributeSet attrs) {
        super(context, attrs);
        rect = new Rect();
        paint = new Paint();
        DisplayMetrics dm = new DisplayMetrics();   //获取设备屏幕的宽和高
        ((Activity)context).getWindowManager().getDefaultDisplay().getMetrics(dm);
        width = dm.widthPixels;
        height = dm.heightPixels;
```

图 7-3　切分屏幕效果

```
14      }
15      @Override
16          protected void onDraw(Canvas canvas) {
17              rect.set(0, 0, width, height / 2 );       // 填充屏幕上半部分，填充颜色为白色
18              paint.setColor(Color.WHITE);
19              canvas.drawRect(rect, paint);
20              rect.set(0, height / 2, width, height);   // 填充屏幕下半部分，填充颜色为红色
21              paint.setColor(Color.RED);
22              canvas.drawRect(rect, paint);
23      }
24  }
```

该程序首先使用一个 Acticity 类的方法（第 11 行）获取当前运行设备屏幕的宽和高（第 12 和 13 行，以像素为单位），再根据屏幕的宽和高设置 Rect 的大小及位置，接着填充颜色。通过改变两次 Rect（屏幕上半部分，第 17 行；下半部分，第 20 行）、两次填充颜色（第 18、21 行），以达到切分屏幕的简单效果。

Rect 类的方法不多，使用相对简单。通过例 7-3 可以看到，设置 Rect 的大小及位置可以使用 set（int left，int top，int right，int bottom）方法。

Rect 的其他一些方法也较为简单，常用方法有以下几种。

- boolean contains(int x, int y)：矩形中是否包含该点。
- boolean contains(Rect r)：矩形中是否包含另一个矩形。
- void offset(int dx, int dy)：移动矩形。
- boolean setIntersect(Rect a, Rect b)：设置为两个矩形的相交部分。

7.2 图像

7.1 节介绍的图形绘制都是在程序运行时实时绘制上去的，而这些图案都是一些较为规则的形状。如果希望绘制上去的是一张已经制作好的图片，就需要使用 Android 绘制图像的知识。本节将介绍 Android 绘制图像较为常用的 Drawable 类和 Bitmap 类。

7.2.1 Drawable 和 ShapDrawable 通用绘图类

Drawable 对象是一种资源对象，当为 Android 程序添加一个 Drawable 资源后，Android SDK 会为这份资源在 R.java 清单中创建一个 id（或者称为索引），其名称一般为 R.drawable.file_name。

接下来可在 XML 资源文件中通过@drawable/file_name 来访问该 Drawable 资源，也可在 Java 代码中通过 R.drawable.file_name 访问该 Drawable 对象。下面的例 7-4 和例 7-5 将分别使用这两种方法来全屏显示一张图片。

【例 7-4】使用 XML 文件形式访问 Drawable 资源。

```
<RelativeLayout xmlns:android="http://schemas.android.com/apk/res/android"
    xmlns:tools="http://schemas.android.com/tools"
    android:layout_width="match_parent"
    android:layout_height="match_parent"
    android:background="@drawable/bk"
    tools:context=".MainActivity" >
</RelativeLayout>
```

在上述代码中，使用了一行代码 android:background="@drawable/bk"（第 5 行）即实现了访问。

【例 7-5】使用 Java 代码形式访问 Drawable 资源。

```
1   public class MainActivity extends AppCompatActivity {
2       RelativeLayout relativeLayout;
3       @Override
4       protected void onCreate(Bundle savedInstanceState) {
5           super.onCreate(savedInstanceState);
6           setContentView(R.layout.activity_main);
7           relativeLayout = (RelativeLayout)findViewById(R.id.layout);
8           relativeLayout.setBackground(getResources().getDrawable(R.drawable.bk));
9       }
10  }
```

在上述代码的第 8 行，使用 setBackground()方法设置 relativeLayout 布局的背景；使用 getResources()方法得到当前 context 的 Resources 对象，该对象包含了应用程序的所有资源，包括布局文件、字符串、图片等；而 getDrawable()方法可以得到指定 id 的 Drawable 对象。

由此可见，使用 Java 代码访问 Drawable 对象会更灵活，且并不比使用 XML 文件的方式复杂多少。

运行这两个实例都将得到图 7-4 所示的运行结果。

图 7-4　访问 Drawable 资源

事实上，Drawable 对象是一个抽象类（Abstract Class），所以如果要理解 Drawable 类具体是如何画图的，则需要分析 Drawable 的子类。而 BitmapDrawable 是比较常见的一个绘图类，在 BitmapDrawable 类中就可以看到位图的具体操作。

接下来介绍 Drawable 抽象类的另外一个比较常见的子类 ShapeDrawable 类。学习 ShapeDrawable 类，不仅要掌握该类的使用方法，还要能够举一反三，自主学习 Drawable 类的其他各个子类（如 ColorDrawable 等）。

前面介绍的 Drawable 资源其实都指 BitmapDrawable 子类。BitmapDrawable 代表的是位图资源，而 ShapeDrawable 代表的是图形资源。当去画一些动态的二维图片时，ShapeDrawable 对象就是一个非常好的工具。通过 ShapeDrawable，可以画出任何想得到的图像与样式。ShapeDrawable 继承自 Drawable 抽象类，所以可以调用 Drawable 的所有方法，如通过 setBackgroundDrawable()设置视图的背景等。

因为 ShapeDrawable 有自己的 onDraw()方法，所以可在自定义视图布局中画出图形。此外，还可以在 View.onDraw()方法中创建一个视图的子类去画 ShapeDrawable。ShapeDrawable 类（在 android.graphics.drawable 包中）允许定义 Drawable 方法的各种属性。有些属性可以进行调整，包括透明度、颜色过滤、不透明度和颜色。例 7-6 实现了用 ShapeDrawable 画出各种样式的图形。

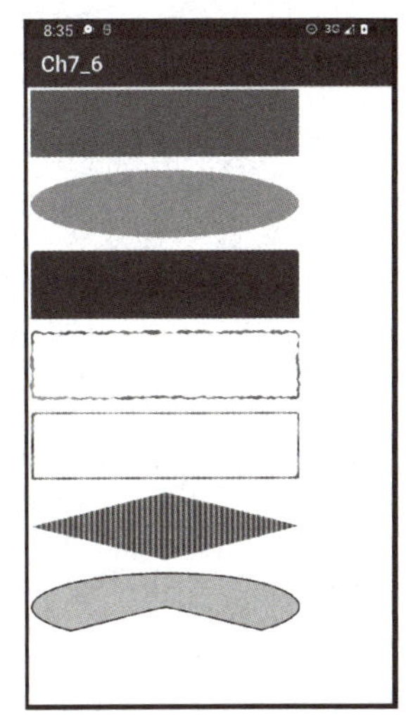

图 7-5　用 ShapeDrawable 绘图

【例 7-6】用 ShapeDrawable 绘图，如图 7-5 所示。

```
public class MainActivity extends AppCompatActivity {
    @Override
    protected void onCreate(Bundle savedInstanceState) {
        super.onCreate(savedInstanceState);
        setContentView(new SampleView(this));
    }
    private static class SampleView extends View {
        private ShapeDrawable[] mDrawables;
        public SampleView(Context context) {
            super(context);
            setFocusable(true);
            float[] outerR = new float[] { 12, 12, 12, 12, 0, 0, 0, 0 };
            RectF inset = new RectF(6, 6, 6, 6);
            float[] innerR = new float[] { 12, 12, 0, 0, 12, 12, 0, 0 };
            Path path = new Path();
            path.moveTo(50, 0);
            path.lineTo(0, 50);
            path.lineTo(50, 100);
            path.lineTo(100, 50);
            path.close();
            mDrawables = new ShapeDrawable[7];
            mDrawables[0] = new ShapeDrawable(new RectShape());
            mDrawables[1] = new ShapeDrawable(new OvalShape());
            mDrawables[2] = new ShapeDrawable(new RoundRectShape(outerR, null, null));
            mDrawables[3] = new ShapeDrawable(new RoundRectShape(outerR, inset, null));
            mDrawables[4] = new ShapeDrawable(new RoundRectShape(outerR, inset, innerR));
            mDrawables[5] = new ShapeDrawable(new PathShape(path, 100, 100));
            mDrawables[6] = new MyShapeDrawable(new ArcShape(45, -270));
            mDrawables[0].getPaint().setColor(0xFFFF0000);
            mDrawables[1].getPaint().setColor(0xFF00FF00);
            mDrawables[2].getPaint().setColor(0xFF0000FF);
            mDrawables[3].getPaint().setShader(makeSweep());
            mDrawables[4].getPaint().setShader(makeLinear());
            mDrawables[5].getPaint().setShader(makeTiling());
            mDrawables[6].getPaint().setColor(0x88FF8844);
            PathEffect pe = new DiscretePathEffect(10, 4);
            PathEffect pe2 = new CornerPathEffect(4);
            mDrawables[3].getPaint().setPathEffect( new ComposePathEffect(pe2, pe));
            MyShapeDrawable msd = (MyShapeDrawable)mDrawables[6];
            msd.getStrokePaint().setStrokeWidth(4);
        }
        private static Shader makeSweep() {
            return new SweepGradient(150, 25,
                new int[] { 0xFFFF0000, 0xFF00FF00, 0xFF0000FF, 0xFFFF0000 }, null);
        }
        private static Shader makeLinear() {
            return new LinearGradient(0, 0, 50, 50,
                new int[] { 0xFFFF0000, 0xFF00FF00, 0xFF0000FF },
                null, Shader.TileMode.MIRROR);
        }
        private static Shader makeTiling() {
            int[] pixels = new int[] { 0xFFFF0000, 0xFF00FF00, 0xFF0000FF, 0};
            Bitmap bm = Bitmap.createBitmap(pixels, 2, 2, Bitmap.Config.ARGB_8888);
```

```
54                return new BitmapShader(bm, Shader.TileMode.REPEAT, Shader.TileMode.REPEAT);
55            }
56            private static class MyShapeDrawable extends ShapeDrawable {
57                private Paint mStrokePaint = new Paint(Paint.ANTI_ALIAS_FLAG);
58                public MyShapeDrawable(Shape s) {
59                    super(s);
60                    mStrokePaint.setStyle(Paint.Style.STROKE);
61                }
62                public Paint getStrokePaint() {
63                    return mStrokePaint;
64                }
65                @Override protected void onDraw(Shape s, Canvas c, Paint p) {
66                    s.draw(c, p);
67                    s.draw(c,mStrokePaint);
68                }
69            }
70            @Override
71            protected void onDraw(Canvas canvas) {
72                int x = 10;
73                int y = 10;
74                int width = 800;
75                int height = 200;
76                for (Drawable dr : mDrawables) {
77                    dr.setBounds(x, y, x + width, y + height);
78                    dr.draw(canvas);
79                    y +=height + 40;
80                }
81            }
82        }
83    }
```

第 7 行自定义了一个 View 类 SampleView，在 Activity 的 onCreate( ) 方法中通过 setContentView( ) 方法（第 5 行）进行加载生成程序界面。

在 SampleView 类的定义中，定义了 ShapeDrawable 对象数组 mDrawables（第 8 行）；在第 9~41 行构造函数中对 mDrawables 进行了初始化操作，将每一个 ShapeDrawable 设置成为不一样的形状。

在 SampleView 类的 onDraw( ) 函数中（第 71 行），对每一个 ShapeDrawable 对象（第 76 行），通过 setBounds( ) 指定当前 ShapeDrawable 在当前控件中的绘制位置，通过 draw(canvas) 将形状绘制到指定的 Canvas 上。

由此可见，只要是用户能够想出来的形状，并且能画出其路径，都可以用 ShapeDrawable 类画出来。

ShapeDrawable 类是 Drawable 类的一个子类，读者学习完 ShapeDrawable 后，如果想要掌握 Drawable 类，可以通过查阅相关资料（如官方开发者文档）学习其他 Drawable 类的子类，如 PictureDrawable、ClipDrawable 类等。

7.2.2　Bitmap 和 BitmapFactory 图像类

扫码看视频

Bitmap 类代表位图，是 Android 系统图像处理中的一个重要的类。BitmapDrawable 中封装的图片就是一个 Bitmap 对象。把一个 Bitmap 对象封装成

BitmapDrawable 对象，需调用 BitmapDrawable 的构造器，代码如下。

```
BitmapDrawable drawable = new BitmapDrawable(bitmap);
```

如果需要获取 BitmapDrawable 所封装的 Bitmap 对象，则可调用 BitmapDrawable 的 getBitmap() 方法，代码如下。

```
Bitmap bitmap = bitmapDrawable.getBitmap();
```

此外，Bitmap 还提供了一些静态方法用于创建新的 Bitmap 对象。

- createBitmap(Bitmap source, int x, int y, int width, int height)：从源位图 source 的指定坐标点开始，挖取指定宽和高的一块位图出来，并创建新的 Bitmap 对象。
- createScaleBitmap(Bitmap src, int dstWidth, int dstHeight, Boolean filter)：对源位图 src 进行缩放，缩放成指定宽和高的新位图。
- createBitmap(int width, int height, Bitmap.Config config)：创建一个指定宽和高的新位图。
- createBitmap(Bitmap source, int x, int y, int width, int height, Matrix m, Boolean filter)：从源位图 source 的指定坐标开始，挖取指定宽和高的一块出来，并创建新的 Bitmap 对象，按 Matrix 指定的规则进行交换。

BitmapFactory 是一个工具类，它用于提供大量的方法，这些方法可用于从不同的数据源来解析、创建 Bitmap 对象。BitmapFactory 包含如下方法。

- decodeByteArray(byte[] data, int offset, int length)：从指定字节数组的 offset 位置开始，将长度为 length 的字节数据解析成 Bitmap 对象。
- decodeFile(String pathName)：从 pathName 指定的文件中解析、创建 Bitmap 对象。
- decodeFileDescriptor(FileDescriptor fd)：从 FileDescriptor 对应的文件中解析、创建 Bitmap 对象。
- decodeResource(Recources res, int id)：根据给定的资源 id 从指定资源中解析、创建 Bitmap 对象。
- decodeStream(InputStream is)：从指定输出流中解析、创建 Bitmap 对象。

通常只要把图片放在“/res/drawable-mdpi”目录下，就可以在程序中通过该图片对应的资源 id 来获取封装该图片的 Drawable 对象。但由于手机系统的内存比较小（虽然现在手机内存已经大幅度提升），但如果系统不停地去解析、创建 Bitmap 对象，也可能由于前面创建 Bitmap 所占用的内存还没有回收，而导致程序运行时引发 OutOfMemory 错误。

Android 为 Bitmap 提供了两种方法判断是否已回收，以及强制 Bitmap 回收自己。

- boolean isRecycled()：返回该 Bitmap 对象是否已经被回收。
- void recycle()：强制一个 Bitmap 对象立即回收自己。

除此之外，如果 Android 应用需要访问其他存储路径（比如 SD 卡）里的图片，都需要借助 BitmapFactory 来解析、创建 Bitmap 对象。

下面通过一个图片查看器实例，介绍 Bitmap 类和 BitmapFactory 类的使用。

【例 7-7】 图片查看器。程序只包含一个 ImageView 和一个按钮，当用户单击该按钮时程序会自动搜寻“/asserts/”目录下的下一张图片。程序运行效果如图 7-6 所示。

图 7-6　图片查看器运行效果

```
public class MainActivity extends AppCompatActivity {
    String[] images = null;
    AssetManager assets = null;
    int currentImg = 0;
    ImageView image;
    @Override
    protected void onCreate(Bundle savedInstanceState) {
        super.onCreate(savedInstanceState);
        setContentView(R.layout.activity_main);
        image = (ImageView)findViewById(R.id.image);
        try {
            assets = getAssets();
            images = assets.list("");
        }
        catch (IOException e)
        {
            e.printStackTrace();
        }
        final Button next = (Button)findViewById(R.id.next);
        // 为 bn 按钮绑定事件监听器，该监听器将会查看下一张图片
        next.setOnClickListener(new View.OnClickListener()
        {
            @Override
            public void onClick(View sources)
            {
                if (currentImg >= images.length)          // 如果发生数组越界
                {
                    currentImg = 0;
                }
                // 找到下一个图片文件
                while (!images[currentImg].endsWith(".png")
                    && !images[currentImg].endsWith(".jpg")
                    && !images[currentImg].endsWith(".gif"))
                {
                    currentImg++;
                    if (currentImg >= images.length)          // 如果已发生数组越界
                    {
                        currentImg = 0;
                    }
                }
                InputStream assetFile = null;
                try
                {   // 打开指定资源对应的输入流
                    assetFile = assets.open(images[currentImg++]);
                }
                catch (IOException e)
                {
                    e.printStackTrace();
                }
                BitmapDrawable bitmapDrawable = (BitmapDrawable) image.getDrawable();
                // 如果图片还未回收，先强制回收该图片
                if (bitmapDrawable != null && !bitmapDrawable.getBitmap().isRecycled())
                {
```

```
54                         bitmapDrawable.getBitmap().recycle();
55                     }
56                     //改变 ImageView 显示的图片
57                     image.setImageBitmap(BitmapFactory.decodeStream(assetFile)); //②
58                 }
59             });
60         }
61 }
```

在上述代码中，第 2 行定义 Activity 成员变量 images 字符串数组，用于存放 asserts 目录下所有的文件（第 13 行 assets.list()方法得到的）。因本程序仅对图片文件感兴趣，在第 31~33 行，过滤掉文件扩展名不是 .png、.jpg、.gif 的，从而确保打开的文件（第 44 行，存于输入文件流 assetFile）是图片，该图片通过 setImageBitmap()方法加载到控件 image 中（第 57 行），通过 BitmapFactory.decodeStream()方法可以对指定的输入流进行解析并创建 Bitmap 对象。

7.3 音频和视频

智能手机的多媒体功能一直受到用户群体的关注，用户常用智能手机来听音乐、看视频。因此，Android 应用程序市场中早已涌现出大量的多媒体应用。而作为 Android 应用程序的开发者而言，更关心的是如何编写这类应用。

Android SDK 提供了简单的 API 来播放音频、视频，从而让大部分的开发者无须考虑音频和视频的一些底层操作。Android 提供了常见音频、视频的编码、解码机制。Android 支持的音频格式较多，常见的有 MP3、WAV 和 3GP 等，支持的视频格式有 MP4 和 3GP 等。下面将详细介绍如何使用 Android SDK 提供的 API 来简单播放音频和视频。

7.3.1 使用 MediaPlayer 播放音频

MediaPlayer 是一个强大的多媒体播放器，它提供了丰富的功能和 API，可以用于播放音频和视频文件。它支持多种音频和视频格式，并提供了控制播放进度、音量控制、循环播放等功能。此外，MediaPlayer 还提供了一些事件回调，可以用于处理播放状态的变化，如播放完成、缓冲状态等。无论是开发音乐播放器、视频播放器还是其他多媒体应用，MediaPlayer 都是理想的选择。

使用 MediaPlayer 播放音频十分简单，当程序控制 MediaPlayer 对象装载音频完成之后，程序就可以调用 MediaPlayer 的几个简单方法来进行控制播放。

- start()：开始播放或者恢复播放。
- stop()：停止播放。
- pause()：暂停播放。

装载音频文件有两种方法，这两种方法都是 MediaPlayer 提供的静态方法。

- static MediaPlayer create(Context context, Uri uri)：从指定 URI 中装载音频文件，并创建一个对应的 MediaPlayer 对象。
- static MediaPlayer create(Context context, int resid)：从 resid 资源 id 对应的资源文件中装载音频文件，并创建一个对应的 MediaPlayer 对象。此方法一般用于装载本地音频。

上述两个方法虽然简单，但有一定的局限性。如果需要循环播放多个音频，若使用这两种方法将会变成重复重建和释放对象，程序性能会有所下降。在此种情况下，可以使用 setData-

Source( )方法来装载指定的音频文件。

- void setDataSource(String path)：指定装载 path 所代表的文件。
- void setDataSource(FileDescriptor fd, long offset, long length)：指定装载 fd 所代表的文件中从 offset 开始、长度为 length 的文件内容。
- void setDataSource(FileDescriptor fd)：指定装载 fd 所代表的文件。
- void setDataSource(Context context, Uri uri)：指定装载 uri 代表的文件。

使用上述的 setDataSource( )方法，并没有像 create( )方法那样真正装载了音频文件。如果要真正装载指定的音频，还需要调用 prepare( )方法去准备（装载）音频。

下面通过例 7-8 说明如何具体使用 MediaPlayer 类来播放音频。

【例 7-8】使用 MediaPlayer 类来播放音频。程序在刚启动时，会立即播放事先指定的音频，并且通过一行文本显示正在播放的音频。

```
1  public class MainActivity extends AppCompatActivity {
2      private MediaPlayer mMediaPlayer;
3      private TextView tx;
4      @Override
5      protected void onCreate(Bundle savedInstanceState) {
6          super.onCreate(savedInstanceState);
7          tx = new TextView(this);
8          setContentView(tx);
9          playAudio();
10     }
11     private void playAudio() {
12         try {  // 使用 create()方法装载 res.raw.test_cbr.mp3 这个音频文件
13             mMediaPlayer = MediaPlayer.create(this, R.raw.test_cbr);
14             mMediaPlayer.start();   // 直接开始方法音频
15             tx.setText("Playing audio...");
16         } catch (Exception e) {
17             e.printStackTrace();
18         }
19     }
20     @Override
21     protected void onDestroy() {
22         super.onDestroy();
23         if (mMediaPlayer != null) { // 注意销毁 Activity 的同时也需要释放 MediaPlayer 对象
24             mMediaPlayer.release();
25             mMediaPlayer = null;
26         }
27     }
28 }
```

从上面的程序可以看出，播放一个音频十分简单，只需要 create( )方法装载好音频文件（第 13 行），再使用 start( )、pause( )和 stop( )就可以控制音频的播放了。但要注意的是，MediaPlayer 对象必须要通过程序来释放。一般是在销毁一个 Activity（onDestroy( )方法）的同时释放 MediaPlayer 对象（第 24 行）。

当然，MediaPlayer 类也提供了一些监听器用于监听播放过程中的特定事件。绑定事件监听器的方法如下。

- setOnCompletionListener(MediaPlayer. OnCompletioListener listener)：设置 MediaPlayer 在播放完成后触发的事件监听器。

- setOnErrorListener(MediaPlayer. OnErrorListener listener)：设置 MediaPlayer 在播放过程中发生错误而触发的事件监听器。
- setOnPreparedListener(MediaPlayer. OnPrepareListener listener)：设置 MediaPlayer 调用 prepare()方法后触发的事件监听器。
- setOnSeekCompleteListener(MediaPlayer. OnSeekCompleteListener listener)：设置 MediaPlayer 调用 seek()方法后触发的事件监听器。

【例 7-9】验证监听器的有效性。本程序仅在发生这些事件时用 TextView 显示刚刚发生的事件，从而验证确实触发了监听器。

```
public class MainActivity extends AppCompatActivity {
    private MediaPlayer mMediaPlayer;
    private TextView tx;
    AssetManager assetManager;
    @Override
    protected void onCreate(Bundle savedInstanceState) {
        super.onCreate(savedInstanceState);
        tx = new TextView(this);
        setContentView(tx);
        playAudio();
    }
    private void playAudio() {
        try {
            assetManager = getAssets(); // 获取 assert 管理器
            mMediaPlayer = new MediaPlayer();      // 初始化 MediaPlayer 对象
            // 设置监听器
            mMediaPlayer.setOnCompletionListener(new MyOnCompletionListener());
            mMediaPlayer.setOnErrorListener(new MyOnErrorListener());
            mMediaPlayer.setOnPreparedListener(new MyOnPreparedListener());
            mMediaPlayer.setOnSeekCompleteListener(new MyOnSeekCompleteListener());
            mMediaPlayer.stop();
            // 设置音频来源
            AssetFileDescriptor fD = assetManager.openFd("test_cbr.mp3");
            mMediaPlayer.setDataSource(fD.getFileDescriptor(), fD.getStartOffset(), fD.getLength());
            mMediaPlayer.prepare();                // 准备播放，触发"准备"监听器
            mMediaPlayer.start();                  // 直接开始方法音频
            Thread.sleep(5000);                    // 使线程暂停 5s，便于观察变化
            mMediaPlayer.seekTo(1000);             // 定位到 1s 处
        } catch (Exception e) {
            e.printStackTrace();
        }
    }
    @Override
    protected void onDestroy() {
        super.onDestroy();
        if (mMediaPlayer != null) {      // 注意销毁 Activity 的同时也需要释放 MediaPlayer 对象
            mMediaPlayer.release();
            mMediaPlayer = null;
        }
    }
    private class MyOnErrorListener implements MediaPlayer.OnErrorListener{
        @Override
```

```
43            public boolean onError(MediaPlayer mp, int what, int extra) {
44                tx.setText(tx.getText() + " player error\n");
45                return true;
46            }
47        }
48        private class MyOnCompletionListener implements MediaPlayer.OnCompletionListener{
49            @Override
50            public void onCompletion(MediaPlayer mp) {
51                tx.setText(tx.getText()+ " player completed\n");
52            }
53        }
54        private class MyOnPreparedListener implements MediaPlayer.OnPreparedListener{
55            @Override
56            public void onPrepared(MediaPlayer mp) {
57                tx.setText(tx.getText() + " player prepared\n");
58            }
59        }
60        private class MyOnSeekCompleteListener implements MediaPlayer.OnSeekCompleteListener{
61            @Override
62            public void onSeekComplete(MediaPlayer mp) {
63                tx.setText(tx.getText() + " player seek\n");
64            }
65        }
66    }
```

在上述程序中，第 15 行对 MediaPlayer 对象 mMediaPlayer 进行初始化，第 17~20 行设置了 4 个事件的监听器。监听器的实现函数比较简单，只是在文本框中显示出现事件的名称（第 44、51、57、63 行）。

第 21 行在文件加载和播放之前调用了 mMediaPlayer.stop()，产生不会致命的错误，但引起错误触发了 MyOnErrorListener 监听器。

第 23、24 行设置音频来源，通过 assetManager 得到 assets 目录下的音频文件，然后调用 setDataSource()完成。

第 25 行，准备播放，执行完 prepare()后，触发了 MyOnPreparedListener 监听器。

第 26 行，使用 start()方法播放音频；第 27 行，使线程暂停 5 s，便于观察变化。

第 28 行，定位到音频 1 s 处，触发了 MyOnSeekCompleteListener 监听器。最后，音频播放完毕，触发 MyOnCompletionListener 监听器。

运行程序，随着音乐的播放，可以看到程序界面会显示一行行提示字符串，如图 7-7 所示。从显示的结果可以看出，程序里设置的四个监听器均有触发。

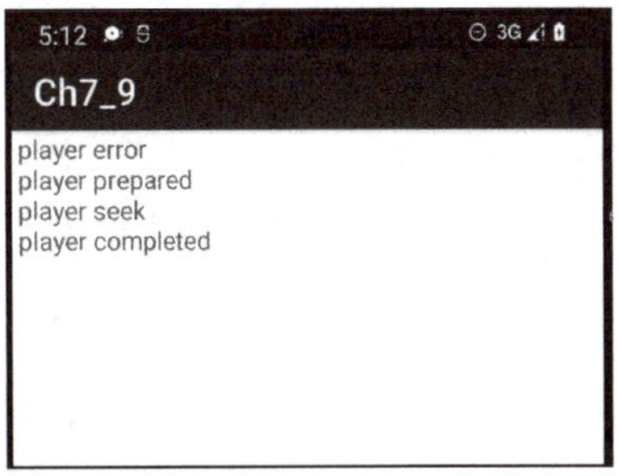

图 7-7　MediaPlayer 的监听器测试显示

7.3.2　使用 MediaRecorder 录音

扫码看视频

随着手机硬件的发展，手机已能够像录音机一样进行录音。一般手机都提供了麦克风（送话器），Android 系统可以利用它来录制音频。

使用 Android SDK 的 API MediaRecorder 类进行音频录制，其过程也很简单。使用 MediaRecorder 类的过程代码一般如下。

```
MediaRecorder recorder = new MediaRecorder();  // 首先创建一个 MediaRecorder 对象
// 设置声音来源，一般使用的参数为 MediaRecorder. AudioSource. MIC 代表麦克风
recorder. setAudioSource( MediaRecorder. AudioSource. MIC);
// 设置录制而成的音频文件的格式
recorder. setOutputFormat( MediaRecorder. OutputFormat. THREE_GPP);
// 设置录制而成的音频文件的编码方式
recorder. setAudioEncoder( MediaRecorder. AudioEncoder. AMR_NB);
recorder. setOutputFile(PATH_NAME); // 设置录制而成的音频文件的保存(输出)位置
recorder. prepare();                           // 准备录制
recorder. start();                             // 开始录制
recorder. stop();                              // 结束录制
recorder. reset();                             // 重设返回到 setAudioSource()后的状态
recorder. release();                           // 释放资源
```

📖 必须先调用 setOutputFormat()，再调用 setAudioEncoder()，如果调用顺序反了，会引发 IllegalStateException 异常。

下面通过例 7-10 来说明如何录音。

【例 7-10】用 MediaRecorder 类实现录音。程序的界面只有两个按钮：一个“开始录音”按钮和一个“停止录音”按钮。当用户单击“开始录音”按钮后，立即进行录音。待用户单击“停止录音”按钮后，将会保存录音文件到指定的路径中。

```
public class MainActivity extends AppCompatActivity implements View. OnClickListener{
    private static final int PERMISSION_REQUEST_CODE = 200;
    Button record , stop;                    // 程序中的两个按钮
    File soundFile;                          // 系统的音频文件
    MediaRecorder mRecorder;
    @Override
    protected void onCreate( Bundle savedInstanceState) {
        super. onCreate( savedInstanceState);
        setContentView( R. layout. activity_main);
        record = (Button )findViewById( R. id. record);
        stop = (Button) findViewById( R. id. stop);
        record. setOnClickListener( this);
        stop. setOnClickListener( this);
    }
    @Override
    public void onDestroy()
    {
        if (soundFile != null && soundFile. exists())
        {
            mRecorder. stop();         // 停止录音
            mRecorder. release();   // 释放资源
            mRecorder = null;
        }
        super. onDestroy();
    }
    @Override
    public void onClick( View source)
    {
        switch (source. getId())
```

```
30      {
31          case R.id.record:                          // 单击"开始录音"按钮
32              if (!Environment.getExternalStorageState().equals(
33                  android.os.Environment.MEDIA_MOUNTED))
34              {
35                  Toast.makeText(this, "SD 卡不存在，请插入 SD 卡!", Toast.LENGTH_LONG)
.show();
36                  return;
37              }
38              try
39              {
40                  if(ContextCompat.checkSelfPermission(this, Manifest.permission.WRITE_EXTER-
NAL_STORAGE) != PackageManager.PERMISSION_GRANTED) {
41                      ActivityCompat.requestPermissions(this, new String[]{Manifest.permission.
WRITE_EXTERNAL_STORAGE}, PERMISSION_REQUEST_CODE);
42                  }
43                  // 创建保存录音的音频文件
44                  soundFile = new File(Environment.getExternalStorageDirectory()
45                      .getCanonicalFile() + "/sound.3gp");
46                  mRecorder = new MediaRecorder();
47                  // 设置录音的声音来源
48                  mRecorder.setAudioSource(MediaRecorder.AudioSource.MIC);
49                  // 设置录制的声音的输出格式（必须在设置声音编码格式之前设置）
50                  mRecorder.setOutputFormat(MediaRecorder.OutputFormat.THREE_GPP);
51                  // 设置声音编码的格式
52                  mRecorder.setAudioEncoder(MediaRecorder.AudioEncoder.AMR_NB);
53                  mRecorder.setOutputFile(soundFile.getAbsolutePath());
54                  mRecorder.prepare();
55                  mRecorder.start();                     // 开始录音
56              }
57              catch (Exception e)
58              {
59                  e.printStackTrace();
60              }
61              break;
62          case R.id.stop:                            // 单击"停止录音"按钮
63              if (soundFile != null && soundFile.exists())
64              {
65                  mRecorder.stop();                      // 停止录音
66                  mRecorder.release();                   // 释放资源
67                  mRecorder = null;
68              }
69              break;
70          }
71      }
72  }
```

在上述程序中，第 44~55 行及第 65~67 行是使用 MediaRecorder 录制音频的一般步骤，与 MediaPlayer 相似。使用 MediaRecorder 同样需要注意及时释放其资源。

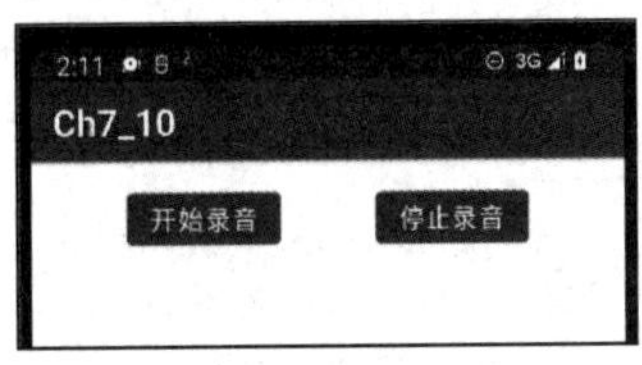

图 7-8　MediaRecorder 测试

运行该程序，将看到图 7-8 所示的界面。单击“开始录音”按钮开始录音，单击“停止录音”按钮结束录音。录音完成后可以在“/mnt/stcard/”目录下生成一个 sound. 3gp 文件，这就是刚刚录制的音频文件。Android 模拟器需要设置打开麦克风，并且一般直接使用计算机上的麦克风即可，因此只要用户计算机上有麦克风，该程序即可正常录制声音。

📖 有些计算机上安装的 Android 模拟器是默认没有 SD 卡支持的，读者若测试此程序时提示没有 SD 卡，则可以通过一些设置，使模拟器支持 SD 卡。

上面的程序需要使用系统的麦克风进行录音，因此需要向该程序授予录音的权限，以及访问外部存储的权限，也就是在 AndroidManifest. xml 文件中添加如下代码。

```
<uses-permission android:name="android.permission.WRITE_EXTERNAL_STORAGE" />
<uses-permission android:name="android.permission.RECORD_AUDIO" />
```

7.3.3 使用 VideoView 播放视频

扫码看视频

Android 提供了 VideoView 组件，用于在 Android 应用中播放视频。该组件是一个位于 android. widget 包下的组件，它的作用与 ImageView 相似，只是 ImageView 用于显示图片，而 VideoView 用于播放视频。

使用 VideoView 播放视频的一般步骤如下。

1）在界面布局文件中定义 VideoView 组件，或在代码中动态创建 VideoView 组件。

2）调用以下两个方法之一来加载指定视频。

- setVideoPath(String path)：加载 path 文件所代表的视频。
- setVideoURI(Uri uri)：加载 uri 所对应的视频。

3）调用 ViedoView 的 start()、stop()、pause()方法来操作视频动作。

实际上与 VideoView 一起结合使用的还有 MediaController 类，它的作用是提供友好的图形控制界面，通过该控制界面来控制视频的播放，见例 7-11。

【例 7-11】使用 VedioView 播放视频。运行界面如图 7-9 所示。界面布局的代码如下。

```
<androidx.constraintlayout.widget.ConstraintLayout xmlns:android="http://schemas.android.com/apk/res/android"
    xmlns:app="http://schemas.android.com/apk/res-auto"
    xmlns:tools="http://schemas.android.com/tools"
    android:layout_width="match_parent"
    android:layout_height="match_parent"
    tools:context=".MainActivity" >
  <VideoView
      android:id="@+id/surface_view"
      android:layout_width="match_parent"
      android:layout_height="wrap_content"
      app:layout_constraintEnd_toEndOf="parent"
      app:layout_constraintStart_toStartOf="parent"
      app:layout_constraintTop_toTopOf="parent" />
</androidx.constraintlayout.widget.ConstraintLayout>
```

界面布局中定义了一个 ViedoView 组件，可以在程序中使用该组件来播放视频。

```
public class MainActivity extends AppCompatActivity {
    private VideoView mVideoView;
    @Override
```

```
    protected void onCreate(Bundle savedInstanceState) {
        super.onCreate(savedInstanceState);
        setContentView(R.layout.activity_main);
        mVideoView = (VideoView) findViewById(R.id.surface_view);  //获取 videoView 组件
        //从指定的 URI 加载视频文件
        mVideoView.setVideoURI(Uri.parse("android.resource://com.example.ch7_11/" +R.raw.video));
        mVideoView.setMediaController(new MediaController(this));
        mVideoView.requestFocus();
    }
}
```

注意： 保证在“res/raw”目录下已存在 video.mp4 文件，程序才能正常运行。

可以看到，VideoView 提供了一个简单的视频播放控制界面（初始可以单击视频画面后弹出），其中只有三个按钮、当前播放时间、视频时长以及一个进度条。如果希望使用提供更多的视频播放控制功能，可以通过自定义 VideoView 的方式来改变界面，从而达到想要的界面效果。

同样，Android SDK 也为 VideoView 提供了一些动作的监听功能，包括播放完成监听、播放错误监听和准备播放完毕监听等。VideoView 的监听方法与 MediaPlayer 类的相似，此处不再赘述。

图 7-9　使用 VideoView 播放视频

> 📖 如果使用自己的视频文件运行此程序，可能会碰到一些问题。例如，使用的可能是一些非标准的 MP4、3GP 文件，那么该应用程序将无法播放。所以建议读者使用本书所附的工程文件夹中的 3GP 文件。

在 ViedoView 中实际播放视频的工作会交给 MediaPlayer 处理，VideoView 只是对 MediaPlayer 进行封装，使其可以控制视频的播放状态及拥有输出窗口。虽然使用 VideoView 播放视频十分简单，但是有些开发者还是习惯于直接使用 MediaPlayer 来播放视频。但由于 MediaPlayer 主要用于播放音频，因此它没有提供图像输出界面，此时就需要借助 SurfaceView 类来实现 MediaPlayer 播放的图像输出。而 VideoPlayer 类正是继承了 SurfaceView 类来实现图像输出的。

使用 MediaPlayer 和 SurfaceView 播放视频的步骤如下。

1）创建 MediaPlayer 对象，加载指定视频文件。

2）在界面布局文件中定义 SurfaceView 组件，或者在 Java 程序中动态创建 SurfaceView 组件，并为 SurfaceView 组件的 SurfaceHolder 添加 Callback 监听器。

3）调用 MediaPlayer 对象的 setDisplayer(SurfaceHolder sh) 方法将所播放的视频图像输出到指定的 SurfaceView 组件。

4）调用 MediaPlayer 对象的 start()、stop()、pause()方法来控制视频的播放。

图 7-10　使用 MediaPlayer 和 SurfaceView 播放视频

下面通过例 7-12 来具体说明。

【例 7-12】 使用 MediaPlayer 和 SurfaceView 播放视频。程序有三个按钮，以控制视频的播放、暂停和停止。界面布局较为简单，如图 7-10 所示。程序的代码如下。

```
public class MainActivity extends AppCompatActivity implements View. OnClickListener{
    SurfaceView surfaceView;
    Button play, pause, stop;
    MediaPlayer mPlayer;
    int position;                                    // 记录当前视频的播放位置
    @Override
    protected void onCreate(Bundle savedInstanceState) {
        super. onCreate(savedInstanceState);
        setContentView(R. layout. activity_main);
        play = (Button) findViewById(R. id. play);       // 获取界面中的三个按钮
        pause = (Button) findViewById(R. id. pause);
        stop = (Button) findViewById(R. id. stop);
        play. setOnClickListener(this);                  // 为三个按钮的单击事件绑定事件监听器
        pause. setOnClickListener(this);
        stop. setOnClickListener(this);
        mPlayer = new MediaPlayer();                     // 创建 MediaPlayer
        surfaceView = (SurfaceView) this. findViewById(R. id. surfaceView);
        surfaceView. getHolder(). setKeepScreenOn(true);      // 设置播放时打开屏幕
        surfaceView. getHolder(). addCallback(new SurfaceListener());
    }
    @Override
    public void onClick(View source)
    {
        try
        {
            switch (source. getId())
            {
                case R. id. play:                        // PLAY 按钮被单击
                    play();
                    break;
                case R. id. pause:                       // PAUSE 按钮被单击
                    if (mPlayer. isPlaying())
                    {
                        mPlayer. pause();
                    }
                    else
                    {
                        mPlayer. start();
                    }
                    break;
                case R. id. stop:                        // STOP 按钮被单击
                    if (mPlayer. isPlaying())
                        mPlayer. stop();
                    break;
            }
        }
        catch (Exception e)
        {
            e. printStackTrace();
        }
    }
    private void play() throws IOException, IOException {
        mPlayer. reset();
```

```
            mPlayer.setAudioStreamType(AudioManager.STREAM_MUSIC);
            // 设置需要播放的视频
            mPlayer.setDataSource(this, Uri.parse("android.resource://com.example.ch7_12/" +
    R.raw.video));
            mPlayer.setDisplay(surfaceView.getHolder());        // 把视频画面输出到 SurfaceView
            mPlayer.prepare();
            mPlayer.start();
        }
    private class SurfaceListener implements SurfaceHolder.Callback
    {
            @Override
            public void surfaceChanged(SurfaceHolder holder, int format, int width, int height)
            {    }
            @Override
            public void surfaceCreated(SurfaceHolder holder)
            {
                if (position > 0)
                {
                    try
                    {
                        play();                              // 开始播放
                        mPlayer.seekTo(position);            // 直接从指定位置开始播放
                        position = 0;
                    }
                    catch (Exception e)
                    {
                        e.printStackTrace();
                    }
                }
            }
            @Override
            public void surfaceDestroyed(SurfaceHolder holder)
            {        }
    }
    @Override
    protected void onPause()                          // 当其他 Activity 被打开，暂停播放
    {
            if (mPlayer.isPlaying())
            {
                position = mPlayer.getCurrentPosition(); // 保存当前的播放位置
                mPlayer.stop();
            }
            super.onPause();
    }
    @Override
    protected void onDestroy()
    {
            if (mPlayer.isPlaying())                   // 停止播放
                mPlayer.stop();
            mPlayer.release();                         // 释放资源
            super.onDestroy();
    }
}
```

从上述代码中可以看出，使用 MediaPlayer 播放视频与播放音频的步骤相似，主要代码在于：第 54 行设置 MediaPlayer 的音频流类型；第 56 行设置播放源；第 57 行把视频画面输出到 SurfaceView。然后程序接下来需要一些代码来维护 SurfaceView、SurfaceHolder 对象（第 61~86 行）。本例中主要实现 surfaceCreated( )方法（第 67 行），当 Surface 被创建时调用，执行与 Surface 相关的初始化操作。

从编程过程可以看出，直接使用 MediaPlayer 播放视频要复杂一些，并且需要自己开发控制按钮来控制视频的播放。因此，在对界面要求不高的情况下，推荐使用 VideoView 播放视频。选择使用 MediaPlayer 结合 SurfaceView 会有更多的自由来开发更精美的视频播放界面。

7.4 多媒体综合应用

本章前几节介绍了 Android SDK 开发中的图形图像知识和多媒体知识。本节将详细介绍一个多媒体综合应用——音乐播放器的开发过程。

【例 7-13】开发 Android 音乐播放器，如图 7-11 所示。

播放器在开始运行时就可扫描出手机 SD 卡中所有的音乐文件，将音乐的名称置于列表中。用户单击列表项就可以播放相应的音乐。播放器还有几个按钮，实现开始播放、暂停播放、停止播放、上一首和下一首的功能。

界面布局只有一个显示音乐文件名的列表（List），用来显示所有的音乐文件名称，以及五个用于控制播放的按钮，并使用了不同的背景图片。代码详见本书所附 PDF 文件或源代码。

图 7-11 简易的音乐播放器效果

这款简易的迷你播放器只有一个界面，即只有一个 Activity。所以使用 ListActivity 作为这个唯一的界面。ListActivity 可以绑定一个 ListView，为此再写一个布局文件 musicitme，代码如下。

```
<TextView xmlns:android="http://schemas.android.com/apk/res/android"
  android:id="@+id/TextView01"
      android:layout_width="match_parent"
      android:layout_height="wrap_content"
  android:textSize="30dp"
  />
```

接下来定义 viewHolder 类，用于封装五个按钮对象，代码如下。

```
public class viewHolder {
  public static Button start;
  public static Button stop;
  public static Button pause;
  public static Button next;
  public static Button last;
}
```

创建 assets 目录，将音乐文件放到该目录下。本例给出了三个音乐文件：a1.mp3、a2.mp3 和 a3.mp3。

最后，编写 Activity 类，代码如下。

```
public class MainActivity extends ListActivity {
    private MediaPlayer myMediaPlayer;                                  // 播放对象
    private List<String> myMusicList = new ArrayList<String>();         // 播放列表
    private int currentListItem = 0;                                    // 当前播放歌曲的索引
    @Override
    public void onCreate(Bundle savedInstanceState) {
        super.onCreate(savedInstanceState);
        setContentView(R.layout.activity_main);
        myMediaPlayer = new MediaPlayer();
        findView();
        musicList();
        listener();
    }
    void musicList() {                                                  // 绑定音乐
        AssetManager assetManager = getResources().getAssets();
        try {
            String[] lists = assetManager.list("");
            for (String file : lists) {
                if (file.contains(".mp3")) {
                    myMusicList.add(file);
                }
            }
            ArrayAdapter<String> musicList = new ArrayAdapter<String>(
                    MainActivity.this, R.layout.musicitme, myMusicList);
            setListAdapter(musicList);
        } catch (IOException e) {
            e.printStackTrace();
        }
    }
    void findView() {                                                   // 获取按钮
        viewHolder.start = (Button) findViewById(R.id.start);
        viewHolder.stop = (Button) findViewById(R.id.stop);
        viewHolder.next = (Button) findViewById(R.id.next);
        viewHolder.pause = (Button) findViewById(R.id.pause);
        viewHolder.last = (Button) findViewById(R.id.last);
    }
    void listener() {                                                   // 监听事件
        viewHolder.stop.setOnClickListener(new OnClickListener() {      // 停止
            @Override
            public void onClick(View v) {
                if (myMediaPlayer.isPlaying()) {
                    myMediaPlayer.reset();
                }
            }
        });
        viewHolder.start.setOnClickListener(new OnClickListener() {     // 开始
            @Override
            public void onClick(View v) {
                playMusic(myMusicList.get(currentListItem));
            }
        });
        viewHolder.next.setOnClickListener(new OnClickListener() {      // 下一首
            @Override
```

```
                public void onClick(View v) {
                    nextMusic();
                }
            });
            viewHolder.pause.setOnClickListener(new OnClickListener() {          // 暂停
                @Override
                public void onClick(View v) {
                    if (myMediaPlayer.isPlaying()) {
                        myMediaPlayer.pause();
                    } else {
                        myMediaPlayer.start();
                    }
                }
            });
            viewHolder.last.setOnClickListener(new OnClickListener() {           // 上一首
                @Override
                public void onClick(View v) {
                    lastMusic();
                }
            });
        }
        void playMusic(String path) {                                            // 播放音乐
            try {
                myMediaPlayer.reset();
                AssetFileDescriptor assetFileDescriptor = getAssets().openFd(path);
                myMediaPlayer.setDataSource(assetFileDescriptor.getFileDescriptor(), assetFile-
    Descriptor.getStartOffset(), assetFileDescriptor.getLength());
                myMediaPlayer.prepare();
                myMediaPlayer.start();
                myMediaPlayer.setOnCompletionListener(new OnCompletionListener() {
                    @Override
                    public void onCompletion(MediaPlayer mp) {
                        nextMusic();
                    }
                });
            } catch (Exception e) {
                e.printStackTrace();
            }
        }
        void nextMusic() {                                                       // 下一首
            if (++currentListItem >= myMusicList.size()) {
                currentListItem = 0;
            } else {
                playMusic(myMusicList.get(currentListItem));
            }
        }
        void lastMusic() {                                                       // 上一首
            if (currentListItem != 0) {
                if (--currentListItem >= 0) {
                    currentListItem = myMusicList.size();
                } else {
                    playMusic(myMusicList.get(currentListItem));
                }
```

```
106            } else {
107                playMusic(myMusicList.get(currentListItem));
108            }
109        }
110        @Override
111        public boolean onKeyDown(int keyCode, KeyEvent event) {// 当用户返回时结束音乐并释放音乐对象
112            if (keyCode == KeyEvent.KEYCODE_BACK) {
113                myMediaPlayer.stop();
114                myMediaPlayer.release();
115                this.finish();
116                return true;
117            }
118            return super.onKeyDown(keyCode, event);
119        }
120        // 当选择列表项时播放音乐
121        @Override
122        protected void onListItemClick(ListView l, View v, int position, long id) {
123            currentListItem = position;
124            playMusic( myMusicList.get(currentListItem));
125        }
126 }
```

程序第 30 行，函数 findView( ) 获取按钮，并在第 37 行设置按钮单击事件监听，包括第 38 行 stop 停止按钮、第 46 行 start 开始按钮、第 52 行 next 下一首按钮、第 58 行 pause 暂停按钮、第 68 行 last 上一首按钮。

第 14 行 musicList( ) 方法用于绑定音乐。可播放的音乐文件列表通过 AssetManager 对象获得（第 15 行），调用 list( ) 方法可得到 assets 目录下所有的文件列表（第 17 行），第 18~22 行的 for 循环实现对该列表文件的遍历，找出 MP3 文件，放到 myMusicList 列表中（第 20 行）。然后定义数组适配器 musicList（第 23 行），与 ListActivity 进行绑定（第 25 行）。

第 75 行定义函数 playMusic( )，用于播放指定 path 的音乐。因为音乐文件在 assets 下，通过第 78 行 openFd( ) 方法打开后，在第 79 行设置播放器 myMediaPlayer.setDataSource 的播放源。如果一首歌播放完了，触发 OnCompletionListener 监听器，调用播放下一首函数 nextMusic( )（第 85 行）。

函数 nextMusic( )（第 92 行）、lastMusic( )（第 99 行）用于控制播放歌曲前进和后退。因为播放音乐是调用 playMusic( ) 方法，指定列表中 currentListItem 序号的歌曲，所以上一首和下一首的功能，实质就是对 currentListItem 进行自减和自增操作，关键是要判断增/减操作后不要越界，因此在第 93、101 行有越界判断和处理。

第 122 行 onListItemClick 当用户单击列表项时触发，用于播放用户选择的音乐。将列表项序号 position 赋给 currentListItem（第 123 行），然后调用 playMusic( ) 方法。

7.5　思考与练习

1. 通过 Canvas 等图像处理类，设计一款简易的自绘画板，允许用户在上面进行简单的写字和画图。

2. 修改 7.4 节中例 7-13 音乐播放器的功能，使其支持视频的播放。

3. 对例 7-7 进行修改，使得程序打开以后就默认显示第一张图片，单击“next”按钮后

显示下一幅图片。

4. 对例 7-13 进行修改，将界面改为图 7-12 所示的样式，并且勾选某一个音乐文件时即开始播放该音乐，另外修改程序增加循环播放音乐的功能。

5. 对例 7-16 进行修改，增加音乐的选择播放功能，可循环播放用户选择的音乐，界面如图 7-13 所示。

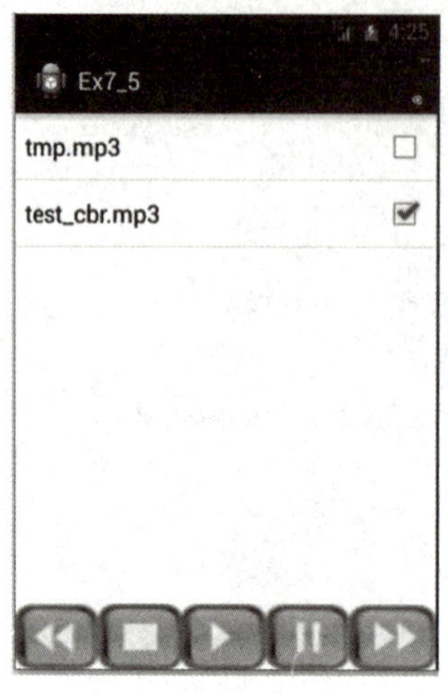

图 7-12　题 4 界面

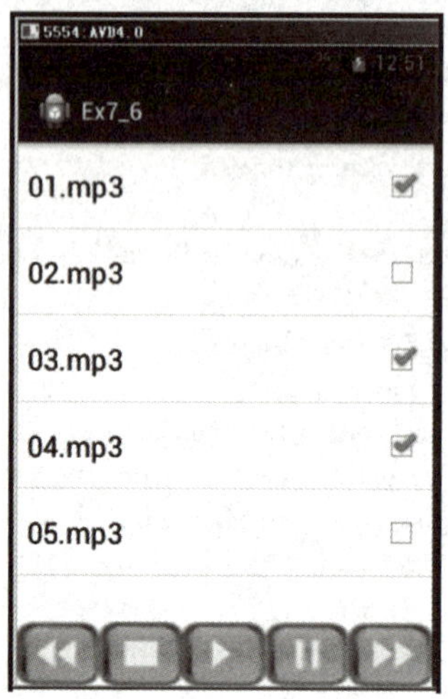

图 7-13　题 5 界面

第 8 章 Android 数据存储

数据存储是移动应用开发中最基本，也是至关重要的一部分，任何企业系统、应用软件都会遇到这一问题，它涉及在设备上存储和检索数据的过程。

在 Android 平台上，有多种数据存储方式可供开发人员选择，每种方式都有其自身的优势和适用场景。

数据必须以某种方式存储，不能丢失，并且人们能够有效、简便地使用和更新这些数据。本章将详细介绍 Android 平台是如何对数据进行处理的，包括数据存储方式及数据共享。因此，在选择合适的数据存储方式时，开发人员需要考虑多个因素，包括数据的类型和结构、数据的大小和性能要求，以及数据的安全性。另外，开发人员还应该遵循 Android 平台的最佳实践，如权限管理和数据备份策略，以确保数据的隐私性。

8.1 数据存储简介

一个应用程序经常需要与用户进行交互，需要保存用户的设置和数据，这些都离不开数据存储。数据存储的结构如图 8-1 所示。Android 系统提供了以下四种主要的数据存储方式。

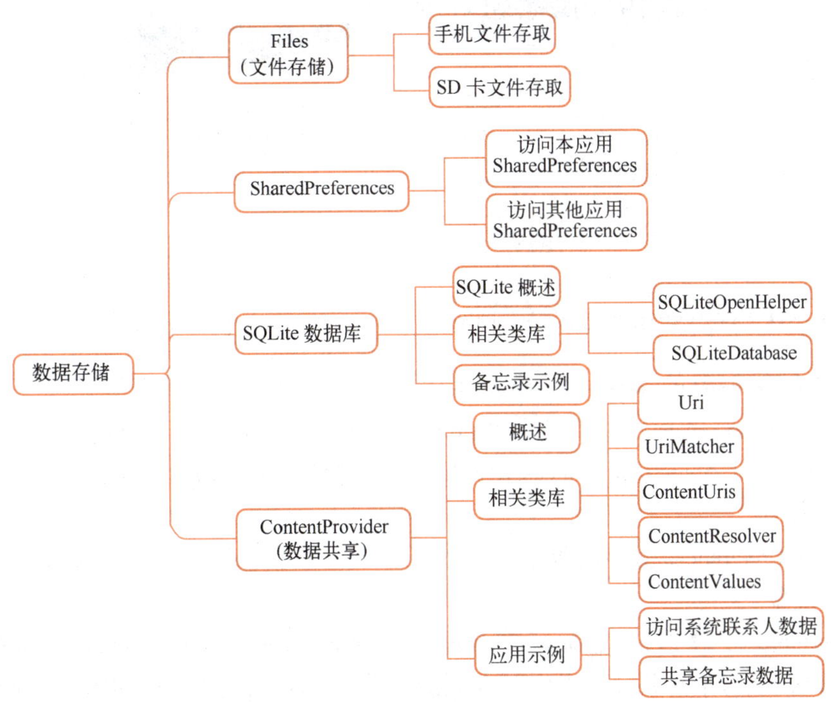

图 8-1 数据存储的结构

- 文件存储（Files）：以数据流的方式存储数据，把需要保存的东西通过文件的形式记录下来，当需要这些数据时，通过读取该文件来获得这些数据。因为 Android 采用了 Linux 核心，所以在 Android 系统中文件也是 Linux 的形式。
- SharedPreferences：以键值对的形式存储简单数据，用于保存一些简单类型的数据，如用户配置或参数信息。由于 Android 系统的界面采用 Activity 栈的形式，在系统资源不足时会回收一些界面，因此，有些操作需要在不活动时保留下来，以便等再次激活时能够显示出来。
- SQLite 数据库：以数据库的方式存储结构化数据，用于保存结构较为复杂的数据，并且能够容易地对数据进行使用、更新和维护等。但是操作规范比上面两种复杂。
- ContentProvider（数据共享）：用于在应用程序间共享数据，是 Android 提供的一种将私有数据共享给其他应用程序的方式。

由于 SharedPreferences 存储的是应用程序系统配置相关的数据，所以通过 SharedPreferences 存储的数据只能供本应用程序使用。要想实现数据共享，可以采用 Files、SQLite 及 ContentProvider 方式。

了解这些数据存储方式之后，就可以根据应用程序的需要来选择一种或几种最佳的数据存储方式了。图 8-2 所示是数据存储的四种使用方式。

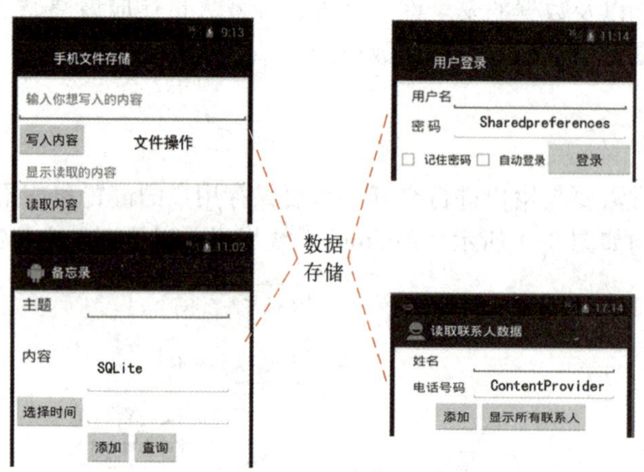

图 8-2　数据存储的四种使用方式

8.2　SharedPreferences 数据存储

扫码看视频

对于软件配置参数的保存，Windows 软件通常会采用 . ini 文件保存。在 Java 程序中，可以采用 properties 属性文件或 XML 文件保存。类似地，Android 系统提供了一个 SharedPreferences 接口用于保存参数设置等较为简单的数据，该接口是一个轻量级的存储类。

使用 SharedPreferences 保存的数据，类似于 Bundle 数据包类，信息以 XML 文件的形式存储在 Android 设备上。

SharedPreferences 数据总是保存在/data/data/< package _ name >/shared _ prefs 目录下。SharedPreferences 接口本身并没有提供写入数据的能力，而是使用 SharedPreferences 的内部接口 Editor。SharedPreferences 调用 edit( )方法即可获取它对应的 Editor 对象。

SharedPreferences 是一个接口，不能直接实例化，只能通过 Context 提供的 getSharedpreferences(String name,int mode)方法来获取 SharedPreferences 实例。其中，参数 name 表示保存的文件名，不需要扩展名；参数 mode 表示访问权限，mode 的三个常量值如下：

- Context. MODE_PRIVATE：私有，默认模式，创建的文件只能由该应用程序调用。
- Context. MODE_WORLD_READABLE：全局读，允许所有其他应用程序有读取和创建文件的权限。
- Context. MODE_WORLD_WRITEABLE：全局写，允许所有其他应用程序具有写入、访问和创建文件的权限。

下面是一个简单的用户密码数据存储程序。

【例 8-1】SharedPreferences 应用举例。运行结果如图 8-3 所示。布局采用了线性布局方式，框架如下，详细代码见本书配套资源中的 PDF 文件或源代码。

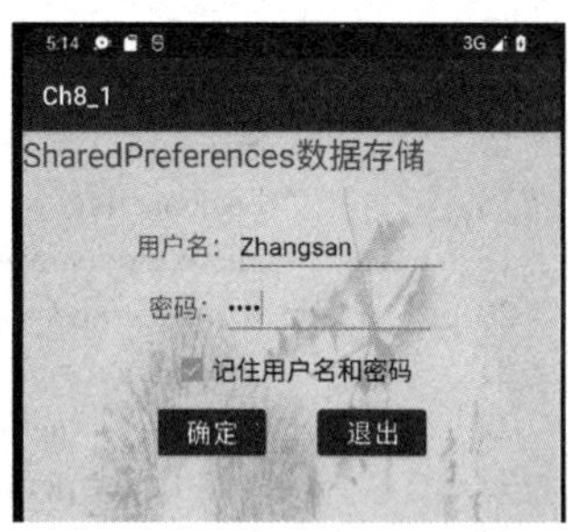

图 8-3　SharedPreferences 数据存储示例

```
<LinearLayout
    android:orientation="vertical"
    android:id="@+id/ll"
  <TextView
  <LinearLayout
      android:orientation="horizontal"
    <TextView
    <EditText
        android:id="@+id/txtName"
  </LinearLayout>
  <LinearLayout
      android:orientation="horizontal" >
    <TextView
    <EditText
        android:id="@+id/txtPwd"
    </LinearLayout>
  <CheckBox
      android:id="@+id/boxRem"
    <LinearLayout
      <Button
          android:id="@+id/btnOK"
      <Button
          android:id="@+id/btnExit"
      </LinearLayout>
  </LinearLayout>
```

Activity 代码如下。

```
public class MainActivity extends AppCompatActivity implements View. OnClickListener {
    private Button btnOK;
    private Button btnExit;
    private CheckBox boxRem;
    private EditText txtName;
    private EditText txtPwd;
    @Override
    protected void onCreate(Bundle savedInstanceState) {
        super. onCreate(savedInstanceState);
        setContentView(R. layout. activity_main);
```

```
        View v=findViewById(R.id.ll);
        v.getBackground().setAlpha(80);
        init();
    }
    public void init() {
        String name = "";                    // 设置初始的用户名密码
        String pwd = "";
        boolean flag = false;
        SharedPreferences perferences = getSharedPreferences("ch8_1", Activity.MODE_PRIVATE);
        if (perferences != null) {
            name =perferences.getString("name", "");
            pwd =perferences.getString("pwd", "");
            flag =perferences.getBoolean("flag", false);
        }
        boxRem = (CheckBox) findViewById(R.id.boxRem);
        boxRem.setChecked(flag);
        txtName = (EditText) findViewById(R.id.txtName);
        txtName.setText(name);
        txtPwd = (EditText) findViewById(R.id.txtPwd);
        txtPwd.setText(pwd);
        btnExit = (Button) findViewById(R.id.btnExit);
        btnOK = (Button) findViewById(R.id.btnOK);
        btnExit.setOnClickListener(this);
        btnOK.setOnClickListener(this);
        btnExit.getBackground().setAlpha(100);
        btnOK.getBackground().setAlpha(100);
    }
    public void onClick(View v) {      /** 监听单击事件 */
        switch (v.getId()) {
            case R.id.btnOK:                 // 处理“确定”按钮
                if (boxRem.isChecked()) {
                    SharedPreferences preferences = getSharedPreferences("ch8_1",
                        Activity.MODE_PRIVATE);
                    SharedPreferences.Editor editor = preferences.edit();
                    editor.putString("name", txtName.getText().toString()
                        .equals("") ? "" : txtName.getText().toString());
                    editor.putString("pwd",
                        txtPwd.getText().toString().equals("") ? "" : txtPwd
                            .getText().toString());
                    editor.putBoolean("flag", boxRem.isChecked());
                    editor.commit();         // 将数据提交
                    Toast.makeText(MainActivity.this, "保存成功!",
                        Toast.LENGTH_LONG).show();
                }
                break;
            case R.id.btnExit:               // 处理“退出”按钮
                new AlertDialog.Builder(this)
                    .setTitle("确定退出么?")
                    .setPositiveButton("确定", new DialogInterface.OnClickListener() {
                            public void onClick(DialogInterface dialog, int which) {
                                finish();
                                System.exit(0);
                            }
```

```
64                          })
65                    .setNegativeButton("取消",
66                              new DialogInterface.OnClickListener() {
67                                   public void onClick(DialogInterface dialog, int which) {
68                                   }
69                              }).show();
70                break;
71           }
72      }
73 }
```

程序第 12 行用于设置界面背景的透明度，以免背景颜色太深，影响用户正常的交互操作。

第 15 行 init()方法用于初始化操作，包括第 16~18 行设置用户名、密码和复选框。然后读取 ch8_1 的 SharedPreferences 文件，获取保存的用户名和密码（第 19 行）。如果文件非空（第 20 行），可以通过 perferences 的相关 get()方法获得数据（第 21~23 行）。

第 25~36 行获取相关控件对象并进行初始化，对按钮控件设置单击事件监听。

第 38 行定义监听单击事件处理函数 onClick()：如果是“确定”按钮（第 40 行），当选中复选框后（第 41 行），则保存用户输入的信息，即通过 preferences（第 42 行）的 edit()方法得到 Editor 对象（第 44 行），然后通过相应的 put()方法写入（第 45~50 行），最后通过 commit()方法提交数据（第 51 行）；如果是“退出”按钮（第 56 行），则定义一个 AlertDialog 对话框进行确认（第 57~69 行）。

📖 在获取到 SharedPreferences 对象后，可以通过 SharedPreferences.Editor 类对 SharedPreferences 进行修改，最后调用 commit()函数保存修改内容。

SharedPreferences 广泛支持各种基本数据类型，包括整型、布尔型、浮点型和长型等。

现在已经实现了通过 preferences 来存取数据，那么这些数据究竟被存放在什么地方呢？其实每安装一个应用程序时，在/data/data 目录下都会生成一个文件夹。如果应用程序中使用了 preferences，那么便会在该文件夹下生成一个 shared_prefs 文件夹，其中就有所保存的数据。可按照以下步骤进行查看。

1）启动模拟器，或运行本示例程序。

2）在右侧工具栏，或选择“View”→“Tool Windows”菜单项，选择“Device File Explorer”标签或命令。

3）找到/data/data 目录中对应的项目文件夹（com.example.ch8_1）下的“shared_prefs”文件夹。

如图 8-4 所示，本例项目中用 preferences 存储的数据保存在“ch8_1.xml”文件中。打开该文件后，可以看到里面记录了用户通过程序界面输入的信息。

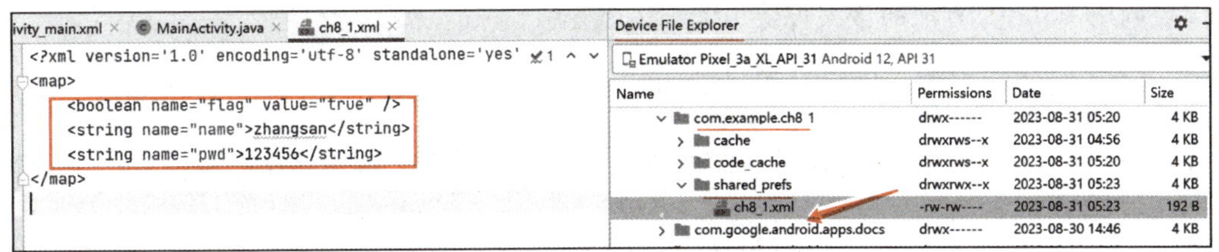

图 8-4　preferences 数据存储目录

8.3 Files 数据存储

Android 系统基于 Java 语言，而 Java 语言已经提供了一套完整的输入/输出流操作体系，如与文件有关的 FileInputStream、FileOutputStream 等。通过这些类可以方便地访问磁盘上的文件。Android 也支持以这种方式访问手机上的文件。

Android 手机中的文件有两个存储位置：内置存储空间和外部 SD 卡。两者相应的存储方式稍有不同。

Android 手机中的文件的读取操作主要通过 Context 类来完成，该类提供了两种方法来打开文件夹里的文件 I/O 流。

- FileInputStream openFileInput（String name）：打开应用程序的数据文件夹下的 name 文件对应输入流。参数 name 用于指定文件名称，不能包含路径分隔符“/”。如果文件不存在，Android 会自动创建它。
- FileOutputStream openFileOutput（String name，int mode）：打开应用程序的数据文件夹下的 name 文件对应输出流。参数 mode 用于指定文件操作模式，表 8-1 列出了 Android 系统支持的四种文件操作模式。

表 8-1 Android 系统支持的四种文件操作模式

模式	说明
MODE_PRIVATE	私有模式，缺陷模式，文件仅能被文件创建程序访问，或具有相同 UID 的程序访问
MODE_APPEND	追加模式，若文件已经存在，则在文件的结尾处添加新数据
MODE_WORLD_READABLE	全局读模式，允许任何程序读取私有文件
MODE_WORLD_WRITEABLE	全局写模式，允许任何程序写入私有文件

📖 如果希望文件被其他应用程序读和写，可以传入 Context.MODE_WORLD_READABLE + Context.MODE_WORLD_WRITEABLE，或者直接传入数值 3 也可以。这四种文件操作模式除了 Context.MODE_APPEND 外，其他的都会覆盖掉原文件的内容。应用程序的数据文件默认保存在/data/data/<package name>/files 目录下，文件的扩展名随意。

Android 中读、写文件的步骤如下。

（1）创建及写文件的步骤

1）调用 OpenFileOutput( )方法传入文件的名称和操作模式，该方法将返回一个文件输出流。

2）调用 Write( )方法向该文件输出流写入数据。

3）调用 Close( )方法关闭文件输出流。

（2）读取文件的步骤

1）调用 OpenFileInput( )方法传入需要读取数据的文件名，该方法将会返回一个文件输入流对象。

2）调用 Read( )方法读取文件的内容。

3）调用 Close( )方法关闭文件输入流。

下面通过一个简单的例子说明写入文件和读取文件的方法。程序的运行效果如图 8-5 和图 8-6 所示。

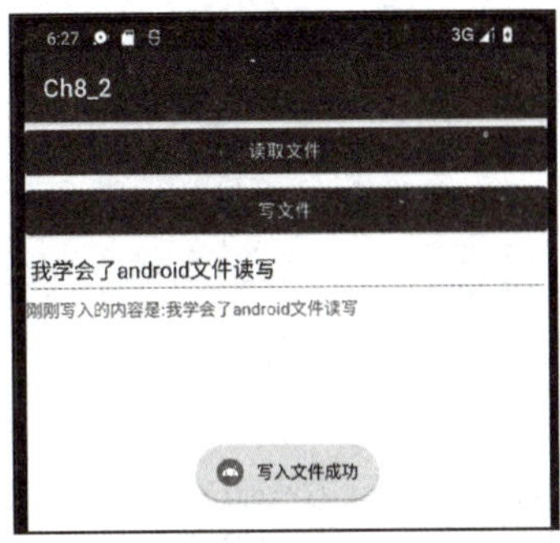

图 8-5　文件的写入

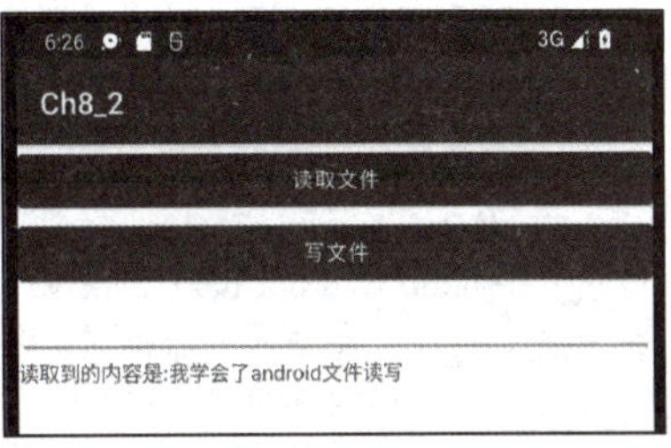

图 8-6　文件的读取

【例 8-2】Files 文件读/写应用举例。

```
public class MainActivity extends AppCompatActivity {
    private Button btn01;
    private Button btn02;
    private TextView txtView;
    @Override
    protected void onCreate(Bundle savedInstanceState) {
        super.onCreate(savedInstanceState);
        setContentView(R.layout.activity_main);
        btn01 = (Button) findViewById(R.id.Button01);
        btn02 = (Button) findViewById(R.id.Button02);
        txtView = (TextView) findViewById(R.id.TextView01);
        btn01.setOnClickListener(new Button.OnClickListener() {     //第一个 button 的事件
            @Override
            public void onClick(View v) {
                FileInputStream myFileStream = null;
                InputStreamReader myReader = null;
                char[] inputBuffer = new char[255];
                String data = null;
                try {
                    //得到文件流对象
                    myFileStream = openFileInput("ch8_2.txt");
                    //得到读取器对象
                    myReader = new InputStreamReader(myFileStream);
                    //开始读取
                    myReader.read(inputBuffer);
                    data =new String(inputBuffer);
                    Toast.makeText(MainActivity.this, "读取文件成功",
                        Toast.LENGTH_SHORT).show();
                } catch (Exception e) {
                    e.printStackTrace();
                    Toast.makeText(MainActivity.this, "读取文件失败",
                        Toast.LENGTH_SHORT).show();
                } finally {
                    try {
                        myReader.close();
```

```
36                          myFileStream.close();
37                      } catch (IOException e) {
38                          e.printStackTrace();
39                      }
40                  }
41                  txtView.setText("读取到的内容是:" + data);        // 显示文件内容在 txtView
42              }
43          });
44          btn02.setOnClickListener(new Button.OnClickListener() {      // 第二个 button 的事件
45              @Override
46              public void onClick(View v) {
47                  // 要写入的数据从文本框得到
48                  String data = ((EditText) findViewById(R.id.EditText01)).getText().toString();
49                  FileOutputStream myFileStream = null;                // 文件流
50                  OutputStreamWriter myWriter = null;                  // 写对象
51                  try {
52                      // 得到文件流对象
53                      myFileStream = openFileOutput("ch8_2.txt", MODE_PRIVATE);
54                      // 得到写入器对象
55                      myWriter = new OutputStreamWriter(myFileStream);
56                      myWriter.write(data);                            // 开始写入
57                      myWriter.flush();
58                      Toast.makeText(MainActivity.this, "写入文件成功",
59                          Toast.LENGTH_SHORT).show();
60                  } catch (Exception e) {
61                      e.printStackTrace();
62                      Toast.makeText(MainActivity.this, "写入文件失败",
63                          Toast.LENGTH_SHORT).show();
64                  } finally {
65                      try {
66                          myWriter.close();
67                          myFileStream.close();
68                      } catch (IOException e) {
69                          e.printStackTrace();
70                      }
71                  }
72                  txtView.setText("刚刚写入的内容是:" + data);   // 显示文件内容在 txtView
73              }
74          });
75      }
76  }
```

程序第 14~42 行，定义了第一个按钮“读取文件”的单击事件处理函数。

第 21 行得到文件流对象 myFileStream（文件 ch8_2.txt）后，通过 InputStreamReader()得到读取器对象 myReader（第 23 行），执行 read()后将数据读入 inputBuffer 并转成 String 类型（第 25、26 行）。读取后需要将 myReader 和 myFileStream 关闭（第 35、36 行）。最后，通过 setText()显示在 txtView 上（第 41 行）。

程序第 46~73 行，定义了第二个按钮“写文件”的单击事件处理函数。

第 48 行首先从编辑框得到要写入的数据 data，第 53 行得到文件流对象 myFileStream（文件 ch8_2.txt）后，通过 OutputStreamWriter()得到写入器对象 myWriter（第 55 行），执行写入操作（第 56 行）并将缓冲区中的数据立即写入目标输出流中（第 57 行）。写入后需要将 my-

Writer 和 myFileStream 关闭（第 66、67 行）。最后，通过 setText( ) 将刚刚写入的内容显示在 txtView 上（第 72 行）。

📖 如果使用绝对路径来存储文件，那么在其他应用程序中同样不能通过这个绝对路径来访问和操作该文件。

如果采用没有指定路径的文件存储方式，则数据又保存在什么地方呢？如果使用了文件存储数据的方式，系统就会在和 shared_prefs 相同的目录中生成一个名为“files”的文件夹，其中包含的就是通过 Files 存储数据的文件。例 8-2 的 com. example. ch8_2 项目所存储的数据就保存在图 8-7 所示的文件目录中。

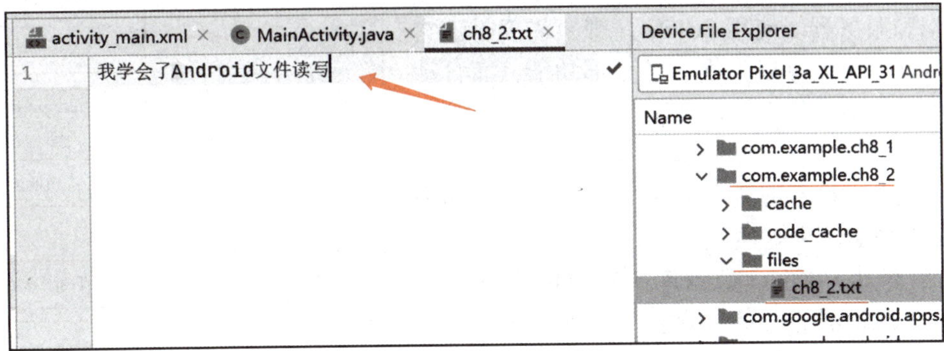

图 8-7　用 Files 方式存储数据的文件目录

如果在开发一个应用程序时，需要通过加载一个文件的内容来初始化程序，则可以在编译程序之前，在 res/raw/tempFile 中建立一个 static 文件。这样，可以在程序中通过 Resources. openRawResource(R. raw. 文件名) 方法同样返回一个 InputStream 对象，以直接读取文件内容。

8.4　Android 数据库编程

Android 中通过 SQLite 数据库引擎来实现结构化数据的存储。SQLite 是一个嵌入式数据库引擎，针对内存等资源有限的设备（如手机、PAD、MP3 等）提供的一种高效的数据库引擎。

SQLite 数据库不同于其他的数据库（如 Oracle），它没有服务器进程，所有的内容都包含在同一个单文件中，该文件是跨平台、可以自由复制的。基于其自身的先天优势，SQLite 在嵌入式领域得到了广泛应用。

8.4.1　SQLite 简介

SQLite 支持 SQL 语言，并且只用很少的内存就可具有良好的性能。此外，它还是开源的，任何人都可以使用它。目前，许多开源项目（如 Mozilla、PHP 和 Python）都使用了 SQLite。

SQLite 由以下几个组件组成：SQL 编译器、内核、后端及附件。SQLite 通过利用虚拟机和虚拟数据库引擎（VDBE），使调试、修改和扩展 SQLite 的内核变得更加方便。SQLite 内部结构如图 8-8 所示。

SQLite 和其他数据库最大的不同就是对数据类型的支持。创建一个表时，它可以在 CREATE TABLE 语句中指定某列的数据类型，并可以把任意数据类型放入任意列中。当某个值插入数据库时，SQLite 将检查它的类型。如果该类型与关联的列不匹配，则 SQLite 会尝试将该值转换成该列的类型。如果不能转换，则该值将作为其本身具有的类型来存储。

SQLite 不支持一些标准的 SQL 功能，特别是外键约束（Foreign Key Constrain）、嵌套 Transaction、Right Outer Join 和 Full Outer Join，还有一些 Alter Table 功能。SQLite 是一个完整的 SQL 系统，拥有完整的触发器和事务等。

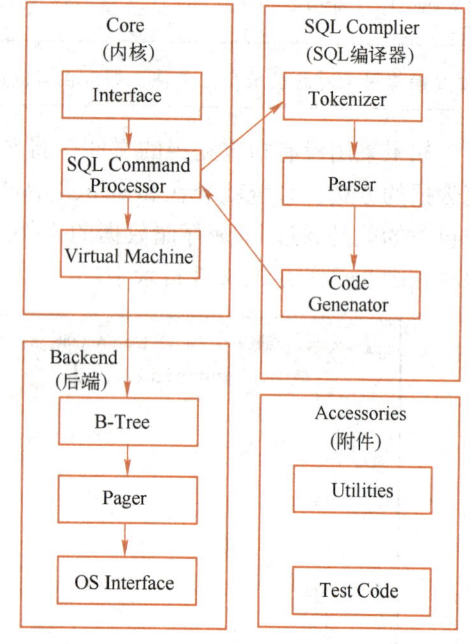

图 8-8　SQLite 内部结构

SQLite 数据库具有如下特征。

1）轻量级。SQLite 和 C/S 模式的数据与软件不同，它是进程内的数据库引擎，因此不存在数据库的客户端和服务器。使用 SQLite 一般只需要带上它的一个动态库，就可以享受它的全部功能，而且动态库的体量很小。

2）独立性。SQLite 数据库的核心引擎本身不依赖第三方软件，也不需要“安装”它，所以在部署的时候能够省去不少麻烦。

3）隔离性。SQLite 数据库中所有的信息（如表、视图、触发器等）都包含在一个文件内，方便管理和维护。

4）跨平台。SQLite 数据库支持大部分操作系统，除了计算机上的操作系统之外，在很多手机操作系统上同样可以运行，如 Android、Windows Mobile、Symbian、Palm 等。

5）多语言接口。SQLite 数据库支持很多语言编程接口，如 C/C++、Java、Python、dotNet、Ruby 和 Perl 等。

6）安全性。SQLite 数据库通过数据库级上的独占性和共享锁来实现独立事务处理。这意味着多个进程可以在同一时间从同一数据库中读取数据，但只有一个可以写入数据。在某个进程或线程向数据库执行写操作之前，必须获得独占锁定。在发出独占锁定后，其他的读/写操作将不会再发生。

有关 SQLite 数据库的优点和特征还有很多，由于篇幅限制这里不再列举。如果需要了解更多内容请参考 SQLite 官方网站（http://www.sqlite.org/）说明。

8.4.2　SQLite 编程

SQLiteDatabase 和 SQLiteOpenHelper 是 Android 中用于管理 SQLite 数据库的两个核心类。其中 SQLiteDatabase 是 SQLite 的官方 API，它提供了一组 API 来操作数据库，包括查询、插入、更新和删除数据等操作。SQLiteDatabase 的优点是简单易用，不需要依赖外部库，但是它的一些功能相对较弱，如不支持事务、不支持多线程等。

SQLiteOpenHelper 是 Android 提供的一个类，它用于管理 SQLite 数据库的创建和升级。SQLiteOpenHelper 可以自动创建和升级数据库，并且支持事务操作，可以保证数据的一致性。它的优点是功能强大，支持事务操作，但是它的一些功能相对复杂，需要一定的学习成本。

这两个类的主要区别如下。

1）SQLiteDatabase 是 SQLite 的官方 API，而 SQLiteOpenHelper 是 Android 提供的类，它们的使用方式和功能有所不同。

2）SQLiteOpenHelper 可以自动创建和升级数据库，而 SQLiteDatabase 需要手动创建和升级数据库。

3）SQLiteOpenHelper 支持事务操作，而 SQLiteDatabase 不支持事务操作。

4）SQLiteOpenHelper 的使用相对复杂，需要一定的学习成本，而 SQLiteDatabase 的使用相对简单。

本小节先来学习 SQLiteDatabase 的有关知识，下一小节再介绍 SQLiteOpenHelper。

SQLiteDatabase 的常用方法见表 8-2。数据库存储在 data/<项目文件夹>/databases/下。

表 8-2　SQLiteDatabase 的常用方法

方法名称	方法描述
openOrCreateDatabase(String path,SQLiteDatabase. CursorFactory factory)	打开或创建数据库
insert(String table,String nullColumnHack,ContentValues values)	添加一条记录
delete(String table,String whereClause,String[] whereArgs)	删除一条记录
query(String table,String[] columns,String selection,String[] selectionArgs,String groupBy,String having,String orderBy)	查询一条记录
update(String table,ContentValues values,String whereClause,String[] whereArgs)	修改记录
execSQL(String sql)	执行一条 SQL 语句
close()	关闭数据库

1. 打开或者创建数据库

可以使用 SQLiteDatabase 的静态方法 openOrCreateDatabase（String path,SQLiteDatabae. CursorFactory factory）打开或者创建一个数据库。该方法的第一个参数是数据库的创建路径，注意这个路径一定是数据库的全路径。例如，/data/data/package/databases/dbname. db。第二个参数是指定返回一个 Cursor 子类的工厂，如果没有指定（null）则使用默认工厂。

下面的代码创建了一个 temp. db 数据库。

```
SQLiteDatabase. openOrCreateDatabase("/data/data/com. hualang. test/databases/temp. db",null);
```

2. 创建表

创建一张表，首先编写创建表的 SQL 语句。然后调用 SQLiteDatabase 的 execSQL()方法。

下面的代码创建了一张用户表，属性列为：id（主键并且自动增加）、username（用户名称）、password（密码）。

```
private void createTable(SQLiteDatabase db)
{    //创建表 SQL 语句
     String sql = "create table usertable(id integer primary key autoincrement,username text,password text)";
   db. execSQL(sql);    //执行 SQL 语句
}
```

3. 插入数据

插入数据有两种方法：一种方法是调用 SQLiteDatabase 的 insert(String table,String nullColumnHack,ContentValues values)方法，该方法的第一个参数是表名称，第二个参数是空列的默认值，第三个参数是 ContentValues 类型的一个封装了列名称和列值的 Map；另一种方法是编写插入数据的 SQL 语句，直接调用 SQLiteDatabase 的 execSQL()方法来执行。

下面的代码演示了插入一条记录到数据库的方法。

方法一：

```
private void insert(SQLiteDatabase db)
{
    ContentValues cv = new ContentValues();             //实例化常量值
    cv.put("username","hualang");                       //添加用户名
    cv.put("password","123456");                        //添加密码
    db.insert("usertable",null,cv);                     //插入
}
```

方法二：

```
private void insert(SQLiteDatabase db)
{      //插入数据 SQL 语句
    String sql="insert into usertable(username,password) values('hualang','123456')";
    db.execSQL(sql);                          //执行 SQL 语句
}
```

4. 删除数据

和插入数据类似，删除数据也有两种方法：一种方法是调用 SQLiteDatabase 的 delete(String table,String whereClause,String[] whereArgs)方法，该方法的第一个参数是表名称，第二个参数是删除条件，第三个参数是删除条件值数组；另一种方法是编写删除 SQL 语句，调用 SQLiteDatabase 的 execSQL()方法来执行删除。

下面代码演示了删除记录的方法。

方法一：

```
private void delete(SQLiteDatabase db)
{
    String whereClause = "id=?";                         //删除条件
    String[] whereArgs = {String.valueOf(5)};            //删除条件参数
    db.delete("usertable",whereClause,whereArgs);       //执行删除
}
```

方法二：

```
private void delete(SQLiteDatabase db)
{
    String sql = "delete from usertable where id= 6";    //删除 SQL 语句
    db.execSQL(sql);    //执行 SQL 语句
}
```

5. 查询数据

查询数据相对比较复杂，需要把查询 SQL 封装成方法。下面是一个查询方法。

```
public Cursor query(String table,String[] columns,String selection,String[] selectionArgs,String groupBy,
String having,String orderBy,String limit);
```

其中各个参数的意义说明如下。

- table：表名称。
- columns：列名称数组。
- selection：条件字句，相当于 where。
- selectionArgs：条件字句，参数数组。
- groupBy：分组列。

- having：分组条件。
- orderBy：排序列。
- limit：分页查询限制。
- Cursor：返回值，相当于结果集 ResultSet。

Cursor 是一个游标接口，提供了集合数据的序列操作（查询结果）的方法，如移动指针方法 move( )、获得列值方法 getString( )等，具体见表 8-3。

表 8-3　Cursor 游标常用方法

方 法 名 称	方 法 描 述
getCount( )	总记录条数
isFirst( )	判断是否是第一条记录
isLast( )	判断是否是最后一条记录
moveToFirst( )	移动到第一条记录
moveToLast( )	移动到最后一条记录
move(int offset)	移动到指定记录
moveToNext( )	移动到下一条记录
moveToPrevious( )	移动到上一条记录
getColumnIndexOrThrow(String columnName)	根据列名称获得列索引
getInt(int columnIndex)	获得指定列索引的 int 类型值
getString(int columnIndex)	获得指定列索引的 string 类型值

下面的代码演示了通过游标遍历查询得到数据集的方法。

```
1   private void query(SQLiteDatabase db)
2   {
3       Cursor c = db.query("usertable",null,null,null,null,null,null);    //查询获得游标
4       if(c.moveToFirst())                                                 //判断游标是否为空
5       {
6           for(int i=0;i<c.getCount();i++)                                 //遍历游标
7           {
8               c.move(i);
9               int id = c.getInt(0);                                       //获得 ID
10              String username=c.getString(1);                             //获得用户名
11              String password=c.getString(2);                             //获得密码
12              System.out.println(id+":"+username+":"+password);           //输出用户信息
13          }
14      }
15  }
```

程序第 6 行进行遍历，其中游标 c 中的记录数通过 getCount( )获得。通过游标 c 相应的 get( )方法可以得到当前记录指定序号字段的值（第 9、10 和 11 行）。

6. 修改数据

修改数据也有两种方式：第一种方式是调用 SQLiteDatabase 的 update(String table,ContentValues values,String whereClause, String[ ] whereArgs)方法，该方法的第一个参数是表名称，第二个参数是更新行列 ContentValues 类型的键值对（Map），第三个参数是更新条件（where 字句），第四个参数是更新条件数组；第二种方式是编写更新的 SQL 语句，调用

SQLiteDatabase 的 execSQL( )来执行更新。

下面代码演示了更新数据的方法。

方法一：

```
private void update(SQLiteDatabase db)
{
    ContentValues values = new ContentValues();            // 实例化内容值
    values.put("password","123321");                       // 在 values 中添加内容
    String whereClause = "id=?";                           // 修改条件
    String[] whereArgs={String.valueOf(1)};                // 修改添加参数
    db.update("usertable",values,whereClause,whereArgs);   // 修改
}
```

方法二：

```
private void update(SQLiteDatabase db)
{   // 修改 SQL 语句
    String sql = "update usertable set password = 654321 where id = 1";
    db.execSQL(sql);          // 执行 SQL 语句
}
```

📖 使用 SQLiteDatabase 后要及时关闭（close( )），否则可能会抛出 SQLiteException 异常。

8.4.3 SQLiteOpenHelper 的应用

扫码看视频 

SQLiteOpenHelper 是 SQLiteDatabase 的一个帮助类，用来管理数据库的创建和版本更新。一般的用法是定义一个类继承，并实现其抽象方法 onCreate(SQLiteDatabase db)和 onUpgrade(SQLiteDatabase db,int oldVersion,int newVersion)来创建和更新数据库。SQLiteOpenHelper 的常用方法见表 8-4。

表 8-4 SQLiteOpenHelper 的常用方法

XML 属性	方 法 描 述
SQLiteOpenHelper(Context context,String name,SQLiteDatabase.CursorFactory factory,int version)	构造方法，传递一个要创建的数据库名称 name 参数
onCreate(SQLiteDatabase db)	创建数据库表时调用
onUpgrade(SQLiteDatabase db,int oldVersion,int newVersion)	版本更新时调用
getReadableDatabase( )	创建或打开一个只读数据库
getWritableDatabase( )	创建或打开一个读写数据库

下面给出 SQLiteOpenHelper 的一个简单示例。

【例 8-3】SQLiteOpenHelper 示例。

```
public class MainActivity extends AppCompatActivity {
    @Override
    protected void onCreate(Bundle savedInstanceState) {
        super.onCreate(savedInstanceState);
        setContentView(R.layout.activity_main);
        MyDbHelper helper = new MyDbHelper(this);   // 实例化数据库帮助类
        helper.insert();                            // 插入
```

```
8           helper.query();                                    // 查询
9       }
10      class MyDbHelper extends SQLiteOpenHelper              // 数据库帮助类
11      {
12          // 创建表 SQL 语句
13          private static final String CREATE_TABLE_SQL =
14              "create table usertable(id intger,name text)";
15          private SQLiteDatabase db;                         // SQLiteDatabase 实例
16          MyDbHelper(Context c)                              // 构造方法
17          {
18              super(c,"test.db",null,2);
19          }
20          public void onCreate(SQLiteDatabase db)
21          {
22              db.execSQL(CREATE_TABLE_SQL);
23          }
24          public void onUpgrade(SQLiteDatabase db,int oldVersion,int newVersion)
25          {
26          }
27          private void insert()                              // 插入方法
28          {   // 插入 SQL 语句
29              String sql="insert into usertable(id,name) values(1,'hualang')";
30              getWritableDatabase().execSQL(sql);            // 执行插入
31          }
32          private void query()                               // 查询方法
33          {   // 查询获得游标
34              Cursor c = getWritableDatabase().query("usertable",null,null,null,null,null,null);
35              if(c.moveToFirst())                            // 判断游标是否为空
36              {
37                  for(int i=0;i<c.getCount();i++)            // 遍历游标
38                  {
39                      c.move(i);
40                      int id = c.getInt(0);
41                      String name = c.getString(1);
42                      System.out.println(id+":"+name);
43                  }
44              }
45          }
46      }
47  }
```

程序先定义了 SQLiteOpenHelper 类 MyDbHelper（第 10 行），维护了一个成员变量 SQLiteDatabase 对象 db（第 15 行），在构造函数中对其进行了初始化（第 16～19 行，数据库名为 test.db）。然后重写函数 onCreate()（第 20 行）和 onUpgrade()（第 24 行），其中在 onCreate() 中创建了表 usertable（第 22 行，SQL 定义在第 13、14 行）。

第 27～31 行定义了插入方法 insert()，通过 SQLiteOpenHelper 的 getWritableDatabase() 方法打开一个可读写的数据库，然后执行插入 SQL 语句（第 30 行）。

第 32～45 行定义了查询方法 query()，同样通过 SQLiteOpenHelper 的 getWritableDatabase() 方法打开一个可读写的数据库，然后执行 query() 获得游标（第 34 行）。接下来对游标的遍历处理方式与上节介绍的相同，此处不再赘述。

程序运行后的效果如图 8-9 所示，其中程序第 42 行通过 println() 输出内容在 Logcat 中可以查看到（这里仅有一条记录）。窗口右侧显示了数据库 test. db 创建的位置。

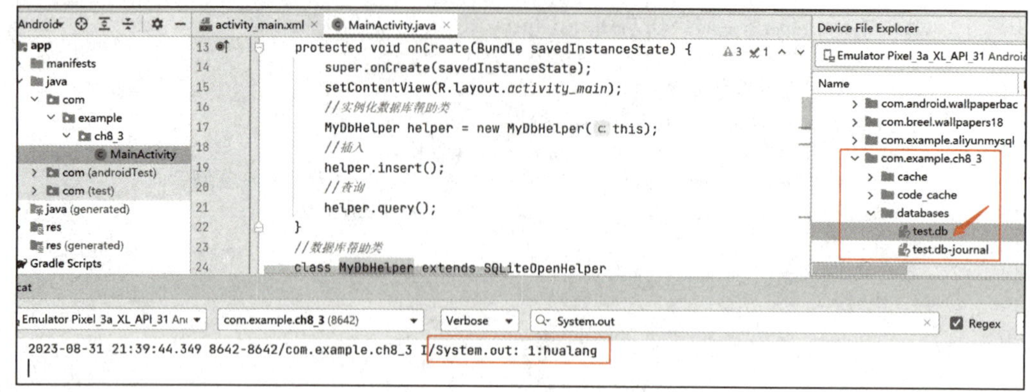

图 8-9　程序运行效果

8.4.4　数据库框架 Sugar

对象关系映射模式（Object-Relational Mapping，ORM）是 Java 开发中常用的技术，它的作用是在关系数据库和业务实体对象之间做一个映射。这样，在具体操作业务对象的时候，就不需要再去和复杂的 SQL 语句打交道，只需要简单地操作对象的属性和方法即可。因为 Android 应用开发也可用 Java 语言，所以在 Android 平台上涌现了一些 Android 的 ORM 框架，如 ORMLite、GreenDao、Sugar 等。

Sugar 这个 ORM 框架提供了一种非常简便的方式来操作 Android 数据库，不用写复杂的 SQL 语句，可在原有的 Bean 上仅进行微小的修改即可复用 Bean，使用简单的 API 即可完成创建和操作数据，同时提供表的一对多的支持。Sugar 的特点如下。

- 简单，简洁，配置小。
- 通过反射自动命名表和列。
- 支持不同模式版本之间迁移。

Sugar 在 GitHub 上的官网为 http:// satyan. github. io/sugar/。

下面介绍 Sugar 的具体使用方法。

1）在模块 build. gradle 中注入 Sugar 所需的依赖。

```
implementation 'com. github. satyan:sugar:1. 5'
```

官方文档上写的是需要在 build. gradle 中添加，但如果使用的是 Android Studio，则需要在 build. gradle：（Module：app）下的 dependencies 中添加。

2）在 AndroidManifest. xml 中配置相关参数。

在 AndroidManifest. xml 的 application 节点下，添加 Sugar 应用的说明。

示例代码如下。

```
<! --Sugar 数据库配置-->
<! --创建的数据库 db 的文件名，将在/data/data/{你的应用包名}/databases 下创建对应的文件-->
<meta-data android:name="DATABASE" android:value="sugar_example. db" />
<meta-data android:name="VERSION" android:value="1" />    <! --数据库版本号-->
<meta-data android:name="QUERY_LOG" android:value="true" /> <! --是否允许 SugarORM 记录 log-->
```

```
<! --创建数据库表对应的 Bean 所在的包的路径-->
<meta-data android:name="DOMAIN_PACKAGE_NAME" android:value="实体类所在文件夹目录" />'
```

特别需要注意的是，application 节点需要加 name 属性 “android:name="com.orm.SugarApp"”，否则对数据库进行操作时会出错。

3）创建数据库实体类。

数据库实体类需要继承 SugarRecord，成员变量对应所有的数据库字段；然后是若干构造函数用以初始化成员变量；接着是一系列对成员变量进行存取操作的 get()/set()方法。

示例代码如下。

```
import com.orm.SugarRecord;
public class User extends SugarRecord {
    String name;
    String pwd;
    public User() {
    }
    public User(String name, String pwd) {
        this.name = name;
        this.pwd = pwd;
    }
    public String getName() {
        return name;
    }
    public User setName(String name) {
        this.name = name;
        return this;
    }
    public String getPwd() {
        return pwd;
    }
    public User setPwd(String pwd) {
        this.pwd = pwd;
        return this;
    }
}
```

4）基本数据库操作——增删改查。

① 保存实体到数据库：对实体对象赋值后，通过调用 save()方法存入相应的表中。

```
User user=new User();
user.setName(et1.getText().toString());
user.setPwd(et2.getText().toString());
user.save();
```

② 从数据库中取出实体：通过 findById()方法，可返回指定位置（第二个参数）的记录，第一个参数使用“类名.class”的形式。

```
User user=User.findById(User.class,Integer.valueOf(ord.getText().toString()));
```

③ 更新实体：分两步操作，首先通过 findById()方法得到需要更改的记录，更改后，再通过 save()方法进行保存。

```
User user=User.findById(User.class,Integer.valueOf(ord.getText().toString())); // 取出要更新的实体
user.setName(et1.getText().toString());                                     // 修改实体
user.setPwd(et2.getText().toString());
user.save();                                                                 // 保存即更新
```

④ 删除实体：首先通过 findById( )方法取出要删除的实体，再通过 delete( )方法删除该记录。

```
User user=User.findById(User.class,Integer.valueOf(ord.getText().toString()));
user.delete();
```

⑤ 批量操作：通过 listAll( )方法可以获得对应表的所有记录并放在列表中。也可以使用 deleteAll( )方法删除对应表的所有记录。

```
List<User> users= User.listAll(User.class);
User.deleteAll(User.class);
```

⑥ 查询操作：默认的查询方式是使用 find( )方法，其使用方式与 SQLiteDatabase 查询方式相同。

```
User.find(User.class, "name = ? and pwd= ?", "satya", "title1");
```

如果有其他条件，如 groupBy、order by 或 limit，则可以在域实体上使用以下方法。

```
find(Class<T> type, String whereClause, String[ ] whereArgs, String groupBy, String orderBy, String limit)
```

如果想执行自定义查询，则可以使用以下方法。

```
List<User> users= User.findWithQuery(User.class, "Select * from User where name = ?", "satya");
```

下面通过一个简单的示例来说明 Sugar 框架的使用方法。

【例 8-4】 Sugar 示例。通过实体类实现对数据库的操作。程序界面如图 8-10 所示。界面中有两个编辑框，分别对应姓名和密码（数据库中为 name 和 pwd 字段）。单击“存入数据库”按钮后，可以将用户输入的两个数据存入对应的数据库表中。

因为界面布局较为简单，此处不给出代码，请参照本书配套资源中源代码。

将实体类 User 定义为一个 JavaBean，建立 beans 目录，然后新建 User.java。

图 8-10 Sugar 示例

```
package com.example.Ch8_4.beans;
import com.orm.SugarRecord;
public classUser extends SugarRecord {
      String name;
      String pwd;
```

因为余下的代码跟之前“3）创建数据库实体类”中的举例一样，此处省略。

配置文件的主要代码如下（其余的省略）。

```
<meta-data android:name="DATABASE" android:value="sugar_example.db" />
<meta-data android:name="VERSION" android:value="2" />
<meta-data android:name="QUERY_LOG" android:value="true" />
<meta-data android:name="DOMAIN_PACKAGE_NAME" android:value="com.example.Ch8_4.beans" />
```

Activity 的代码如下。

```
1  public class MainActivity extends AppCompatActivity {
2      EditText et1,et2;
3      @Override
4      protected void onCreate(Bundle savedInstanceState) {
5          super.onCreate(savedInstanceState);
6          setContentView(R.layout.activity_main);
7          Button button=findViewById(R.id.button);
8          button.setOnClickListener(new View.OnClickListener() {
9              @Override
10             public void onClick(View view) {
11                 et1=findViewById(R.id.et1);
12                 et2=findViewById(R.id.et2);
13                 User user=new User();
14                 user.setName(et1.getText().toString());
15                 user.setPwd(et2.getText().toString());
16                 user.save();
17             }
18         });
19     }
20 }
```

以上代码核心就是按钮的单击事件 onClick（第 10~17 行），定义 User 对象 user，对从编辑框获取的数据进行赋值（第 14、15 行），然后存入数据库（第 16 行）。

程序运行后，在“App Inspection”的“Database Inspector”标签下看查看本程序中的数据库情况。如图 8-11 所示，data 目录下有个 sugar_ example.db，其中有 USER 表，方框内显示的是该数据表的所有记录。此处只有一条记录，就是通过界面用户输入并单击按钮保存进来的数据。

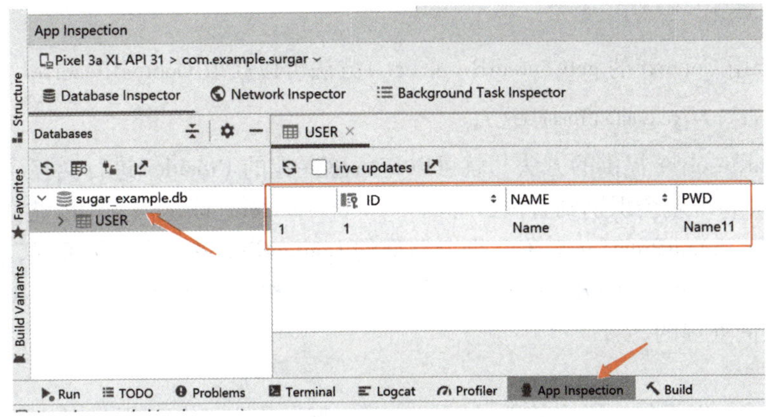

图 8-11　查看数据库

8.5　数据共享

手机应用的使用日益广泛，用户经常需要在不同的应用之间共享数据。例如，短信群发应用，用户分别输入一个个手机号码虽然可以达到目的，但是比较麻烦。这时候就需要获取联系人应用的数据，然后从中选择收件人即可。

应用之间数据的共享是指可以在一个应用中直接操作另一个应用所记录的数据，如文件、

SharedPreferences 或数据库等。但这不仅需要应用程序提供相应的权限，而且还必须知道应用程序中关于数据存储的细节。不同应用程序记录数据的方式差别很大，有时并不利于它们之间的数据交换。针对这些情况，Android 提供了数据共享（ContentProvider），又称内容提供者，它是不同应用程序间进行共享数据的标准 API，统一了数据访问方式。

ContentProvider 是 Android 中的一个组件，用来管理对结构化数据集进行访问的一组接口，它是一个进程使用另一个进程数据的标准接口。这组接口对数据进行封装，并提供了用于定义数据安全的机制。它通过 URI（Uniform Resource Identifier）来标识数据集合，其他应用程序可以通过 ContentResolver 类来访问和操作这些数据。ContentProvider 可以提供不同的数据集合，每个数据集合都由一个唯一的 URI 来标识，其他应用程序可以通过 URI 来访问和操作相应的数据。

当要使用 ContentProvider 访问数据时，需要在应用程序的 Context 中使用 ContentResolver 对象作为客户端，同 Provider 进行通信。Provider 对象接收从客户端发来的数据，执行请求的动作并返回结果。

ContentProvider 的使用方法：定义 ContentProvider 类（该类负责管理数据的访问和操作）、实现必要的方法（如 onCreate( )、query( )、insert( )、update( )、getType( )和 delete( )等，用于处理其他应用程序对数据的查询、插入、更新和删除等操作）和权限管理（在 AndroidManifest. xml 文件中声明 ContentProvider，并配置相应的权限）等。

下面就 ContentProvider 的使用做一个详细说明。

1. ContentResolver

所有的 ContentProvider 都通过实现一个通用的接口来实现数据的增删查改操作，并返回操作结果。对于应用程序来说，这些操作需要通过 ContentResolver 提供的方法实现，包括执行针对数据库（如 SQLite）或其他类型的数据存储（如网络 API）的查询、插入、更新和删除操作。例如，用户可以使用 ContentResolver 来查询、插入、更新或删除联系人、书签、短信、电话记录等数据。

通过直接调用 Context 的 getContentResolver( )方法可以获取 ContentResolver 实例对象。

```
ContentResolver cr = getContentResolver( );
```

通过 ContentResolver 提供的方法，就可以与所感兴趣的 Provider 进行交互了。当发起一个查询时，Android 系统就会识别到查询目标的 ContentProvider，以确保查询的建立和运行。系统会实例化所有的 ContentProvider 对象。每个类型的 ContentProvider 是单例模式，但它可以与不同程序及进程中的多个 ContentResolver 通信。进程间的相互作用是由 ContentResolver 和 ContentProvider 类共同处理的。

2. 数据模型

ContentProvider 以类似二维表的方式展现数据。每行代表一条数据记录，每列表明一个字段的含义及类型。例如，联系人电话本的 ContentProvider 类似表 8-5。

表 8-5 ContentProvider 的数据模型

_ID	NUMBER	NUMBER_KEY	LABEL	NAME	TYPE
13	(425)555 6688	425 555 6688	Kirkland office	Bully Pulpit	TYPE_WORK
44	(212)555-1234	212 555 1234	NY apartment	Alan Vain	TYPE_HOME
45	(212)555-6658	212 555 6658	Downtownoffice	Alan Vain	TYPE_MOBILE
53	201. 555. 4433	201 555 4433	Love Nest	Rex Cars	TYPE_HOME

每行记录有一个_ID 字段，用来唯一标识数据，类似主键，可以用来关联其他表的数据。比如，将联系人关联到一个图片表，以获取联系人的头像。

每个查询结果返回一个游标对象 Cursor。这个对象可以在行与列之间移动，以访问具体每个字段的内容。因为不同类型的字段访问对应不同的读取数据的方法，所以读取时，必须知道读取字段的数据类型。

3. URI

每个 ContentProvider 都有一个唯一的 Uri，用于标识该 ContentProvider 提供的数据。一个 Content Provider 通过每个特定的 Uri 控制着多个数据集（数据表）。

Android 系统为所有平台自带的 ContentProvider 定义了一个 CONTENT_URI 常量。比如联系人及联系人图片的两个 Uri 分别为

```
android. provider. Contacts. CONTENT_URI
android. provider. Contacts. Photos. CONTENT_URI
```

Uri 在所有涉及 ContentProvider 交互的应用程序中存在，每个 ContentResolver 方法的第一个参数就是 Uri。它定义了 ContentResolver 将与哪个 Provider 交互及操作的目标数据表。

Uri 是一个字符串，它由以下几个部分组成。

1）Scheme（方案）：用于指定访问数据的协议。对于 ContentProvider 通常使用 “content://” 作为方案。

2）Authority（授权）：用于标识 ContentProvider 的唯一性。授权通常是一个字符串，由包名和 ContentProvider 的名称组成，用点号分隔。例如，“com. example. provider” 是一个授权。

3）Path（路径）：用于标识访问数据的位置。路径可以是一个单独的字符串，也可以是一个由多个字符串组成的路径。例如，“/data” 是一个路径。

4）Query（查询参数）：用于指定对数据的进一步筛选和排序。查询参数是一个键值对的集合，每个键值对由键和值组成，用等号连接。键值对之间用 “&” 符号分隔。例如，“?name=John&age=25” 是一个查询参数。

将这几部分组合起来，就可以构建一个完整的 ContentProvider Uri。例如，“content:// com. example. provider/data?id=1” 是一个有效的 Uri，它使用了 “content://” 方案、“com. example. provider” 授权、“/data” 路径和 “?id=1” 查询参数。

在使用 ContentProvider 时，可以使用这个 Uri 来访问和操作数据。通过 ContentResolver 的 query( )、insert( )、update( ) 和 delete( ) 方法，可以使用 Uri 来执行相应的操作。例如，使用上面的 Uri 就可以查询 id 为 1 的数据，或者插入一条新的数据。

如果已定义了一个 ContentProvider，则可同时为其定义一个 Uri，这样可以简化客户端代码并让功能升级。

4. 查询数据

查询一个 ContentProvider 需要具备三个信息。

- Provider 对应的 Uri。
- 查询的数据字段的名称。
- 查询字段的类型。

如果想查询某个指定的记录，则还需要知道其 id。

通过 ContentResolver. query( ) 及 Activity. managerQuery( ) 方法，均可以实现 ContentProvider 的查询操作。这两个方法的参数及返回结果都一致，都为一个游标对象 Cursor。但是，对于

Android 10（API 级别 29）及更高版本，managerQuery( )方法已不被建议使用。

ContentUris. withAppendedId( )和 Uri. withAppendedPath( )是两个辅助方法，它们可以根据提供的 id 返回查询的 Uri 对象。比如，要查询_ID 为 23 联系人信息，代码如下。

```
// 使用 ContentUris 方法为_ID 等于 23 的联系人生成 URI
Uri myPerson = ContentUris. withAppendedId(People. CONTENT_URI, 23);
// 或者，使用 Uri 方法生成 URI，它接受一个字符串而不是一个整数
Uri myPerson = Uri. withAppendedPath(People. CONTENT_URI, "23");
Cursor cur = managedQuery(myPerson, null, null, null, null);    // 然后查询这个特定的记录
```

ContentResolver. Query( )及 managedQuery( )方法的参数说明见表 8-6。

表 8-6　参数说明

参数名称	说　　明
Uri	要查询的 Provider 地址 Uri 对象
projection	返回指定列的数据列表，数组对象，传 null 将返回所有，但效率低
selection	过滤查询记录，和 SQL 的 Where 语句类似，传 null 将返回所有
selectionArgs	在查询过滤语句中定义了某内容，那么这里填写参数的值将替换 selection 中的某内容，数组对象
sortOrder	排序，与 SQL 的 ORDER BY 类似

查询代码示例。

```
// 通过数组表明需要返回哪些字段
String[] projection = new String[] {
      People. _ID,    People. _COUNT,
      People. NAME, People. NUMBER
};
Uri contacts =   People. CONTENT_URI;                 // 获得人员表 ContentProvider 的 URI
Cursor managedCursor = managedQuery(contacts,          // 进行查询
      projection,                                      // 返回字段
      null,                                            // 哪些行返回（所有的）
      null,                                            // 选择参数（无）
      People. NAME + "ASC");                           // 结果按名字升序排列
```

查询结果见表 8-7。

表 8-7　查询后返回的数据集合

_ID	_COUNT	NAME	NUMBER
44	3	Alan Vain	212 555 1234
13	3	Bully Pulpit	425 555 6688
53	3	Rex Cars	201 5554433

5. 读取游标数据

读取游标数据须知道读取字段的数据类型。游标对象 Cursor 提供了独立的数据类型读取方法，如 getString( )、getInt( )和 getFloat( )等。可以通过游标 Cursor 对象的方法，根据索引获取字段名称，或者根据名称获取字段索引。

示例代码如下。

```
private void get ColumnData(Cursor cur){
    if (cur.moveToFirst()) {                                    //将游标位置定位到第一条记录
        String name;
        String phoneNumber;
        int nameColumn = cur.getColumnIndex(People.NAME); //获取指定列的整数索引
        int phoneColumn = cur.getColumnIndex(People.NUMBER);
        String imagePath;
        do {
            name = cur.getString(nameColumn);                   //获得字段值
            phoneNumber = cur.getString(phoneColumn);
            ...                                                 //做一些其他跟这些值相关的处理
        } while (cur.moveToNext());
    }
}
```

6. 修改数据

依附于 ContentProvider 的数据，可以进行如下操作。

1）新增一条数据记录。

2）在一条已存在的记录上新加一个值。

3）批量更新已存在的数据记录。

4）删除数据记录。

所有的修改数据操作都是使用 ContentResolver( )方法来完成的。有些 ContentProvider 的写操作要求比读操作需要更大的权限许可。如果没有写的权限许可，那么写数据将失败。

使用 ContentResolver.update( )方法可以实现修改数据。下面将创建一个 updateRecord( )方法用来修改数据。

```
private void updateRecord(int id ,int num){
    Uri uri =ContentUris.withAppendedId(People.CONTENT_URI, id);
    ContentValues values =new ContentValues();
    values.put(People.NUMBER, num);
    getContextResolver().update(uri ,values,null,null);
}
```

7. 添加数据

为了在 ContentProvider 增加一条记录，首先必须要设置一个 ContentValues 的键值对象。这个对象的 Key 与数据列名匹配，Value 即要插入的值。然后传递 Provider 的 Uri 和 ContentValues 给 ContentResolver 的 insert( )方法。这个方法返回一个 Uri，然后通过其 getLastPathSegment( )方法可以得到一个指向新增的记录 id，通过这个 id 可实现新增数据的查找、更新、删除操作。具体代码如下：

```
ContentValues values = new ContentValues();
values.put(People.NAME, "Abraham Lincoln");        //将"Abraham Lincoln"增加到联系人中,并进行
//收藏
//1 =新联系人增加到收藏中;  0 =新联系人没有加入收藏
values.put(People.STARRED, 1);
Uri uri = getContentResolver().insert(People.CONTENT_URI, values);
//通过 Uri 获取插入的记录的 id(即新记录的 id),这个 id 可以用于后续的查询、更新、删除操作
long id = Uri.getLastPathSegment();
```

对于一条已经存在的记录，可以向这条记录增加信息或者修改其中的信息，比如给某一联

系人增加号码、地址等。

一般建议给需要更新记录的 Uri 附加上要新增记录的表名，然后使用修改过的 Uri 去增加新的信息。下面以电话本为例，新增电话号码和 Email 信息。

```
Uri phoneUri = null;
Uri emailUri = null;
phoneUri = Uri. withAppendedPath( uri, People. Phones. CONTENT_DIRECTORY) ;
values. clear( ) ;
values. put( People. Phones. TYPE, People. Phones. TYPE_MOBILE) ;
values. put( People. Phones. NUMBER, "1233214568" ) ;
getContentResolver( ). insert( phoneUri, values) ;
// 以同样的方式增加 Email 地址
emailUri = Uri. withAppendedPath( uri, People. ContactMethods. CONTENT_DIRECTORY) ;
values. clear( ) ;
// ContactMethods. KIND 用于区分不同联系方式，如 Email、IM 等
values. put( People. ContactMethods. KIND, Contacts. KIND_EMAIL) ;
values. put( People. ContactMethods. DATA, "test@example. com" ) ;
values. put( People. ContactMethods. TYPE, People. ContactMethods. TYPE_HOME) ;
getContentResolver( ). insert( emailUri, values) ;
```

通过 ContentValues. put(String kye, Byte[ ] value)将少量的二进制数据放置在表中，比如图标和短音频。如果需要新增较大的二进制数据，例如照片或完整的音乐，则可以将文件的 Uri 放在表中，通过 ContentResolver. openOutputStream( )带上文件的 Uri 就可以获取输出流。

MediaStore Provider（多媒体存储）主要用以分配图片、声音和视频等资源数据。它同样使用相同的 Uri，通过 query( )或者 managerQuery( )方法查询二进制数据的描述信息，并通过 openInputStream( )方法来读取数据。类似地，使用相同的 Uri 通过 insert( )方法插入二进制数据的描述信息，通过 openOutputStream( )方法来写数据。

具体代码如下。

```
ContentValues values = new ContentValues(3) ;
values. put( Media. DISPLAY_NAME, "road_trip_1" ) ;
values. put( Media. DESCRIPTION, "Day 1, trip to Los Angeles" ) ;
values. put( Media. MIME_TYPE, "image/jpeg" ) ;
Uri uri = getContentResolver( ). insert( Media. EXTERNAL_CONTENT_URI, values) ;
try{
    OutputStream outStream = getContentResolver( ). openOutputStream( uri) ;
    sourceBitmap. compress( Bitmap. CompressFormat. JPEG, 50, outStream) ;
    outStream. close( ) ;
} catch (Exception e) {
    Log. e( TAG, "exception while writing image" , e) ;
}
```

8. 删除数据

删除记录只需要调用 ContentResolver. delete( )方法即可。示例代码如下。

```
Uri uri=pelple. content_uri;
getContentResolver( ). delete( uri,null,null) ;                // 删除与该 uri 关联的所有数据
getContentResolver( ). delete( uri,name="xxx" ,null) ;   // 删除该 uri 和名称为"xxx"的数据
```

9. 创建 ContentProvider

在创建 ContentProvider 时，通常定义一个公共的、静态的常量 CONTENT_URI，用来代表所定义 ContentProvider 的 URI 地址，它的值是使用 Uri. parse( )方法将字符串转换为 URI 对象

的，而且这个地址必须是唯一的。

```
Public static final uri CONTENT_URI=Uri. parse("content:// com. condelad. transporationprovider");
```

创建 ContentProvider 时，还需要定义要返回给客户的数据列名。数据列的使用方式和数据库的字段一样。其中，需要定义一个叫 id 的列，该列用来表示每条记录的唯一性。模式使用 INTEGER PRIMARY KEY AUTOINCREMENT 自动更新。

如果要处理的数据是一种新的类型，就必须先定义一个新的 MIME 类型，以供 ContentProvider 的 getType(Uri url)方法返回。

MIME（Multipurpose Internet Mail Extensions）类型是一种标准化的数据类型标识符，用于表示各种不同的数据格式。在 Android 中，MIME 类型被用于描述 ContentProvider 提供的数据类型。

MIME 类型有两种形式：一种是单个记录的，另一种是多条记录的。

对于单个记录的 MIME 类型，使用的是“vnd. android. cursor. item/...”格式。例如，如果 ContentProvider 提供的是图片数据，那么对应的 MIME 类型可以设置为

```
public static final String CONTENT_TYPE = "vnd. android. cursor. item/vnd. com. example. provider. image";
```

对于多条记录的 MIME 类型，使用的是“vnd. android. cursor. dir/...”格式。例如，如果 ContentProvider 提供的是多个联系人信息，那么对应的 MIME 类型可以设置为

```
public static final String CONTENT_TYPE = "vnd. android. cursor. dir/vnd. com. example. provider. contacts";
```

这两种 MIME 类型的区别在于使用了 item 和 dir 关键字来区分单个记录和多条记录。在使用 ContentProvider 时，需要根据实际情况选择正确的 MIME 类型。

在 AndroidManifest. xml 中使用<provider>标签来设置 ContentProvider。如果创建的 ContentProvider 类名为 MyContentProvider，则需要在 AndroidManifest. xml 中做如下类似的配置。

```
<provider android:name ="MyContentProvider"
android:authorities="con. wissen. mycontentprovider"/>
```

此外，还要通过 setReadPermission()和 setWritePermission()来设置其操作权限。当然，也可以在上面的代码中加入 android:readpermission 或者 android:writepermissiom 属性来控制其权限。

最后，需要将 MyContentProvider 加入到项目中，也可以将定义静态字段的文件打包成 . jar 文件，加入到要使用的工程中，通过 import 导入。

【例 8-5】ContentProvider 示例。通过修改 SDK 中的 Notes 来系统学习 ContentProvider 的创建及简单使用。

1）创建 ContentProvider 的 CONTENT_URI 和字段，字段类继承自 BaseColumns 类，它包括了一些基本的字段，如_ID 和_COUNT，分别表示每行的唯一标识符和总行数。

NotePad. java 的代码如下。

```
public class NotePad {
    public static final String AUTHORITY = "com. google. provider. NotePad"; // ContentProvider 的 URI
    private NotePad() {      }
    public static final class Notes implements BaseColumns {          // 定义基本字段
        private Notes() {   }
        public static final Uri CONTENT_URI = Uri.parse("content:// " + AUTHORITY + "/notes");
        // 新的 MIME 类型：多条
        public static final String CONTENT_TYPE = "vnd. android. cursor. dir/vnd. google. note";
```

```
        // 新的 MIME 类型：单个
        public static final String CONTENT_ITEM_TYPE = "vnd. android. cursor. item/vnd. google. note";
        public static final String DEFAULT_SORT_ORDER = "modified DESC";
        public static final String TITLE = "title";  // 字段
        public static final String NOTE = "note";
        public static final String CREATEDDATE = "created";
        public static final String MODIFIEDDATE = "modified";
    }
}
```

2）创建 ContentProvider 类 NotePadProvider，它包括了查询、添加、删除、更新等操作，以及打开和创建数据库。

NotePadProvider. java 的代码如下。

```
public class NotePadProvider extends ContentProvider {
    private static final String TAG = "NotePadProvider";
    private static final String DATABASE_NAME = "note_pad. db";          // 数据库名称
    private static final int DATABASE_VERSION = 2;
    private static final String NOTES_TABLE_NAME = "notes";          // 表名
    private static HashMap<String, String> sNotesProjectionMap;
    private static final int NOTES = 1;
    private static final int NOTE_ID = 2;
    private static final UriMatcher sUriMatcher;
    private DatabaseHelper mOpenHelper;
    // 创建表的 SQL 语句
    private static final String CREATE_TABLE = "CREATE TABLE "
        + NOTES_TABLE_NAME + " (" + Notes. _ID + " INTEGER PRIMARY KEY,"
        + Notes. TITLE + " TEXT," + Notes. NOTE + " TEXT,"
        + Notes. CREATEDDATE + " INTEGER," + Notes. MODIFIEDDATE + " INTEGER" + ");";
    static {
        sUriMatcher = new UriMatcher(UriMatcher. NO_MATCH);
        sUriMatcher. addURI(NotePad. AUTHORITY, "notes", NOTES);
        sUriMatcher. addURI(NotePad. AUTHORITY, "notes/#", NOTE_ID);
        sNotesProjectionMap = new HashMap<String, String>();
        sNotesProjectionMap. put(Notes. _ID , Notes. _ID );
        sNotesProjectionMap. put(Notes. TITLE, Notes. TITLE);
        sNotesProjectionMap. put(Notes. NOTE, Notes. NOTE);
        sNotesProjectionMap. put(Notes. CREATEDDATE, Notes. CREATEDDATE);
        sNotesProjectionMap. put(Notes. MODIFIEDDATE, Notes. MODIFIEDDATE);
    }
    private static class DatabaseHelper extends SQLiteOpenHelper {
        DatabaseHelper(Context context) {          // 构造函数：创建数据库
            super(context, DATABASE_NAME, null, DATABASE_VERSION);
        }
        @Override
        public void onCreate(SQLiteDatabase db) {
            db. execSQL(CREATE_TABLE);     // 创建表
        }
        @Override                          // 更新数据库
        public void onUpgrade(SQLiteDatabase db, int oldVersion, int newVersion) {
            db. execSQL("DROP TABLE IF EXISTS notes");
```

```
                onCreate(db);
            }
        }
        @Override
        public boolean onCreate() {
            mOpenHelper = new DatabaseHelper(getContext());
            return true;
        }
        @Override
        public Cursor query(Uri uri, String[] projection, String selection,
                String[] selectionArgs, String sortOrder) {
            SQLiteQueryBuilder qb = new SQLiteQueryBuilder();
            switch (sUriMatcher.match(uri)) {
            case NOTES:
                qb.setTables(NOTES_TABLE_NAME);
                qb.setProjectionMap(sNotesProjectionMap);
                break;
            case NOTE_ID:
                qb.setTables(NOTES_TABLE_NAME);
                qb.setProjectionMap(sNotesProjectionMap);
                qb.appendWhere(Notes._ID + "=" + uri.getPathSegments().get(1));
                break;
            default:
                throw new IllegalArgumentException("Unknown URI " + uri);
            }
            String orderBy;
            if (TextUtils.isEmpty(sortOrder)) {
                orderBy = NotePad.Notes.DEFAULT_SORT_ORDER;
        } else {
            orderBy = sortOrder;
        }
        SQLiteDatabase db = mOpenHelper.getReadableDatabase();
        Cursor c = qb.query(db, projection, selection, selectionArgs, null, null, orderBy);
        c.setNotificationUri(getContext().getContentResolver(), uri);
        return c;
    }
    @Override
    public String getType(Uri uri) {        // 如果有自定义类型，必须实现该方法
        switch (sUriMatcher.match(uri)) {
        case NOTES:
            return Notes.CONTENT_TYPE;
        case NOTE_ID:
            return Notes.CONTENT_ITEM_TYPE;
        default:
            throw new IllegalArgumentException("Unknown URI " + uri);
        }
    }
    @Override
    public Uri insert(Uri uri, ContentValues initialValues) {        // 插入数据库
        if (sUriMatcher.match(uri) != NOTES) {
            throw new IllegalArgumentException("Unknown URI " + uri);
        }
        ContentValues values;
```

```
            if (initialValues != null) {
                values = new ContentValues(initialValues);
            } else {
                values = new ContentValues();
            }
            Long now = Long.valueOf(System.currentTimeMillis());
            if (values.containsKey(NotePad.Notes.CREATEDDATE) == false) {
                values.put(NotePad.Notes.CREATEDDATE, now);
            }
            if (values.containsKey(NotePad.Notes.MODIFIEDDATE) == false) {
                values.put(NotePad.Notes.MODIFIEDDATE, now);
            }
            if (values.containsKey(NotePad.Notes.TITLE) == false) {
                Resources r = Resources.getSystem();
                values.put(NotePad.Notes.TITLE, r.getString(android.R.string.untitled));
            }
            if (values.containsKey(NotePad.Notes.NOTE) == false) {
                values.put(NotePad.Notes.NOTE, "");
            }
            SQLiteDatabase db = mOpenHelper.getWritableDatabase();
            long rowId = db.insert(NOTES_TABLE_NAME, Notes.NOTE, values);
            if (rowId > 0) {
                Uri noteUri = ContentUris.withAppendedId(NotePad.Notes.CONTENT_URI, rowId);
                getContext().getContentResolver().notifyChange(noteUri, null);
                return noteUri;
            }
            throw new SQLException("Failed to insert row into " + uri);
        }
        @Override
        public int delete(Uri uri, String where, String[] whereArgs) {
            SQLiteDatabase db = mOpenHelper.getWritableDatabase();
            int count;
            switch (sUriMatcher.match(uri)) {
            case NOTES:
                count = db.delete(NOTES_TABLE_NAME, where, whereArgs);
                break;
            case NOTE_ID:
                String noteId = uri.getPathSegments().get(1);
                count = db.delete(NOTES_TABLE_NAME, Notes._ID
                        + "=" + noteId + (!TextUtils.isEmpty(where) ? " AND ("
                            + where+ ')' : ""), whereArgs);
                break;
            default:
                throw new IllegalArgumentException("Unknown URI " + uri);
            }
            getContext().getContentResolver().notifyChange(uri, null);
            return count;
        }
        @Override
        public int update(Uri uri, ContentValues values, String where,
                String[] whereArgs) {
            SQLiteDatabase db = mOpenHelper.getWritableDatabase();
            int count;
```

```
144         switch (sUriMatcher.match(uri)) {
145         case NOTES:
146             count = db.update(NOTES_TABLE_NAME, values, where, whereArgs);
147             break;
148         case NOTE_ID:
149             String noteId = uri.getPathSegments().get(1);
150             count = db.update(NOTES_TABLE_NAME, values,Notes._ID
151                     + "=" + noteId + (!TextUtils.isEmpty(where) ? " AND ("
152                         + where+ ')' : ""), whereArgs);
153             break;
154         default:
155             throw new IllegalArgumentException("Unknown URI " + uri);
156         }
157         getContext().getContentResolver().notifyChange(uri, null);
158         return count;
159     }
160 }
```

本程序段定义了 ContentProvider 类 NotePadProvider，其提供的数据保存在数据库 note_pad.db（第 3 行）的 notes 表（第 5 行）中。

第 12~15 行定义了创建表的 SQL 语句。

第 16~26 行是静态代码块，用于初始化静态变量 sUriMatcher 和 sNotesProjectionMap。其中，UriMatcher 对象 sUriMatcher 添加了两个 URI 匹配规则：第一个规则匹配以“notes”结尾的 URI，并将其映射到常量 NOTES（第 18 行）；第二个规则匹配以“notes/#”结尾的 URI，其中“#”表示一个数字，将其映射到常量 NOTE_ID（第 19 行）。HashMap 对象 sNotesProjectionMap 用于存储 notes 表格的投影映射（投影映射是指将表格中的列名映射为数据库中的列名）。本例中，将_ID、TITLE、NOTE、CREATEDDATE 和 MODIFIEDDATE 映射到相应的列名。通过调用 put()方法将这些映射添加到 sNotesProjectionMap 对象中。

第 27~40 行定义了 SQLiteOpenHelper 类 DatabaseHelper，实现所维护数据库的创建、更新，以及数据表的实现创建工作。

第 42~45 行实现 onCreate()方法，初始化 DatabaseHelper 对象 mOpenHelper。

第 47~73 行实现 query()方法。首先创建一个 SQLiteQueryBuilder 对象（第 49 行），然后根据传入的 URI 的类型（通过第 50 行 sUriMatcher.match()方法判断），设置相应的表名和投影映射。对于类型为 NOTE_ID 的 URI，还会在查询条件中添加一个限制，即只返回指定_ID 的记录（第 58 行）。第 64 行检查 sortOrder 是否为空：如果为空，则使用默认的排序规则（第 65 行）；否则，使用传入的 sortOrder（第 67 行）。接着，获取一个可读的数据库实例（第 69 行），并调用 SQLiteQueryBuilder 的 query()方法执行查询操作，查询结果被存储在 Cursor 对象 c 中（第 70 行）。第 71 行将 Cursor 对象的通知 URI 设置为传入的 URI。这样，URI 对应的数据发生改变时将自动生成通知。

第 75~84 行实现 getType()方法，用于处理 URI 类型相关的操作。该方法首先使用 sUriMatcher.match(uri)匹配 URI（第 76 行）：如果匹配 NOTES，返回 Notes.CONTENT_TYPE（第 78 行）；如果匹配 NOTE_ ID，则返回 Notes.CONTENT_ITEM_TYPE（第 80 行）。

第 86~118 行实现 insert()方法，用于向数据库中插入一条记录。首先第 87 行使用 URI 匹配器（sUriMatcher）检查传入的 URI 是否为 notes 的 URI（NOTES）。然后创建 ContentValues 对象 values（第 90 行），并用参数 ContentValues 对象 initialValues 进行初始化（第 92 行）。第

96 行获取当前时间的毫秒数，存储在 now 变量中。第 94~109 行检查 ContentValues 对象是否包含 CREATEDDATE、MODIFIEDDATE、TITLE 和 NOTE 这四个字段。如果任何一个字段不存在，则将其设置为当前时间或默认值。第 110 行获取数据库的读写对象 SQLiteDatabase，这里使用了 mOpenHelper 辅助类来获取数据库连接。然后使用该 db 的 insert( )方法将 values 插入到数据库中，并返回插入的行的 id（rowId，第 111 行）。如果插入成功（rowId>0），则构建一个新的 URI（第 113 行），并通知内容解析器 ContentResolver 该 URI 已更改（第 114 行）。

第 120~138 行实现 delete( )方法。第 121 行调用 mOpenHelper. getWritableDatabase( )方法获得可写入的 SQLite 数据库实例 db。第 123 行进行 URI 匹配：若是 NOTES 类型，调用 db. delete( )进行删除（第 125 行）；若是 NOTE_ID 类型，则从 URI 的路径片段中获取 noteId（第 128 行），并构造一个 WHERE 子句，其中包含_ID = noteId 的条件（第 129~131 行）。第 136 行通知内容解析器该 URI 已更改，最后返回删除的记录数（第 137 行）。

第 140~159 行实现 update( )方法。根据 URI 的类型，若是 NOTES 类型，通过 SQLiteDatabase 的 update( )方法执行更新操作（第 146 行）；若是 NOTE_ID 类型，从 URI 中获取要更新的记录的 ID（第 149 行），调用 SQLiteDatabase 的 update( )方法更新指定表中的记录，这里使用了新增条件来指定要更新的记录的_ID（第 150~152 行）。然后，通知内容解析器 ContentResolver 记录已经改变，以便通知观察者（第 157 行）。最后，返回更新的记录数量（第 158 行）。

3）创建 Activity，使用所创建的 NotePadProvider 类。首先向其中插入两条数据，然后通过 Toast 来显示数据库中的所有数据。运行效果如图 8-12 所示，右侧是 Provider 维护的数据库 note_pad. db 及其表 notes 的结构和内容。

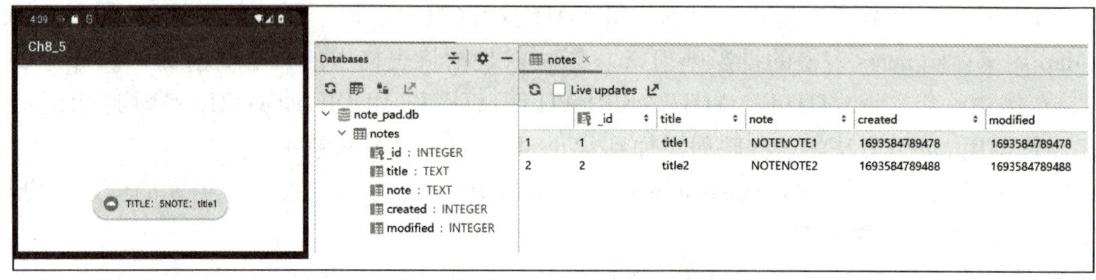

图 8-12　通过 Toast 显示数据库中的所有数据

由于该界面的布局较简单，此处省略。Activity 的代码如下。

```
public class MainActivity extends AppCompatActivity {
    @Override
    protected void onCreate(Bundle savedInstanceState) {
        super.onCreate(savedInstanceState);
        setContentView(R.layout.activity_main);
        ContentValues values = new ContentValues();            //插入数据
        values.put(NotePad.Notes.TITLE, "title1");
        values.put(NotePad.Notes.NOTE, "NOTENOTE1");
        getContentResolver().insert(NotePad.Notes.CONTENT_URI, values);
        values.clear();
        values.put(NotePad.Notes.TITLE, "title2");
        values.put(NotePad.Notes.NOTE, "NOTENOTE2");
        getContentResolver().insert(NotePad.Notes.CONTENT_URI, values);
        displayNote();                                          //显示
    }
```

```
16        private void displayNote( ) {
17            String columns[ ] = new String[ ] { NotePad. Notes. _ID ,
18                NotePad. Notes. TITLE, NotePad. Notes. NOTE,
19                NotePad. Notes. CREATEDDATE, NotePad. Notes. MODIFIEDDATE };
20            Uri myUri = NotePad. Notes. CONTENT_URI;
21            Cursor cur = getContentResolver( ). query( myUri, columns, null, null, null);
22            if (cur. moveToFirst( ) ) {
23                String id = null;
24                String title = null;
25                do {
26                    id =cur. getString( cur. getColumnIndex( NotePad. Notes. _ID ) );
27                    title =cur. getString( cur. getColumnIndex( NotePad. Notes. TITLE) );
28                    Toast toast = Toast. makeText( this, "TITLE:" + id + "NOTE:"
29                        + title, Toast. LENGTH_LONG);
30                    toast. setGravity( Gravity. TOP | Gravity. CENTER, 0, 40);
31                    toast. show( );
32                } while (cur. moveToNext( ) );
33            }
34        }
35    }
```

插入的两条记录情况如下：首先定义 ContentValues 对象 values 用于存放记录值（第 6 行）。第 7、8 行是第 1 条记录的 TITLE 和 NOTE，然后使用 ContentResolver 的 insert( )方法将上面的数据插入到指定的数据表中（第 9 行）。这里的数据表由 NotePad. Notes. CONTENT_URI 指定，该 URI 表示数据表的位置。第 2 条记录与第 1 条的操作类似。第 14 行调用 displayNote( ) 方法显示所有的记录。

第 17～19 行定义了一个字符串数组 columns，包含了要查询的列的名称。第 20 行通过 NotePad. Notes. CONTENT_URI 得到 URI 对象 myUri。第 21 行使用 ContentResolver 的 query( )方法查询数据，传入 URI 和 columns 作为参数。这个方法返回 Cursor 对象 c，包含了查询结果。如果判断 c 非空（第 22 行），通过 do-while 循环遍历每一条记录（第 25～32 行）：第 26、27 行通过 getColumnIndex( )方法获取指定列的索引，再通过 getString( )方法获取该列的值，第 28～31 行通过 Toast 对象显示记录。

4）在 AndroidManifest. xml 文件中声明所使用的 ContentProvider，具体文件内容如下。

```
<provider
    android:name="NotePadProvider"
    android:authorities="com. google. provider. NotePad" />
<activity
    android:name=". MainActivity"
    android:exported="true">
  <intent-filter>
    <action android:name="android. intent. action. MAIN" />
    <category android:name="android. intent. category. LAUNCHER" />
  </intent-filter>
  <intent-filter>
    <data android:mimeType="vnd. android. cursor. dir/vnd. google. note" />
  </intent-filter>
  <intent-filter>
    <data android:mimeType="vnd. android. cursor. item/vnd. google. note" />
```

```
16          </intent-filter>
17      </activity>
```

第 1~3 行，提供者（Provider）标签：提供者名为“NotePadProvider”，其 authorities 属性指定了提供者的命名空间为“com. google. provider. NotePad”。

第 4~17 行，活动（Activity）标签：exported 属性设置为 true，表示该活动可以被其他应用程序访问。该活动包含了三个意图过滤器 Intent Filter。其中，第二个过滤器（第 11~13 行）指定该活动能够响应带有 vnd. android. cursor. dir/vnd. google. note 数据类型的意图，表示该活动可以处理查询操作返回 Note 数据类型的结果集；第三个过滤器（第 14~16 行）指定该活动能够响应带有 vnd. android. cursor. item/vnd. google. note 数据类型的意图，表示该活动可以处理单个 Note 数据类型的结果。

8.6 数据存储示例

扫码看视频

下面通过一个完整的案例，着重介绍在一个项目中如何综合使用前面介绍的关于数据存储的技术。

【例 8-6】 数据存储综合示例。运行程序首先进入登录界面，如图 8-13 所示。其中，“记住用户名和密码”是对用户的输入进行本地存储（SharedPreferences 方式）。单击“确定”按钮后，需要确认输入的用户名和密码是否正确，只有通过了，才能进入程序主界面，显示如图 8-14 所示的新闻列表界面。该列表新闻是存储在数据库中的。单击某项新闻，显示图 8-15 所示的详情内容界面。

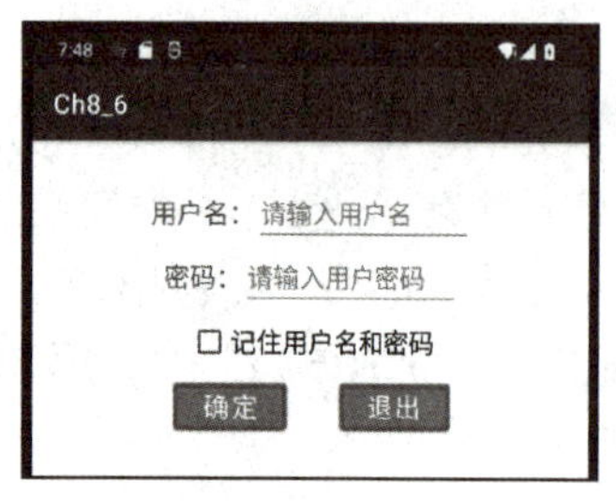

图 8-13 登录界面

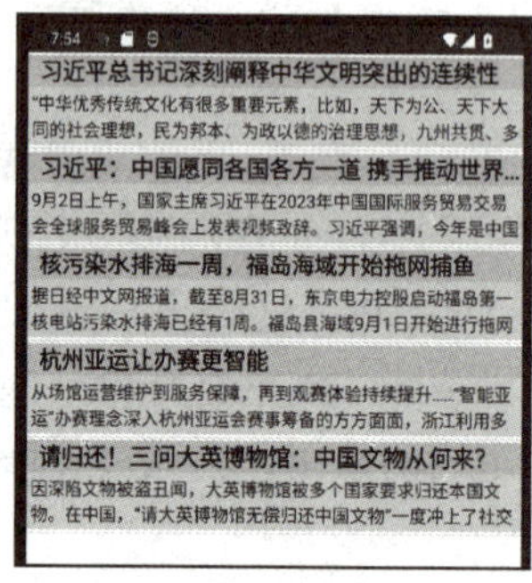

图 8-14 新闻列表界面

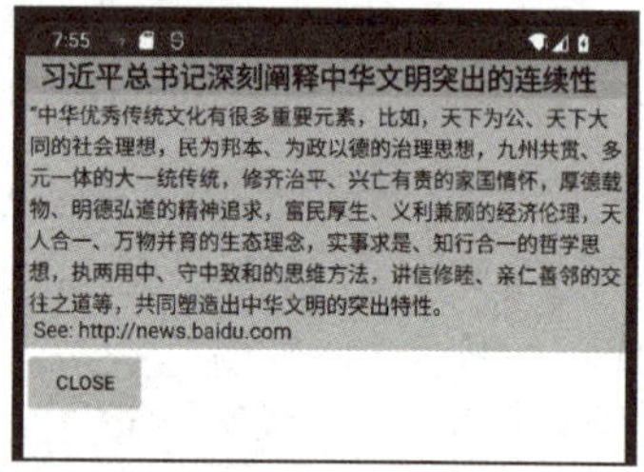

图 8-15 详情内容界面

1. 加密算法

程序的登录界面与例 8-1 类似，采用了 SharedPreferences 方式对用户输入的用户名和密码进行本地的读写操作。同时，有效的用户名和密码存储在数据库 USERS 表中。为了密码的安全性考虑，密码在数据库中的存储往往是经过加密的，以免发生意外导致泄露。

数据加密算法有很多，其中 MD5 是被广泛使用的一种哈希算法，它将任意长度的数据映射为固定长度 128 位的哈希值。安全性更高的算法还有 SHA-256、AES、RSA、ECC 等。

美国等国家开始普遍使用 MD5 算法做安全加密，使用范围也相当广泛，关乎所有使用者的账号密码、邮件和签名信息等。因为 MD5 算法是不可逆的，这种不可逆的特性大大加强了密码被破译的难度。因此，这种加密方式曾一直被国际密码学界认为是绝对安全的。甚至有多位专家预测，即使用当时最快的巨型计算机，都需要 10 万年以上才能破解。

然而中国学者王小云在 2004 年成功破解了 MD5。半年后，王小云又成功破解了世界上另外一个顶级算法 SHA-1。这也是我国科学家首次在密码破译领域获得荣誉，成为中国密码破译界的领军人物。原本在密码破译界完全空白的中国，一下子就成为领跑者。

王小云相继破解 MD5 和 SHA-1 后，世界上其他国家的知名密码研究机构纷纷向王小云发出邀约，面对丰厚的条件，王小云毫不动心地拒绝掉了。在她看来科学家要把国家的责任摆在第一位，任何选择都比不上祖国的需要。更何况，她的心中有一个“中国密码梦”。后来，王小云受聘于清华大学，带领国内的专家研发了我国第一个哈希函数算法新标准 SM3。这套新标准被广泛地用在国家电网、金融和交通等重点领域。

加密算法被广泛应用于各种安全领域场景，但选择适当的加密算法取决于具体需求和安全级别要求。在本例中，采用 MessageDigest 类实现 MD5 算法，代码文件 MD5Encryption. java 如下。

```
import java.security.MessageDigest;
import java.security.NoSuchAlgorithmException;
public classMD5Encryption {
    public static String encrypt(String input) {
        try {
            MessageDigest md = MessageDigest.getInstance("MD5");    // 创建 MD5 加密算法实例
            byte[] messageDigest = md.digest(input.getBytes());     // 将输入字符串转换为字
// 节数组进行加密
            StringBuilder hexString = new StringBuilder();          // 将字节数组转换为对应的
// 十六进制字符串
            for (byte b : messageDigest) {
                String hex = Integer.toHexString(0xFF & b);
                if (hex.length() == 1) {
                    hexString.append('0');
                }
                hexString.append(hex);
            }
            return hexString.toString();                            // 返回加密后的字符串
        } catch (NoSuchAlgorithmException e) {
            e.printStackTrace();
        }
        return null;
    }
}
```

2. 数据库操作

通过创建 DBHelper 类，对项目中涉及的数据库的操作进行了封装。详细代码见本书配套资源中相应的 PDF 文件或源代码，主要代码如下。

```
public class DBHelper {
    private static final String[] COLS = new String[]{
        News._ID, News.TITLE, News.BODY, News.URL};
    private SQLiteDatabase db;
    private DBOpenHelper dbOpenHelper;
    public DBHelper(Context context){   // 构造函数：创建一个数据库
        this.dbOpenHelper = new DBOpenHelper(context);
        establishDb();                  // 判断 db 是否存在，不存在则调用 getWritableDatabase 创建
    }
    public void cleanup(){              // 清空数据库
      ……}
```

```
    public long Insert(News news) {                              // 插入一条数据
        ContentValues values = new ContentValues();
        values.put(News.TITLE, news.title);
        values.put(News.BODY, news.body);
        values.put(News.URL, news.url);
        return this.db.insert(DBOpenHelper.TABLE_NAME, null, values);
    }
    public long update(News news) {                              // 更新一条数据
        ContentValues values = new ContentValues();
        values.put(News.TITLE, news.title);
        values.put(News.BODY, news.body);
        values.put(News.URL, news.url);
        return this.db.update(DBOpenHelper.TABLE_NAME, values, News._ID + "=" + news.id, null);
    }
    public int delete(long id) {                                 // 根据 id 删除一条数据
        return this.db.delete(DBOpenHelper.TABLE_NAME, News._ID + "=" + id, null);
    }
    public int delete(String title) {                            // 根据 title 删除一条数据
        return this.db.delete(DBOpenHelper.TABLE_NAME, News.TITLE + "like " + title, null);
    }
    public News queryByID(long id) {                             // 根据 id 查询一条数据
        Cursor cursor = null;
        News news = null;
        try {
            cursor =this.db.query(DBOpenHelper.TABLE_NAME,
                COLS, News._ID + "=" + id, null, null, null, null);
            if(cursor.getCount() > 0) {
                cursor  moveToFirst();
                news =new News();
                news.id = cursor.getLong(0);
                news.title = cursor.getString(1);
                news.body = cursor.getString(2);
                news.url = cursor.getString(3);
            }
        } catch (SQLException e) {
            Log.v("aaaa", "aaaa->queryByID.SQLException");
        } finally{
            if(cursor != null && ! cursor.isClosed()) {
                cursor.close();
            }
        }
        return news;
    }
    public List<News> queryByTitleForList(String title) {         // 根据 title 查询一条指定数据
        ……   }
    public List<News> queryAllForList() {                        // 查询指定所有数据
        …… }
    public Cursor queryByTitleForCursor(String title) {          // 利用游标查询指定 title 的数据
        …… }
    public Cursor queryAllForCursor() {                          // 利用游标查询所有数据
        …… }
    public boolean queryByString(String user, String pwd) {     // 查询用户名和密码
```

```
        Cursor cursor = null;
        String selection = "name = ? AND pwd >= ?";
        String[] selectionArgs = {user, MD5Encryption.encrypt(pwd)};
        try {
            cursor =this.db.query("USERS",new String[]{"name", "pwd"},
                selection, selectionArgs, null, null, null);
        }catch (SQLException e) {
            Log.e("aaaa", "aaaa->queryByString.SQLException");
            e.printStackTrace();
        }finally{
        }
        if(cursor==null || cursor.getCount()< 1)
            return false;
        else
            return true;
    }
    private static class DBOpenHelper extends SQLiteOpenHelper{
        private static final String DB_NAME = "db_news";          // 数据库名称
        private static final String TABLE_NAME = "news";          // 数据库表名
        private static final int DB_VERSION = 1;                  // 数据库版本号
        private static final String CREATE_TABLE = "create table "+TABLE_NAME+" ("+News._ID +" integer
            primary key," + News.TITLE + " text, "+News.BODY+" text, "+News.URL+" text)";
        private static final String CREATE_TABLE_USERS = "create table USERS( name text,pwd text)";
        private static final String DROP_TABLE = "drop table if exists "+TABLE_NAME; // 删除表
        public DBOpenHelper(Context context){                    // 构造函数：创建一个数据库
            super(context, DB_NAME, null, DB_VERSION);
        }
        public DBOpenHelper(Context context, String name, CursorFactory factory, int version) {
            super(context, name, factory, version);
        }
        @Override                                                 // 创建表
        public void onCreate(SQLiteDatabase db) {
            try {
                db.execSQL(CREATE_TABLE);                        // 数据库没有表时重新创建一个
            }catch (SQLException e) {
                Log.v("aaaa", "aaaa->Database table news created failed.");
            }
            try {                                                 // 创建用户表
                db.execSQL(CREATE_TABLE_USERS);
            }catch (SQLException e) {
                Log.v("aaaa", "aaaa->Database table users created failed.");
            }
            // 保存数据到数据库
            ContentValues mvalue = new ContentValues();
            mvalue.put("name","wanghj");
            mvalue.put("pwd",MD5Encryption.encrypt("zhejiang"));
            db.insert("USERS",null,mvalue);
            saveSomeDatas(db, getData());
        }
        @Override                                                 // 更新数据
        public void onUpgrade(SQLiteDatabase db, int oldVersion, int newVersion) {
    ......}
        private void saveSomeDatas(SQLiteDatabase db, List<Map<String, String>> value){ // 保存数据
```

```
117                 ContentValues values = null;
118                 Map<String, String> map = null;
119                 while(value.size() > 0){
120                     map = value.remove(0);
121                     values =new ContentValues();
122                     values.put(News.TITLE, map.get(News.TITLE));
123                     values.put(News.BODY, map.get(News.BODY));
124                     values.put(News.URL, map.get(News.URL));
125                     db.insert(TABLE_NAME, null, values);          //加入数据
126                 }
127             }
128             private List<Map<String, String>> getData(){          //加载数据
129                 List<Map<String, String>> list = new ArrayList<Map<String,String>>();
130                 Map<String, String> map1 = new HashMap<String, String>();
131                 map1.put(News.TITLE, "习近平总书记深刻阐释中华文明突出的连续性");
132                 map1.put(News.BODY, "“中华优秀传统文化有……");
133                 map1.put(News.URL, "http://news.baidu.com");
134                 list.add(map1);
135                 ……                                                //加入其他的新闻记录
136                 return list;
137             }
138         }
139 }
```

该数据库操作类定义了三个成员变量，分别是新闻字段列 COLS（第 2 行）、SQLiteDatabase 类对象 db（第 4 行）和 DBOpenHelper 类对象 dbOpenHelper（第 5 行）。

构造函数（第 6 行）对成员变量 dbOpenHelper 进行初始化，然后调用 establishDb()方法创建数据库 db（第 8 行）。

接下来定义了对新闻类数据进行操作的一些方法，包括：清空数据库（第 10 行）；向新闻列表中插入一条数据（第 12 行）、更新一条数据（第 19 行）、根据 id 删除一条数据（第 26 行）、根据 title 删除一条数据（第 29 行）、根据 id 查询一条数据（第 32 行）、根据 title 查询一条指定数据（第 55 行）、查询指定所有数据（第 57 行）、利用游标查询指定 title 的数据（第 59 行）、利用游标查询所有数据（第 61 行）。这些方法最后都是通过调用 SQLiteDatabase（db）的相应方法实现对数据的操作的。

第 63 行，使用 queryByString()方法判断给定的用户名和密码是否在用户表中。需要注意的是，对于密码字段的判断（第 65 行），在指定的参数 selectionArgs 中，需要使用 MD5 进行加密（第 66 行）：MD5Encryption.encrypt（pwd）。

第 80 行，定义继承自 SQLiteOpenHelper 类的 DBOpenHelper。它的几个成员变量如下：数据库名称 db_news（第 81 行）、数据库表名 news（第 82 行）、数据库版本号（第 83 行），第 84~87 行是两条创建表和一条删除表的 SQL 语句。

第 88~93 行是两个构造函数，用于创建数据库。

第 95~112 行的 onCreate()函数创建了两个表，并添加了相关记录。其中第 97、102 行是创建表，第 107~111 行插入了一条用户记录。调用 saveSomeDatas()方法（第 111 行），将通过 getData()方法（第 128 行）得到的新闻列表数据都通过 db 插入到指定的新闻表中。

3. 界面设计

(1) 登录 (loginActivity)

其布局与例 8-1 相同，此处省略。这里重点关注一下两个按钮的单击事件。

```
1   public void onClick(View v) {                    /** 监听单击事件 */
2       switch (v.getId()) {
3           case R.id.btnOK:                         // 处理“确定”按钮
4               String name, pwd;
5               name = txtName.getText().toString();
6               pwd = txtPwd.getText().toString();
7               if (boxRem.isChecked()) {            // 处理用户名和密码的本地保存
8                   SharedPreferences preferences = getSharedPreferences("ch8_6",
9                       Activity.MODE_PRIVATE);
10                  SharedPreferences.Editor editor = preferences.edit();
11                  editor.putString("name", name.equals("") ? "" : name);
12                  editor.putString("pwd", pwd.equals("") ? "" : pwd);
13                  editor.putBoolean("flag", boxRem.isChecked());
14                  editor.commit();                 // 提交数据
15              }
16              Intent intent = new Intent();
17              intent.setClass(loginActivity.this, MainActivity.class);
18              intent.putExtra("name", name);
19              intent.putExtra("pwd", pwd);
20              startActivityForResult(intent, 1, null);
21              break;
22          case R.id.btnExit:                       // 处理“退出”按钮
23              ……                                   // 此处省略，显示对话框提示相关信息
24              break;
25      }
26  }
27  protected void onActivityResult(int requestCode, int resultCode, Intent data) {
28      super.onActivityResult(requestCode, resultCode, data);
29      switch (requestCode) {                       // 请求码
30          case 1:
31              if (RESULT_OK == resultCode) {       // 处理结果码 RESULT_CANCELED
32              }
33              else {
34                  new AlertDialog.Builder(this)
35                      .setTitle("密码和用户名出错!")
36                      .setPositiveButton("确定", new DialogInterface.OnClickListener() {
37                          public void onClick(DialogInterface dialog, int which) {
38                          }
39                      }).show();
40              }
41              break;
42          default:
43      }
44  }
```

如果单击的是“确定”按钮（第 3 行），首先通过 SharedPreferences 处理用户名和密码的本地保存（第 7~15 行），然后通过 startActivityForResult()激活 MainActivity（第 20 行），输入用户输入的用户名和密码。如果单击的是“退出”按钮，则显示对话框提示相关信息（第 22 行）。

同时，还要通过 onActivityResult()处理 MainActivity 返回的情况：如果返回码是“RESULT_

CANCELED”（第 31 行），则生成对话框（第 34~39 行）显示。

（2）主界面（MainActivity）

布局采用 ListActivity，适配器使用了与 SimpleAdapter 类似的 SimpleCursorAdapter，只是其数据是由游标给出的。代码如下。

```
1  public class MainActivity extends ListActivity {
2      private final String[ ] COLS = { News._ID , News.TITLE, News.BODY };
3      private final int[ ] IDS = { R.id.text_id, R.id.text_title, R.id.text_body };
4      private DBHelper helper = null;
5      @Override
6      public void onCreate(Bundle savedInstanceState) {
7          super.onCreate(savedInstanceState);
8          helper = new DBHelper(this);
9          Cursor cursor = helper.queryAllForCursor();
10         ……// 此处省略，判断 cursor 是否有效
11         SimpleCursorAdapter scadaAdapter = new SimpleCursorAdapter(this,
12             R.layout.activity_main, cursor, COLS, IDS);
13         setListAdapter(scadaAdapter);
14         // 判断传入的用户名、密码是否有效
15         Intent intent=getIntent();
16         String name=intent.getStringExtra("name");
17         String pwd=intent.getStringExtra("pwd");
18         if(!helper.queryByString(name,pwd))          // 密码和用户名不对
19         {
20             Intent it=new Intent();
21             setResult(RESULT_CANCELED, intent);
22             finish();
23         }
24     }
25     @Override
26     protected void onDestroy() {
27         super.onDestroy();
28         helper.cleanup();
29         helper = null;
30     }
31     @Override
32     protected void onListItemClick(ListView l, View v, int position, long id) {
33         super.onListItemClick(l, v, position, id);
34         TextView tView = (TextView) ((LinearLayout) v).getChildAt(0);
35         long newId = Long.parseLong(tView.getText().toString());      // get the id of this record
36         News news = helper.queryByID(newId);
37         Intent i = new Intent(MainActivity.this, SeeDetailNews.class);
38         i.putExtra("extra_news", news.toStrings());
39         startActivity(i);
40     }
41 }
```

准备好游标数据（调用方法 queryAllForCursor()获得，第 9 行），生成适配器（第 11~12 行）后，通过 setListAdapter()作用于当前 Activity（第 13 行）。

第 15~17 行，获得从登录界面传入的用户名和密码，调用 queryByString()方法判断它们是否有效（第 18 行）。如果不对，则以“RESULT_CANCELED”返回（第 21 行），然后关闭当前 Activity。

第 26~30 行，在 onDestroy()函数中，关闭数据库，并将对象清空。

第 32~40 行，在列表项的单击事件函数 onListItemClick( ) 中，获取单击项详细新闻信息（第 36 行），并将其作为参数启动 SeeDetailNews（第 37 行）。

（3）新闻详情界面（SeeDetailNews）

该界面较简单，用于在两个 TextView 上显示新闻标题和内容，加上一个“CLOSE”按钮关闭当前的 Activity。代码如下。

```
1   public class SeeDetailNews extends Activity {
2       @Override
3       protected void onCreate(Bundle savedInstanceState) {
4           super.onCreate(savedInstanceState);
5           setContentView(R.layout.detail_views);
6           TextView title = (TextView) findViewById(R.id.detail_title);
7           TextView body = (TextView) findViewById(R.id.detail_body);
8           String[] data = getIntent().getStringArrayExtra("extra_news");
9           title.setText(data[0]);
10          body.setText(data[1]);
11          Button btn = (Button) findViewById(R.id.button_close);
12          btn.setOnClickListener(new OnClickListener() {
13              @Override
14              public void onClick(View arg0) {
15                  SeeDetailNews.this.finish();
16              }
17          });
18      }
19  }
```

两个文本框（第 9、10 行）显示的内容来自主界面传入的数据（第 8 行）。“CLOSE”按钮的单击事件执行 finish( )方法（第 15 行）。

程序运行后，输入正确的用户名和密码进入主界面，显示新闻列表。从当前项目的数据库目录中，可以看到项目已创建 db_news 数据库，里面有两个表，如图 8-16 所示。打开 USERS 表，可以看到一条用户记录。密码处是已经加密过的字符串。

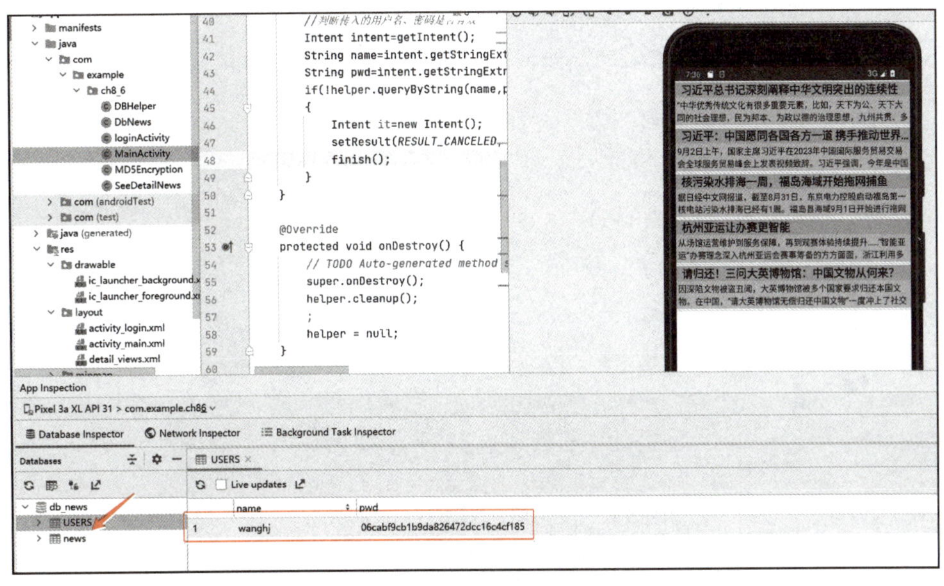

图 8-16　程序运行后数据库效果

8.7 思考与练习

1. 简述 Android 系统提供的四种数据存储方式的特点。
2. 简述使用 SQLite 数据库的优势。
3. 简述 ContentProvider 如何实现数据共享。
4. 简要说明 Sugar 数据库框架的使用过程。
5. 简要说明使用 SharedPreferences 进行数据存取的过程。

第 9 章 Android 网络与通信编程

网络使移动终端拥有了无限的想象空间和发展可能，而 Android 系统最大的特色和优势之一便是对网络的完美支持。目前，一般在各大应用市场上看到的所开发的任何形式的 Android 应用程序几乎都会涉及网络编程。

Android 支持 JDK 本身的 TCP、UDP 网络通信 API，也支持使用 Socket 来建立基于 TCP/IP 的网络通信，还支持基于 UDP 的网络通信。此外，Android 还内置了 HttpClient，用来方便地发送和获取 HTTP 请求。当然，Android 也支持本身通信网络的管理，如实现对 WiFi 的连接、断开、扫描及获取网络信息等操作。

9.1 Android 网络基础

扫码看视频

Android 系统存在着许多 Linux 系统的痕迹，其对外通信便是建立在 Socket（套接字）基础之上的。Android 系统的套接字设备也是常见操作系统（Windows、UNIX 和 Linux 等）中进行网络通信的核心设备，无论是 TCP、UDP 还是 HTTP 通信都使用套接字设备。

Android 系统有三种网络接口，包括 java. net. *（标准 Java 接口）、org. apache HttpComponents 接口（OkHttp 接口）和 android. net. *（Android 网络接口）。其中，前两个接口可以用来进行 HTTP、Socket 通信，后一个接口主要用来检测 Android 设备的网络连接状况。

9.1.1 标准 Java 接口

Java. net. *（标准 Java 接口）提供与联网有关的类（见表 9-1），包括流和数据包套接字、Internet 协议和常见 HTTP 处理，例如，创建 URL 和 URLConnection/HttpURLConnection 对象、设置连接参数、连接服务器、向服务器写数据、从服务器读取数据等。

表 9-1 java. net 包中主要类/接口说明

类/接口	说　明
ServerSocket	此类实现服务器套接字
Scoket	此类实现客户端套接字
DatagramSocket	此类表示用来发送和接收数据报包的套接字
DatagramPacket	此类表示数据报包
InterAddress	此类表示互联网协议（IP）地址
HttpURLConnection	用于管理 HTTP 链接（RFC 2068）的资源连接管理器
UnkownHostException	位置主机异常
URL	此类代表一个统一资源定位符，它是指向互联网“资源”的指针

下面代码展示了使用 java. net 包进行 HTTP 连接和处理的一般框架。

```
try{
    URL url = new URL("http:// www. baidu. com");                              // 定义地址
    HttpURLConnection http = (HttpURLConnection) url. openConnection();        // 打开链接
    int nRC = http. getResponseCode();                                          // 得到连接状态
    if(nRC == HttpURLConnection. HTTP_OK){
        InputStream is = http. getInputStream();                                // 取得数据
        // 处理数据
    }
}catch(Exception e){
}
```

9.1.2 OkHttp 接口

OkHttp 是一个处理网络请求的开源项目，由移动支付公司 Square 在 2013 年首次发布。对于 Android App 来说，OkHttp 几乎已经占据了所有的网络请求操作，用于替代 HttpUrlConnection 和 Apache HttpClient（Apache Jakarta Common 下的子项目，用来提供高效、最新、功能丰富的支持 HTTP 的客户端编程工具包。但是，在 Android API23 6.0 里已经移除了 HttpClient）。

作为一个开源的 HTTP 客户端，OkHttp 用于在 Android 和 Java 应用程序中发送与接收 HTTP 请求，提供高效、可靠且易于使用的网络通信解决方案。OkHttp 具有许多令人印象深刻的特性，使其成为开发人员首选的网络库之一。

首先，它提供了一套简洁而强大的 API，使得发送 HTTP 请求变得非常简单。开发人员可以使用 OkHttp 发送 GET、POST、PUT、DELETE 等各种类型的请求，并且可以轻松地添加请求头、请求参数和请求体。此外，OkHttp 还支持同步和异步请求，使开发人员能够根据应用程序的需求选择合适的方式。

其次，OkHttp 具有出色的性能。它使用了连接池和请求复用等技术来减少网络请求的延迟和资源消耗。OkHttp 还支持 HTTP/2 协议，这是一种现代化的网络协议，可以提供更高的性能和效率。通过使用 HTTP/2，OkHttp 可以同时发送多个请求，并且可以有效地压缩和解压缩数据，从而提高应用程序的响应速度。

另外，OkHttp 还提供了丰富的拦截器机制。拦截器可以在发送请求之前或接收响应之后对请求和响应进行处理。这使得开发人员能够轻松地添加日志记录、身份验证、缓存等功能。拦截器机制使 OkHttp 具有很高的灵活性和可扩展性，可以满足各种复杂的网络通信需求。

此外，OkHttp 还支持 WebSocket 协议，这使开发人员能够实现实时通信。WebSocket 是一种双向通信协议，可以在客户端和服务器之间建立持久连接，从而实现实时数据传输。OkHttp 提供了简单易用的 API，使开发人员能够轻松地创建 WebSocket 连接，并发送和接收消息。

9.1.3 Android 网络接口

android. net. * 除核心 java. net. * 类以外，还包含额外的网络访问 Socket。该包包括 URI，其频繁用于 Android 应用程序开发，而不仅仅局限于传统的联网功能。同时，android. net. * 还提供了 HTTP 请求队列管理、HTTP 连接池管理、网络状态监视等接口、网络访问的 Socket、常用 URI 类和 WiFi 相关类等。

下面代码实现 Socket 连接功能。

```
try{
    InetAdress inetAddress = InetAddress.getByName("192.168.1.110");        // IP 地址
    Socket client = new Socket(inetAddress, 61203, true);                    // 端口
    InputStream in = client.getInputStream();                                // 取得数据
    OutputStream out = client.getOutputStream();
    // 处理数据
    out.close();
    in.close();
    client.close();
}
catch(UnknownHostException e){
}
```

9.2　HTTP 通信

超文本传输协议（Hypertext Transfer Protocol，HTTP）是一种详细规定浏览器和万维网服务器之间互相通信的规则，通过因特网传送万维网文档的数据传送协议。HTTP 是 Web 联网的基础，也是手机联网常用的协议之一。HTTP 是建立在 TCP 之上的一种协议，它减少了网络传输，使浏览器更加高效。这样不仅可以保证计算机能正确、快速地传输超文本文档，还可以确定传输文档中的哪一部分，以及哪部分内容首先显示（如文本先于图形）等。本节将分别介绍使用 HttpURLConnection 和 HttpClient 接口来开发 HTTP 通信程序的方法。

9.2.1　使用 HttpURLConnection 接口开发

HTTP 通信中有 POST 和 GET 两种不同的请求方式。其中，GET 请求用于获取资源，参数出现在 URL 中，安全性较低；而 POST 请求用于提交数据，参数放在请求体中，安全性较高且可以传输更多的数据。因此，在编程之前，首先应当明确使用哪种请求方法，再选择相应的编程方式。

HttpURLConnection 继承自 URLConnection 类，两者都是抽象类。其对象主要通过 URL 的 openConnection()方法获得。创建方法代码如下。

```
URL url = new URL("http://www.google.com");
HttpURLConnection urlConn = (HttpURLConnection)url.openConnection();
```

openConnection()方法只创建 URLConnection 或者 HttpURLConnection 实例，但是并不进行真正的连接操作，并且每次 openConnection()都将创建一个新的实例。因此，在连接之前可以对其的一些属性进行设置。下面代码是对 HttpURLConnection 实例的属性进行设置。

```
// 设置输入（输出）流
connection.setDoOutput(true);
connection.setDoInput(true);
connection.setRequestMethod("POST");                // 设置方式为 POST
connection.setUseCaches(false);                     // POST 请求不能使用缓存
```

在连接完成后可以关闭这个连接，代码如下。

```
urlConn.disconnect();                               // 关闭 HttpURLConnection 连接
```

在开发 Android 应用程序过程中，如果应用程序需要访问网络权限，则需要在 AndroidManifest.xml 中加入以下代码。

```
<uses-permission android:name="android.permission.INTERNET" />
```

有了这些基础知识之后，就可以使用 HttpURLConnection 来进行网络的连接了。下面通过例 9-1 来具体说明 GET 和 POST 的使用方法。

【例 9-1】 使用 HttpURLConnection 接口实现 GET 和 POST 操作。

首先需要先设置好 Web 服务器。在服务器上分别创建使用 GET 和 POST 来传递参数的两个网页 Ch9_1_get. php 和 Ch9_1_post. php，代码如图 9-1 所示。

```
Ch9_1_post.php    Ch9_1_get.php
<html>
<head>
<title>Ch9_1_post</title>
</head>
<body>
<?php
    $str =$_POST["str"];
    echo "result:".$str;
?>
</body>
</html>
```

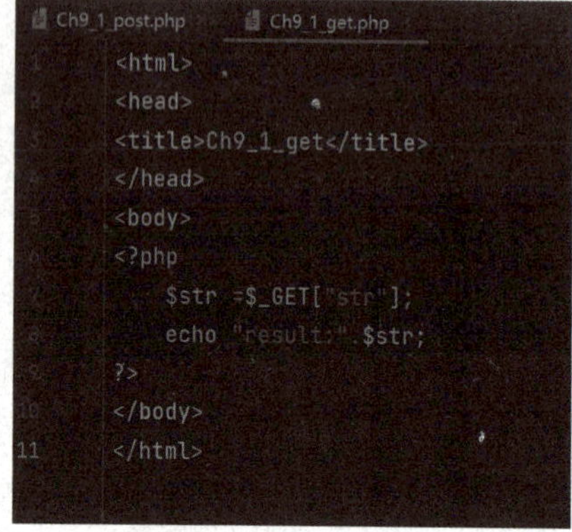

图 9-1　两个 . php 文件的代码

输入地址 “Ch9_1_get. php? str=hello world”，能够访问 Ch9_1_get. php，显示效果如图 9-2 所示。运行程序后，进入主界面，如图 9-3 所示，选择不同的方式进行连接。

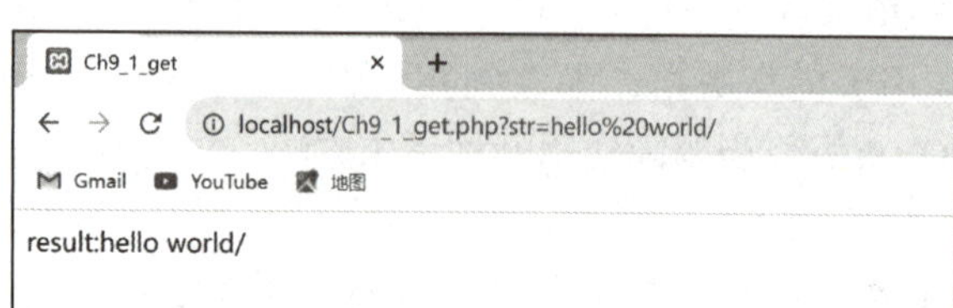

图 9-2　Ch9_1_get. php 的显示效果

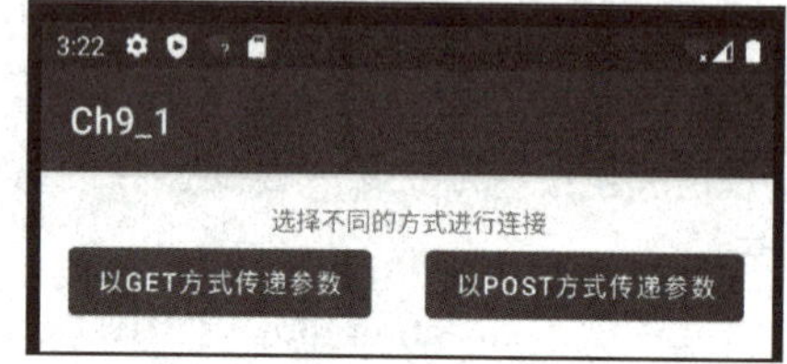

图 9-3　Ch9_1 主界面

图 9-4 和图 9-5 所示的是分别单击两个按钮，即使用 GET 方式和 POST 方式后的运行效果。

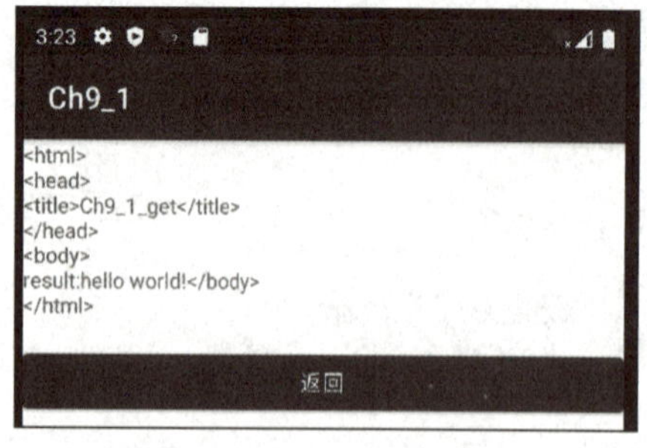

图 9-4　GET 方式运行效果

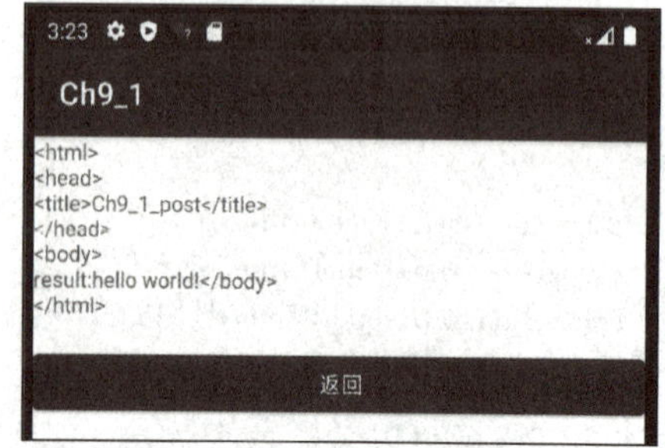

图 9-5　POST 方式运行效果

1）GET 方式。需要将参数放在 URL 字符串后面，打开一个 HttpURLConnection 连接，便可以传递参数。然后取得流中的数据，完成之后要关闭这个连接。同时，GET 请求也可以用于获取静态网页，代码如下。

```
public class GetActivity extends AppCompatActivity {
    TextView mTextView;
    private final String DEBUG_TAG = "GetActivity";
    @Override
    protected void onCreate(Bundle savedInstanceState) {
        super.onCreate(savedInstanceState);
        setContentView(R.layout.activity_get);
        mTextView = (TextView)this.findViewById(R.id.text2);
        String httpUrl = "http://10.0.2.2/Ch9_1_get.php?str=hello%20world!";
        String resultData = "";                        //获得的数据
        URL url = null;
        try
        {
            url = new URL(httpUrl);
        }
        catch (MalformedURLException e)
        {
            Log.e(DEBUG_TAG, "MalformedURLException");
        }
        if (url != null)
        {                                              //通过 AsyncTask 方式进行网络请求
            new NetworkTask().execute(httpUrl);
        }
        Button button_Back = (Button) findViewById(R.id.back);
        button_Back.setOnClickListener(new Button.OnClickListener()
        {
            public void onClick(View v)
            {
                Intent intent = new Intent();
                intent.setClass(GetActivity.this, MainActivity.class);
                startActivity(intent);
                GetActivity.this.finish();
            }
        });
    }
    private class NetworkTask extends AsyncTask<String, Void, String> {
        protected String doInBackground(String... urls) {
            try {
                URL url = new URL(urls[0]);
                HttpURLConnection urlConn = (HttpURLConnection) url.openConnection();
                InputStreamReader in = new InputStreamReader(urlConn.getInputStream());
                BufferedReader buffer = new BufferedReader(in);
                String inputLine;
                StringBuilder resultData = new StringBuilder();
                while ((inputLine = buffer.readLine()) != null) {
                    resultData.append(inputLine).append("\n");
                }
                in.close();
                urlConn.disconnect();
                return resultData.toString();
            } catch (Exception e) {
```

```
52                  e.printStackTrace();
53                  return null;
54              }
55          }
56          protected void onPostExecute(String result) {
57              // 在这里处理网络请求的结果
58              if (result != null) {          // 处理响应数据
59                  mTextView.setText(result);
60              }
61          }
62      }
63  }
```

程序第 9 行给出了 GET 方式需要访问的 URL 字符串。**注意：**这里使用 IP 地址“10.0.2.2”替换了“localhost”来访问主机。Android 的这种设计方式，使得模拟器上的 Android 应用程序能够访问本地的网络服务器。

由于在新版本的 Android API 中不允许在主线程中执行耗时的网络请求，而是需要将网络请求放在后台线程（Thread 类）中或以异步任务方式（AsyncTask 类）执行，以避免阻塞主线程。本例使用 AsyncTask 方式，调用 NetworkTask 类的 execute()方法（第 22 行）。

第 36~62 行定义了 AsyncTask 类 NetworkTask：其中，需要子线程执行的耗时代码均放在 doInBackground()函数中（第 37 行），参数 urls 是 execute()方法传入的。这里的耗时代码就是涉及的网络访问操作：第 40 行，通过 url 的 openConnection()方法得到 HttpURLConnection 连接对象 urlConn。然后通过这个对象的 getInputStream()方法得到 InputStreamReader 对象 in（第 41 行），定义字符输入流 BufferedReader 对象 buffer，用于将字节流转换为字符流进行读取（第 42 行）。BufferedReader 可使用 readLine()方法读取输入流中的每一行数据（第 45 行）。此处使用了 StringBuilder 可变的字符串类，用于快速将从输入流中读取的每一行数据通过它提供的 append()方法连接成一个字符串（第 46 行）。然后第 48、49 行，将输入流和网络连接关闭。第 50 行，返回读取的数据。

第 56 行定义了 onPostExecute()方法。这个方法会在后台的异步任务（即 doInBackground()函数）完成后自动调用，获取异步任务执行完成的结果。参数 result 即来自第 50 行的返回值。本例的处理非常简单，将读取的数据在文本框中显示（第 59 行）。

2）POST 方式。与 GET 的不同之处在于，POST 的参数不是放在 URL 字串里面的，而是放在 HTTP 请求的正文内。使用 POST 方式需要设置 setRequestMethod，然后将要传递的参数通过 writeBytes()方法写入数据流，代码如下。

```
public class PostActivity extends AppCompatActivity {
    private final String DEBUG_TAG = "PostActivity";
    TextView mTextView;
    @Override
    protected void onCreate(Bundle savedInstanceState) {
        super.onCreate(savedInstanceState);
        setContentView(R.layout.activity_get);
        mTextView = (TextView)this.findViewById(R.id.text2);
        String httpUrl = "http:// 10.0.2.2/Ch9_1_post.php";
        URL url = null;
        try
        {
```

```java
            url = new URL(httpUrl);
        }
        catch (MalformedURLException e)
        {
            Log.e(DEBUG_TAG, "MalformedURLException");
        }
        if (url != null)
            new NetworkTask().execute(httpUrl);
        }
        Button button_Back = (Button) findViewById(R.id.back);
        button_Back.setOnClickListener(new Button.OnClickListener()
        {
            public void onClick(View v)
            {
                Intent intent = new Intent();
                intent.setClass(PostActivity.this, MainActivity.class);
                startActivity(intent);
                PostActivity.this.finish();
            }
        });
    }
    private class NetworkTask extends AsyncTask<String, Void, String> {
        protected String doInBackground(String... urls) {
            try {
                URL url = new URL(urls[0]);
                HttpURLConnection urlConn = (HttpURLConnection) url.openConnection();
                urlConn.setDoOutput(true);
                urlConn.setDoInput(true);
                urlConn.setRequestMethod("POST");        // 设置为以 POST 方式
                urlConn.setUseCaches(false);             // POST 请求不能使用缓存
                urlConn.setInstanceFollowRedirects(true);// 设置只作用于当前的实例
                urlConn.setRequestProperty("Content-Type", "application/x-www-form-urlencoded");
                urlConn.connect();
                // DataOutputStream 流
                DataOutputStream out = new DataOutputStream(urlConn.getOutputStream());
                // 要上传的参数
                String content = "str=" + URLEncoder.encode("hello world!", "gb2312");
                out.writeBytes(content);                 // 将要上传的内容写入流中
                out.flush();                             // 刷新
                out.close();                             // 关闭
                BufferedReader reader = new BufferedReader(new InputStreamReader(urlConn.
    getInputStream()));                                  // 获取数据
                String inputLine = null;
                String resultData = "";
                while (((inputLine = reader.readLine()) != null)) {
                    resultData += inputLine + "\n";      // 在每一行后面加上一个"\n"来换行
                }
                reader.close();
                urlConn.disconnect();
                return resultData.toString();
            } catch (Exception e) {
                e.printStackTrace();
                return null;
```

```
65                  }
66              }
67              protected void onPostExecute(String result) {
68                  if (result != null) {
69                      mTextView.setText(result);
70                  } else {
71                  }
72              }
73          }
74  }
```

代码大部分与 GET 方式类似，不同之处在于后台异步处理时的网络操作，见第 35 行定义的函数 doInBackground( )函数：在用 POST 方式发送 URL 请求时，URL 请求参数的设定顺序是非常重要的，对 connection 对象的一切配置都必须要在 connect（）函数执行之前完成。因此，第 38 行给定连接 urlConn 后，将 setDoOutput( )和 setDoInput( )设置为 true（第 39、40 行）；第 41 行设置请求方式为“POST”，不能使用缓存（第 42 行），自动处理 HTTP 重定向（第 43 行），设置 HTTP 请求的 Content - Type 头字段（第 44 行，“application/x - www - form - urlencoded”是一种常见的用于表单提交的数据类型，表示请求体中的数据将以 URL 编码的形式进行传输）。之后才建立连接（第 45 行）。

第 47 行，定义数据输出流 out，该语句隐含地执行 connect( )动作；将参数（第 49 行）写入流（第 50 行），刷新（第 51 行）提交关闭流（第 52 行）。

第 53~58 行，读取连接返回的数据，并在第 61 行返回。

这里，所有操作的顺序实际上是由 HTTP 请求的格式决定的。如果 inputStream 的读操作在 outputStream 的写操作之前，则会抛出异常。

需要注意的是，为了在 Android 中进行网络操作，需要在 AndroidManifest.xml 文件中添加网络权限：

```
<uses-permission android:name="android.permission.INTERNET" />
```

9.2.2 使用 OkHttp 接口开发

OkHttp 的官网地址为 http://square.github.io/okhttp。

官方推荐使用单例模式创建 Client，下面介绍如何简单地封装一个工具类 OkHttpUtils。这个 OkHttpUtils 类是一个单例类（Singleton Class），它确保只有一个特定类型的对象实例可以被创建。这种设计模式在需要确保全局只有一个对象的情况下非常有用，例如，对系统中的配置文件、数据库和网络连接等进行统一管理。下面是 OkHttpUtils 类的核心代码，详细代码见本书配套资源中相应的 PDF 文件或源代码。

```
public class OkHttpUtils {
    private static volatile OkHttpClient okHttpClient = null;
    private static volatile Semaphore semaphore = null;
    private Map<String, String> headerMap;
    private Map<String, String> paramMap;
    private String url;
    private Request.Builder request;
    private OkHttpUtils() {        // 初始化 okHttpClient，并且允许 https 访问
        if (okHttpClient == null) {
```

```
            synchronized (OkHttpUtils.class) {
                if (okHttpClient == null) {
                    TrustManager[] trustManagers = buildTrustManagers();
                    okHttpClient = new OkHttpClient.Builder()
                        …// 设置连接配置参数
                        .build();
                }
            }
        }
    }
    private static Semaphore getSemaphoreInstance() { // 用于异步请求时，控制访问线程数，返回结果
        synchronized (OkHttpUtils.class) {            // 只能 1 个线程同时访问
        …                                             // 省略 }
        return semaphore;
    }
    public static OkHttpUtils builder() {                                // 创建 OkHttpUtils
        …                                                                // 省略 }
    public OkHttpUtils url(String url) {                                 // 添加 URL
        …                                                                // 省略 }
    public OkHttpUtils addParam(String key, String value) {              // 添加参数
        …                                                                // 省略 }
    public OkHttpUtils addHeader(String key, String value) {             // 添加请求头
        …                                                                // 省略 }
    public OkHttpUtils get() {                                           // 初始化 get()方法
        request = new Request.Builder().get();
        StringBuilder urlBuilder = new StringBuilder(url);
        if (paramMap != null) {
            urlBuilder.append("?");
            try {
                for (Map.Entry<String, String> entry : paramMap.entrySet()) {
                    urlBuilder.append(URLEncoder.encode(entry.getKey(), "utf-8")).
                        append("=").
                        append(URLEncoder.encode(entry.getValue(), "utf-8")).
                        append("&");
                }
            } catch (Exception e) {
                e.printStackTrace();
            }
            urlBuilder.deleteCharAt(urlBuilder.length() - 1);
        }
        request.url(urlBuilder.toString());
        return this;
    }
    public OkHttpUtils post(boolean isJsonPost) {                        // 初始化 post()方法
        RequestBody requestBody;
        if (isJsonPost) {                        // true 为 JSON 方式提交数据; false 为普通的表单提交
            String json = "";
            if (paramMap != null) {
                json = JSON.toJSONString(paramMap);
            }
            requestBody = RequestBody.create(MediaType.parse("application/json; charset=utf-8"), json);
        } else {
            FormBody.Builder formBody = new FormBody.Builder();
            if (paramMap != null) {
```

```
64                     paramMap.forEach(formBody::add);
65                 }
66                 requestBody = formBody.build();
67             }
68             request = new Request.Builder().post(requestBody).url(url);
69             return this;
70         }
71         public OkHttpUtils put() {
72             …                                   // 省略 }
73         public OkHttpUtils del() {
74             …                                   // 省略 }
75         public String sync() {                  // 同步请求
76             …                                   // 省略 }
77         public String async() {                 // 异步请求，有返回值
78             StringBuilder buffer = new StringBuilder("");
79             setHeader(request);
80             okHttpClient.newCall(request.build()).enqueue(new Callback() {
81                 @Override
82                 public void onFailure(Call call, IOException e) {
83                     buffer.append("请求出错:").append(e.getMessage());
84                 }
85                 @Override
86                 public void onResponse(Call call, Response response) throws IOException {
87                     assert response.body() != null;
88                     buffer.append(response.body().string());
89                     getSemaphoreInstance().release();
90                 }
91             });
92             try {
93                 getSemaphoreInstance().acquire();
94             } catch (InterruptedException e) {
95                 e.printStackTrace();
96             }
97             return buffer.toString();
98         }
99     }
```

程序第 1 行定义的 OkHttpUtils 类，在构造函数（第 8 行）中进行初始化，使用双重检查锁定模式创建了一个 OkHttpClient 实例（第 13 行，获取实例的 builder()方法在第 25 行定义），并设置了一些默认的配置，如连接超时时间、写入超时时间、读取超时时间等。

第 27 行，url(String url)方法用于设置请求的 URL。第 29 行，addParam(String key, String value)方法用于添加请求参数。第 31 行，addHeader(String key,String value)方法用于添加请求头。

第 33~52 行，get()方法用于初始化 GET 请求，并将参数拼接到 URL 中。

第 53~70 行，post(boolean isJsonPost)方法用于初始化 POST 请求，根据参数 isJsonPost 判断是否以 JSON 格式提交数据。

第 71 行，put()方法用于初始化 PUT 请求。第 73 行，del()方法用于初始化 DELETE 请求。第 75 行，sync()方法用于发送同步请求，并返回响应数据。

第 77~98 行，async()方法用于发送异步请求，并返回响应数据。在异步请求中，使用了 Semaphore（第 20 行）来控制。

下面以 OkHttpUtils 类实现例 9-1 同样的应用。

【例 9-2】 使用 OkHttp 实现采用 GET 和 POST 方法请求一个网页。

为了使用 OkHttp，首先要添加两个依赖。在项目模块 build. gradle 的 dependencies 中进行添加。

```
1  dependencies {
2      implementation 'com. alibaba:fastjson:1. 2. 75'
3      implementation 'com. squareup. okhttp3:okhttp:4. 9. 0'
```

因为本例访问的网址是以 http 开头的，在进行网络请求时，若出现"CLEARTEXT communication to XX not permitted by network security policy"的错误，说明当前的 Android 系统网络访问安全策略升级，限制了非加密（明文）的流量请求，从而导致 OkHttp 抛出该异常。可通过下面两步添加网络安全配置予以解决。

1）在应用的 res/xml/中创建 network_security_config. xml 文件，文件名可自定义。

```
1  <?xml version="1.0" encoding="utf-8"?>
2  <network-security-config>
3      <base-config cleartextTrafficPermitted="true" />
4  </network-security-config>
```

2）在 AndroidManifest. xml 文件的 Application 标签中添加 android:networkSecurityConfig = "@xml/network_security_config"（第 7 行）。

```
1  <application
2          android:allowBackup="true"
3          android:icon="@mipmap/ic_launcher"
4          android:label="@string/app_name"
5          android:roundIcon="@mipmap/ic_launcher_round"
6          android:supportsRtl="true"
7          android:networkSecurityConfig="@xml/network_security_config"
8          android:theme="@style/Theme. Ch9_2">
```

对于两个 Activity，GETHttpClient. java 采用 GET 方法进行通信。

```
1  mTextView = (TextView) this. findViewById(R. id. text2);
2  StringhttpUrl = "http://10. 0. 2. 2/Ch9_1_get. php?str=hello%20world!";      // HTTP 地址
3  Stringasync = OkHttpUtils. builder(). url(httpUrl)
4          . get()
5          . async();
6  mTextView. setText(async);
```

上述代码第 3 行，以网址串（第 2 行）通过 OkHttpUtils 的 builder()方法创建实例，并调用 get()方法初始化参数（第 4 行），以异步方式执行（第 5 行）。

采用 POST 方法进行通信，POSTHttpClient. java 代码如下。

```
1  mTextView = (TextView) this. findViewById(R. id. text2);
2  StringhttpUrl = "http://10. 0. 2. 2/Ch9_1_post. php";  // HTTP 地址
3  Stringasync = OkHttpUtils. builder(). url(httpUrl)
4          . addParam("str", "hello world!")
5          . post(false)
6          . async();
7  mTextView. setText(async);
```

上述代码第 4 行通过 addParam()添加参数，执行 post()方法（false 表示以普通表单方式处理），最后以异步方式执行（第 6 行）。

程序执行后，效果如图 9-3~图 9-5 所示。

9.3 Socket 通信

Android 与服务器的通信方式主要有两种：一种是 HTTP 通信，另一种是 Socket 通信。两者最大的差异在于，HTTP 连接使用的是“请求—响应”方式，即在请求时建立连接通道。当客户端向服务器发送请求后，服务器才能向客户端反馈数据。而 Socket 通信则是在双方建立连接后直接进行数据的传输。它在连接时可实现信息的主动推送，而不用每次等客户端先向服务器发送请求。如果要开发一款需要保持在线或接收推送的应用，显然 HTTP 通信已经不能满足需求，这时就需要选择使用 Socket 通信。

9.3.1 Socket 基础原理

Socket 通常也称作“套接字”，用于描述 IP 地址和端口，是一个通信链的句柄。应用程序通常通过套接字向网络发出请求或者应答网络请求。它是通信的基石，是支持 TCP/IP 的网络通信的基本操作单元。它是网络通信过程中端点的抽象表示，包含进行网络通信所必需的五种信息：连接使用的协议、本地主机的 IP 地址、本地进程的协议端口、远地主机的 IP 地址和远地进程的协议端口。图 9-6 所示为 Socket 通信模型。

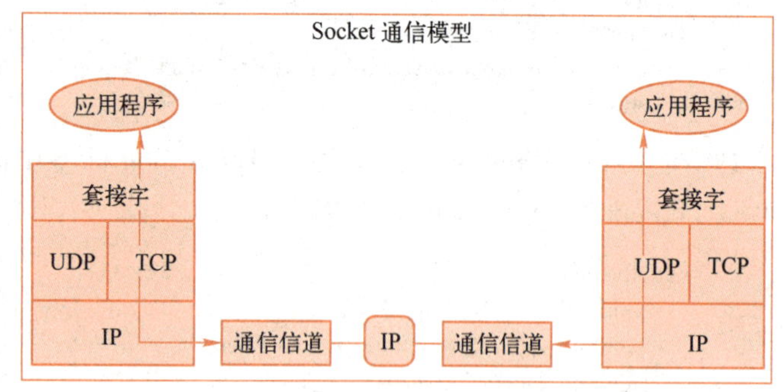

图 9-6 Socket 通信模型

1. 创建 Socket 和 ServerSocket

建立 Socket 连接至少需要一对套接字：其中一个运行于客户端，称为 ClientSocket；另一个运行于服务器端，称为 ServerSocket。它们都已封装成类，其构造方法如下。

- Socket(InetAddress address,int port)。
- Socket(InetAddress address,int port,boolean stream);Socket(String host,int port)。
- Socket(String host,int port,boolean stream)。
- Socket(SocketImpl impl)。
- Socket(String host,int port,InetAddress localAddr,int localPort)。
- Socket(InetAddress address,int port,InetAddress localAddr,int localPort)。
- ServerSocket(int port)。
- ServerSocket(int port,int backlog)。
- ServerSocket(int port,int backlog,InetAddress bindAddr)。

其中参数的含义如下。

- address：双向连接中另一方的 IP 地址。
- host：双向连接中另一方的主机名。
- port：双向连接中另一方的端口号。
- stream：指明 Socket 是流 Socket 还是数据报 Socket。

- localPort：本地主机的端口号。
- localAddr 和 bindAddr：本地机器的地址（ServerSocket 的主机地址）。
- impl：Socket 的父类，既可以用来创建 ServerSocket，又可以用来创建 Socket。

下面代码展示了构造 Socket 的方法。

```
Socket client = new Socket("192.168.1.110",54321);
ServerSocket server = new ServerSocket(54321);
```

注意：在选择端口时每一个端口对应一个服务，只有给出正确的端口，才能获得相应的服务。0~1023 端口号为系统所保留。例如，HTTP 服务的端口号为 80，Telent 服务的端口号为 21，FTP 服务的端口号为 23。所以，选择端口号时最好选择一个大于 1023 的数，如上面的 54321，以防止发生冲突。在创建 Socket 时如果发生错误，将产生 IOException。所以，在创建 Socket 和 ServerSocket 时必须捕获或抛出异常。

2. 输入（出）流

Socket 提供了 getInPutStream( ) 和 getOutPutStream( ) 方法来得到对应的输入（输出）流以进行读（写）操作，这两个方法分别返回 InPutStream 和 OutPutStream 类对象。为了便于读（写）数据，可以在返回输入流、输出流对象上建立过滤流，如 DataInPutStream、DataOutPutStream 或 PrintStream 类对象。对于文本方式流对象，可以采用 InputStreamReader、OutPutStreamWriter 和 PrintWirter 处理，代码如下。

```
PrintStream os = new PrintStream(new BufferedOutPutStream(Socket.getOutPutStream()));
DataInPutStream is = new DataInPutStream(socket.getInPutStream());
PrintWriter out = new PrintWriter(socket.getOutStream(),true);
BufferedReader in = new ButfferedReader(new InPutStreamReader(Socket.getInPutStream()));
```

3. 关闭 Socket 和流

在 Socket 使用完毕后需要将其关闭，以释放资源。

注意：在关闭 Socket 之前，应将与 Socket 相关的所有的输入流、输出流先关闭，代码如下。

```
os.close();          // 先关闭输出流
is.close();          // 再关闭输入流
socket.close();      // 最后关闭 Socket
```

【例 9-3】Socket 通信实例。

分别编写客户端和服务器端程序，并实现客户端向服务器发送数据，服务器接收数据并显示。运行效果如图 9-7 和图 9-8 所示。

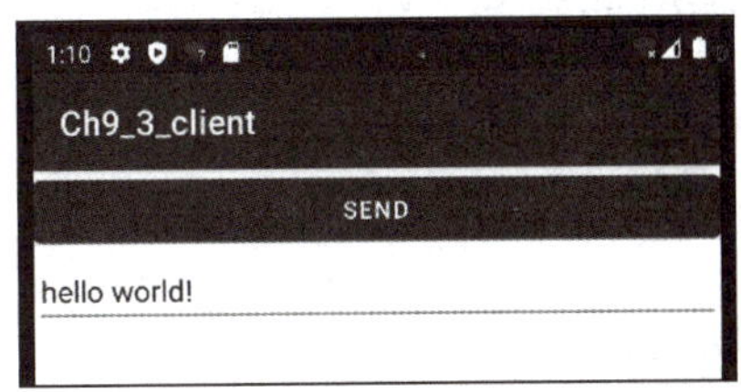

图 9-7　客户端程序

图 9-8　服务器端程序

（1）服务器端实现

注意：该程序需要单独编译并运行。

```
public class Socket_TCP implements Runnable {
    public static final String SERVERIP = "127.0.0.1";
```

```
        public static final int SERVERPORT = 1820;
        public void run() {
            try {
                System.out.println("S: Connecting...");
                ServerSocket serverSocket = new ServerSocket(SERVERPORT);
                while (true) {
                    Socket client = serverSocket.accept();
                    System.out.println("S: Receiving...");
                    try {
                        BufferedReader in = new BufferedReader(
                            new InputStreamReader(client.getInputStream()));
                        String str = in.readLine();
                        System.out.println("S: Received: '" + str + "'");
                    } catch (Exception e) {
                        System.out.println("S: Error");
                        e.printStackTrace();
                    } finally {
                        client.close();
                        System.out.println("S: Done.");
                    }
                }
            } catch (Exception e) {
                System.out.println("S: Error");
                e.printStackTrace();
            }
        }
        public static void main(String a[]) {
            Thread desktopServerThread = new Thread(new Socket_TCP());
            desktopServerThread.start();
        }
}
```

程序首先导入相应的 java.net 包和 java.io 包。java.net 包提供了 Socket 工具，java.io 包提供了对流进行读/写的工具。设置服务器端口号为 1820，并开启一个线程，通过 accept()方法使服务器开始监听客户端的连接，然后通过 BufferedReader 对象来接收输入流。最后，关闭 Socket 和流。

（2）客户端实现

在按钮事件中通过“socket = new Socket(ip,port);”来请求连接服务器，并通过 BufferedWriter 发送消息，代码如下。

```
public class MainActivity extends AppCompatActivity implements OnClickListener{
        private EditText sendtext;
        private Button button;
        private String ip = "192.168.3.7";            //需设为本机 ip
        private int port = 1820;
        String msg;
        @Override
        protected void onCreate(Bundle savedInstanceState) {
            super.onCreate(savedInstanceState);
            InitView();
        }
        private void InitView() {
```

```
13            setContentView(R.layout.activity_main);           // 显示主界面
14            sendtext = (EditText) findViewById(R.id.sendtext);
15            button = (Button) findViewById(R.id.sendbutton);
16            button.setOnClickListener(this);                  // 为 button 设置单击事件
17        }
18        public void onClick(View bt) {
19            try {
20                msg = sendtext.getText().toString();
21                if (!TextUtils.isEmpty(msg)) {
22                    new NetworkTask().execute(ip);
23                }
24                else {
25                    Toast.makeText(this, "请先输入要发送的内容", Toast.LENGTH_LONG);
26                    sendtext.requestFocus();
27                }
28            } catch (Exception e) {
29                e.printStackTrace();
30            }
31        }
32        private class NetworkTask extends AsyncTask<String, Void, String> {
33            protected String doInBackground(String... urls) {
34                try {
35                    Socket socket = null;
36                    socket =new Socket(ip, port);
37                    BufferedWriter writer = new BufferedWriter(new OutputStreamWriter(
38                        socket.getOutputStream()));
39                    writer.write(msg);
40                    writer.flush();
41                    writer.close();
42                    socket.close();
43                    return null;
44                } catch (Exception e) {
45                    e.printStackTrace();
46                    return null;
47                }
48            }
49            protected void onPostExecute(String result) {
50                // 在这里处理网络请求的结果
51                if (result != null) {                         // 处理响应数据
52                }
53            }
54        }
55    }
```

上述代码中使用 AsyncTask 类 NetworkTask（第 32 行）以异步方式实现网络操作（第 35~42 行）。

另外，程序需要获得网络访问权限：

```
<uses-permission android:name="android.permission.INTERNET" />
```

9.3.2　Socket 示例

下面再通过一个实例来进一步熟悉 Socket 编程。

【例 9-4】使用 Socket 在本机上模拟实现简单的文字通信。

使用 Socket 实现通信功能需要服务器端与客户端实现双向数据传输，服务器端与客户端始终处于监听状态。

注意：由于 Android 中的主线程是需要安全的，所以不能直接在线程中更新 UI，而是需要使用 Handler 来更新 UI。

运行程序后，首先单击“IP 地址”按钮，获得本机 IP，然后单击“启动服务”按钮，启动 Socket 的服务器端。在编辑框中输入文字，单击“连接发送”按钮发送该文字。客户端连接服务器端成功后，服务器端程序便接收到了发送的数据，并显示在下面的文本框中。客户端的输入和单击按钮发送操作可以多次执行，并且服务器端接收到的消息均被显示在了文本框中（不同顺序接收到的文本在前面加上编号），见图 9-9 所示。

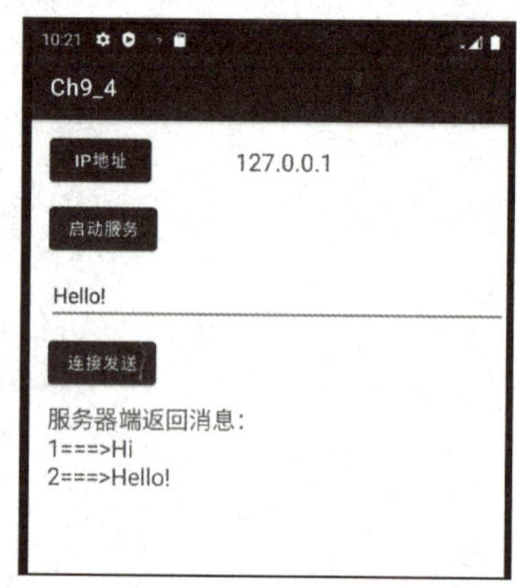

图 9-9　文字通信界面

在程序的执行过程中，通过 System. out 方法输出了一些信息，用于给出程序执行的状态和有关信息，如图 9-10 所示的 Logcat 中展示的内容。

```
Logcat
Emulator Pixel_2_API_30 Androic    com.example.ch9_4 (13667)    Verbose    System.out
2023-09-14 11:04:13.665 13667-13839/com.example.ch9_4 I/System.out: local host:localhost/127.0.0.1
2023-09-14 11:04:20.210 13667-13875/com.example.ch9_4 I/System.out: 服务端local host:localhost/127.0.0.1:8888
2023-09-14 11:04:20.210 13667-13875/com.example.ch9_4 I/System.out: waiting...
2023-09-14 11:04:30.053 13667-13875/com.example.ch9_4 I/System.out: connect to/127.0.0.1:8888
2023-09-14 11:04:30.055 13667-13886/com.example.ch9_4 I/System.out: msg from client:Hi
2023-09-14 11:04:40.000 13667-13886/com.example.ch9_4 I/System.out: msg from client:Hello!
```

图 9-10　服务器端程序

服务器端的代码如下。

```
public class Server {
    ServerSocket serverSocket = null;
    public final int port = 8888;
    private int order = 0;
    public Server() {
        try {                                     // 输出服务器的 IP 地址
            InetAddress addr = InetAddress.getLocalHost();
            System.out.println("服务端 local host:"+addr+":"+port);
            serverSocket = new ServerSocket(port);
        } catch (IOException e) {
            e.printStackTrace();
        }
    }
    public void startService() {
        try {
            Socket socket = null;
            System.out.println("waiting...");
            // 等待连接，每建立一个连接，就新建一个线程
            while(true) {
                socket =serverSocket.accept();// 等待客户端的连接，在连接之前，此方法是阻塞的
```

```
21                 System.out.println("connect to"+socket.getInetAddress()+":"+socket.getLocalPort());
22                 new ConnectThread(socket).start();
23             }
24         } catch (IOException e) {
25             System.out.println("IOException");
26             e.printStackTrace();
27         }
28     }
29     class ConnectThread extends Thread{    // 向客户端发送信息
30         Socket socket = null;
31         public ConnectThread(Socket socket){
32             super();
33             this.socket = socket;
34         }
35         @Override
36         public void run(){
37             try {
38                 DataInputStream dis = new DataInputStream(socket.getInputStream());
39                 DataOutputStream dos = new DataOutputStream(socket.getOutputStream());
40                 while(true){
41                     order++;
42                     String msgRecv = dis.readUTF();
43                     System.out.println("msg from client:"+msgRecv);
44                     dos.writeUTF(order+"===>"+msgRecv);
45                     dos.flush();
46                 }
47             } catch (IOException e) {
48                 e.printStackTrace();
49             }
50         }
51     }
52 }
```

这里定义了服务器端类 Server（第 1 行），它在端口 8888 上监听客户端的连接。它为每个客户端连接创建一个新的线程，并向客户端发送响应。

Server 类具有以下属性。

- serverSocket：用于监听客户端连接的 serverSocket 对象（第 2 行）。
- port：服务器监听的端口号（第 3 行）。
- order：从客户端接收到的消息的顺序（第 4 行）。

第 5~13 行，Server()构造函数通过使用指定的端口号创建一个新的 serverSocket 对象来初始化 serverSocket 属性。

第 14~28 行，startService()方法用于启动服务器。它等待客户端连接，并为每个客户端创建一个新的 ConnectThread，它负责处理与客户端的通信。

ConnectThread 类是 Server 类中的一个嵌套类（第 29 行）。它继承自 Thread 类，并重写了 run()方法（第 36~50 行）。在 run()方法内部，从客户端读取消息（第 42 行），增加 order 变量的值（第 41 行），并向客户端发送响应（第 44~45 行）。

客户端和主 Activity 的代码如下。

```
public class MainActivity extends AppCompatActivity {
    public static String IP_ADDRESS = "";
```

```
    public static int PORT = 8888;
    EditText message_send = null;                    //需要发送的内容
    TextView tv_adress = null;                       //IP 地址
    TextView tv_reply = null;                        //服务器回复的消息
    Handler handler = null;
    Socket socket = null;
    DataOutputStream dos = null;
    DataInputStream dis = null;
    String message_recv= null;
    @Override
    protected void onCreate(Bundle savedInstanceState) {
        super.onCreate(savedInstanceState);
        setContentView(R.layout.activity_main);
        Button bt_getAdress = findViewById(R.id.getAdress);
        Button bt_connect = findViewById(R.id.connect);
        Button bt_startServer = findViewById(R.id.startServer);
        message_send = findViewById(R.id.message);
        tv_adress = findViewById(R.id.ipadress);
        tv_reply = findViewById(R.id.tv_reply);
        bt_getAdress.setOnClickListener(v -> {
            new Thread(() -> {
                try {
                    InetAddress addr = InetAddress.getLocalHost();
                    System.out.println("local host:"+addr);
                    runOnUiThread(() -> tv_adress.setText(addr.toString().split("/")[1]));
                } catch (UnknownHostException e) {
                    e.printStackTrace();
                }
            }).start();
        });
        bt_startServer.setOnClickListener(v -> {
            new Thread(() -> new Server().startService()).start();
            Toast.makeText(MainActivity.this,"服务已启动",Toast.LENGTH_SHORT).show();
        });
        bt_connect.setOnClickListener(v -> {
            IP_ADDRESS = tv_adress.getText().toString();
            new ConnectionThread(message_send.getText().toString()).start();
        });
        handler = new Handler(msg -> {
            Bundle b = msg.getData();              //获取消息中的 Bundle 对象
            String str = b.getString("data");      //获取键为 data 的字符串的值
            tv_reply.append("\n"+str);
            return false;
        });
    }
    class ConnectionThread extends Thread {        //新建一个子线程，实现 Socket 通信
        String message = null;
        public ConnectionThread(String msg) {
            message = msg;
        }
        @Override
        public void run() {
            if (socket == null) {
```

```
56                    try {
57                        if ("".equals(IP_ADDRESS)) {
58                            return;
59                        }
60                        socket = new Socket(IP_ADDRESS, PORT);
61                        // 获取 Socket 的输入流和输出流
62                        dis = new DataInputStream(socket.getInputStream());
63                        dos = new DataOutputStream(socket.getOutputStream());
64                    } catch (IOException e) {
65                        e.printStackTrace();
66                    }
67                }
68                try {
69                    dos.writeUTF(message);
70                    dos.flush();
71                    message_recv = dis.readUTF();        // 如果没有接收到数据，会阻塞
72                    Message msg = new Message();
73                    Bundle b = new Bundle();
74                    b.putString("data", message_recv);
75                    msg.setData(b);
76                    handler.sendMessage(msg);
77                } catch (IOException e) {
78                    e.printStackTrace();
79                }
80            }
81        }
82    }
```

这个应用主活动 MainActivity 实现了与服务器的 Socket 通信。MainActivity 类（第 1 行）具有以下属性。

- IP_ADDRESS：服务器的 IP 地址。
- PORT：服务器的端口号。
- message：EditText 对象，用于输入要发送的消息。
- tv_adress：TextView 对象，用于显示 IP 地址。
- tv_reply：TextView 对象，用于显示服务器的回复消息。
- handler：Handler 对象，用于处理从子线程发送的消息。
- socket：Socket 对象，用于与服务器建立连接。
- dos：DataOutputStream 对象，用于向服务器发送数据。
- dis：DataInputStream 对象，用于从服务器接收数据。
- message_ recv：字符串，用于保存从服务器接收到的消息。

第 13~47 行的 onCreate()方法，设置布局文件并初始化了界面元素。它为三个按钮（“IP 地址”“启动服务” 和 “连接发送”）设置了单击事件监听器。在单击事件监听器中，它启动了相应的线程来执行相应的操作。需要注意的是，setOnClickListener()方法的参数是一个实现了 OnClickListener 接口的对象，此处采用了 Lambda 表达式来实现 OnClickListener 接口。

Lambda 表达式是一种简洁的语法，形式为“参数->表达式”，其中参数是接口方法的参数，表达式是方法的实现。例如上面程序的第 22 行，Lambda 表达式的参数 v 表示单击事件的视图对象，->后面的代码块是单击事件的处理逻辑。使用 Lambda 表达式可以简化代码，避免

了创建匿名内部类的烦琐过程。

第 48~81 行定义了继承自 Thread 的类 ConnectionThread，它是一个嵌套类，重写了 run( ) 方法（第 54 行）。在 run( )方法中，它首先检查 socket 对象是否为空，如果为空，则创建一个新的 socket 对象（第 60 行），并获取输入流/输出流（第 62~63 行）。然后，它向服务器发送消息（第 69、70 行），并接收服务器的回复消息（第 71 行）。最后，它使用 handler 对象将接收到的消息发送到主线程（第 76 行），主线程中将该消息在文本框中进行显示（第 41~46 行）。这个类实现了与服务器的 Socket 通信，使用了多线程来处理网络通信，以避免在主线程中阻塞 UI 操作。

9.4 WiFi 通信

现今大多数公共场所为人们提供了 WiFi 热点服务，如机场、车站和商场等。随着人们对于移动网络需求的提升，WiFi 以它的便捷和高速成为人们的首选。本节将具体介绍在 Android 应用程序中如何对 WiFi 进行管理。

9.4.1 WiFi 概述

WiFi（Wireless Fidelity）是一种能够将个人计算机和手持设备（如 Pad、手机）等终端以无线方式互相连接的技术。它是一个无线网络通信技术的品牌，由 WiFi 联盟（WiFi Alliance）所持有，其目的是改善基于 IEEE 802.11 标准的无线网络产品之间的互通性。使用 IEEE 802.11 系列协议的局域网就称为 WiFi。

由于 WiFi 的频段在世界范围内是无需任何电信运营执照的，因此 WLAN 无线设备提供了一个世界范围内可以使用的、费用极其低廉且数据带宽极高的无线空中接口。用户可以在 WiFi 覆盖区域内快速浏览网页，随时随地接听或拨打电话，以及其他基于 WLAN 的宽带数据应用，如流媒体、网络游戏等。有了 WiFi 功能，用户拨打长途电话（包括国际长途）、浏览网页、收/发电子邮件、下载音乐或传递数码照片时，无须再担心速度慢和花费高的问题。WiFi 无线保真技术与蓝牙技术一样，同属于在办公室和家庭中使用的短距离无线技术。WiFi 主要包括以下几个类和接口。

1. ScanResult

ScanResult 主要是通过 WiFi 硬件的扫描来获取周边的 WiFi 接入点信息，包括接入点的地址、名称、身份认证、频率和信号强度等。

2. WifiConfiguration

WifiConfiguration 用于 WiFi 网络配置，包括安全配置等。

3. WifiInfo

WifiInfo 是对 WiFi 无线连接的描述，包括接入点、网络连接状态、隐藏的接入点、IP 地址、连接速度、MAC 地址、网络 ID 和信号强度等信息。

- getBSSID( )：获取 BSSID。
- getDetailedStateOf( )：获取客户端的连通性。
- getHiddenSSID( )：判断 SSID 是否被隐藏。
- getIpAddress( )：获取 IP 地址。
- getLinkSpeed( )：获得连接的速度。
- getMacAddress( )：获得 Mac 地址。

- getRssi( )：获得 802. 11n 网络的信号。
- getSSID( )：获得 SSID。
- getSupplicanState( )：返回具体客户端状态信息。

4. WifiManager

WifiManager 提供管理 WiFi 连接的大部分 API。它主要包括如下内容。

- 已经配置好的网络清单。这个清单可以查看和修改，而且可以修改个别记录的属性。
- 当连接中有活动的 WiFi 时，可以建立或者关闭这个连接，并且可以查询有关网络状态的动态信息。
- 对接入点的扫描结果包含足够的信息来决定需要与什么接入点建立连接。
- 定义了许多常量来表示 WiFi 状态的改变。

此外，WifiManager 还提供了一个内部的子类 WifiManagerLock。它的作用是在普通的状态下，如果 WiFi 处于闲置状态，则连通的网络将会暂时中断。但是如果把当前的网络状态锁上，则 WiFi 连通将会保持在一定状态。解除锁定之后，就会恢复常态。

通过以下代码，可以得到 WifiManager 对象来操作 WiFi 连接。

```
WifiManager wifiManager = (WifiManager) context.getSystemService(Context.WIFI_SERVICE);
```

WifiManager 常用方法如下。

- addNetwork(WifiConfiguration config)：通过获取到的网络连接状态信息添加网络。
- calculateSignalLevel(int rssi , int numLevels)：计算信号的等级。
- compareSignalLevel(int rssiA, int rssiB)：对比连接 A 和连接 B。
- createWifiLock(int lockType, String tag)：创建一个 WiFi 锁，锁定当前的 WiFi 连接。
- disableNetwork(int netId)：让一个网络连接失效。
- disconnect( )：断开连接。
- enableNetwork(int netId, Boolean disableOthers)：连接一个连接。
- getConfiguredNetworks( )：获取网络连接的状态。
- getConnectionInfo( )：获取当前连接的信息。
- getDhcpInfo( )：获取 DHCP 的信息。
- getScanResulats( )：获取扫描测试的结果。
- getWifiState( )：判断一个 WiFi 接入点是否有效。
- isWifiEnabled( )：判断一个 WiFi 连接是否有效。
- pingSupplicant( )：ping 一个连接，判断是否能连通。
- ressociate( )：即便连接没有准备好，也要连通。
- reconnect( )：如果连接准备好了，则连通。
- removeNetwork( )：移除某一个网络。
- saveConfiguration( )：保留一个配置信息。
- setWifiEnabled( )：让一个连接有效。
- startScan( )：开始扫描。
- updateNetwork(WifiConfiguration config)：更新一个网络连接的信息。

下面例 9-5 实现了一个管理 WiFi 的类。通过这个类可以更方便地进行如打开（关闭）WiFi、锁定（释放）WifiLock、创建 WifiLock、取得配置好的网络、扫描、连接、断开和获取网络连接信息等基本操作。

【例 9-5】WiFi 管理类 WifiAdmin。这里只给出类框架，详细代码参见本书配套资源中相应 PDF 文件或源代码。

```
public class WifiAdmin {
    private WifiManager mWifiManager;                        // 定义 WifiManager 对象
    private WifiInfo mWifiInfo;                              // 定义 WifiInfo 对象
    private List<ScanResult> mWifiList;                      // 扫描出的网络连接列表
    private List<WifiConfiguration> mWifiConfiguration;      // 网络连接列表
    WifiLock mWifiLock;                                      // 定义一个 WifiLock
    Context context;                                         // 上下文对象
    public WifiAdmin(Context context) {                      // 构造器
        …                                                    // 取得 WifiManager, WifiInfo 对象，省略}
    public void OpenWifi() {                                 // 打开 WiFi
        …                                                    // 省略}
    public void CloseWifi() {                                // 关闭 WiFi
        …                                                    // 省略}
    public void AcquireWifiLock() {                          // 锁定 WifiLock
        …                                                    // 省略}
    public void ReleaseWifiLock() {                          // 解锁 WifiLock
        …                                                    // 省略}
    public List<WifiConfiguration> GetConfiguration() {      // 得到配置好的网络
        …                                                    // 省略}
    public void ConnectConfiguration(int index) {            // 指定配置好的网络进行连接
        …                                                    // 省略}
    public List<ScanResult> GetWifiList() {                  // 得到网络列表
        …                                                    // 省略}
    public StringBuilder LookUpScan() {                      // 查看扫描结果
        …                                                    // 省略}
    public String GetMacAddress() {                          // 得到 MAC 地址
        …                                                    // 省略}
    public int GetIPAddress() {                              // 得到 IP 地址
        …                                                    // 省略}
    public int GetNetworkId() {                              // 得到连接的 id
        …                                                    // 省略}
    public String GetWifiInfo() {                            // 得到 WifiInfo 的所有信息包
        …                                                    // 省略}
    public void AddNetwork(WifiConfiguration wcg) {          // 添加一个网络并连接
        …                                                    // 省略}
    public void DisconnectWifi(int netId) {                  // 断开指定 id 的网络
        …                                                    // 省略}
}
```

9.4.2 WiFi 示例

【例 9-6】通过三个按钮来实现打开 WiFi 网卡、关闭 WiFi 网卡和检测 WiFi 网卡状态功能。程序界面如图 9-11 所示。

需要说明的是，由于 Android 模拟器不支持 WiFi 和蓝牙，因此程序需要在真机上进行调试才会显示正确的运行结果。程序代码如下。

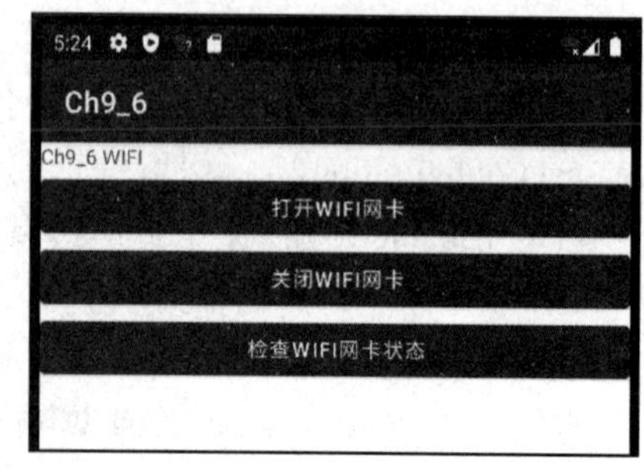

图 9-11　程序界面

```java
public class MainActivity extends AppCompatActivity {
    private Button startButton = null;
    private Button stopButton = null;
    private Button checkButton = null;
    WifiManager wifiManager = null;
    @Override
    protected void onCreate(Bundle savedInstanceState) {
        super.onCreate(savedInstanceState);
        setContentView(R.layout.activity_main);
        startButton = (Button) findViewById(R.id.startButton);
        stopButton = (Button) findViewById(R.id.stopButton);
        checkButton = (Button) findViewById(R.id.checkButton);
        startButton.setOnClickListener(new startButtonListener());
        stopButton.setOnClickListener(new stopButtonListener());
        checkButton.setOnClickListener(new checkButtonListener());
    }
    class startButtonListener implements OnClickListener {
        @Override
        public void onClick(View v) {
            wifiManager = (WifiManager) MainActivity.this.getApplicationContext()
                .getSystemService(Context.WIFI_SERVICE);    // 创建 WifiManager 对象
            wifiManager.setWifiEnabled(true);                // 打开 WiFi 网卡
            System.out.println("wifi state --->" + wifiManager.getWifiState());
            Toast.makeText(MainActivity.this,
                "当前网卡状态为:" + wifiManager.getWifiState(), Toast.LENGTH_SHORT).show();}
    }
    class stopButtonListener implements OnClickListener {
        @Override
        public void onClick(View v) {
            wifiManager = (WifiManager) MainActivity.this.getApplicationContext()
                .getSystemService(Context.WIFI_SERVICE);    // 创建 WifiManager 对象
            wifiManager.setWifiEnabled(false);               // 关闭 WiFi 网卡
            System.out.println("wifi state --->" + wifiManager.getWifiState());
            Toast.makeText(MainActivity.this,
                "当前网卡状态为:" + wifiManager.getWifiState(), Toast.LENGTH_SHORT).show();}
    }
    class checkButtonListener implements OnClickListener {
        @Override
        public void onClick(View v) {
            wifiManager = (WifiManager) MainActivity.this.getApplicationContext()
                .getSystemService(Context.WIFI_SERVICE);    // 创建 WifiManager 对象
            System.out.println("wifi state --->" + wifiManager.getWifiState());
            Toast.makeText(MainActivity.this,
                "当前网卡状态为:" + wifiManager.getWifiState(), Toast.LENGTH_SHORT).show();}
    }
}
```

在本例中，通过操作 WiFi 网卡来操作 WiFi 网络。代码中用到了 WiFi 网卡的状态，具体网卡状态常量见表 9-2。

表 9-2　WiFi 网卡状态常量

常量名	常量值	网卡状态
WIFI_STATE_DISABLED	1	WiFi 网卡不可用

（续）

常 量 名	常 量 值	网卡状态
WIFI_STATE_DISABLING	0	WiFi 正在关闭
WIFI_STATE_ENABLED	3	WiFi 网卡可用
WIFI_STATE_ENABLING	2	WiFi 网卡正在打开
WIFI_STATE_UNKNOWN	4	未知网卡状态

这里需要注意的是，操作 WiFi 网络需要在 AndroidManifest.xml 文件中添加以下权限。

```
<uses-permission android:name="android.permission.CHANGE_NETWORK_STATE" />
<uses-permission android:name="android.permission.CHANGE_WIFI_STATE" />
<uses-permission android:name="android.permission.ACCESS_NETWORK_STATE" />
<uses-permission android:name="android.permission.ACCESS_WIFI_STATE" />
```

9.5 思考与练习

1. 用 OkHttp 实现对用户输入的网址进行访问。

2. 简要说明使用 Socket 实现服务器端和客户端通信的过程。

3. 创建一个 Android 应用程序，使用 WiFi 管理器扫描附近的 WiFi 网络，并显示扫描结果列表。

第 10 章 综合案例一：智能农苑助手

本章和下一章将详细介绍两个综合案例，具体讨论 Android 手机应用软件开发的详细流程。本章将介绍智慧农林领域中使用的移动终端应用——“智能农苑助手”的开发。该应用软件是一款为能够辅助现代化、高效率地种植植物而设计的 Android 手机应用软件。“智能农苑助手”手机应用软件简单易操作，适合不同年龄人群使用。其主要功能是定时提醒用户按时给自己心爱的植物浇水，指导用户针对不同植物进行科学施肥和松土等简单操作，从而实现植物的健康成长。

10.1 项目分析

扫码看视频

很多人都喜欢在自己的家中种上一些花花草草。花草的色彩和形状可以为人们的环境增添生气和活力，无论是鲜艳的花朵还是绿色的叶子，都能给人们带来愉悦的感受，让人们感到舒适和放松。同时，也可以减少空气中有害物质的浓度，改善空气质量。

此外，种植花草还可以提供精神上的满足感。研究表明，与自然环境接触可以减轻压力和焦虑，保持心理健康。在忙碌的生活中，种植花草可以成为一种疗愈活动，让人们远离城市的喧嚣和压力，享受大自然的宁静。

尽管家庭种植有很多好处，但也面临一些挑战，如需要投入时间、精力和专业知识。种植者需要了解植物的生长需求，掌握基本的园艺知识，才能够取得良好的种植效果。有部分人在购买植物后，没有科学管理，从而导致植物死亡。

经过调研、分析，大部分人不想种植的原因有不能按时浇水、不知如何养护等。开发一款能指导用户进行种植植物管理的软件将会极大帮助这部分人群，消除顾虑，例如，定时提醒使用者按时给植物浇水，指导使用者针对不同植物进行科学施肥、松土。

10.1.1 UI 规划

“智能农苑助手”是使用 Android 技术为种植爱好者提供的操作简单的植物养护应用软件。其主要功能有定时提醒用户浇水、施肥和松土等，以实现植物的高效种植。因此，在做 UI 设计时，软件以提醒功能为核心，可以自动或手动设置提醒时间，方便用户更合理地了解植物的生长情况；还有天气查询功能，以更好地辅助管理植物的种植；另外，还有许多珍稀植物的介绍。

软件由三个界面构成，即植物查询界面、主界面和设置提醒界面。

1）植物查询界面为用户提供了几十种珍稀植物资料的查询，方便用户随时对植物的信息进行浏览，了解植物的生长习性和养护技巧，如图 10-1 所示。

2）主界面负责显示主要信息，包括时间、天气预报和植物当前状态信息，如图 10-2

所示。

3）设置提醒界面提供浇水、施肥和松土等基本提醒设置。在程序中有两种设置提醒方式，即手动设置和系统设置，如图 10-3 所示。手动设置即用户自己设置所需的时间间隔。

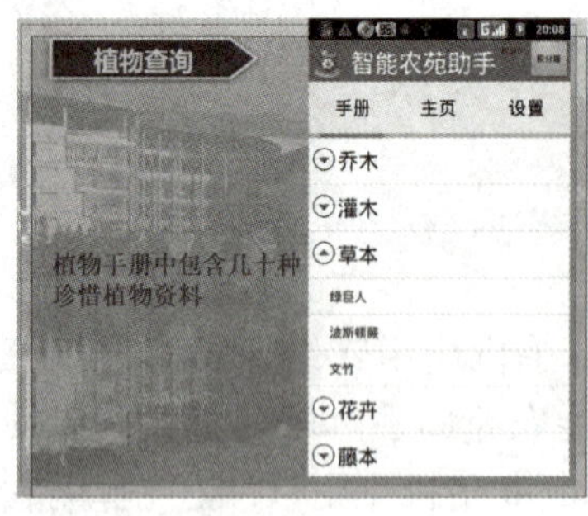

图 10-1　植物查询界面

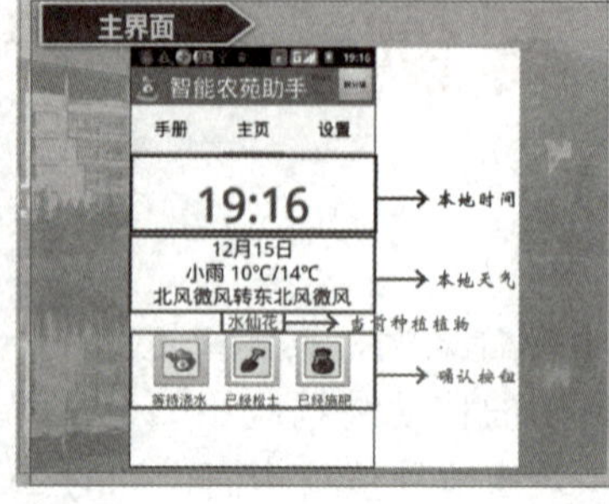

图 10-2　主界面

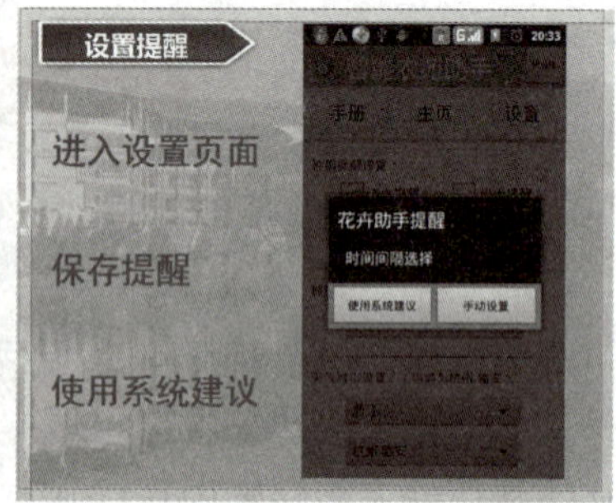

图 10-3　设置提醒界面

10.1.2　数据存储设计

数据库的设计是软件设计过程中非常重要的环节。它既要满足程序的需求，还要保证设计的合理性，否则会影响软件后续的开发和使用。

“智能农苑助手”软件的数据存储容量并不是很大，因此，采用了几种数据存储方式相结合的方式：基本数据采用本地数据读取方式获取资料；只有在获取天气信息时用到中国地理城市数据库，采用网络的方式获取。所以，在应用中以 file 文件存储和 SharedPreferences 存储相结合的方式进行数据存储，将数据直接存储在应用中，从而使应用在访问数据的时候能够节省时间，提高软件的运行效率。由于在第 8 章中已经详细地介绍了数据库 SQlite 的应用，因此对“智能农苑助手”软件的数据部分只做简略讲解。

10.2　系统实现

一个完整的系统实现，需要前期对应用软件的功能进行详细分析，以实现其主要功能。在此基础上再对应用界面进行完善，后续添加更多的功能。

“智能农苑助手”主要由以下几部分功能模块构成。

1）植物查询（主要用到数据存储）。

2）天气系统（主要用到天气预报、城市 API 设置、网络通信服务）。

3）浇水、松土和施肥功能实现（主要用到 BroadcastReceiver 服务）。

10.2.1　创建项目

1. 选择开发环境

创建项目前首先要选择合适的系统开发环境。“智能农苑助手”软件的开发环境主要包括 Android Studio 2021（Gradle 版本号为 7.2，Java 8 版本号为 1.8）、Android SDK API 数据为 33。

2. 创建“智能农苑助手”项目

新建 Android 项目，可参照第 3 章的内容创建项目，本项目使用的包名为“com.example.ch10”。

10.2.2　界面设计

图 10-4　欢迎界面

在 10.1.1 小节中已经介绍了“智能农苑助手”软件的主要功能界面设计，接下来详细讲解利用 Android 创建界面的步骤。

1. 欢迎界面设计

大多数应用软件在进入主界面前都会有一个欢迎界面，即一个小动画，这样可以使软件拥有更好的显示效果。“智能农苑助手”软件的欢迎界面采用异步线程的方式实现，以延迟 3 s 的效果进入主界面。欢迎界面如图 10-4 所示。

当动画结束后，会发送跳转界面消息，跳转到软件的主界面。欢迎界面的具体实现代码如下。

```
1   public class Startview extends AppCompatActivity {
2       private final int SPLASH_DISPLAY_LENGHT = 3000;    // 延迟3 s
3       @Override
4       protected void onCreate(Bundle savedInstanceState) {
5           super.onCreate(savedInstanceState);
6           setContentView(R.layout.startview);
7           new Handler().postDelayed(new Runnable() {
8               public void run() {
9                   Intent mainIntent = new Intent(Startview.this, Main.class);
10                  Startview.this.startActivity(mainIntent);
11                  Startview.this.finish();
12              }
13          },SPLASH_DISPLAY_LENGHT);
14      }
15  }
```

上述代码第 7 行，建立 Handler 对象，它可以接收跳转界面的信息，通过对消息 id 的匹配，最终决定跳转到哪个界面。第 10 行代码中的“Startview.this.startActivity”表示跳转到主界面。在对应的布局文件 startview.xml 中，对应的是一张 ImageView，通过显示图片达到动画效果。

2. 界面总体框架

图 10-5　界面总体框架

整个界面采用 Tab 方式来显示“手册”“主页”和“设置”三个功能界面之间的切换效果，如图 10-5 所示。

Tab 布局是一种常见的用户界面布局方式。在 Android 中，可以使用多种方法来实现 Tab 布局，其中一种常见的方法就是使用 TabHost 和 TabWidget 组件，可以非常方便地实现用户在不同的选项卡之间切换。

TabHost 是一个容器控件，可以容纳多个选项卡（即 Tab 页面），而 TabWidget 用于显示选项卡的标签。核心代码如下。

```
public class Main extends TabActivity {
    private ViewPager mPager;          // 页卡内容
    private List<View> listViews;      // Tab 页面列表
```

```
4        private TabHost mTabHost;
5        private LocalActivityManager manager = null;
6        private final Context context = Main. this;
7        @Override
8        protected void onCreate(Bundle savedInstanceState) {
9            requestWindowFeature(Window. FEATURE_NO_TITLE);
10           super. onCreate(savedInstanceState);
11           setContentView(R. layout. main);
12           DatabaseHelper databaseHelper = new DatabaseHelper(this);
13           databaseHelper. copyDatabase();
14           mTabHost = getTabHost();
15           //切换卡设置页面跳转
16           mTabHost. addTab(mTabHost. newTabSpec("Shouce"). setIndicator("")
17               . setContent(new Intent(this, Shouce. class)));          //跳转至植物查询界面
18           mTabHost. addTab(mTabHost. newTabSpec("Activity_Main"). setIndicator("")
19               . setContent(new Intent(this, MainActivity. class)));    //跳转至主界面
20           mTabHost. addTab(mTabHost. newTabSpec("Alarm_Main"). setIndicator("")
21               . setContent(new Intent(this, Alarm_Main. class)));      //跳转至设置提醒界面
22           mTabHost. setCurrentTab(0);
23           manager = new LocalActivityManager(this, true);
24           manager. dispatchCreate(savedInstanceState);
25           InitImageView();
26           InitTextView();
27           InitViewPager();
28       }
```

第 1 行，定义的主界面 Main 继承自 TabAcitivity，而 TabAcitivity 继承自 AcitivtyGroup。AcitivityGroup 的主要作用是创建一个 LocalActivityManger（第 23 行），然后把 Activity 的 onCreate 等事件传递给 LocalActivity 来处理（第 24 行）。

TabActivity 包括三个重要的部分：TabHost、TabWidget 和 LocalActivityManager。

（1） TabHost

TabHost 是面向用户的接口，它的主要作用是添加 Tab，用 TabSpec 来完成完整的 Tab 抽象（包括标签及其内容）。用一个 String 类型的 Tag 来标识一个 Tab，比如在退出程序时记录当前是哪个 Tab，以便在再次进入的时候可以显示退出前显示的 Tab。它最重要的作用在于用 Intent 作为一个 Tab，即把一个 Activity 作为内容（Content）嵌入（Embeded Activity 的概念）进去，成为一个 Tab 的内容。

上述代码中第 14 行得到一个 TabHost 对象，通过第 16、18 和 20 行的 TabSpec()添加了三个 Tab，分别对应"植物查询界面""主界面"和"设置提醒界面"三个 Activity 界面。

TabHost 中一个比较重要的思想是运用策略模式来完成标签和内容的抽象。创建一个接口 IndicatorStrategy，用 createIndicatorView()方法，根据传入的参数不同（有 LabelIndicatorStrategy、LabelAndIconIndicatorStrategy、ViewIndicatorStrategy 三种）来创建 View（即在 TabWidget 上显示的标签）。从名称即可以看出标签可以只含有 String，也可以含有 String 和一张图片，或者用户自定义的 View 这三种形式。

用接口 ContentStrategy 来抽象内容，有两个方法：getContentView()用来获取 View，tabClosed()用来完成关闭操作（比如用户单击其他 Tab 关闭当前的 Tab）。按照内容的不同有 ViewIdContentStrategy（给定一个 layout id 作为内容）、FactoryContentStrategy（用户实现继承 TabContentFactory，用 createTabContent()来创建一个 View 作为内容）和 Intent ContentStrategy

（指定一个 Intent，即将一个 Activity 作为内容）三种方式。内容的 rootView 是一个 frameLayout，切换是通过设置选择的内容可见，并设置原来的 View 不可见来实现的。在刚开始单击标签时创建 View，在后面可直接使用。所以将 Activity 作为内容时，创建时可能需要很长时间（可以通过在创建 TabHost 的时候先完成操作，以减少创建的迟钝感），而后面切换的时候则会很顺畅。

XML 界面布局如下。

```
<TabHost
    android:id="@android:id/tabhost"
    android:layout_width="match_parent"
    android:layout_height="match_parent" >
  <LinearLayout
      android:id="@+id/linearLayout1"
      android:layout_width="match_parent"
      android:layout_height="match_parent"
      android:background="#d1d1d1"
      android:orientation="vertical" >
    <RelativeLayout
        android:layout_width="match_parent"
        android:layout_height="48dp"
        android:background="#00CD00" >
      <TextView
          android:id="@+id/maintitle"
          android:layout_width="wrap_content"
          android:layout_height="match_parent"
          android:layout_marginLeft="5dp"
          android:layout_marginTop="5dp"
          android:layout_toRightOf="@+id/nioc"
          android:text="@string/app_name"
          android:textColor="#ffffff"
          android:textSize="30dp" />
      <ImageView
          android:id="@+id/nioc"
          android:layout_width="45dp"
          android:layout_height="45dp"
          android:layout_marginTop="2dp"
          android:contentDescription="@string/TODO"
          android:src="@drawable/nongyuanioc" />
    </RelativeLayout>
    <TabWidget
        android:id="@android:id/tabs"
        android:layout_width="wrap_content"
        android:layout_height="0dp" >
    </TabWidget>
  </LinearLayout>
</TabHost>
```

（2）TabWidget

TabWidget 继承自 LinearLayout，用来放标签。它通过覆盖 addView（View child）来添加一个标签。在没有指定 View 的 LayoutParams 时，默认给标签加上高度 TabWidget，而宽度根据标签个数平分 LayoutParams。然后，再根据有无 dividerDrawable 来判断是否添加（dividerDrawable

是标签之间的图片）。

由于 TabWidget 的布局较为固定，因此可能看起来不太美观，这时需要根据需求来定制 TabWidget。例如本项目中就在 TabWidget 中间加入了空隙，使其看起来有被分组的效果。在修改的时候需要注意两个函数：getChildTabViewAt(int index)和 getTabCount( )。由于系统本身的 View 排布要么全部是标签，要么采用一个 dividerDrawable 和一个标签的排布。如果定制 TabWidget，则需要修改这两个函数。

（3） LocalActivityManager

LocalActivityManager 中较为重要的是 startActivity(String id, Intent intent) 函数，其中 String 型的 id 用来标识某个 Activity。当在 TabActivity 中单击内容时，Activity 的标签就会调用 startActivity( )来获取 View。而在启动的时候根据 Intent 的 Flags 处理也有所不同。所以，设置 IntentFlags 的时候需要注意，如果在调用 startActivty( )时，在这个 id 下已经有一个 Activity 被启动了，则需根据不同情况，要么被销毁重新创建一个再启动，要么就直接使用它。

以上就是界面总体框架的设计。为了更好地实现应用的交互切换，还可以加入一些图像处理，使 Tab 能够更好地进行左右滑动。详细内容请参考 10.2.5 小节。

3. 植物查询界面设计

在植物查询界面设计中采用的是分组并可收缩的列表（ExpandableListView），用以查看不同种类植物的信息。使用的时候需要继承适配器。植物查询界面如图 10-6 所示。

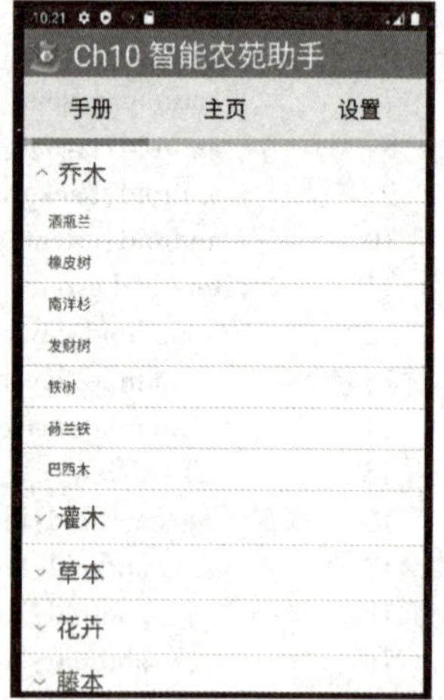

图 10-6　植物查询界面

多级菜单代码如下。

```
1  <LinearLayout xmlns:android="http://schemas.android.com/apk/res/android"
2      android:layout_width="match_parent"
3      android:layout_height="match_parent"
4      android:background="#fcfcfc"
5      android:orientation="vertical" >
6      <ExpandableListView
7          android:id="@+id/exlist"
8          android:layout_width="match_parent"
9          android:layout_height="match_parent"
10         android:drawSelectorOnTop="false" />
11     <TextView
12         android:id="@+id/empty"
13         android:layout_width="match_parent"
14         android:layout_height="match_parent"
15         android:text="@string/lay1_no_data" />
16 </LinearLayout>
```

程序第 6 行设置了多级菜单 ExpandableListView 控件，它是一个可展开的列表组件，可以把应用中的列表项分为几组，每组里又可包含多个子列表项。它的用法与普通 ListView 的用法非常相似，只是其所显示的列表项要由 ExpandableListAdapter 提供。

本例中，将植物分为几个大类，每个大类下又有若干具体植物。单击具体的植物，将出现介绍页面。

```
1  exList = (ExpandableListView) findViewById(R.id.exlist);
2  Shouce_Adapter adapter= new Shouce_Adapter(Shouce.this);
3  exList.setAdapter(adapter);
4  exList.setOnChildClickListener(new OnChildClickListener() {
5      public boolean onChildClick(ExpandableListView parent, View v,
6                      int groupPosition, int childPosition, long id) {
7          Intent intent = new Intent(Shouce.this, Shouce_Info.class);
8          intent.putExtra("groupPosition", groupPosition);
9          intent.putExtra("childPosition", childPosition);
10         Shouce.this.startActivity(intent);
11         return true;
12     }
13 });
```

植物单击事件的处理函数 onChildClick( )在第 5 行中定义，它要启动 Shouce_Info 这个 Activity（第 7 行）显示具体信息（第 10 行）。其中，传入的两个参数用于定位具体的植物（第 8、9 行）。

这里最关键的是要准备好 ExpandableListView 的适配器（第 2 行），然后进行绑定（第 3 行）。Shouce_Adapter 类的定义如下（具体详见本书配套资源中相应的 PDF 文件或源代码）。

```
1  public class Shouce_Adapter extends BaseExpandableListAdapter {
2      private List<String> group;
3      private List<List<String>> child;
4      private Context context;
5      private LayoutInflater inflater;
6      public Shouce_Adapter(Context context) {
7          ...                                          // 省略}
8      public void initData() {
9          group = new ArrayList<String>();
10         child = new ArrayList<List<String>>();
11         addInfo(context.getString(R.string.group1), context.getResources().getStringArray(R.array.g1));
12         ...                                          // 其他行省略}
13     public void addInfo(String g, String[] c) {
14         group.add(g);
15         List<String> item = new ArrayList<String>();
16         for (int i = 0; i < c.length; i++) {
17             item.add(c[i]);
18         }
19         child.add(item);
20     }
21     public Object getChild(int groupPosition, int childPosition) {}
22         ...                                          // 省略
23 }
```

这个适配器类继承自 BaseExpandableListAdapter（第 1 行），用于将分组和子项的数据绑定到 ExpandableListView 中。通过重写适配器的方法，可以自定义分组和子项的视图样式与行为（第 2、3 行定义了存储分组和子项数据的列表）。

第 8 行定义了 initData( )方法，用于初始化分组和子项数据，通过调用 addInfo( )方法实现，数据存放在资源的字符串数组中。第 13 行定义了 addInfo( )方法，将每个分组和对应的子项添加到列表中。它首先将分组名称添加到 group 列表中（第 14 行），然后将子项数据添加到

child 列表中（第 19 行）。

4. 主界面设计

主界面中设置了时间、天气预报、植物浇水、松土和施肥等功能，主要采用自定义控件 DigitalClock 和一组可以改变状态的 ImageButton 来显示主要功能，实现效果如图 10-7 中方框内所示。

图 10-7　主界面

主界面设计代码详见本书配套资源中相应的 PDF 文件或源代码。

自定义控件 DigitalClock 的使用，需要重写时间输出方法，关键代码如下。

```
public class DigitalClock extends android. widget. DigitalClock {
    Calendar mCalendar;
    private final static String m12 = "h:mm aa";
    private final static String m24 = "k:mm";
    private FormatChangeObserver mFormatChangeObserver;
    private Runnable mTicker;
    private Handler mHandler;
    private boolean mTickerStopped = false;
    String mFormat;
    public DigitalClock(Context context) {
        super(context);
        initClock(context);
    }
    public DigitalClock(Context context, AttributeSet attrs) {
        super(context, attrs);
        initClock(context);
    }
    private void initClock(Context context) {
        if (mCalendar == null) {
            mCalendar = Calendar.getInstance();
        }
        mFormatChangeObserver = new FormatChangeObserver();
        getContext().getContentResolver().registerContentObserver(
            Settings.System.CONTENT_URI, true, mFormatChangeObserver);
        setFormat();
    }
    @Override
    protected void onAttachedToWindow() {
        mTickerStopped = false;
        super.onAttachedToWindow();
        mHandler = new Handler();
        mTicker = new Runnable() {
            public void run() {
                if (mTickerStopped)
                    return;
                mCalendar.setTimeInMillis(System.currentTimeMillis());
                setText(DateFormat.format(mFormat, mCalendar));
                invalidate();
                long now = SystemClock.uptimeMillis();
```

```
                        long next = now + (1000 - now % 1000);
                        mHandler.postAtTime(mTicker, next);
                    }
                };
                mTicker.run();
            }
            @Override
            protected void onDetachedFromWindow() {
                super.onDetachedFromWindow();
                mTickerStopped = true;
            }
            private boolean get24HourMode() {
                return android.text.format.DateFormat.is24HourFormat(getContext());
            }
            private void setFormat() {
                if (get24HourMode()) {
                    mFormat = m24;
                } else {
                    mFormat = m12;
                }
            }
            private class FormatChangeObserver extends ContentObserver {
                public FormatChangeObserver() {
                    super(new Handler());
                }
                @Override
                public void onChange(boolean selfChange) {
                    setFormat();
                }
            }
}
```

这个自定义的 DigitalClock 类用于显示当前时间，支持 12 小时制和 24 小时制的切换，并能自动更新时间显示。

主界面的其他部分涉及网络、WebService、图形图像、数据存储等操作，将在后续的小节中详细讨论。

5. 设置界面设计

在设置界面中使用了一组 CheckBox 来选择浇水、松土和施肥等操作设置，并用两组 Spinner 来进行植物种类和天气城市的设置，效果如图 10-8 所示。

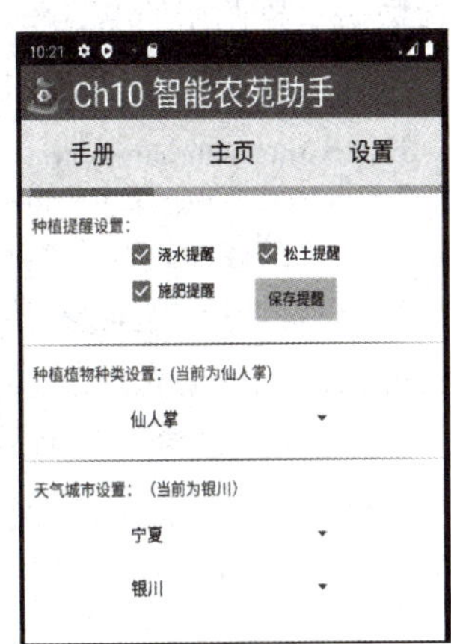

图 10-8　设置界面

种植提醒设置、种植植物种类设置、天气城市设置的布局代码详见本书配套资源中相应的 PDF 文件或源代码。

对于设置界面的代码实现主要是对于用户的设置数据进行读取和保存操作，具体在 10.2.6 小节中讨论。

10.2.3　天气系统

程序向用户提供了天气数据的展示服务。天气数据一个比较好的来源就是 WebXML，它通过 WebService 提供天气数据服务。用户可以通过输入城市名称或城市代码来获取指定城市的实时天气信息，包括温度、湿度、风力、风向、天气状况等。也可以获取指定城市未来几天的天气预报信息。

天气数据服务网址为 http://www.webxml.com.cn/。注册成为会员后有 5 天的试用期，之后根据需要购买相应的数据服务套餐。成为会员后，每个用户都分配有一个 ID 号（会员专区首页中可查看到），该 ID 在调用 WebService 时需要使用。因此，若要使用本书提供的案例代码，请将代码中的用户 ID 替换为你自己的 ID 后，才能正确运行。

WebService 是一种基于 SOAP（简单对象访问协议）的远程调用标准，通过它可以将不同操作系统平台、不同语言及不同技术整合到一起。在 Android SDK 中并没有提供调用 WebService 的库，因此需要使用第三方的 SDK 来调用 WebService。PC 版本的 WebService 客户端库非常丰富，如 Axis2 和 CXF 等，但这些开发包对于 Android 系统来说过于庞大，也未必能很容易地移植到 Android 系统中。

本项目中选用的适合手机 WebService 客户端的 SDK 是 Ksoap2。

Ksoap2 是 Enhydra.org2003 年推出的一个用于在 Java 平台上进行 SOAP 通信的开源库。它提供了一组 API，用于创建和解析 SOAP 消息，以及与 SOAP 服务器进行通信。

要使用 Ksoap2，需要从官方网站或其他可靠的资源下载 Ksoap2 库，官方下载链接为 https:// github.com/simpligility/ksoap2-android。

本项目下载的 Ksoap2 库名为 ksoap2-android-assembly-3.6.2.jar，首先在 Android Studio 的项目工程 “Project” 结构下，将该包复制到 libs 文件夹中；然后在导入的 .jar 包处右击，选择 “Add As Library” 菜单命令，选择要导入到的 module 后单击 “OK” 按钮确认。之后就可以使用 Ksoap2 来支持 SOAP 远程调用了。

WebService 的使用步骤如下。

1）指定 WebService 的命名空间和调用的方法名。例如：

```
SoapObject request =new SoapObject(http://service,"getName");
```

SoapObject 类的第一个参数表示 WebService 的命名空间，可以从 WSDL 文档中找到；第二个参数表示要调用的 WebService 的方法名。

例如，要调用天气信息的方法如下。

```
private static final String NAMESPACE = "http://WebXml.com.cn/";      // Web 服务的命名空间
private static final String METHOD_NAME = "getWeather";               // Web 服务的方法名
SoapObject rpc = new SoapObject(NAMESPACE, METHOD_NAME);
```

2）设置调用方法的参数值，如果没有参数，则可以省略。设置方法的参数值的代码如下。

```
Request.addProperty("param1","value");
Request.addProperty("param2","value");
```

addProperty()方法的第一个参数虽然表示调用方法的参数名，但该参数值并不一定与服务器端的 WebService 类中的方法参数名一致。这里只要设置参数的顺序一致即可。

例如，getWeather()方法需要传入的两个参数如下（其中，theUserID 参数的值，即星号显示的内容需要换成自己的 ID）。

```
rpc.addProperty("theCityCode",cityName);
rpc.addProperty("theUserID","*************");
```

3）生成调用 WebService 的 SOAP 请求信息。该信息由 SoapSerializationEnvelope 对象描述，代码如下。

```
SoapSerializationEnvelope envelope = new SoapSerializationEnvelope(SoapEnvelope.VER11);
envelope.bodyOut = request;
```

创建 SoapSerializationEnvelope 对象时需要通过 SoapSerializationEnvelope 类的构造方法来设置 SOAP 的版本号。该版本号需要根据服务器端 WebService 的版本号来设置。在创建 SoapSerializationEnvelope 对象后，需要设置 SOAPSoapSerializationEnvelope 类的 bodyOut 属性，该属性的值就是在第 1）步创建的 SoapObject 对象。

4）创建 HttpTransportsSE 对象。通过 HttpTransportsSE 类的构造方法可以指定 WebService 的 WSDL 文档的 URL，代码如下。

```
HttpTransportSE ht = new HttpTransportSE("http://192.168.18.17:80
/axis2/service/SearchNewsService?wsdl");
```

5）使用 call()方法调用 WebService 方法，代码如下。

```
ht.call(SOAP_ACTION, envelope);
```

call()方法的第一个参数是 SOAP 动作字符串，第二个参数是在第 3)步创建的 SoapSerialization Envelope 对象。

6）第 5)步正确执行后，在 envelope 中就包含了 WebService 的响应内容。其中 bodyIn 属性可以获取返回的主体内容。本例中，感兴趣的内容在“getWeatherResult”标签下，代码如下。

```
SoapObject result = (SoapObject) envelope.bodyIn;
detail = (SoapObject) result.getProperty("getWeatherResult");
```

得到了响应内容后，它们是以标签对的 XML 形式来组织内容的。所以，还需要进一步解析（调用 parseWeather()方法），以获得需要的天气数据。该方法传入刚才获得的 detail 内容，代码如下。

```
1  private voidparse Weather(SoapObject detail) throws UnsupportedEncodingException {
2      String date = detail.getProperty(7).toString();
3      weatherToday = date.split(" ")[0];
4      weatherToday = weatherToday + "\n" + date.split(" ")[1];
5      weatherToday = weatherToday + " " + detail.getProperty(8).toString();
6      weatherToday = weatherToday + "\n" + detail.getProperty(9).toString();
7      w1 = weatherToday;
8      ...                                        // w2、w3 类似，省略
9  }
```

在上述代码中，第 2 行使用索引 7 获取日期和天气情况的字符串，如“9 月 8 日 晴转多云”。代码使用空格分割字符串，将日期赋值给 weatherToday。第 5 行使用索引 8 获取温度字符串，如“21℃/31℃”，并将温度字符串追加到 weatherToday 变量中。第 6 行使用索引 9 获取风力字符串，如“东南风 3-4 级”，并将风力字符串追加到 weatherToday 变量中。第 7 行将 weatherToday 的值赋给变量 w1，表示第一天的天气信息已解析完毕。

重复上述步骤，使用不同的索引值来解析第二天和第三天的天气信息，并将解析结果分别赋值给变量 w2 和 w3。

这段代码通过解析 SOAP 返回的天气数据，将每天的日期、天气、温度和风力信息提取出来，并分别赋值给对应的变量 w1、w2 和 w3。

“智能农苑助手”项目天气系统的显示效果如图 10-9 所示。

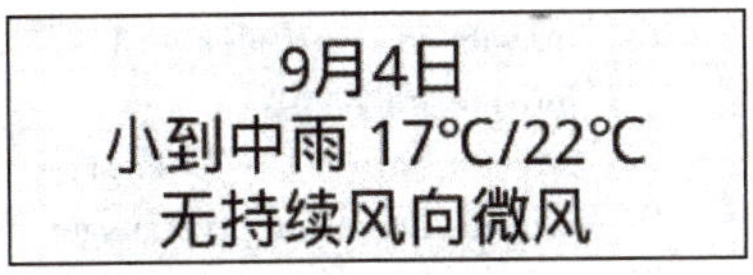

9月4日
小到中雨 17℃/22℃
无持续风向微风

图 10-9　天气系统显示效果

本项目中，天气数据是针对城市的，而城市选择列表需要的数组适配器如下。

```
ArrayAdapter<String> pro_adapter = new ArrayAdapter<String>(this,
        android.R.layout.simple_spinner_item, getProSet());
```

其中，城市的数据需要通过 getProSet()调用城市数据库包，详细内容请参见 10.2.6 小节。

10.2.4 网络通信服务

在“智能农苑助手”项目中，获取天气数据需要连接网络。因此首先要在配置文件 AndroidManifest.xml 中加入权限，代码如下。

```
<uses-permission android:name="android.permission.ACCESS_NETWORK_STATE"/>
```

获取天气预报数据时，调用 WebService 数据的代码如下。

```
public void getWeather(String cityName) {
    try {
        // 创建 SoapObject 对象，并设置命名空间、方法名
        SoapObject rpc = new SoapObject(NAMESPACE, METHOD_NAME);
        rpc.addProperty("theCityCode",cityName);    // 设置调用参数
        rpc.addProperty("theUserID","******");// 使用自己的 ID 替换星号部分
        rpc.addProperty("Content-Type", "text/xml; charset=utf-8");
        final SoapSerializationEnvelope envelope = new SoapSerializationEnvelope(SoapEnvelope.VER11);
        envelope.bodyOut = rpc;
        envelope.dotNet = true;
        envelope.setOutputSoapObject(rpc);
        HttpTransportSE androidHttpTransport = new HttpTransportSE(URL);
        androidHttpTransport.debug = true;
        androidHttpTransport.call(SOAP_ACTION, envelope);
        SoapObject result = (SoapObject) envelope.bodyIn;
        detail = (SoapObject) result.getProperty("getWeatherResult");
        parseWeather(detail);
        return;
    }catch (Exception e) {
        e.printStackTrace();
    }
}
```

10.2.5 图形图像处理

在界面设计中使用 TabHost 处理一些图像的动画效果，可以使应用切换界面更加快捷方便。用户可以通过左右滑动的方式来切换界面，以增加交互效果。代码如下。

```
private ViewPager mPager;       // 页卡内容
private List<View> listViews;   // Tab 页面列表
private ImageView cursor;       // 动画图片
private TextView t1, t2, t3;    // 页卡头标
private int offset = 0;         // 动画图片偏移量
private int currIndex = 1;      // 当前页卡编号
private int bmpW;               // 动画图片宽度
private TabHost mTabHost;
private LocalActivityManager manager = null;
private final Context context = Main.this;
```

具体动画设置代码如下。

```
private void InitImageView() {
    cursor = (ImageView) findViewById(R.id.cursor);
    bmpW = BitmapFactory.decodeResource(getResources(), R.drawable.a).getWidth();// 获取图片宽度
    DisplayMetrics dm = new DisplayMetrics();
    getWindowManager().getDefaultDisplay().getMetrics(dm);
    int screenW = dm.widthPixels;                    // 获取分辨率宽度
    offset = (screenW / 3 - bmpW) / 2;               // 计算偏移量
    Matrix matrix = new Matrix();
    matrix.postTranslate(offset * 3 + bmpW, 0);
    cursor.setImageMatrix(matrix);                   // 设置动画初始位置
}
public class MyOnPageChangeListener implements OnPageChangeListener {
    int one = offset * 2 + bmpW;
    public void onPageSelected(int arg0) {
        Animation animation = null;
        switch (arg0) {
            case 0:
                mTabHost.setCurrentTab(0);
                if (currIndex == 1) {
                    animation =new TranslateAnimation(0, -one, 0, 0);
                } else if (currIndex == 2) {
                    animation =new TranslateAnimation(one, -one, 0, 0);
                }
                break;
            case 1:
                mTabHost.setCurrentTab(1);
                if (currIndex == 0) {
                    animation =new TranslateAnimation(-one, 0, 0, 0);
                } else if (currIndex == 2) {
                    animation =new TranslateAnimation(one, 0, 0, 0);
                }
                break;
            case 2:
                mTabHost.setCurrentTab(2);
                if (currIndex == 0) {
                    animation =new TranslateAnimation(one, -one, 0, 0);
                } else if (currIndex == 1) {
                    animation =new TranslateAnimation(0, one, 0, 0);
                }
                break;
        }
        currIndex = arg0;
        animation.setFillAfter(true);                // True：图片停在动画结束位置
        animation.setDuration(400);
        cursor.startAnimation(animation);
    }
```

10.2.6　数据存储

在“智能农苑助手”项目中，使用到的数据存储方式主要有 Files 文件存储、SharedPreferences 存储和数据库存储三种方式。

1. Files 文件存储

在植物查询界面中有相关植物的介绍内容，用到的是 ExpandableListView 列表方式，而数据保存在本地。首先需要对 ExpandableListView 继承适配器 BaseExpandableList Adapter。关于继承的部分在这里不做详细介绍，可参考前面相关内容。

本项目是通过在 Android 中读取 assets 目录下 a. txt 文件实现上述功能的。读取时文件需要将 TXT 格式转化成 UTF-8 格式，代码如下。

```
public class Shouce_Info extends AppCompatActivity {
    List<List<String>> child;
    @Override
    protected void onCreate(Bundle savedInstanceState) {
        requestWindowFeature(Window.FEATURE_NO_TITLE);  // 设置窗口模式
        super.onCreate(savedInstanceState);
        setContentView(R.layout.shouce_info);
        child = new ArrayList<List<String>>();              // 数组链表资源
        addInfo(this.getResources().getStringArray(R.array.g1));// 子表
        addInfo(this.getResources().getStringArray(R.array.g2));
        addInfo(this.getResources().getStringArray(R.array.g3));
        addInfo(this.getResources().getStringArray(R.array.g4));
        addInfo(this.getResources().getStringArray(R.array.g5));
        Intent intent = getIntent();
        int groupId = intent.getIntExtra("groupPosition", -1);  // 获取当前的一级表名
        int childId = intent.getIntExtra("childPosition", -1);   // 获取当前的二级表名
        TextView text = (TextView) findViewById(R.id.infotext);
        TextView title = (TextView) findViewById(R.id.title);
        if (groupId != -1 && childId != -1) {
            title.setText(getName(groupId, childId));
            text.setText(readFromAsset(getFileName(groupId, childId)));
        } else {
            text.setText("数据错误,请返回!");
        }
    }
    public String getName(int a, int b) {                        // 链表文件名
        String res = "";
        res = (String) child.get(a).get(b);
        return res;
    }
    public String getFileName(int a, int b) {                    // 文件名
        String FileName = "";
        FileName = a +"-" + b + ".txt";
        return FileName;
    }
    public void addInfo(String[] c) {
        List<String> item = new ArrayList<String>();
        for (int i = 0; i < c.length; i++) {
            item.add(c[i]);
        }
        child.add(item);
    }
    public String readFromAsset(String fileName) {               // 读取的文件格式转换成 UTF. 8
// 格式
```

```
            String res = "";
            try {
                InputStream in = getResources().getAssets().open(fileName);
                int length = in.available();
                byte[] buffer = new byte[length];
                in.read(buffer);
                res =new String(buffer, "UTF-8");
            } catch (Exception e) {
                e.printStackTrace();
            }
            return res;
        }
}
```

读取 assets 文件夹下的资源，/assets 目录下的资源文件不会在 R.java 自动生成 ID，所以读取/assets 目录下的文件必须指定文件的路径。可以通过 AssetManager 类来访问这些文件。调用的 String 的文件资源代码见本书配套资源中相应的 PDF 文件或源代码。

2. SharedPreferences 存储

这里以本项目中提示浇水时间为例，利用 SharedPreferences 来保存临时有无浇水的状态，具体代码如下。其他状态数据可以参照此方式保存。

```
if(waterStatu) {
    int index = Alarm_Main.getIndex(Alarm_Main.plantSelected);
    setAlertWater(Alarm_Main.waterTime[index]);
    // 实例化一个 SharedPreferences 对象
    SharedPreferences select = getSharedPreferences("com.alarm_stab", MODE_PRIVATE);
    SharedPreferences.Editor editor = select.edit();  // 实例化 SharedPreferences.Editor 对象.
    editor.putBoolean("waterStatu", false);           // 用 putString 方法保存数据
    editor.commit();                                  // 提交当前数据
    waterImage.setImageDrawable(getResources().getDrawable( R.drawable.jiaoshuihui));
} else {
    Toast.makeText(MainActivity.this, "目前无须浇水", Toast.LENGTH_SHORT).show();
}
```

3. 数据库存储

在本例中，用户、省份和城市数据是存储在数据库中的。初始数据库 db_weather.db 已放在/res/raw 下，随程序一起分发。因此，程序安装以后，第一次进行数据库操作时，需要将 raw 下的 db_weather.db 复制到项目的/databases 目录下，以便 SQLite 的 API 进行数据操作。

这里定义了 SQLiteOpenHelper 类 DatabaseHelper 用来实现对数据库的打开、创建的维护操作。代码如下。

```
public class DatabaseHelper extends SQLiteOpenHelper {
    private static final String TAG = "DatabaseHelper";
    private static final String DATABASE_NAME = "db_weather.db";
    private static final int DATABASE_VERSION = 1;
    private Context context;
    public DatabaseHelper(Context context) {
        super(context, DATABASE_NAME, null, DATABASE_VERSION);
        this.context = context;
    }
    @Override
```

```
11        public void onCreate(SQLiteDatabase db) {    }
12        @Override
13        public void onUpgrade(SQLiteDatabase db, int oldVersion, int newVersion) {    }
14        public void copyDatabase() {
15            File dbFile = context.getDatabasePath(DATABASE_NAME);// 检查数据库文件是否已经存在
16            if (dbFile.exists()) {
17                Log.d(TAG, "Database file already exists");
18                return;
19            }
20            try {
21                File dbDir = dbFile.getParentFile();                    // 打开应用的数据库目录
22                if (!dbDir.exists()) {
23                    dbDir.mkdirs();
24                }
25                // 打开数据库文件的输入流
26                InputStream inputStream = context.getResources().openRawResource(R.raw.db_weather);
27                OutputStream outputStream = new FileOutputStream(dbFile); // 打开数据库文件的输出流
28                byte[] buffer = new byte[8192];  // 复制文件
29                int length;
30                while ((length = inputStream.read(buffer)) > 0) {
31                    outputStream.write(buffer, 0, length);
32                }
33                outputStream.flush();                                   // 关闭流
34                outputStream.close();
35                inputStream.close();
36            } catch (IOException e) {
37                Log.e(TAG, "Failed to copy database file", e);
38            }
39        }
40    }
```

这段代码的核心就是第 14 行的 copyDatabase() 方法，用来实现文件的复制功能：判断数据库文件是否存在（第 16、17 行），若不存在则进行复制。首先打开 raw 下数据库源文件的输入流（第 26 行），然后打开需要复制的目标数据库文件的输出流（第 27 行）。复制的数据放在 buffer 数组中（第 28 行），在第 30~32 行的 while 循环中完成输入流的数据读取和输出流的数据写入。第 33 行刷新后真正写入到文件中，然后关闭输入流和输出流（第 34~35 行）。

对于城市名数据获取，有两级，首先获取省份集合，然后根据指定的省份，获取该省下面的城市集合。此处介绍省份集合获取方式的代码，城市集合获取方式的代码参照执行。

```
public synchronizedList<String> getProSet() {   // 返回省份集合
    DatabaseHelper databaseHelper = new DatabaseHelper(this);
    SQLiteDatabase db1 = databaseHelper.getReadableDatabase();
    if (db1 != null) {
        Cursor cursor = db1.query("provinces", null, null, null, null, null, null);
        while (cursor.moveToNext()) {
            String pro = cursor.getString(cursor.getColumnIndexOrThrow("name"));
            proset.add(pro);
        }
        cursor.close();
        databaseHelper.close();
        db1.close();
```

```
13            return proset;
14        } else {                                          // 数据库打开或创建失败，处理错误}
15    }
```

其中，第 2 行取得 DatabaseHelper 类对象 databaseHelper，通过 getReadableDatabase( )方法得到数据库 db1（第 3 行）。如果 db1 非空（第 4 行），查询 provinces 表的数据（第 5 行）后，通过 while 循环，将取出“name”字段的数据放到 proset（第 8 行）。

10.2.7　提醒服务

“智能农苑助手”项目主要采用本地广播闹钟提醒方式来实现植物助手浇水、施肥和松土等提醒功能。代码如下。

```
1   new AlertDialog. Builder( Alarm_Main. this)
2       setView( layout)
3       setPositiveButton(
4           "设置完毕", new DialogInterface. OnClickListener( ) {
5               public void onClick( DialogInterface dialog, int which) {
6                   if (checkWater. isChecked( ) ) {
7                       EditText waterTv = (EditText) layout. findViewById( R. id. waterEdit) ;
8                       String timeWater = waterTv. getText( ). toString( ). trim( ) ;
9                       setAlertWater( timeWater) ;
10                  }
11                  if (checkRipping. isChecked( ) ) { // 施肥服务响应
12                      EditText rippingTv = (EditText) layout. findViewById( R. id. rippingEdit) ;
13                      String timeRipping = rippingTv. getText( ). toString( ). trim( ) ;
14                      setAlertRipping( timeRipping) ;
15                  }
16                  if (checkFertilize. isChecked( ) ) { // 松土服务响应
17                      EditText fertilizeTv = (EditText) layout. findViewById( R. id. FertilizeEdit) ;
18                      String timeFertilize = fertilizeTv. getText( ). toString( ). trim( ) ;
19                      setAlertFertilize( timeFertilize) ;
20                  }
21                  saveCheckAndDate( ) ;                // 保存
22              } } ). show( ) ;                          // 更新状态
```

例如，对于浇水，调用 setAlertWater( )方法（第 9 行）。该方法的定义语句见下面代码的第 1 行：其中使用 PendingIntent. getBroadcast( )（下面代码第 12 行）来创建 PendingIntent，把用户选择的植物和浇水动作这个 Intent 广播出去。

下面代码的第 18 行创建广播接收器（BroadcastReceiver）CallAlarm 来处理这个意图。具体在第 22 行 onReceive( )方法中，启动 AlarmAlert 这个 Activity 保存数据，并提示用户。

```
1   public void setAlertWater( String time) {
2       if (time. equals( "") ) {
3           Toast. makeText( Alarm_Main. this, "浇水设置无输入", Toast. LENGTH_SHORT) . show( ) ;
4           return;
5       }
6       Calendar timeOfWater = Calendar. getInstance( ) ;
7       timeOfWater. setTimeInMillis( System. currentTimeMillis( ) ) ;
8       timeConversion( String. valueOf( (Double. parseDouble( time) * 24) ), timeOfWater) ;
9       Intent intent = new Intent( Alarm_Main. this, CallAlarm. class) ;
10      intent. putExtra( "plant", plantSelected) ;
```

```
        intent.putExtra("action", "浇水");
        PendingIntent sender = PendingIntent.getBroadcast(Alarm_Main.this, 0, intent, 0);
        AlarmManager amOfWater = (AlarmManager) getSystemService(ALARM_SERVICE);
        amOfWater.set(AlarmManager.RTC_WAKEUP, timeOfWater.getTimeInMillis(), sender);
        changeStatu("waterStatu");
        Toast.makeText(Alarm_Main.this, "浇水设置成功", Toast.LENGTH_SHORT).show();
}
public class CallAlarm extends BroadcastReceiver {
        private static String plant = "";
        private static String action = "";
        @Override
        public void onReceive(Context context, Intent intent) {
                plant = intent.getStringExtra("plant");
                action = intent.getStringExtra("action");
                Intent i = new Intent(context, AlarmAlert.class);
                Bundle bundleRet = new Bundle();
                bundleRet.putString("STR_CALLER", "");
                i.putExtra("plant", plant);
                i.putExtra("action", action);
                i.putExtras(bundleRet);
                i.addFlags(Intent.FLAG_ACTIVITY_NEW_TASK);
                context.startActivity(i);
        }
        public static String getPlant() {        return plant;    }
        public static String getAction() {        return action;    }
}
```

10.3 应用程序的发布

手机应用开发完成后，最终目的是发布到网上供用户下载使用。为提高应用的下载量，通常会将应用发布到手机应用商店。本节首先介绍如何在“智能农苑助手”手机应用中加入广告，生成并使用应用的签名文件，最后将应用程序发布到手机应用商店。

10.3.1 添加广告

Android 应用常见的几种盈利模式如下。

- 收费模式：在国内，用户可以通过移动 MM、支付宝、微信等各种渠道进行付费。目前也有不少软件可免费下载，然后部分高级功能需要付费开通，通常也都是使用支付宝等进行支付。
- 商业合作模式：这种模式通常需要应用程序具有较大的影响力，能让商家为你买单。例如，UC 浏览器首页的导航栏中的几十个链接（如新浪、腾讯、搜狐、各种手机软件网站等）都需支付大量的广告费。
- “免费+广告”模式：“免费+广告”模式是目前国内个人开发者最普遍的盈利方式。开发者可以利用嵌入国内外数十家移动广告平台的 SDK，在各渠道发布开发的应用来展示广告，从而利用用户对广告的单击而获取收入。

下面将介绍如何在“智能农苑助手”手机应用中使用“免费+广告”模式来盈利。这里以腾讯优量汇广告联盟为例介绍具体的接入步骤。

1）进入腾讯优量汇官网（https://e.qq.com/dev/index.html），注册，设置用户名和密

码，如图 10-10 所示（也可以使用已有的 QQ 账号进行登录）。

图 10-10　腾讯优量汇官网

2）完善资料，下载 Android SDK，如图 10-11 所示。首先单击右上角箭头所指向的“立即完善”链接完善企业、用户的资料；然后在左侧“接入中心”下选择“SDK 接入”，单击“下载”按钮。

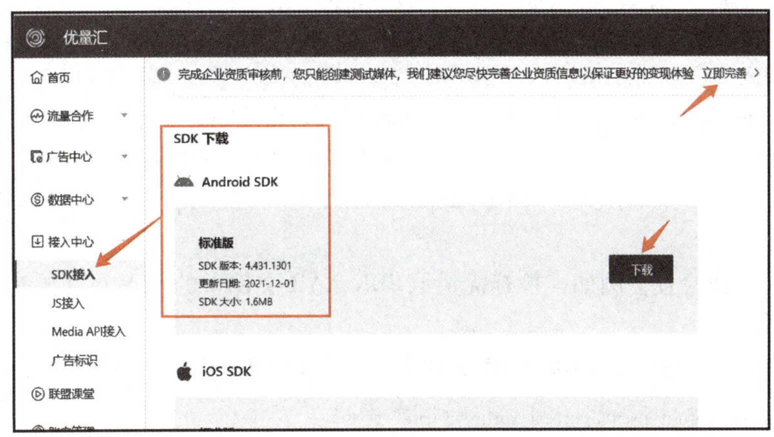

图 10-11　完善资料并下载 Android SDK

3）进入流量合作中，在“我的媒体”和“我的广告位”分别创建应用的 APPID 和 POSID。APPID：媒体 ID，是在腾讯优量汇开发者平台创建媒体时获得的 ID，这个 ID 是在广告网络中识别应用的唯一 ID。POSID：广告位 ID，是腾讯优量汇开发者平台为媒体所创建的某种类型的广告位置的 ID。

4）在项目中嵌入广告 SDK。

步骤 1：添加 SDK 到工程中。

在模块的 build. gradle 中添加依赖（dependencies 节点）。

```
implementation 'com.qq.e.union:union:+'
```

步骤 2：权限申请。

建议在 AndroidManifest. xml 添加以下权限声明，否则将可能获取不到广告。若应用的 targetSDKVersion≥23，还需要在运行时进行动态权限申请（可参考示例工程）。

```
<uses-permission android:name="android.permission.READ_PHONE_STATE" />
<uses-permission android:name="android.permission.ACCESS_COARSE_LOCATION" />
<uses-permission android:name="android.permission.ACCESS_FINE_LOCATION" />
```

注意：SDK 不强制校验上述权限（即无上述权限 SDK 也可正常工作），但还是建议申请上述权限，以免出错。对于单媒体的用户，允许获取权限的，投放定向广告；不允许获取权限的用户，则投放广告。媒体可以选择是否把上述权限提供给优量汇，并承担相应广告填充和 eCPM 单价下降损失的结果。

步骤 3：文件兼容。

如果应用打包 App 时的 targetSdkVersion≥24，为了让 SDK 能够正常下载、安装 App 类广告，必须按照下面的步骤做兼容性处理。

在 AndroidManifest. xml 的 Application 标签中添加 provider 标签。代码如下。

```
<provider
    android:name="com. qq. e. comm. GDTFileProvider"
    android:authorities="${applicationId}. gdt. fileprovider"
    android:exported="false"
    android:grantUriPermissions="true">
    <meta-data
        android:name="android. support. FILE_PROVIDER_PATHS"
        android:resource="@xml/gdt_file_path" />
    </provider>
```

注意：provider 的 authorities 值为${applicationId}. gdt. fileprovider，对于每一个开发者而言，这个值都是不同的。${applicationId}在代码中和 Context. getPackageName()值相等，是应用的唯一 ID。例如，Demo 示例工程中的 applicationId 为“com. qq. e. union. demo”。

步骤 4：接入检查。

对接入进行自我检查，例如，检查优量汇 SDK AAR 文件中的配置和资源是否已经正确应用到自己项目中。

- 检查构建产物中优量汇 SDK AAR 文件中 manifest 配置是否被正确合并（merge）。

```
<application android:usesCleartextTraffic="true" >
    <uses-library
        android:name="org. apache. http. legacy"
        android:required="false" />
    <service
        android:name="com. qq. e. comm. DownloadService"
        android:exported="false" />
    <activity
        android:name="com. qq. e. tg. ADActivity"
        android:configChanges="keyboard|keyboardHidden|orientation|screenSize" />
    <activity
        android:name="com. qq. e. tg. PortraitADActivity"
        android:configChanges="keyboard|keyboardHidden|orientation|screenSize"
        android:screenOrientation="portrait" />
    <activity
        android:name="com. qq. e. tg. LandscapeADActivity"
        android:configChanges="keyboard|keyboardHidden|orientation|screenSize"
        android:screenOrientation="landscape" />
</application>
```

- 检查项目的构建产物中优量汇 SDK AAR 文件中资源文件是否被正确应用。资源文件包括：以 gdt_ic 为前缀的 drawable 资源、/res/xml/gdt_file_path. xml 文件。文件内容如下。

```
<paths>
    <external-cache-path
        name="gdt_sdk_download_path1"
        path="com_qq_e_download" />
    <cache-path
        name="gdt_sdk_download_path2"
        path="com_qq_e_download" />
</paths>
```

- 检查项目的构建产物中优量汇 SDK AAR 文件中的 proguard 配置是否被正确应用。

proguard 配置位于优量汇 SDK AAR 文件中的“/proguard.txt”，可通过检查（check）混淆后的 mapping 文件来判断这些配置是否生效。比如，可以通过检查包名 com.qq.e 下的 public 和 protected 成员是否被保留（keep），来验证优量汇 SDK AAR 文件中的 proguard 配置已经被正确应用。

步骤 5：初始化 SDK。

在项目的 Application 类的 onCreate()回调中调用如下方法来初始化 SDK。

```
GDTAdSdk.init(applicationContext, "您在腾讯联盟开发者平台的 APPID");
```

注意：如果需要在多个进程拉取广告，每个进程都需要初始化 SDK。

添加广告后重新运行“智能农苑助手”项目，主界面底部将出现添加的测试广告，如图 10-12 所示。

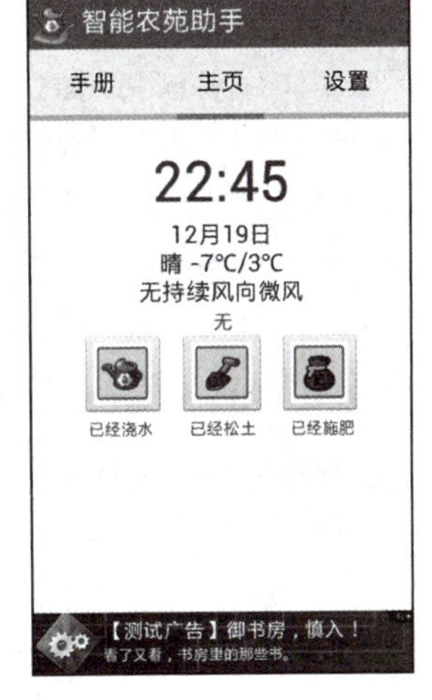

图 10-12　测试广告效果

10.3.2　生成签名文件

Android 系统要求每一个安装的应用程序都是经过数字证书签名的，数字证书的私钥保存在程序开发者的手中。数字证书用来标识应用程序的作者，以及在应用程序之间建立信任关系，而不是用来决定最终用户可以安装哪些应用程序。这个数字证书并不需要权威的数字证书签名机构认证，而只是用来让应用程序包自我认证的。

同一个开发者开发的多个程序应尽可能使用相同的数字证书，这可以带来以下好处。

1）有利于程序升级。当新版和旧版程序的数字证书相同时，Android 系统才会认为这两个程序是同一个程序的不同版本。如果新版和旧版程序的数字证书不相同，则 Android 系统认为它们是不同的程序，并会产生冲突，要求新程序更改包名。

2）有利于程序的模块化设计和开发。Android 系统允许拥有同一个数字签名的程序运行在一个进程中，Android 程序会将它们视为同一个程序。所以，开发者可以将自己的程序分模块开发，用户在需要的时候下载适当的模块即可。

3）可以通过权限（Permission）的方式在多个程序间共享数据和代码。Android 提供了基于数字证书的权限赋予机制，和那些与自身拥有相同数字证书的程序共享功能或者数据。如果某个权限的 protectionLevel 是 signature，则这个权限就只能授予那些跟该权限所在包拥有同一个数字证书的程序。

使用 Android App Bundle 格式发布应用时，需要先使用上传密钥为 app bundle 签名，然后才能将其上传到 Play 管理中心，其余操作则由 Play 应用签名功能完成。对于在 Play 商店或其他商店中使用 APK 分发的应用，必须是 APK 手动签名才能上传。

图 10-13 是在选择 Android Studio 菜单栏中“Build”→“Generate Signed Bundle/APK”命令打开的对话框中，单击“Create new”按钮得到的密钥生成方式。这将生成一个名为 my-release-key. jks 的密钥文件，并在终端询问一些问题以设置密钥的保存位置和密码。可以将文件保存在自选的位置，并记住密码，因为将来需要使用这个密码来签名应用。

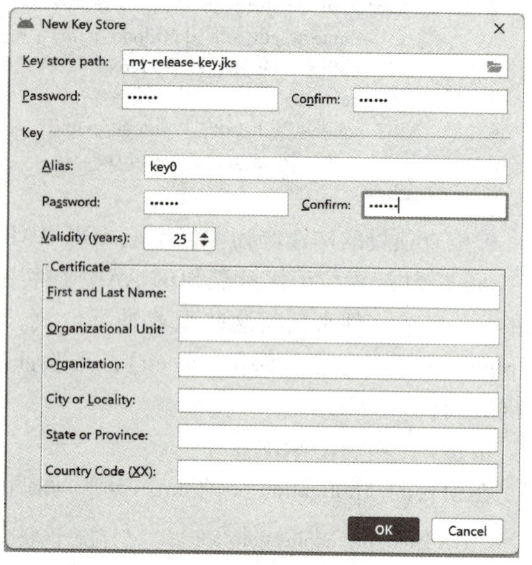

图 10-13 生成新的密钥

10.3.3 使用签名文件

可以使用终端命令 Keytool 和 Jarsigner 给一个应用添加签名，并生成签名后的 . apk 文件。命令如下。

```
keytool -genkey -v -keystore android. keystore -alias android -keyalg RSA -validity 20000
jarsigner -verbose -keystore android. keystore -signedjar android123_signed. apk android123. apk android
```

下面说明通过 Android Studio 使用签名文件的方式。首先，与上一小节一样，调出“Generate Signed Bundle or APK”对话框（见图 10-14a），选择前面生成的密钥文件“my-release-key. jks”，单击“Next”按钮出现图 10-14b 所示界面，表示同时对 debug 和 release 两个版本生成签名文件。单击“Finish”按钮等待系统生成。

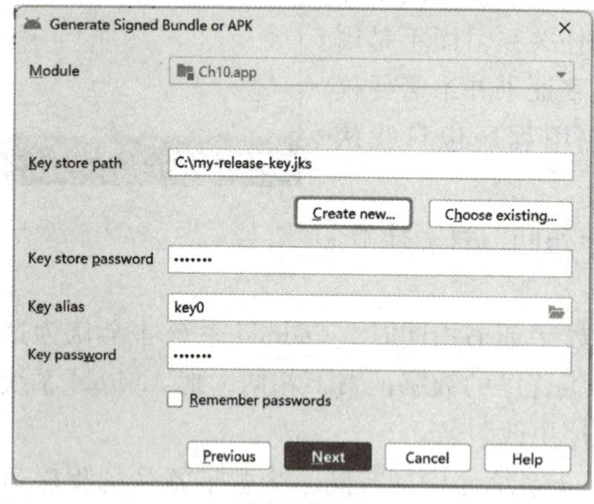

a) 选择密钥文件

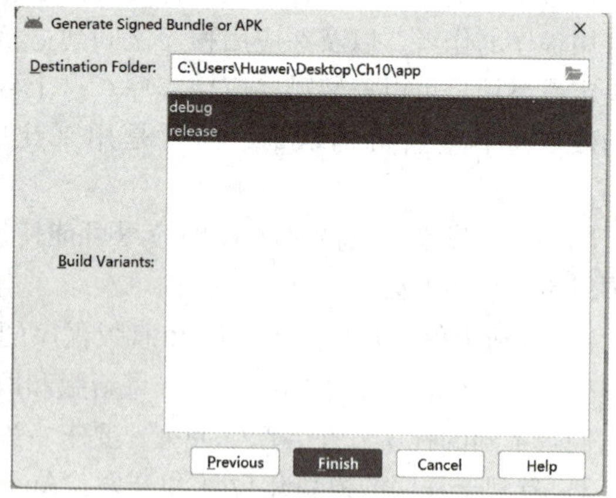

b) 生成签名文件

图 10-14 生成签名文件

等待一段时间后，出现图 10-15a 所示的界面，表示生成成功。在项目文件夹 app 下，可以看到 debug 和 release 目录下已经出现了 app-release. apk 文件。

如果要验证签名是否成功，例如刚才生成的 release 版 . apk 文件，可使用下面的方法验证 . apk 的证书链。在终端输入如下命令。

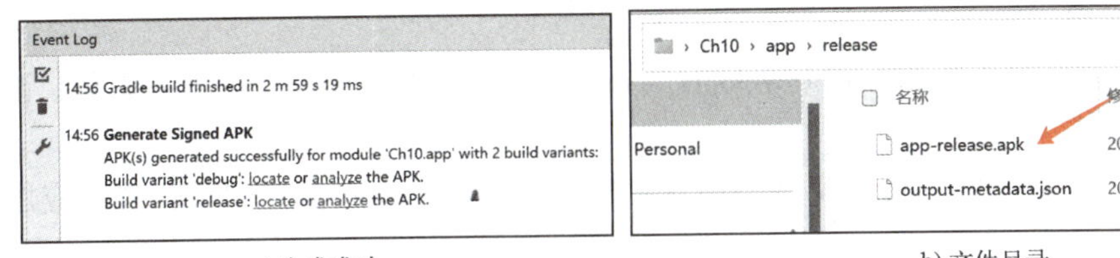

a) 生成成功　　　　b) 文件目录

图 10-15　生成结果

```
apksigner verify -v --print-certs app-release. apk
```

输入上述命令后，可以在终端上看到 keystore 签名文件的配置信息，如图 10-16 所示。

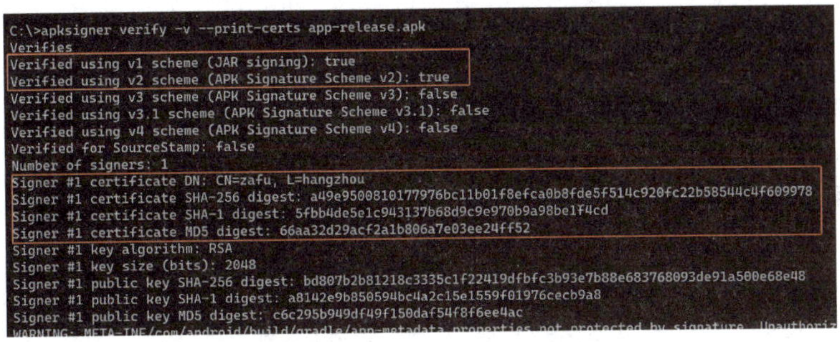

```
C:\>apksigner verify -v --print-certs app-release.apk
Verifies
Verified using v1 scheme (JAR signing): true
Verified using v2 scheme (APK Signature Scheme v2): true
Verified using v3 scheme (APK Signature Scheme v3): false
Verified using v3.1 scheme (APK Signature Scheme v3.1): false
Verified using v4 scheme (APK Signature Scheme v4): false
Verified for SourceStamp: false
Number of signers: 1
Signer #1 certificate DN: CN=zafu, L=hangzhou
Signer #1 certificate SHA-256 digest: a49e9500810177976bc11b01f8efca0b8fde5f514c920fc22b58544c4f609978
Signer #1 certificate SHA-1 digest: 5fbb4de5e1c943137b68d9c9e970b9a98be1f4cd
Signer #1 certificate MD5 digest: 66aa32d29acf2a1b806a7e03ee24ff52
Signer #1 key algorithm: RSA
Signer #1 key size (bits): 2048
Signer #1 public key SHA-256 digest: bd807b2b81218c3335c1f22419dfbfc3b93e7b88e683768093de91a500e68e48
Signer #1 public key SHA-1 digest: a8142e9b850594bc4a2c15e1559f01976cecb9a8
Signer #1 public key MD5 digest: c6c295b949df49f150daf54f8f6ee4ac
```

图 10-16　验证结果

其中，在第 1 个方框内，true 的两个表示使用了 v1、v2 签名；第 2 个方框内显示的是签名证书信息。

10.3.4　发布应用

目前 Android 应用市场有很多，其中最知名的应用市场有以下一些。

- Google Play：作为 Android 官方的应用市场，拥有最多的应用和用户数量。
- Huawei App Gallery：华为的应用市场，主要面向华为和荣耀设备用户。
- Xiaomi App Store：小米的应用市场，主要面向小米设备用户。
- OPPO App Market：OPPO 的应用市场，主要面向 OPPO 设备用户。
- Vivo App Store：Vivo 的应用市场，主要面向 Vivo 设备用户。

Android 应用的发布过程包括注册为开发者、创建应用清单、安装华为开发者服务开发应用、生成应用包、设置应用发布信息、上传应用包、设置定价和发布、提交应用审核、审核通过后发布、更新和维护等步骤。

由于每个应用市场都有自己的审核规则和流程，开发者需要按照规则和流程进行操作，以确保应用可以通过审核上线。应用上线后，开发者还需要持续进行维护和更新，以提供更好的用户体验和功能。

下面以华为应用市场为例，介绍应用发布的具体流程。

1）注册为开发者。首先需要在华为开发者联盟（Developer Alliance）注册一个开发者账号。

2）创建应用信息。在开发者联盟中创建一个新的应用，填写应用的基本信息，包括应用的名称、描述、图标等。

3）安装华为开发者服务（Huawei Developer Services）。下载并安装华为开发者服务，该服务将帮助管理和发布应用。

4）开发应用。使用 Android 开发工具，编写和测试应用程序。确保应用符合华为应用市场的规范和要求。

5）生成应用包。使用 Android 开发工具生成 APK 文件，这是 Android 应用的安装包。

6）设置应用发布信息。在开发者联盟中设置应用的发布信息，包括应用的版本、支持的设备、权限等。

7）上传应用包。将生成的 APK 文件上传到开发者联盟中，确保应用包符合华为应用市场的要求。

8）设置定价和发布。设置应用的定价和发布时间，确定应用的上架日期和价格。

9）提交应用审核。提交应用进行审核，等待华为应用市场审核团队对应用进行审核。

10）审核通过后发布。如果审核通过，应用将在预设的发布日期在华为应用市场上架。用户可以在华为应用市场中搜索、下载和安装应用。

11）更新和维护：开发者可以随时更新和维护应用，包括修复 bug、添加新功能、发布新版本等。

图 10-17 给出了操作流程。开发者需要根据具体的要求和流程，在华为开发者联盟中完成相应的操作。

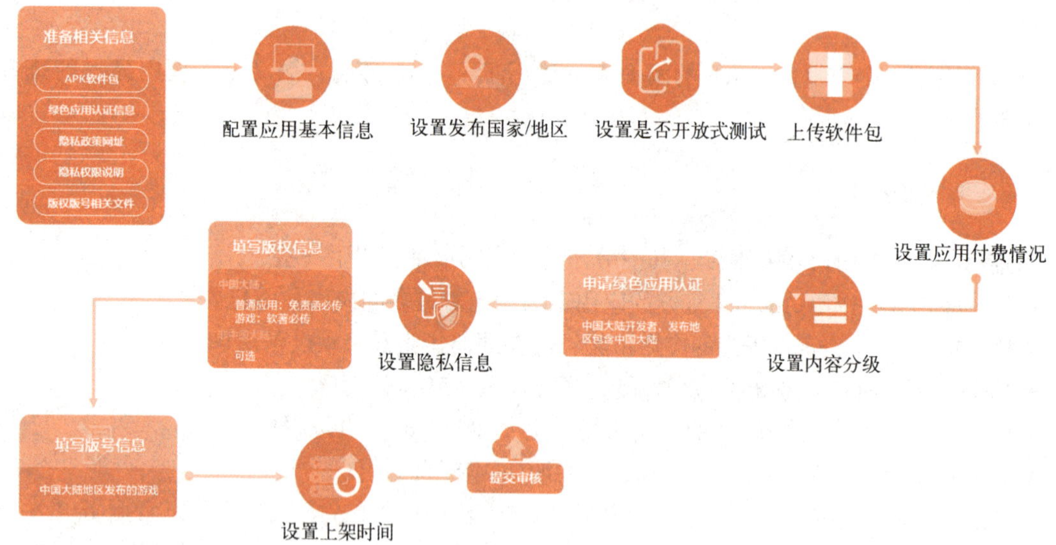

图 10-17　操作流程

10.4　思考与练习

“智能农苑助手”只能对一种植物进行维护管理，请给出扩展到对多种植物进行维护管理的方案。

第 11 章　综合案例二：家庭理财助手

第 10 章介绍的“智能农苑助手”是以业务流程为主的应用程序开发方式。然而在实际的应用程序开发中遇到更多的是另外一种开发方式，即以数据库为中心的信息管理系统开发。本章将以家庭生活中的日常开支管理为例，介绍在 Android 中进行信息管理系统开发的方法。

11.1　系统功能

扫码看视频

本节将首先介绍系统的开发背景，然后了解“家庭理财助手”的基本功能，使读者熟悉系统的开发背景和系统的使用方法，为下一步的开发做好准备。

11.1.1　概述

家庭理财成为当今社会一个重要的话题，越来越多的人开始关注如何管理和规划自己的财务。在这个背景下，家庭理财 App 为人们提供了一个方便、高效的途径来管理个人财务，在家庭理财中扮演着重要的角色。

本章将开发一款基于 Android 系统的个人理财管理助手软件，以帮助用户弄清楚平时的每一笔开支信息。这款软件相比 PC 端类似软件的最大优势就在于，只要有了收支，立刻就可以使用手机将这些收支信息详细地记录下来，而无须事后再登录到系统中进行操作。

正是基于 Android 应用软件的实时性和方便性，本款家庭理财软件的开发从系统的界面设计，到系统功能及数据库的规划设计，都充分考虑了手机客户端的软件开发特点。

11.1.2　系统功能预览

该项目的目录结构如图 11-1 所示，包括家庭理财助手的系统主界面、收入管理、支出管理、收入查询、支出查询、类别管理、统计信息、辅助工具、用户信息和退出管理。

1. 系统主界面

当单击运行“家庭理财助手”项目后，会出现程序的欢迎界面。大约等待 2 s 后，进入系统的主界面，如图 11-2 所示。

系统主界面是实现所有系统功能的一个中转站，要完成系统的任何一个功能，都要返回到这个界面，然后单击相应的图标，以完成相对应的功能。

2. 收入管理

当有新的收入时，需要随时将它录入到系统之中，此时单击图标，会进入“收入管理”界面，如图 11-3a 所示。选择“收入日期”和“收入来源”，输入“收入金额”和“备注”后，单击“确认添加”按钮即可添加该条记录。如果添加成功，则会显示相关信息，如图 11-3b 所示。

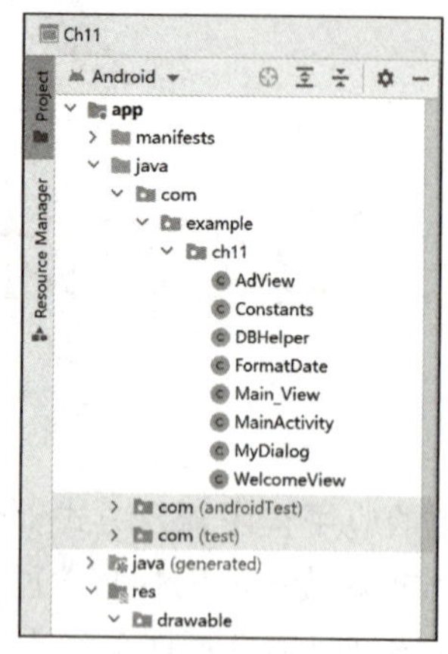

图 11-1　项目的目录结构

图 11-2　系统的主界面

3. 支出管理

当有支出时，同样也需要将它录入到系统之中。单击图标，出现“支出管理”界面，如图 11-4a 所示。选择“支出日期”和“支出类别”，输入“支出金额”和“备注”（见图 11-4b），单击“确认添加”按钮即可添加该条记录。如果添加成功，则会显示相关信息。

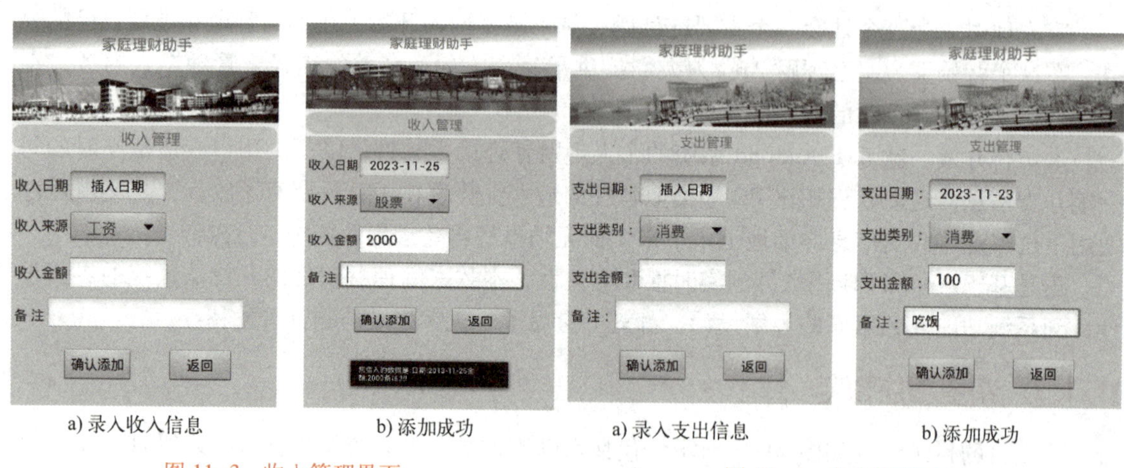

a) 录入收入信息　　b) 添加成功

图 11-3　收入管理界面

a) 录入支出信息　　b) 添加成功

图 11-4　支出管理界面

4. 收入查询

如果需要查询之前的收入，则单击图标进入。这里提供了“收入来源”“收入日期”和“收入金额”三种查询方式，如图 11-5 所示。

用户可以按照某一种方式进行查询，也可以通过组合的方式进行查询，只要选中相应查询方式前的复选框即可。

5. 支出查询

如果需要查询之前的支出情况，则单击图标进入。同样，提供了“支出类别”“支出日期”和“支出金额”三种查询方式，如图 11-6 所示。

同样也可以通过组合的方式进行支出查询，方法同收入查询一样。

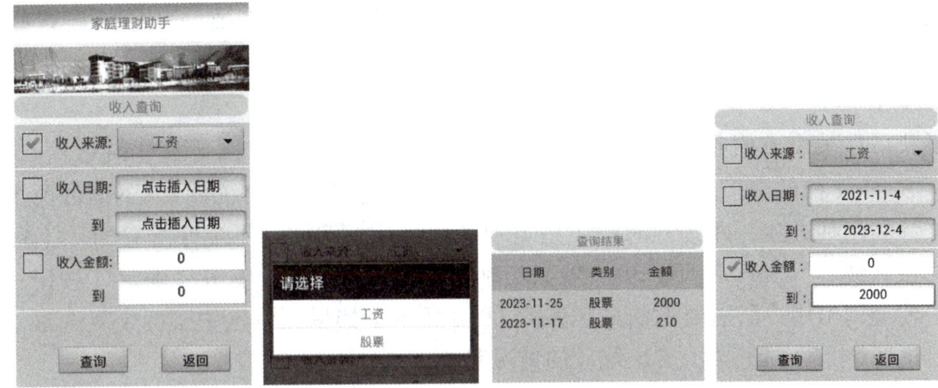

图 11-5　收入查询

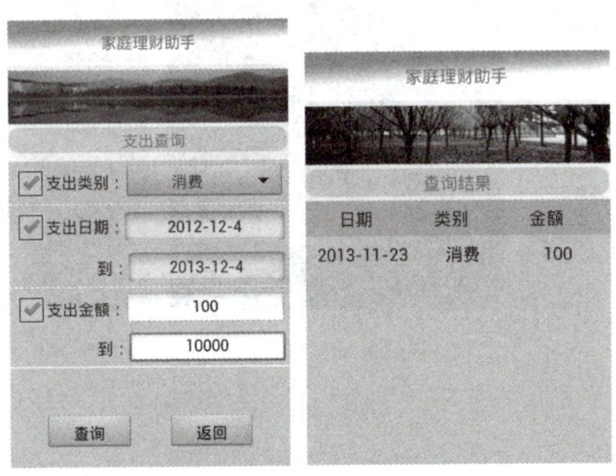

图 11-6　支出查询

6. 类别管理

系统初始化时，收入和支出类别中各默认提供了一个类别（“工资”和“消费”）。如果要对这些类别进行管理，则单击图标进入。首先通过 Spinner 控件选择当前进行的是“收入类别”管理还是“支出类别”管理。在中间的列表框中则列出了当前数据库中收入或支出的所有类别（“工资”“股票”和“债券”），如图 11-7 所示。通过最下面的两个文本框（“类别名称”和“类别说明”），可以添加新的收入或支出类别（单击“确认添加”按钮来添加）。或者单击已有类别，通过“删除”命令即可删除选择的类别。

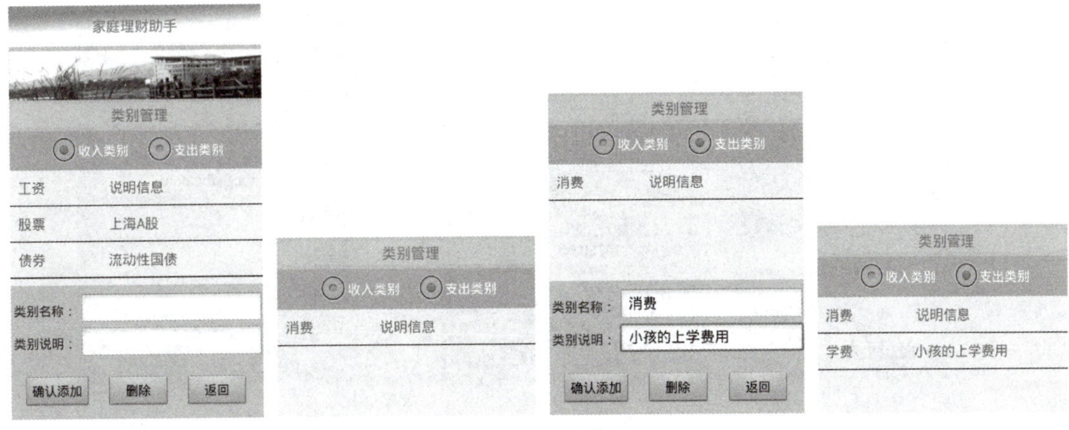

图 11-7　类别管理

收入和支出类别是进行其他管理和操作的前提，因此往往需要一开始就设置好所有的类别。

7. 统计信息

为了获得在某一方面收入或支出的统计情况，可以通过单击（统计信息）图标进入。首先通过 Spinner 控件选择当前进行的是“收入统计”还是“支出统计”。下面的两个复选框提供了统计的两种方式，即按照时间还是类别进行统计。例如，要统计所有的“工资”收入时，在“收入统计”Spinner 下选中“收入类别”中的“工资”，单击“确定”按钮，出现的对话框中就会列出用户所需要的信息，如图 11-8 所示。如果同时选中了两个复选框，也可以统计满足这两个条件的记录。支出统计的情况跟收入统计类似。

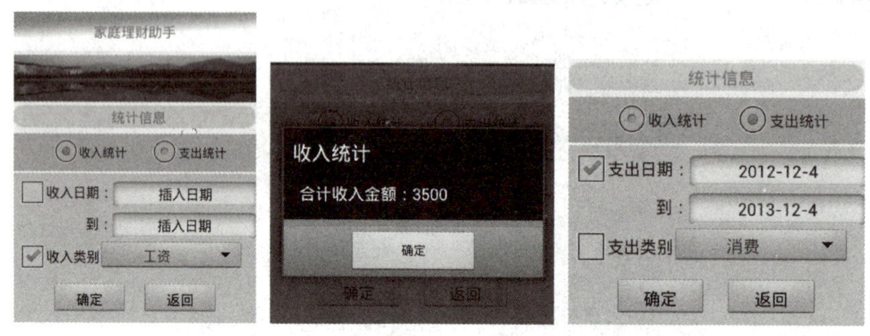

图 11-8　统计信息

8. 辅助工具

程序还提供了辅助工具用于计算银行存款的到期金额，通过单击（辅助工具）图标进入，如图 11-9 所示。用户输入存款“本金”“利率”和“存款期限”后，单击“确定”按钮即可获得“到期金额”和“增加金额”。

9. 用户信息

单击图标进入用户信息维护界面。首先在界面上半部分看到的是目前的用户信息。如果要修改用户信息，则可以在文本框中输入或在 Spinner 中选择正确的选项，但必须输入正确的“旧的密码”。如果要修改密码，则可在“新的密码”和“确认密码”文本框中重新输入。单击“修改”按钮完成更改，如图 11-10 所示。

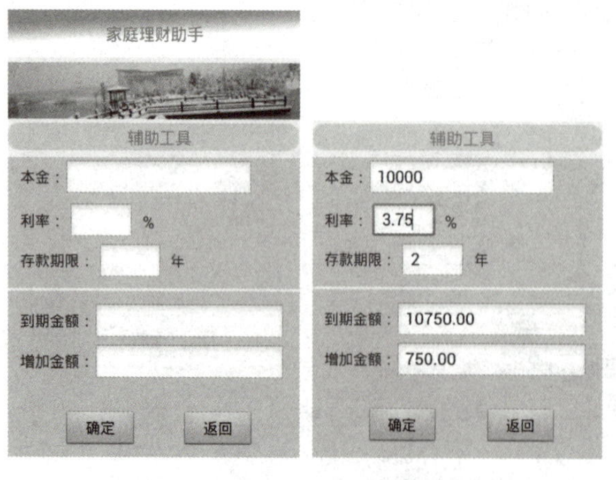

图 11-9　辅助工具

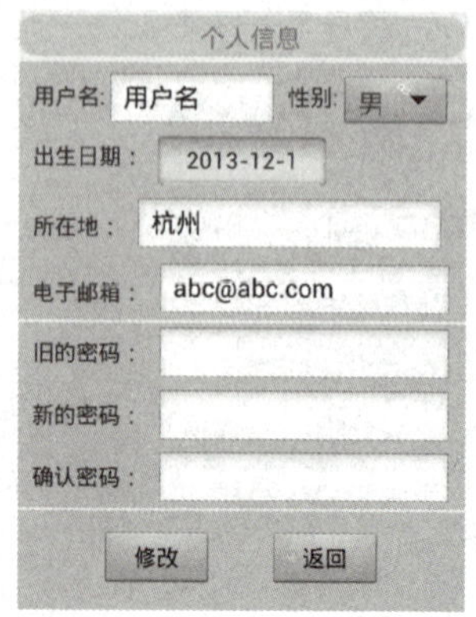

图 11-10　用户信息

10. 退出管理

单击图标安全退出系统。

11.2　数据库设计

系统数据存取模块主要负责对“家庭理财助手”系统涉及的数据进行存储和读取，主要包括：收入/支出类别、收入/支出管理和用户信息。

系统采用 Android 自带的 SQLite 数据库进行数据的存储和管理。

11.2.1　数据库设计基础

“家庭理财助手”软件首先需要创建一个数据库 mydb，并在该数据库中创建 5 张表，用以存放相关数据。

1）打开/创建数据库 mydb。

```
StringdbPath = String.valueOf(context.getDatabasePath("mydb.db"));
db=SQLiteDatabase.openDatabase (
        dbPath,         // 数据库所在路径
        null,           // CursorFactory
        SQLiteDatabase.OPEN_READWRITE|SQLiteDatabase.CREATE_IF_NECESSARY
        // 以读写方式打开，若不存在则创建
    );
```

2）创建收入类别（Icategory）表。该表用于记录收入的类别。表的具体设计见表 11-1。

表 11-1　收入类别表

Index	Name	Declared Type	Type	Size	Precision	Not Null
1	id	INTEGER	INTEGER			√
2	icategory	Varchar(10)	Varchar	10	0	
3	explanation	Varchar(50)	Varchar	50	0	

3）创建支出类别（Scategory）表。该表用于记录支出的类别。表的具体设计见表 11-2。

表 11-2　支出类别表

Index	Name	Declared Type	Type	Size	Precision	Not Null
1	id	INTEGER	INTEGER			√
2	scategory	Varchar(10)	Varchar	10	0	
3	explanation	Varchar(50)	Varchar	50	0	

4）创建收入管理（Income）表。该表用于记录收入数据的具体信息。表的具体设计见表 11-3。

表 11-3　收入管理表

Index	Name	Declared Type	Type	Size	Precision	Not Null
1	id	INTEGER	INTEGER	0	0	√
2	indate	char(10)	char	10	0	

（续）

Index	Name	Declared Type	Type	Size	Precision	Not Null
3	icategory	Varchar(20)	Varchar	20	0	
4	inmoney	MONEY	MONEY	0	0	
5	explanation	Varchar(50)	Varchar	50	0	

5）创建支出管理（Spend）表。该表用于记录支出数据的具体信息。表的具体设计见表 11-4。

表 11-4　支出管理表

Index	Name	Declared Type	Type	Size	Precision	Not Null
1	id	INTEGER	INTEGER	0	0	√
2	spdate	char(10)	char	10	0	
3	scategory	Varchar(20)	Varchar	20	0	
4	spmoney	Integer	Integer	0	0	
5	explanation	Varchar(50)	Varchar	50	0	

6）创建用户信息（UserInfo）表。该表用于记录用户个人信息及系统密码的具体数据信息。表的具体设计见表 11-5。

表 11-5　用户信息表

Index	Name	Declared Type	Type	Size	Precision	Not Null
1	id	INTEGER	INTEGER	0	0	√
2	uname	varchar(10)	varchar	10	0	
3	usex	char(1)	char	1	0	
4	ubirthday	varchar(10)	varchar	10	0	
5	ucity	varchar(10)	varchar	10	0	
6	uemail	varchar(20)	varchar	20	0	
7	password	varchar(10)	varchar	10	0	

11.2.2　数据库操作类

在“家庭理财助手”软件开发中，为了方便操作数据库，专门创建了一个名为 DBHelper 的数据库操作类。该类的 UML 如图 11-11 所示。

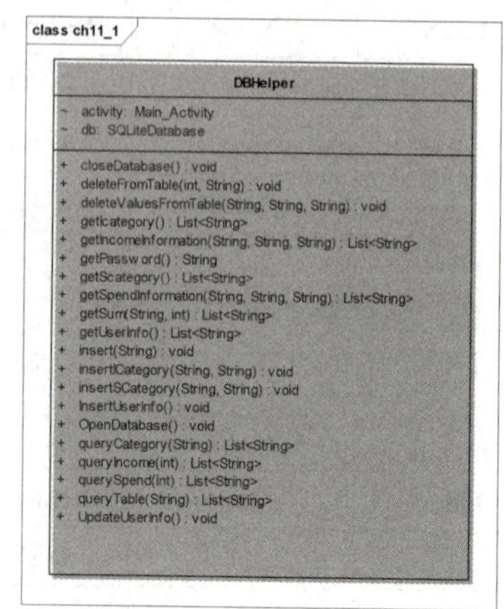

图 11-11　DBHelper 数据库操作类

打开数据库，若不存在，则创建并赋给数据库静态变量（static SQLiteDatabase）db。通过该静态变量，系统其他部分可以很方便地访问该数据库。主要代码如下（由于代码较多，省略了具体实现部分，详见本书配套资源中相应的源代码）。

```
public class DBHelper{
    static SQLiteDatabase db;                          // 数据库变量
    static MainActivity activity;                      // 主 Activity
    public static void OpenDatabase(Context context)
    {
        // 打开数据库，若不存在，则创建；然后创建各个表，见上一小节
    }
  public static void insertICategory(String str,String str1)   // 收入类别维护插入方法
    public static void insertSCategory(String str,String str1) // 支出类别维护插入方法
    public static  List<String> queryCategory(String str)      // 类别维护查询的方法
    // 类别的删除信息
    public static void deleteValuesFromTable(String tablename,String colname,String getstr)
    public static void insert(String tableName)                // 日常收入插入记录的方法
    public static  List<String> queryIncome(int state)         // 收入查询
    public static List<String> queryTable(String tableName)// 收入支出查询，只有表名
    public static List<String> getIcategory()                  // 收入或支出的类别的查询
    public static List<String> getScategory()                  // 获得对应表的同类的总和
    public static List<String> getSum(String tableName,int state)
    public static String getPassword()                         // 查询用户信息
    public static List<String> getUserInfo()                   // 补充完整
    public static void InsertUserInfo()                        // 插入用户信息
    public static void UpdateUserInfo()                        // 更改用户信息
    // 查询表中的数据
    public static List<String> getSpendInformation(String time,String source,String money)
    // 删除表中的某一条记录   (收入/支出查询详细信息的删除功能)
    public static void deleteFromTable(int id,String str)
    public static void closeDatabase()                         // 关闭数据库的方法
}
```

11.3　主界面设计

系统的主界面设计包括主界面布局、主控类的整体框架和主控类方法。由于主界面是系统功能的控制中心，也是用户接触最多的界面之一，因此主界面设计的合理性非常重要。本例程序的设计将遵循重用性和扩展性等多方面的考虑，以使系统的设计更加合理。

11.3.1　主界面布局

本系统通过代码来生成主界面，即在主控类中调用函数 dumpMain_View()生成。其中，变量 mainview 为主界面类（Main_View）的对象。主要代码如下。

```
public void dumpMain_View()
{
    if(mainview==null) {                     // 第一次加载，生成主界面对象
        mainview=new Main_View(this);        // Main_View 类在 Main_View.java 中定义
    }
    setContentView(mainview);
    if(pwflag) {                             // 是否需要密码
        showDialog(PASSWORD_DIALOG_ID); // 密码对话框的生成和显示
        pwflag=false;                        // 其中常量都在 Constant.java 的 Constant 类中定义
    }
    // 创建或打开数据库的方法
```

```
12        DBHelper.OpenDatabase(this);       //数据库相关功能在 DBUtil 中,定义了静态数据和函数
13        List<String> slist=DBHelper.queryCategory("Icategory");  //类别维护查询
14        if(slist.size()==0){               //如果没有记录,增加一条默认的类别
15            DBHelper.insertICategory("工资","说明信息");
16        }
17        slist=DBHelper.queryCategory("Scategory");
18        if(slist.size()==0){
19            DBHelper.insertSCategory("消费","说明信息");
20        }
21        DBHelper.closeDatabase();          //关闭数据库
22        curview=MAIN_VIEW;                 //设置当前屏幕
23    }
```

其中，第 6 行 setContentView(mainview)用来生成主界面布局。mainview 是主界面视图类 Main_View 的对象，定义如下。

```
public class Main_View extends SurfaceView implements SurfaceHolder.Callback{
    MainActivity activity;                                          //主 Activity
    Bitmap B_user;                                                  //用户信息
    Bitmap B_category;                                              //类别管理
    Bitmap B_income;                                                //收入管理
    Bitmap B_spent;                                                 //支出管理
    Bitmap B_static;                                                //统计信息
    Bitmap B_aux;                                                   //辅助工具
    Bitmap B_sincome;                                               //收入查询
    Bitmap B_sspent;                                                //支出查询
    Bitmap B_out;                                                   //系统退出
    Bitmap titlel;                                                  //标题
    public Main_View(MainActivity activity)
     {…                                                             //初始化 }
    public void initBitmap(Resources r)
    { …                                                             //加载图片 }
    @Override
    public void onDraw(Canvas canvas)                               //绘制图标
    {
        canvas.drawBitmap(titlel, TITL_XOFFSET,TITL_YOFFSET, paint);      //标题
        canvas.drawBitmap(B_user, USER_XOFFSET,USER_YOFFSET, paint);      //个人信息
        …
    }
    @Override
    public boolean onTouchEvent(MotionEvent e)                      //触屏
    {
        int x=(int)(e.getX());                                      //获取当前触点位置
        int y=(int)(e.getY());
        switch(e.getAction())                                       //获取触屏动作
        {
            case MotionEvent.ACTION_DOWN:
            if(x>CATE_XOFFSET&&x<CATE_XOFFSET+PWIDTH&&y>CATE_YOFFSET&&y<CATE_YOFFSET+PHEIGHT)
                {
                    activity.hd.sendEmptyMessage(0);
                }
```

```
                ...                                 // 其他的触点，发送对应的消息代码
                break;
            }
            return true;
        }
        public void repaint()                       // 重绘方法
}
```

在上述代码中，主界面视图在手机屏幕的相应位置画出各个功能模块的图标。其中每个图标的位置常量在 Constants 类中定义。然后捕获触屏事件“boolean onTouchEvent (MotionEvent e)”，以获得触点的坐标。判断触点对应的图标位置后，发送对应的消息代码，从而能够在主控类中执行相关功能函数。

11.3.2　主控类的整体框架

主控类 Main_Activity 是一个 Activity 在 Main_Activity. java 中的定义。主 Activity 的作用是对各个界面进行管理、切换，以及对欢迎界面和主界面中线程发送来的请求做出响应。其代码核心框架如下。

```
public class MainActivity extends Activity {
        Main_View mainview;                         // 主界面对象
        int curview;                                // 用于表示当前处于哪个界面
// 此处省略其他类数据成员，详见本书配套资源中的相关源代码
List<String> data;                                  // 查询数据
Handler hd=new Handler()                            // 接收信息界面跳转
{
        @Override
        public void handleMessage(Message msg)// 重写方法
        {
                switch(msg.what)
                {
                        case 0:
                                dumpCategoryView();    // 类别维护界面
                                break;
                        case 1: ...                    // 此处省略了消息代码 1-7 的代码
                        case 8:
                                dumpMain_View();       // 主界面
                                break;
                }
        }
};
```

其中，Android. os. Handler 负责接收消息，并按计划发送和处理消息。Handler 本质上是一个工具类，其内部有 Looper 成员。而 Looper 中有一个 MessageQueue 成员和 loop()函数，用来对消息队列进行循环。Handler 中的消息队列就是 Looper 中的消息队列成员，通过 Handler 类完成消息的发送、处理及制定分发机制等。

```
public void onCreate(Bundle savedInstanceState)     // 初始化界面
{
        ...
        dumpWelcomeView();                          // 转到欢迎界面
}
```

首先跳转到欢迎界面，然后通过发送消息加载主界面。另外，在任何一个功能界面中，通过返回键可以返回到上一次操作的界面。可通过捕获 onKeyDown 事件进行处理，判断当前所处界面，以决定转到哪一个界面上。

```
public boolean onKeyDown( int keyCode, KeyEvent e)    // 捕获触屏
{
    if( keyCode = = 4)                                // KEYCODE_BACK = 4; 返回键
    {
        if( curview = = INCOMERESULT_VIEW)
        {// 转到收入查询界面
            DBHelper. closeDatabase( ) ;
            MainActivity. this. dumpIncomeSearch( ) ;
        }
        // 其他情况做法类似，此处省略
    }
}
```

11.3.3 主控类方法

从上一节的主控类整体框架中可以看到，通过调用以下 8 个方法可以跳转并执行相关功能。下面逐一介绍这些主控类方法的核心代码。

```
dumpCategoryView( ) ;          // 类别维护
dumpIncomeView( ) ;            // 收入管理
dumpSpendView( ) ;             // 支出管理
dumpStaticsView( ) ;           // 统计信息
dumpauxView( ) ;               // 辅助工具
dumpIncomeSearch( ) ;          // 收入查询
dumpSpendSearchView( ) ;       // 支出查询
dumpUserView( ) ;              // 用户信息
```

📖 由于每个功能模块的界面已经在 11.1.2 小节中给出，限于篇幅，这里将不再对每个界面的布局文件做具体介绍。其详细内容请参见本书配套资源中的相关代码。

---

1. 类别维护 dumpCategoryView( )

打开数据库：DBHelper. *OpenDatabase*( )。

通过调用函数“this. getDataToListView(lv, "Icategory") ;”将数据库的 Icategory 表中读取的类别置入列表框对象 lv 中。

收入类别/支出类别由以下两个单选按钮确定。

```
final RadioButton rb1 = ( RadioButton) findViewById( R. id. RadioButton01) ;
final RadioButton rb2 = ( RadioButton) findViewById( R. id. RadioButton02) ;
```

分别设置两个单选按钮的监听，以便在类别列表框中显示正确的收入/支出类别。

```
rb1. setOnCheckedChangeListener:
        public void onCheckedChanged( CompoundButton buttonView, boolean isChecked)
            ListView lv = ( ListView) MainActivity. this. findViewById( R. id. ListView01) ;
            MainActivity. this. getDataToListView( lv, "Scategory") ;
rb2. setOnCheckedChangeListener:
            ListView lv = ( ListView) MainActivity. this. findViewById( R. id. ListView01) ;
            MainActivity. this. getDataToListView( lv, "Icategory") ;
```

并设置增加、删除按钮监听。

```
Button addbutton=(Button)this.findViewById(R.id.Button01);            //增加类别按钮
Button delbutton=(Button)this.findViewById(R.id.Button02);            //删除类别按钮
Button returnbutton=(Button)this.findViewById(R.id.Button03);         //返回上一界面按钮
addbutton.setOnClickListener(new OnClickListener():                   //增加按钮监听
        slist=DBHelper.queryCategory("Icategory");
        DBHelper.insertICategory(icategory,saytext);                   //插入类别
        ListView lv=(ListView)findViewById(R.id.ListView01);           //更新界面中列表框的收入类别
        Main_Activity.this.getDataToListView(lv,"Icategory");
        delbutton.setOnClickListener(new OnClickListener():            //删除按钮监听
        DBHelper.deleteValuesFromTable("Icategory","icategory",str);   //删除类别
        ListView lv=(ListView)findViewById(R.id.ListView01);           //更新界面中列表框的收入类别
        Main_Activity.this.getDataToListView(lv,"Icategory");
```

通过调用函数 returnButtonClicked()设置返回按钮监听。

```
public void returnButtonClicked(Button button):
    button.setOnClickListener:
            DBHelper.closeDatabase();
            dumpMain_View();
```

2. 收入管理 dumpIncomeView()

从用户那里获取收入日期、收入来源、收入金额和备注，单击按钮后添加。其中日期和类别需要设置监听，这里通过调用相关函数来完成。

```
dateInput1=(TextView)findViewById(R.id.EditText01);   //日期输入框
setEditTextClick(dateInput1);                         //日期输入框监听方法
SpinnerListener("Icategory");                         //下拉表监听器方法
```

获得增加按钮对象：

```
Button addbutton=(Button)this.findViewById(R.id.Button01);   //增加按钮
```

增加按钮监听：

```
addbutton.setOnClickListener:                                          //增加按钮监听
        EditText moneyInput1=(EditText)findViewById(R.id.EditText02);  //金额
        EditText memoedit=(EditText)findViewById(R.id.EditText03);     //备注
        SIndate1=dateInput1.getText().toString().trim();               //获取日期
        Inputmoney1=moneyInput1.getText().toString().trim();           //获取金额
        Inputexp=memoedit.getText().toString().trim();                 //获取备注
        List<String> slist=DBHelper.queryTable("Income");
```

3. 支出管理 dumpSpendView()

支出管理与收入管理基本类似，只要变换相应的数据库表即可。因此此处省略其内容，详见本书配套资源中相应的源代码。

4. 统计信息 dumpStaticsView()

本函数包括了收入统计和支出统计功能，通过 Spinner 控件进行选择。如果选择的是支出统计功能，则通过调用 dumpSpStaticsView()函数完成。该函数的实现与 dumpStaticsView()中的收入统计功能的实现类似，因此在此处省略了对该函数的介绍，详见本书配套资源中相应的源代码。

获取确定按钮对象，并添加监听：

```
Button Incomebutton=(Button)findViewById(R. id. Button01);    //获取确定按钮
Incomebutton. setOnClickListener:
        CheckBox check01=(CheckBox)findViewById(R. id. CheckBox01);
        CheckBox check02=(CheckBox)findViewById(R. id. CheckBox03);
        if(check01. isChecked()&&check02. isChecked())
         {//此处省略                    }
        else if(check01. isChecked())
         {//此处省略                    }
        else if(check02. isChecked())
         {//此处省略                    }
```

5. 辅助工具 dumpauxView()

辅助工具是根据用户输入的本金、利率和存款期限，以计算到期应该拿到的金额数，以及相比原来增加的金额数。

获取确定按钮对象，并添加监听，执行计算存款金额功能。

```
Button button1=(Button)findViewById(R. id. Button01);
button1. setOnClickListener(new OnClickListener(){
    @Override
    public void onClick(View v)    {        //计算存款金额     }
});
```

6. 收入查询 dumpIncomeSearch()

本系统提供三种方式进行查询：收入来源、收入日期和收入金额。用户在复选框中选择后，单击“查询”按钮进行查询。其中，日期和类别需要设置监听，通过调用相关函数完成。

```
dateInput1=(TextView)findViewById(R. id. EditText01);    //第一个日期
this. setEditTextClick(dateInput1);                       //设置监听，单击后弹出日期对话框
dateInput2=(TextView)findViewById(R. id. EditText02);    //第二个日期
this. setEditTextClick(dateInput2);                       //设置监听，单击后弹出日期对话框
SpinnerListener ("Icategory");                            //下拉列表监听
```

然后，获取查询按钮对象，并添加监听。

```
final Button selectBut=(Button)findViewById(R. id. Button01);  //查询数据按钮监听
selectBut. setOnClickListener ( new OnClickListener() {
    @Override
    public void onClick(View v){
        Income_selected();                                  //单击按钮功能在此函数实现，
//具体实现见本书配套资源中的相应 PDF 文件或源代码
    }
});
```

7. 支出查询 dumpSpendSearchView()

支出查询与收入查询基本类似，只要变换相应的数据库表即可。相关内容详见本书配套资源中的相应源代码。

8. 用户信息 dumpUserView()

从数据库中读取用户信息进行显示。在该界面中同时可以修改这些用户信息，但需要在密码正确的情况下才能进行操作。

```
DBHelper. OpenDatabase();
List<String> result=DBHelper. getUserInfo();
DBHelper. closeDatabase();
```

获取各个用户控件，将 result 中的数据显示在这些控件上。

```
EditText et2 = (EditText)findViewById(R.id.EditText02);          // 用户名
et2.setText(result.get(1));
EditText et7 = (EditText)findViewById(R.id.EditText07);          // 所在地
et7.setText(result.get(4));
EditText et3 = (EditText)findViewById(R.id.EditText03);          // 邮箱
et3.setText(result.get(5));
sexspinner = (Spinner)findViewById(R.id.Spinner01);              // 性别下拉列表
if(result.get(2).equals("男"))
    sexspinner.setSelection(0);
else
    sexspinner.setSelection(1);
dateInput1 = (TextView)findViewById(R.id.EditText01);            // 出生日期
dateInput1.setText(result.get(3));
```

在用户对信息进行了修改后，可获取修改按钮对象，并添加监听。

```
Button addbutton = (Button)findViewById(R.id.Button01);          // 更新用户信息按钮
addbutton.setOnClickListener(new OnClickListener() {
    @Override
    public void onClick(View v) {
        // ===获取用户输入内容======
        if(result.equals(Inoldpwd))                              // 如果密码正确
        {
            DBHelper.UpdateUserInfo();                           // 修改的数据通过类成员传入
            Toast.makeText(Main_Activity.this, "信息修改成功!",Toast.LENGTH_SHORT).show();
        }
    }
}
```

11.4　辅助工具类

本节将介绍辅助工具类的实现，包括数据格式类、常量类和广告类。这些类是在主程序中进行引用和调用的。

11.4.1　数据格式类

该类用于数据的形式的格式化。主要用于对收入/支出统计的结果进行格式化。这里将金额保留两位小数来显示。

```
public class FormatDate {
    public static String formatData(double d)    {
        DecimalFormat myformat = new  DecimalFormat("0.00");
        return myformat.format(d);
    }
}
```

11.4.2　常量类

Constants 常量类的作用是将代码中用到的常量全部集中起来，并封装成一个类。这样不仅方便本系统的开发，而且更有利于开发完成后程序的调试和修改等工作。

```
public class Constants                            // 常量类
{
    static int PWIDTH=200;                        // 图标的大小
    …
}
```

11.4.3 广告类

本系统将广告设计成一个小的长条，放在系统的标题之下。这样，广告既可以用来美化应用的界面，也不会影响用户正常使用系统功能。

由于在系统的每个界面都有广告，因此将程序的标题和广告做成了公共布局，供其他布局进行引用。该布局 title. xml 代码如下。

```
<LinearLayout xmlns:android="http://schemas.android.com/apk/res/android"
    android:layout_width="match_parent"
    android:layout_height="wrap_content"
    android:orientation="vertical" >
    <TextView
        …
    <com.example.ch11.AdView
        android:layout_width="wrap_content"
        android:gravity="center"
        android:layout_height="100dp"/>
</LinearLayout>
```

要引用该布局，只要使用<include layout="*@layout/title* "/>即可。

广告控件类 AdView 的定义如下。

```
public class AdView extends View
{
    static Bitmap[] adbmp;                              // 加载的图片数组
    int[] bmpIdx;                                       // 要加载的图片索引
    int curIdx=0;                                       // 当前广告索引
    public AdView(Context ct,AttributeSet as):          // 初始化
    public void initAdBitmaps()                         // 初始化，加载广告图片
    public void onDraw(Canvas canvas)                   // 在相应的位置画图
}
```

11.5 数据操作方法

本节将介绍对在 11.2 节中创建的数据库进行查询和操作的函数。这些函数是根据系统不同的功能进行设计的。这样，系统的功能层和数据层可以有效分离，从而使系统更具健壮性，有利于对系统进行扩充。

下面将逐个介绍在 DBhelper 类中的主要函数。这些函数也是主函数类中的核心。

1）在收入类别中插入一条记录。两个形参 str 和 str1 分别代表收入类别和备注。

```
public static void insertICategory(String str,String str1):
    String sql="insert into Icategory(icategory,explanation) values('"+str+"','"+str1+"');";
    db.execSQL(sql);
```

2）在支出类别中插入一条记录。两个形参 str 和 str1 分别代表支出类别和备注。

```
public static void insertSCategory(String str,String str1):
        String sql="insert into Scategory(scategory,explanation) values('"+str+"','"+str1+"');";
        db.execSQL(sql);
```

3）类别查询。其中，形参 str 的取值为 Icategory 或 Scategory，用于指定是收入类别还是支出类别。该函数返回指定 str 中的所有类别，因此是一个字符串列表。

```
public static List<String> queryCategory(String str):
    List<String> addcategory=new ArrayList<String>();
        String sql="select * from "+str+";";
        Cursorcur=db.rawQuery(sql, new String[]{});
        while(cur.moveToNext()){
            addcategory.add(cur.getString(1));        //第二个字段
            addcategory.add(cur.getString(2));        //第三个字段
        }
```

📖 db.rawQuery 返回 SQL 查询的游标 Cursor 类对象。Cursor 是每行的集合，通过 moveToNext()可以取出一行需要的数据。

📖 cur.getString()用于获取本行记录中的指定字段数据，从 0 开始计数。在本程序中是从第二个字段开始取数据的，即第一个字段 id 被省去了。

4）删除类别信息。从给定的表 tablename 中删除字段 colname 的值为 getstr 的记录。

```
public static void deleteValuesFromTable(String tablename,String colname,String getstr):
        String sql="delete from "+tablename+" where "+colname+"='"+getstr+"';";
        db.execSQL(sql);
```

5）插入收入/支出记录。可根据形参 tableName 确定是收入还是支出。Main_Activity 是主程序中的主 Activity 变量。

```
public static void insert(String tableName):
    int money=Integer.parseInt(Main_Activity.Inputmoney1);
        String sql="insert into '"+tableName+"'values(null,'"+ Main_Activity.SIndate1+"',"
            +"'"+Main_Activity.icategory+ "','"+money+"','"+Main_Activity.Inputexp+"')";
        db.execSQL(sql);
```

6）收入查询。根据形参 state 给出用户选择结果，按照日期、金额和类别三种方式进行组合查询。查询结果以字符串列表的方式返回。

```
public static List<String> queryIncome(int state):
    List<String> IncomeSpeedSelect=new ArrayList<String>();
        if(state==1)  //此处给出一种查询方式，其他方式省略
        {
            String sql1="select * from 'Income' where " + "indate between '"+Main_Activity.SIndate1
                +"' AND '"+Main_Activity.SIndate2+"' "+"and inmoney between '"+
                Integer.parseInt(Main_Activity.Inputmoney1)+"'  " +"and'"+
                Integer.parseInt(Main_Activity.Inputmoney2)+"' " + "and
                icategory='"+Main_Activity.icategory+"';";
            Cursor cur=db.rawQuery(sql1, new String[]{});
            while(cur.moveToNext()){
            IncomeSpeedSelect.add(cur.getString(1));
```

```
                IncomeSpeedSelect. add( cur. getString(2) ) ;
                IncomeSpeedSelect. add( cur. getString(3) ) ;
                IncomeSpeedSelect. add( cur. getString(4) ) ;
            }
        cur. close( ) ;
    }
```

7）支出查询。该函数与 queryIncome(int state)相类似，限于篇幅，此处省略相关内容。

```
public static List<String> querySpend( int state)
```

8）收入/支出统计求和。对给定的 tableName，统计满足 state 指定条件的记录。

```
public static List<String> getSum( String tableName,int state) :
    List<String> sumSelect=new ArrayList<String>( ) ;
    if( state= =1) {   // 通过日期进行统计，其他方式省略
        if (tableName= ="Income")
            sql="select sum(inmoney) from Income where indate between '"+Main_Activity. SIndate1+"'
                AND '"+Main_Activity. SIndate2+"' ;" ;
        else
            sql="select sum(spmoney) from Spend where spdate between '"+Main_Activity. SIndate1+"'
                AND '"+Main_Activity. SIndate2+"' ;" ;
        Cursorcur=db. rawQuery( sql, new String[ ]{ } ) ;
        while( cur. moveToNext( ) ) {
            sumSelect. add( cur. getString(0) ) ;
        }
```

9）获得用户密码。

```
public static String getPassword( ) :
        String sql="select password from UserInfo;" ;
        Cursorcur=db. rawQuery( sql, new String[ ]{ } ) ;
        while( cur. moveToNext( ) ) {
            result=cur. getString(0) ;
        }
```

10）获得用户信息，以字符串列表的形式返回。

```
public static List<String> getUserInfo( ) :
    List<String> sumSelect=new ArrayList<String>( ) ;
        sql="select * from UserInfo;" ;
        Cursor cur=db. rawQuery( sql, new String[ ]{ } ) ;
        while( cur. moveToNext( ) ) {
            sumSelect. add( cur. getString(0) ) ;          // 用户 id
            …
            sumSelect. add( cur. getString(5) ) ;          // 邮箱
        }
    return sumSelect;
```

11）插入一条用户信息记录。该函数在系统初始化时调用，得到默认的用户记录。

```
public static void InsertUserInfo( ) :
        String sql="insert into UserInfo( uname,usex,ubirthday,ucity,uemail,password) "+
            "values('默认用户名','男','2000-1-1','杭州','abc@abc. com','abc') ;" ;
        db. execSQL( sql) ;
```

12）打开数据库，若不存在，则创建。赋给数据库静态变量 db。通过该静态变量，系统其他部分可以访问该数据库。

```
public static void UpdateUserInfo( ) :
    String sql="update UserInfo set uname='"+Main_Activity.Inuser+"'," + "usex='"+Main_Activity.Insex+
        "',ubirthday ='"+Main_Activity.Inbirthday +"'," +"ucity='"+Main_Activity.Inlocal+"'," +
        "uemail='"+ Main_Activity.Inemail+ "',password='"+Main_Activity.Innewpwd+"' where id=1;";
    db.execSQL(sql);
```

本章开发了一个精简版的“家庭理财助手”软件。通过对本章的学习，读者可对以数据库为中心的系统的开发过程有一个全面的了解。这里，对开发过程中的重点及技巧做一个小结。

1）主界面的设计。通过自定义视图类生成主界面，控制不同功能图标的位置及用户的单击位置以执行对应的功能，从而使系统易于扩展。不同的系统功能对应一个消息代码，通过 Android. os. Handler 负责发送和处理这些消息，并在主界面中对线程发送来的请求做出响应。

2）布局重用技术。首先定义好需要重用的布局，然后在要引用该布局的相应位置插入 <include layout="*@layout/* ＊＊＊"/>即可。这样可以反复使用该定义好的布局文件，既减少了系统的代码量，也使得程序易于修改和调试。

3）广告控件类的实现。通过定义广告控件类 AdView，可以在布局文件中进行引用。而广告的设计应该从系统和用户的角度进行多方位的考虑，包括广告的位置、大小和配色等因素。一个好的广告设计是系统进行成功推广的关键。

4）下拉列表框的使用。系统中很多界面需要对收入/支出进行操作，而其中类别是最关键的一个因素。设计成下拉式列表框的样式可供用户进行选择。为了代码的重用性，可以动态生成类别的下拉列表框，以及设置其监听代码。

11.6　思考与练习

1. 如果要在欢迎界面中增加 1 幅图片进行切换，应如何修改？
2. 如果在每个界面要从 10 幅广告中随机显示 1 幅，应如何修改？

附录

附录 A　Android 课程及开发资源

1. 课程资源

慕课：https://www.imooc.com/course/list?c=android

Android 官网：https://developer.android.google.cn/courses?hl=zh-cn

Gradle Android 插件用户指南翻译：http://avatarqing.github.io/Gradle-Plugin-User-Guide-Chinese-Verision/

2. Android 开发

AndroidDevTools：https://www.androiddevtools.cn/

Android 通用流行框架大全：https://www.jianshu.com/p/cdf16cce4ed7

APKBUS：http://www.apkbus.com/

中国移动互联网能力开放平台：http://dev.10086.cn/

开源中国：http://www.oschina.net/android/

博客园：http://www.cnblogs.com/cate/android/

移动开发博客：https://blog.csdn.net/nav/mobile

3. Android 竞赛

华为开发者大赛：https://developer.huawei.com/cn/?timer=tc

荣耀开发者大赛：https://developer.hihonor.com/cn/tg/page/tg2023031504156474?source=KFZFWPTHP&navation=dh21659142027545280514%2F2

全国大学生物联网设计竞赛：http://iot.sjtu.edu.cn/Default.aspx

全国大学生嵌入式芯片与系统设计竞赛：http://www.socchina.net/

4. 广告/推广

穿山甲：https://www.csjplatform.com/

口袋工厂：https://www.13lm.com/

AdSet：http://ad.shenshiads.com/index.html

百度联盟：https://union.baidu.com/

腾讯优量汇：https://e.qq.com/dev/index.html

5. Android 市场

华为应用市场：https://appgallery.huawei.com/Featured

百度手机助手：http://as.baidu.com/

腾讯应用宝：http://android.myapp.com/

应用汇：http://www.appchina.com/

OPPO 欢太软件商店：https://store.oppomobile.com/

小米应用商店：https://app.mi.com/

360 手机助手：http://app.so.com/

附录 B　AndroidManifest.xml 文件说明

每个应用项目必须在项目源设置的根目录中加入 AndroidManifest.xml 文件（且必须使用此名称，下面简称清单文件），它是 Android 应用程序中最重要的文件之一。清单文件会向 Android 构建工具、Android 操作系统和 Google Play 描述应用的基本信息。

清单文件需声明以下内容。

- 应用的软件包名称，其通常与代码的命名空间相匹配。构建项目时，Android 构建工具会使用此信息来确定代码实体的位置。打包应用时，构建工具会使用 Gradle 构建文件中的应用 ID 来替换此值，而此 ID 则用作系统和 Google Play 上的唯一应用标识符。
- 应用的组件，包括所有 Activity、Service、广播接收器和内容提供程序。每个组件都必须定义基本属性，如其 Kotlin 或 Java 类的名称。清单文件还能声明一些功能，如其所能处理的设备配置，以及描述组件如何启动的 Intent 过滤器。
- 应用为访问系统或其他应用的受保护部分所需的权限。如果其他应用想要访问此应用的内容，则清单文件还会声明其必须拥有的权限。
- 应用所需的硬件或软件功能类型，这些功能会影响哪些设备能够从 Google Play 安装应用。因为 Google Play 商店不允许在未提供应用所需功能或系统版本的设备上安装应用。

如果使用 Android Studio 构建应用，则系统会创建清单文件，并在构建应用时（尤其是在使用代码模板时）添加大部分基本清单内容。它们由元素、属性和类声明等部分组成。下面是按照字母顺序排列的所有可以出现在清单文件里的元素。它们是唯一合法的元素，开发者不能加入自己的元素或属性。

- <action>：向 Intent 过滤器添加操作。
- <activity>：声明 Activity 组件。
- <activity-alias>：声明 Activity 的别名。
- <application>：应用的声明。
- <category>：向 Intent 过滤器添加类别名称。
- <compatible-screens>：指定与应用兼容的每个屏幕配置。
- <data>：向 Intent 过滤器添加数据规范。
- <grant-uri-permission>：指定父级内容提供程序有权访问的应用数据的子集。
- <instrumentation>：声明支持监控应用与系统进行交互的 Instrumentation 类。
- <intent-filter>：指定 Activity、服务或广播接收器可以响应的 Intent 类型。
- <manifest>：AndroidManifest.xml 文件的根元素。
- <meta-data>：可以提供给父级组件的其他任意数据项的名称-值对。
- <path-permission>：定义内容提供程序中特定数据子集的路径和所需权限。
- <permission>：声明安全权限，可用于限制对此应用或其他应用的特定组件或功能的访问。

- <permission-group>：为相关权限的逻辑分组声明名称。
- <permission-tree>：声明权限树的基本名称。
- <provider>：声明内容提供程序组件。
- <receiver>：声明广播接收器组件。
- <service>：声明服务组件。
- <supports-gl-texture>：声明应用支持的一种 GL 纹理压缩格式。
- <supports-screens>：声明应用支持的屏幕尺寸，并为大于此尺寸的屏幕启用屏幕兼容模式。
- <uses-configuration>：指明应用要求的特定输入功能。
- <uses-feature>：声明应用使用的单个硬件或软件功能。
- <uses-library>：指定应用必须链接到的共享库。
- <uses-permission>：指定为使应用正常运行，用户必须授予的系统权限。
- <uses-permission-sdk-23>：指明应用需要特定权限，但仅当应用在运行 Android 6.0（API 级别 23）或更高版本的设备上安装时才需要。
- <uses-sdk>：可以通过整数形式的 API 级别，表示应用与一个或多个版本的 Android 平台的兼容性。

AndroidManifest.xml 文件的结构、元素及元素的属性，可以在 Android SDK 文档中查看详细说明。首先需要了解这些元素在命名、结构等方面的规则。

1）元素：在所有的元素中只有<manifest>和<application>是必需的，且只能出现一次。如果一个元素包含其他子元素，则必须通过子元素的属性来设置其值。处于同一层次的元素，它们的说明是没有顺序的。

2）属性：通常所有的属性都是可选的，但是有些属性是必须设置的。那些真正可选的属性，即使不存在，其也有默认的数值项说明。除了根元素<manifest>的属性，所有其他元素属性的名字都是以 android 为前缀的。

3）定义类名：所有的元素名都对应其在 SDK 中的类名，如果自定义类名，必须包含类的数据包名。如果类与 Application 处于同一数据包中，可以直接简写为“.”。

4）多数值项：如果某个元素有超过一个的数值，这个元素必须通过重复的方式来说明其某个属性具有多个数值项，且不能将多个数值项一次性说明在一个属性中。

5）资源项说明：当需要引用某个资源时，采用如下格式：@[package:]type:name。例如，<activity android:icon="@drawable/icon">。

6）字符串值：类似于其他语言，如果字符中包含字符“\”，则必须使用转义字符“\\”。

表 B-1 列出了一些主要属性以供参考，详细说明请参见本书配套资源中的相应 PDF 文件。

表 B-1 属性情况说明

属性	说明
Manifest 属性	
xmlns:android	定义 Android 命名空间，一般是 http://schemas.android.com/apk/res/android，这样使得 Android 中各种标准属性能在文件中被使用
package	指定本应用内 Java 主程序包的包名，它也是一个应用进程的默认包名

（续）

属　性	说　明
Application 属性	
android:description/android:label	两个属性都是为许可提供的，均为字符串资源。当用户查看许可列表（android: label）或者某个许可的详细信息（android:description）时，这些字符串资源就可以显示给用户。label 应当尽量简短，只需传达用户该许可是在保护什么功能即可。而 description 可以用于具体描述获取该许可的程序可以做哪些事情。实际上，是让用户可以知道如果同意程序获取该权限的话，该程序可以做什么。通常用两句话来描述许可：第一句描述该许可，第二句警告用户如果批准该权限可能会有什么不好的事情发生
android:icon	声明整个 App 的图标，图片一般放在 drawable 文件夹下
android:name	它是应用程序所实现的 Application 子类的全名。当应用程序进程开始时，该类在所有应用程序组件之前被实例化 若类（如 androidMain 类）是在声明 package 下，则可以直接声明 android:name =" androidMain"，但若类是在 package 下面的子包的话，就必须声明为全路径或 android:name = "package名称 . 子包名称 . androidMain"
android:theme	它是一个资源的风格，给所有的 Activity 定义了一个默认的主题风格，当然也可以在 theme 里面去设置它，类似于 style
Activity 属性	
android:clearTaskOnLaunch	比如 P 是 Activity，Q 是被 P 触发的 Activity，然后返回 Home。重新启动 P，是否显示 Q
android:excludeFromRecents	是否可被显示在最近打开的 Activity 列表里，默认是 false
android:multiprocess	是否允许多进程，默认是 false
android:noHistory	当用户从 Activity 离开并且在屏幕上不再可见时，Activity 是否从 ActivityStack 中清除并结束。默认是 false，即 Activity 不会留下历史痕迹

参考文献

[1] 李刚．疯狂 Android 讲义［M］. 北京：电子工业出版社，2011.

[2] 杨丰盛．Android 应用开发揭秘［M］. 北京：机械工业出版社，2011.

[3] MEIER R. Android 4 高级编程［M］. 北京：清华大学出版社，2013.

[4] 吴亚峰，等．Android 应用案例开发大全［M］. 北京：人民邮电出版社，2011.

[5] Icansoft. Android Resource 介绍和使用［EB/OL］. http://android. blog. 51cto. com/268543/302529.

[6] FEISKY. Android Drawable 绘图学习笔记［EB/OL］. http://www. cnblogs. com/feisky/archive/2010/01/08/1642567. html.

[7] JENMHDN. Content Provider 基础知识［EB/OL］. http://www. iteye. com/topic/1125803.

[8] 博客园．Android AndroidManifest. xml 详解［EB/OL］. https://www. cnblogs. com/cyqx/p/10938736. html.

[9] 知乎．Android Studio 学习之 Debug 调试［EB/OL］. https://zhuanlan. zhihu. com/p/142128857.

[10] 博客园．android studio 学习：调试－断点调试［EB/OL］. https://www. cnblogs. com/wust221/p/5427094. html.

[11] CSDN. 你需要掌握的 Debug 调试技巧［EB/OL］. https://blog. csdn. net/yaoobs/article/details/51296198.

[12] CSDN. Android Git 使用［EB/OL］. https://blog. csdn. net/tang_jian_1228/article/details/78857673.

[13] 欧阳燊．Android Studio 开发实战：从零基础到 App 上线［M］. 北京：清华大学出版社，2016.

[14] 简书．约束布局 ConstraintLayout 看这一篇就够了［EB/OL］. https://www. jianshu. com/p/17ec9bd6ca8a.

[15] 脚本之家．Android 新特性 ConstraintLayout 完全解析［EB/OL］. https://www. jb51. net/article/126440. htm.

[16] 博客园．Android XML shape 标签使用详解［EB/OL］. https://www. cnblogs. com/popfisher/p/6238119. html.

[17] 博客园．浅谈 Android 样式开发之 shape［EB/OL］. https://www. cnblogs. com/dreamGong/p/6170770. html.

[18] 简书．底部导航栏 BottomNavigationView［EB/OL］. https://www. jianshu. com/p/7b2d842267ab.

[19] CSDN. Android studio——同一台设备上实现 socket 通信［EB/OL］. https://blog. csdn. net/qq_42775328/article/details/122414326.